21世纪全国本科院校电气信息类创新型应用人才培养规划教材

现代控制理论与工程

高向东　编著

内容简介

本书从工程实用的角度出发，系统地介绍了现代控制理论的基本内容及其实际应用。内容包括：自动控制的基本概念，线性系统理论（包括状态空间描述、状态空间分析和状态空间综合），系统稳定性分析，最优控制理论（包括变分法、极大值原理、动态规划），最优估计理论（基本估计方法和卡尔曼滤波），系统辨识（非参数辨识方法和参数辨识方法、最小二乘法），自适应控制（模型参考自适应、自校正控制和鲁棒控制），智能控制理论，控制理论工程应用实例等。

编者在多年教学实践与科研的基础上通过总结提高编写了此书，很多内容直接取材于编者多年的科研成果，具有通俗易懂、理论联系实际的特点，同时具有工程实用价值。为便于读者学习，除了列举丰富的例题以外，还在各章后选配了适量的练习题。

本书适合作为高等院校本科生、研究生的教材或参考书，也可供对控制理论与应用技术感兴趣的广大科技工作者和工程技术人员使用和参考。

图书在版编目(CIP)数据

现代控制理论与工程/高向东编著．—北京：北京大学出版社，2016.2

（21世纪全国本科院校电气信息类创新型应用人才培养规划教材）

ISBN 978-7-301-25504-9

Ⅰ.①现… Ⅱ.①高… Ⅲ.①现代控制理论—高等学校—教材 Ⅳ.①O231

中国版本图书馆CIP数据核字(2015)第032021号

书　　名	现代控制理论与工程 Xiandai Kongzhi Lilun yu Gongcheng
著作责任者	高向东　编著
责任编辑	郑　双
标准书号	ISBN 978-7-301-25504-9
出版发行	北京大学出版社
地　　址	北京市海淀区成府路205号　100871
网　　址	http://www.pup.cn　　新浪微博：@北京大学出版社
电子信箱	pup_6@163.com
电　　话	邮购部62752015　发行部62750672　编辑部62750667
印 刷 者	北京富生印刷厂
经 销 者	新华书店
	787毫米×1092毫米　16开本　18.5印张　432千字
	2016年2月第1版　2016年2月第1次印刷
定　　价	39.00元

前　　言

现代控制理论自从 20 世纪 60 年代初开始建立，经过五十多年的发展，已经形成了内容丰富、涉及面宽广的学科。现代控制理念涉及众多的现代控制方法，且又紧密结合工程需求，具有非常广泛的实际应用背景，其理论与实际相结合的程度在其他工科专业的理论与方法体系中实不多见。现代控制理论要求教学中既要清楚阐述现代控制理论的基本概念和方法，建立控制理论的独特思维方式，又要在控制理论与控制工程设计及应用中架桥铺路，给现代控制理论课程的教学带来很大的挑战。本书编著者结合多年的现代控制理论课程的教学实践，并应用近年在该专业领域的科研成果整理教材内容，同时，注重逻辑性、教学可操作性及实际应用性，既便于教师教学，也便于学生学习，并可供广大工程人员和科技工作者参考。

本书主要为自动控制、机械工程及其他相关专业大学高年级本科生、研究生以及对控制理论感兴趣的科技人员而写，从现代控制理论知识点的基本原理和基本方法出发，由浅入深论述，并配有作者近年的大量科研实例。在阐述理论和方法的同时，以及在保证理论严密性的前提下，注重物理意义的解释，尽量减少繁杂的数学推导。同时，本书应用近几年在该专业领域的科研成果来更新教学内容，提高教材水平，拓宽读者视野，紧跟现代控制理论发展的时代前沿，使其既有基本理论深度，又有应用背景，具有系列化、模块化和现代化的特点。

本书有以下特色：学生易于学习掌握，可读性强，富有启发性，教师易于引导和教学。每章由浅入深，顺理成章地引出基础知识和基本定义，启发读者思考，激发读者学习兴趣，随后使读者步步跟进，知识水平逐渐提高。书中配备了各种系统图、特性图、原理图、控制装置实物图等，使读者对各个知识点有更深入的理解。每章详述知识点之后，对知识点有一高度的归纳总结，主次分明，有助于读者在学习过程中有的放矢，提高学习效率。每章都设计了适量的例题，由易到难，涵盖了本章节的重要内容，可以检验读者综合应用各章所学知识解决实际问题的能力，同时查漏补缺，使读者对知识点的掌握更加灵活牢固。

本书重点阐述了现代控制理论及其工程应用，全书共分 10 章。

第 1 章介绍现代控制理论的基本概念，包括开环和闭环控制系统、自动控制系统的类型、对控制系统的要求等。

第 2 章对控制系统的状态空间做了详尽的论述，包括状态空间的概念、系统状态空间描述的特点、系统的时域和频域的状态空间描述等。本章是现代控制技术关于多输入、多输出系统控制的基础，通过多关节机器人的控制实例引出状态空间的基础理论。

第 3 章较大篇幅阐述控制系统状态空间的特性，包括状态转移矩阵及状态方程的求解，线性系统非齐次状态方程的求解，以及系统的能控性和能观测性，为设计有效的控制系统及状态反馈系统奠定理论基础。

第 4 章阐述控制系统的稳定性问题，重点介绍了李亚普诺夫关于稳定性的定义以及系统稳定性的判定方法。这些内容涉及自动控制系统的关键技术，为设计能够正常运行的自动控制系统提供了必不可少的条件。

第 5 章重点论述最优控制技术，包括最优控制的基本概念，变分法，极大(小)值原理，动态规划。其中，变分法为最优控制的基础，极大值原理则更具实用价值，而动态规划是解决离散系统的多步决策问题的有效方法。

第 6 章介绍自适应控制系统，包括自适应控制系统的基本概念及类型，模型参考自适应控制，自校正调节器。其中局部参数优化型模型参考自适应控制系统和最小方差控制方法具有较大的实用性。另外本章也介绍了鲁棒控制技术，包括鲁棒控制的基本概念，鲁棒稳定性问题，灵敏度极小化问题等。鲁棒控制对于解决被控对象的不确定性问题有较好的控制效果。

第 7 章阐述最优估计方法，主要包括最小二乘估计和卡尔曼滤波方法。本章所涉及的技术内容已在很多领域得到了广泛的应用，是现代控制理论非常重要的方法。其能够有效判断被控对象的状态，卡尔曼滤波则对被控对象能够实现状态最优估计和自动跟踪。

第 8 章为系统辨识方法的介绍，包括数学模型法、脉冲响应法、最小二乘法。系统辨识是建立被控对象模型的重要方法，也是运用模式识别对被控对象的状态进行辨识的基础。在确立被控对象的数学模型后，则可运用各种控制理论实现对目标的精确控制。本章也介绍了模式识别的基本概念及典型的模式识别方法。

第 9 章论述了智能控制技术，包括模糊控制方法、人工神经网络控制方法、专家系统控制方法。当被控对象的数学模型难以确定时，运用智能控制技术可以得到较好的控制效果。另外，将智能控制技术与经典控制理论方法相结合，取长补短，控制性能指标可以达到最佳。

第 10 章给出了现代控制理论工程应用实例，可以使读者了解如何将现代控制理论应用到实际的方法，达到理论与实际相结合的学习效果。这些实例绝大部分是作者及作者指导的研究生多年的科研成果，不仅包含了现代控制理论的应用方法，有些还涉及与自动控制技术密切相关的知识，如机器视觉、模式识别等，有利于拓宽读者的知识面。

本书在取材和阐述方式上，力求概念明确、层次分明、理论联系实际和遵循教学顺序。对于初学者，建议从第 1 章按顺序进行循序渐进地学习，对于已学习过经典控制理论和现代控制理论相关基础知识的读者在对前 3 章内容进行简单了解之后，也可以挑选其中篇章学习。在教学中可作为 32、48 学时使用，每章结束做适当的小结和复习。

在本书的撰写过程中，编者参考和引用了“参考文献”目录所列文献资料、互联网资料、国内外学术论文及其他部分资料，也参考和引用了编者所指导的研究生学位论文中的研究成果，在此对他们表示由衷的感谢。本书所涉及的科研成果得到了广东省自然科学基金等项目的资助，在此表示感谢。

在本书的校稿过程中，研究生题园园、游德勇和陈子琴等许多同学做了认真细致的工作，在此一并表示感谢。

由于作者水平所限，书中难免存在不妥之处，恳请读者不吝赐教和指正。

高向东
2015 年 1 月于广州

目　　录

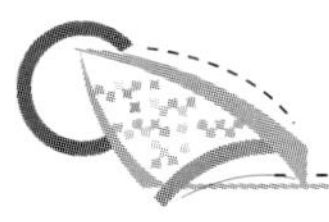

第1章

概　　述

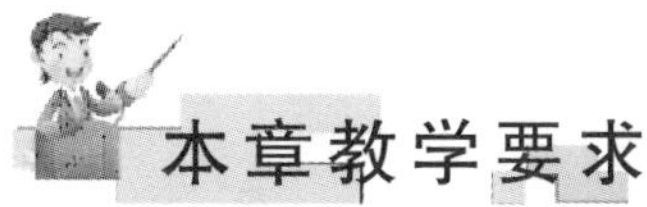

本章教学要求

知识要点	掌握程度	相关知识	工程应用方向
控制理论的发展史	了解	现代控制理论的定义、发展及特点	机电控制，智能制造系统
自动控制系统的分类	掌握	各种类型的控制系统及特点	数控技术及数字化装备，高速高效加工及应用
自动控制系统的性能要求	熟悉	自动控制系统性能及要求	数字化设计与仿真，机器人技术

引例

案例一

空间技术的发展迫切要求建立新的自动控制原理，以解决宇宙火箭和人造卫星用最少燃料或最短时间准确到达预定轨道等控制问题。这类控制问题十分复杂，采用经典控制理论难以解决。而现代控制理论中的庞特里亚金极大值原理和动态规划可以解决空间技术中的复杂控制问题。图 1.1 所示为宇宙火箭探测器。

图 1.1　宇宙火箭探测器

案例二

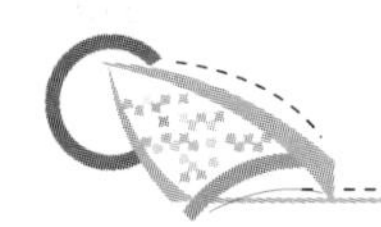

现代数控机床引进自适应控制技术，根据加工零部件切削条件的变化，自动调节工作参数，使加工过程中能保持最佳工作状态，从而得到较高的加工精度和较小的表面粗糙度，同时也能提高刀具的使用寿命和设备的生产效率，并具有自诊断和自修复功能。在整个工作状态中，可进行故障报警，提示发生故障的原因，还可以自动使故障模块脱机而接通备用模块，确保无人化工作环境的要求。图 1.2 所示为数控机床。

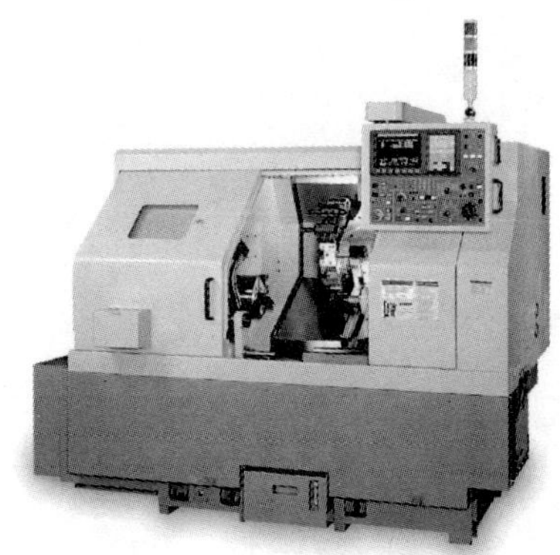

图 1.2 数控机床

1.1 现代控制理论的基本概念

自动控制理论与社会生产及科学技术密切相关，在近代得到了极为迅速的发展。它不仅成功地应用在工业、农业、科学技术、军事、生物、医学、社会经济及人类生活等诸多领域，而且在这个过程中自动控制理论也发展成为一门内涵极为丰富的新兴学科。纵观自动控制理论的发展，自动控制理论学科一般可以划分为经典控制理论、现代控制理论和智能控制理论 3 个阶段。在详细论述现代控制理论之前，首先简要回顾一下自动控制理论的发展。

1.1.1 自动控制理论的发展

1. 经典控制理论

具有反馈功能的闭环控制在控制理论中占有很重要的地位。1932 年在贝尔实验室工作的奈奎斯特(H. Nyquist)建立了著名的奈奎斯特判据，即根据频率响应判断反馈系统稳定性的准则，也称为奈奎斯特频率法，其被认为是经典控制理论和控制学科发展的开端。奈奎斯特频率法的重要贡献在于，它可以利用物理上能够测量的开环系统频率特性，来判别闭环系统的稳定性、静态误差和过渡过程某些品质指标等一系列问题。频率法不用直接求解系统的微分方程，只需根据开环系统的频率特性，就能够判别系统的稳定性，并估算出系统的品质指标。因此出现了至今仍然在工业上广泛应用的比例积分微分 PID(Proportion Integration Differentiation)调节器，比例、积分、微分功能的不同组合，可以让大多数系统获得相当满意的控制性能指标。由于奈奎斯特频率法的优点，使其应用在机械、电气、化工和冶金等许多工业领域，极大地推动了人类社会经济的发展，它的理论本身也在实际应用中得到了很大的发展和充实。从提出频率法开始到 20 世纪 60 年代，形成了所谓的经典控制理论即单变量控制理论。经典控制理论的研究对象是具有单输入、单输出的单变量系统，而且多数是线性定常系统。其使用的数学工具是微分方程和拉氏变换等，研究方法有传递函数法、频率响应分析法、直观简便的图解法(根轨迹法)和描述函数法。主要代表人物有科学家奈奎斯特、美国科学家伯德(H. W. Bode)及埃文斯(W. R. Evans)。1945 年，美国数学家维纳(N. Wiener)把反馈控制的概念推广到生物系统和机器系统。1948 年，维纳出版了著名的《控制论》(Cybernetics)一书，为自动控制理论奠定了基础。第二次世界大战后工业迅速发展，被控对象越来越复杂，当时又遇到新的控制问题，即非线性系统、时滞系统、脉冲及采样系统、时变系统、分布参数系统和随机信号输入系统的控制问题等，促使经典控制理论在 20 世纪 50 年代又有新的发展。众多科学家在总结了以往的实践并在反馈理论、频率响应理论同时加以发展的基础上，形成了较为完整的自动控制系统设计的频率法理论。至此，自动控制理论发展的第一阶段基本完成。这种建立在频率法和根轨迹法基础上的理论，通常也被称为经典控制理论。经典控制理论中还有一部分重要内容就是脉冲控制理论。

随着计算机技术的进步，脉冲控制理论也迅速得到了发展。科学家奈奎斯特和香农在脉冲控制理论方面做出了重要贡献。奈奎斯特首先证明如果将正弦信号从它的采样值复现，每周期至少必须进行两次采样，也即所谓的香农采样定理、奈奎斯特采样定理。线性脉冲控制理论以线性差分方程为基础，随着拉氏变换在微分方程中的应用，其在差分方程中也开始加以推广应用。利用连续系统拉氏变换同离散系统拉氏变换的对应关系，奥尔登伯格(R. C. Oldenbourg)和萨托里厄斯(H. Sartorious)于 1944 年提出了脉冲系统的稳定判据，即线性差分方程的所有特征根须位于单位圆内。在变换理论的研究方面，霍尔维兹(W. Hurewicz)于 1947 年首先引进了一个用于对离散序列进行处理的变换。在此基础上，崔普金(Tsypkin)等人于 1949 年前后提出和定义了 Z 变换方法，大大简化了运算步骤并在此基础上发展了脉冲控制系统理论。由于 Z 变换只能反映脉冲系统在采样点的运动规律，崔普金、巴克尔(R. H. Barker)和朱利(E. I. Jury)又分别于 1950 年前后提出了修正 Z 变换(modified Z—transform)的方法。

经典控制理论以拉氏变换为数学工具，以单输入-单输出的线性定常系统为主要研究对象，将描述系统的微分方程或差分方程变换到复数域中，从而得到系统的传递函数，并以此为基础在频率域中对系统进行分析和设计，确定控制器的结构和参数。一般通过采用反馈控制，将输出的量测值与期望值进行比较，构成所谓的闭环控制系统。经典控制理论具有明显的局限性，难以有效地应用于时变系统和多变量系统，也难以揭示系统更为深刻

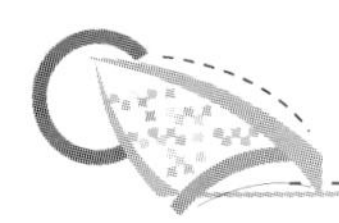

的本质特性。这是由于经典控制理论的特点所决定：经典控制理论只限于研究线性定常系统，即使对最简单的非线性系统也无法处理；经典控制理论只限于分析和设计单变量系统，采用系统的输入和输出描述方式，即只注重系统的输入和输出形式，而从本质上忽略了系统结构的内在特性。事实上，大多数工程对象都是多输入多输出系统，例如焊接机器人、搬运机器人、锅炉温度控制系统等，尽管人们做了很多尝试，但是用经典控制理论都没有得到满意的控制结果。经典控制理论采用试探法设计系统，即根据经验选用简单的、工程上易于实现的控制器，然后对系统进行综合，直至得到满意的控制结果为止。虽然这种设计方法具有简单、实用等诸多优点，但是控制效果并非最佳。

2. 现代控制理论

现代控制理论研究的对象是多输入多输出系统，涉及控制系统本质的基本理论的建立，如可控性、可观测性、实现理论、分解理论等，使控制由一类工程设计方法提高为一门新的科学。现代控制理论研究并解决了很多实际工程中所遇到的控制问题，也促使非线性系统、自适应控制、最优控制、鲁棒控制、辨识与估计理论、卡尔曼滤波等发展为成果丰富的独立学科分支。在 20 世纪 50 年代航空航天技术的推动和计算机技术飞速发展的支持下，现代控制理论在 1960 年前后有了重大的突破和创新。在此期间，贝尔曼(R. Bellman)提出了寻求最优控制的动态规划法。庞特里亚金(Pontryagin)证明了极大值原理，使得最优控制理论得到极大的发展。卡尔曼(R. E. Kalman)将状态空间法引入到系统与控制理论中，并提出了能控性、能观测性的概念以及新的滤波理论。以上诸多成果构成了现代控制理论发展的起点和基础。

现代控制理论以线性代数和微分方程为主要数学工具，以状态空间法为基础，分析与设计自动控制系统。状态空间法本质上是一种时域的方法，它不仅描述了系统的外部现象和特性，而且也描述和揭示了系统的内部状态和性能。它对系统进行分析和综合的目标是揭示系统的内在规律，并在此基础上实现系统的最优化。与经典控制理论相比，现代控制理论的研究对象要广泛得多。它涉及的控制系统既可以是单变量、线性、定常、连续，也可以是多变量、非线性、时变、离散。对于现代控制理论而言，控制对象结构由简单的单回路模式向多回路模式转变，即从单输入单输出转变为多输入多输出，它可以处理极为复杂的工业生产过程的优化和控制问题。现代控制理论的数学研究工具也发生了转变，积分变换法向矩阵理论和几何方法转变，由频率法转向系统状态空间的研究。由机理数学建模方法向统计数学建模方法转变，并开始运用参数估计和系统辨识的统计建模方法。

3. 智能控制理论

智能控制理论是一个较为广义的范畴，是模拟人类智能的一种控制方法，其涉及的研究领域也十分广泛。经过 20 世纪 80 年代的孕育发展，特别是近几年的研究和实践，人们已认识到采用智能控制是解决复杂系统控制问题的有效途径。当前已有很多智能控制方法在工程中得到了应用。从国内外研究成果来看，科技人员越来越多地研究现代控制理论向智能化发展的技术，例如附有智能的自适应控制、鲁棒控制，智能反馈控制，学习控制和循环控制，故障诊断及容错控制，生产调度管理控制，机器人自组织协调控制，以及控制系统的智能化设计等。另外，用智能方法解决实际控制问题的研究也越来越多，如决策论，带有专家系统的过程监控、预警及调度系统，人工神经网络控制系统，模糊逻辑控制系统，模式识别与特征提取等。当前在许多专业化学科与工程中，针对被控对象的复杂性，综合应用各种智能控制策略，力求达到最佳的控制效果。

智能控制理论及系统具有以下几个显著特点。

(1) 在分析和设计智能控制系统时，重点不在于传统控制器的分析和设计，而是在于智能控制机的模型设计。事实上，一些复杂系统当前根本无法用精确的数学模型进行描述，智能控制理论重点研究非数学模型的描述、符号和环境的识别、知识库和推理机的设计与开发。

(2) 智能控制的核心是高层控制，其任务在于对实际环境或过程进行组织、决策和规划，实现广义问题的求解。同时，智能控制又是一门边缘交叉学科，即人工智能、自动控制和运筹学等学科的交叉。

(3) 智能控制是一个新兴的研究和应用领域，发展前景广阔。随着人们对自身大脑机理的认识以及计算机技术的飞速发展，智能控制理论将不断得到完善，并在实际中发挥更重要的作用。

1.1.2 现代控制理论的基本概念

现代控制理论是一个广义的范畴，它是对近代自动控制理论与技术的概括。随着科学技术的飞速发展及多学科的相互渗透和交叉，现代控制理论的概念和覆盖面实际上也在不断拓宽。纵观社会发展的历史，人类的生产、工作以至生活等活动方式都经历了手动、机械化、电气化的过程，由低级向高级发展，而自动化则是其发展的更高形式。自动控制是推动一个国家现代化的重要技术手段，又是衡量一个国家现代化水平的重要标志。著名的科学家卡尔曼(R. E. Kalman)于1960年发表了《控制系统理论》等论文，引入状态空间法对控制系统进行分析，提出了能控性、能观测性、最佳调节器和卡尔曼滤波等重要概念，奠定了现代控制理论的基础。目前，现代控制理论体系已比较完善，但其在理论充实和应用方面仍一直处于十分活跃的发展状态。在不断揭示控制本质规律和相关数学理论的同时，现代控制理论也解决了宇宙航行、导弹制导、交通运输、工业生产和污染治理控制等领域的实际问题。它在电气、机械、化工、冶金、煤炭等工程领域以及在生物医学、企业管理和社会科学等领域也都得到了广泛应用，并取得了令人瞩目的成就。可以说，现代控制理论已渗透到各学科领域，解决了大量的复杂控制问题，倍受人们关注。

与经典控制理论相比，现代控制理论主要用来解决多输入多输出系统的问题，并且被控对象可以是线性或非线性系统、定常或时变系统。现代控制理论是基于时域的状态空间分析方法，主要实现系统最优控制的研究，使控制性能指标达到最优。现代控制理论(Modern Control Theory)的名称是在1960年召开的美国自动化大会上正式提出来的。在自动控制领域内，对于现代控制理论比较公认的定义为：“现代控制理论是以庞德里亚金的极大值原理(最优控制问题存在的必要条件)、贝尔曼的动态规划和卡尔曼的滤波理论为基础，揭示了一些复杂对象控制的理论结果”。

经典控制理论主要用来解决单输入单输出问题，所涉及的系统大多是线性定常系统。如果将瓦特 1788 年前后发明的离心调速器作为最早的工业自动控制装置，那么到 20 世纪 60 年代形成完整和独立的经典控制理论，则经过了一百多年。瓦特的这项发明开创了近代自动调节装置应用的先河，对第一次工业革命及后来的自动控制理论的发展有着重要影响。这种以频域方法为基础的经典控制理论在解决一般的工业控制问题方面十分有效，它的广泛应用给人类带来了巨大的经济和社会效益，同时也导致了自动控制技术的诞生和发展。经典控制理论最大的成果之一是比例、积分、微分 PID 控制规律的产生，对于无时间延迟的单回路控制系统非常有效，在当前工业过程控制中仍被广泛应用。随着社会的进步、技术的发展以及被控对象复杂程度的提高，经典控制理论面临严重的挑战。特别是 20 世纪 60 年代兴起的航天技术，对控制提出了更加苛刻的条件。一方面，被控对象更加复杂，出现了非线性时变系统的控制问题，多输入多输出系统的分析和综合问题，系统本身或周围环境不确定因素的自适应控制问题，抗噪声干扰问题，以及使某种目标函数达到最优化的最优控制问题等。另一方面，对于上述复杂控制问题，应用经典控制理论很难解决。在这种背景下，现代控制理论应运而生。另外，计算机技术和现代数学的进步也为现代控制理论的发展提供了有力的支持。庞德里亚金的极大值原理、贝尔曼的动态规划和卡尔曼滤波的理论成果，奠定了现代控制理论的基础。

应当指出，现代控制理论的出现并非对经典控制理论的否定，相反是对其促进和发展。事实上，经典控制理论与现代控制理论在实际工程控制中，往往有互补作用，取长补短，发挥了各自的优势，使控制效果达到了最优。同时各自的理论在实践当中不断充实和发展。多输入多输出非线性时变复杂问题促使了经典控制理论向现代控制理论发展，而当前更加复杂化的受控对象以及对控制要求更加苛刻的问题，也使现代控制理论面临新的挑战，并由此催生了智能控制理论与技术的突起与发展。显然，这并未使现代控制理论失去其理论和应用价值，相反，工程实际需求的不断提高正在为现代控制理论的发展提供了进一步开拓的背景。自 20 世纪 60 年代以来控制理论得到了迅速发展，在很多工程实际控制过程中，现代控制理论解决了多输入多输出的系统问题，取代了用经典控制理论解决单输入单输出的系统问题。应用状态空间法揭示了系统的内在规律，实现控制系统在一定意义下的最佳化。当前工业领域的被控对象大多属于多输入多输出系统，例如工业机器人、数控机床、锻压控制系统、液压控制系统等，其控制问题特别适于用现代控制理论来解决。如何将现代控制理论与实际工程控制问题有机结合则是复杂控制系统的发展方向，也是一个国家制造业飞速发展的需要。

现代控制理论通常用于解决复杂的被控对象问题，经过几十年的发展，它不仅在航空航天技术上取得了惊人成就，而且在其他众多工程领域及非工程领域的应用都得到了巨大的成功。例如中国用于发射嫦娥一号绕月卫星的长征三号甲火箭，就应用了现代控制理论中的自适应控制系统，可以在星箭分离前对有效载荷进行大姿态定向调姿，并提供可调整的卫星起旋速率，对周围环境具有很强的抗干扰和适应性能力。而汽车制造过程中的激光焊接、轧钢过程的滚轮控制及石油化工提炼等过程很多都应用了最优控制技术。显然，随着控制理论与计算机技术的不断发展，现代控制理论内容将会不断得到进一步的提升，并在工程上得到更广泛的应用，创造更大的经济和社会效益。

事实上，经典控制理论、现代控制理论、智能控制理论的内容相互渗透，从某种意义上讲，它们之间没有严格的界限。特别是随着科学技术的发展以及各领域学科的不断渗透交叉，现代控制理论所涉及的研究范围越来越广，现代控制理论与智能控制理论的内容也相互覆盖，形成了多控制理论融合的新的控制方法。

1.2 现代控制理论的基本内容

现代控制理论已在工程各领域得到了成功应用，其理论涵盖面也非常广泛，主要内容包括以下几个方面。

1. 线性系统理论(Linear System Theory)

线性系统理论主要包括系统的数学模型、运动分析、稳定性分析、能控性与能观测性、状态反馈与观测器等问题。线性系统理论是现代控制理论的基础，也是现代控制理论中理论最完善以及应用最广泛的部分。线性系统理论和方法需要建立在系统的数学模型之上，但是与经典控制理论不同，线性系统理论采用的数学模型是系统状态方程。系统状态方程不但描述了系统的输入和输出关系，而且描述了系统内部状态变量随时间变化的关系。它研究线性系统在输入控制作用下系统状态运动过程的规律以及改变这些规律的可能性与措施，建立和揭示控制系统的结构性质、动态行为和性能之间的关系。一般而言，可以将线性系统理论归纳为线性系统定量分析理论、线性系统定性分析理论和线性系统综合理论。线性系统定量分析理论着重于建立并求解系统的状态方程组，分析系统的响应和性能。线性系统定性分析理论着重于对系统基本结构特性的研究，并对系统的能控性、能观测性和稳定性进行分析。线性系统综合理论则研究使系统的控制性能达到期望指标、实现最优化以及建立控制器的计算方法，从而解决和实现工程用控制器的理论问题。

2. 最优控制(Optimum Control)

最优控制是指在给定的约束条件和评价函数(目标函数)前提下，寻求使系统性能指标最优的控制规律。其中，庞德里亚金极大值原理和贝尔曼的动态规划是最重要的两种方法。最优控制理论是设计最优控制系统的理论基础，也是现代控制理论的核心内容之一。它主要研究被控系统在给定性能指标时，实现最优的控制规律和方法。目前，最优控制理论已应用于众多工程领域，如多台电动机协调运转的最优控制、窑炉燃烧过程最优控制、

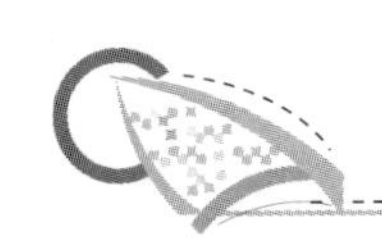

焊接机器人的最优路径控制及城市道路交通的最优控制等。在解决最优控制问题中，除了庞特里亚金的极大值原理和贝尔曼的动态规划两种重要方法外，用“广义”梯度描述的优化方法以及动态规划的哈密顿—雅克比—贝尔曼方程求解的新方法正在形成，并用于非线性系统的优化控制。最优控制的应用不仅在一般的工程技术领域，而且也深入到工业设计、生产管理、经济管理、资源规划和生态保护等领域。各个领域所遇到的优化问题，只要能够看做是一个多步决策过程的最优化问题，一般都能将其转化并用离散型动态规划或最大值原理来求解。

3. 系统辨识(System Identification)

对于大多数控制问题而言，在制定有效的控制算法前首先要建立被控对象的数学模型，这样才能够有的放矢。但很多被控对象比较复杂，往往不能通过解析的方法直接建立其数学模型，而需要通过试验或进行数据分析来估计出被控对象的数学模型及参数，这个过程即为系统辨识问题。

系统辨识也即数学建模问题，就是建立系统的数学模型，使其能正确反映系统的输入与输出之间的基本关系。它是对系统进行分析和控制的前提，直接决定着控制的成功与否。所谓“知己知彼，百战不殆”，在设计一个控制器的过程中，系统的被控对象就相当于“彼”，控制器就相当于“己”。由于系统比较复杂，不能通过解析的方法直接建模，需要在系统输入、输出的试验数据或运行数据的基础上，从某类给定的模型中，确定一个与被控系统本质特征等价的模型。如果确定了模型的结构，则仅需确定模型的参数，这称为参数估计问题。如果模型的结构和参数需要同时确定，这就是系统辨识问题。系统辨识已经在自适应控制、优化控制、预测控制和故障诊断等得到了应用。现代控制理论中的建模核心问题是所建立的模型必须能够正确反映系统输入和输出之间的关系。在实际工程应用当中，建模过程一般是先用机理分析的方法得到模型结构，再对模型的参数和其他缺乏先验知识的部分进行实测辨识。由于研究对象越来越复杂，许多问题已难以用定量模型来描述，因而出现了很多新的建模方法，例如具有不同宏、微观层次及混沌等复杂动态行为的非线性系统，离散事件动态系统，由经验规则、专家知识和模糊关系建立的知识库等定性模型。对于涉及社会和经济等复杂因素的人类活动系统，则必须采用定性与定量相结合的建模思想。系统辨识理论不但广泛用于工业、农业和交通等工程控制系统中，而且还应用于经济学、社会学、生物医学和生态学等诸多领域。

系统模式识别技术与系统辨识有着千丝万缕的联系，模式识别是通过对系统输入、输出信号的分析和处理，从而对系统的模型或状态进行分类。它同样可以实现设备的故障诊断，也可以通过输出信号的分析判断被控对象当前的类别和状态。

4. 最优估计(Optimal Estimation)

当系统有随机干扰时，可通过对系统数学模型输入和输出数据的测量，利用统计方法对系统的状态进行估计(滤波)，使系统受噪声干扰的影响最低，为达到最优控制创造前提条件。其中，卡尔曼滤波是最具代表性的系统状态估计方法，在很多领域得到了广泛应用。另外，维纳滤波理论在现代控制理论中也有十分重要的地位，其主要强调了统计方法的意义。维纳滤波指的是当系统受到环境噪声或负载干扰时，其不确定性可以用概率和统计的方法进行描述和处理。在系统数学模型已经建立的基础上，对含有噪声的系统输入和输出量进行量测，通过统计数学方法对量测数据分析，获得有用信号的最优估计。与维纳滤波理论强调对平稳随机过程系统按照均方意义的最优滤波不同，卡尔曼滤波理论采用状态空间法设计最优滤波器，且适用于非稳定过程，已在工业、军事等很多领域中得到广泛应用，成为现代控制理论的重要内容。

5. 自适应控制(Adaptive Control)

自适应控制指的是控制系统能够适应内部参数变化和外部环境的变化，自动调整控制作用，减小干扰影响，使系统在被控对象动态特性变化(不确定性)的情况下达到一定意义下的最优或满足对这一类系统的控制要求。关于自适应控制系统的分析与设计的理论，则称为自适应控制理论。自适应控制研究的问题主要包括：认识被控对象的动态特性(辨识)，构造能够适应系统动态特性的控制器，设计可以实现这种控制器的算法。目前，自适应控制理论正朝着自学习、自组织及智能控制等方向发展，并已在过程控制、化工、冶金和电力系统自动化、船舶驾驶、机器人控制等领域得到了成功的应用。应当看到，与经典控制理论一样，精确的数学模型是现代控制理论分析、综合和设计的基础。随着被控对象的复杂性、不确定性，以及环境的复杂性、控制任务的多目标和时变性，传统的基于精确数学模型的控制理论也受到了很大的局限。自适应控制理论也必然与智能控制理论日益融合，以适应复杂被控对象的控制要求。可以预料，自适应控制将会更加广泛地应用到制造业和人类生活的各个方面。

另外一种适合于不确定被控对象的控制方法为鲁棒控制(Robust Control)，这类控制问题是针对系统中存在一定范围的不确定，设计所谓的鲁棒控制器，使得闭环控制系统在保持稳定的同时，达到一定的动态性能，具有较高的抗干扰能力，满足控制要求。

6. 人工神经网络控制(Artificial Neural Network Control)

人工神经网络控制系统利用大量的处理单元(称为神经元)，广泛连接组成复杂网络，模拟人类大脑神经网络结构和行为。它属于智能控制技术的范畴，对于解决非线性系统控制和复杂系统的模式识别具有较好的效果。目前人工神经网络控制系统广泛应用于模式识别、设备故障诊断、图像目标识别、工业和民用产品的智能控制等。

7. 模糊控制(Fuzzy Control)

对复杂的系统建立一种语言分析的数学模型，以模糊数学为基础，适用于难以获取被控对象精确数学模型的场合。模糊控制技术已在工业和民用领域得到广泛的应用。特别是

将其与经典控制理论相结合，如PID模糊控制器，可以得到很好的控制性能。

8. 专家系统(Expert System)

专家系统汇集技术专家的逻辑思维和行为，是一种具有大量专门知识和经验的、用于解决专门领域特定问题的计算机程序系统。由于专家系统涵盖了各领域专家的丰富经验，针对不同的被控问题，有针对性地自动选择相关控制算法，因此在实际工程应用过程，具有事故率低、解决问题显著等特点。

9. 非线性控制系统(Nonlinear Control)

严格来讲，实际的被控对象都是非线性系统。例如机械传动系统存在摩擦、间隙、温度变化等因素，使得其具备非线性的特性。针对一些典型的非线性系统，已形成一些较成熟的控制理论和方法。由于非线性控制算法考虑了实际被控对象的非线性的特性，控制效果更加显著。然而针对非线性控制系统的控制方法也更加复杂。

1.3　自动控制系统

下面通过一个具体实例来阐述自动控制系统的基本概念。

【例 1.1】观察工业机器人的运动控制过程，如图 1.3 所示，图 1.3(a)所示为德国KUKA机器人本体实物图，图 1.3(b)所示为机器人结构示意图。该机器人共有 6 个关节，其中 3 个转动关节，3 个摆动关节，每个关节均由独立的伺服电动机控制。当给机器人本体的末端法兰处配置不同的末端执行器时，一个工业机器人就可以实现不同的工作。例如当末端执行器为焊炬时，机器人可实现电弧焊接作业；当末端执行器为焊钳时，机器人可实现点焊作业；当末端执行器为激光头时，机器人可实现激光焊接、激光切割、激光打孔等作业；当末端执行器为夹持器时，机器人可实现搬运物体作业等。此外还有用于喷涂、喷胶、装配、打标、医疗手术等各种机器人。图 1.3(b)所示的末端执行器为一个夹持器，机器人的任务是通过夹持器抓取 A 处的物体，并将其搬运至 B 处。在此过程中，机器人的控制涉及复杂的运动学和动力学问题。例如，从 A 到 B 的运动路径上，夹持器在三维空间的每一点，都要计算出机械手每个关节对应转动的角度，这需要应用到运动学的技术，涉及复杂的矩阵运算和数学知识。另外，机械手在从 A 到 B 的运动过程中，还涉及速度快慢及加速度快慢问题，则需要计算每个关节伺服电动机的转动速度、加速度和力矩大小等问题。受地球引力作用，还要考虑被抓物体的质量大小，因为这直接影响到机械手加速度的最大限值。如果加速度过大，夹持器的力矩或摩擦力不足以产生使物体加速的作用力，则物体很容易从夹持器中滑落。所以每台伺服电动机所对应伺服驱动器都要按照所制定的控制算法可靠地工作。

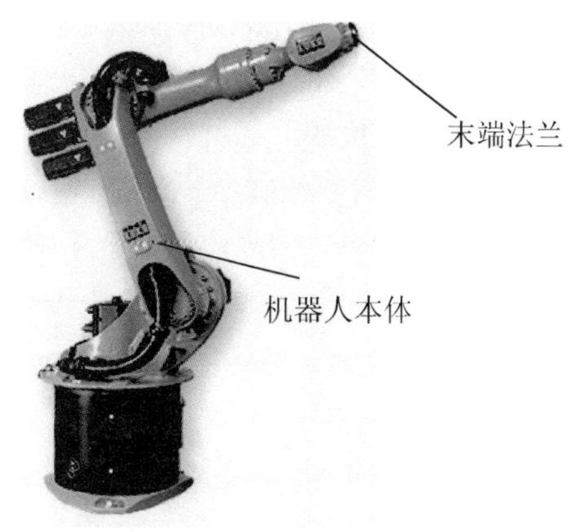

(a) 多关节机器人实物图

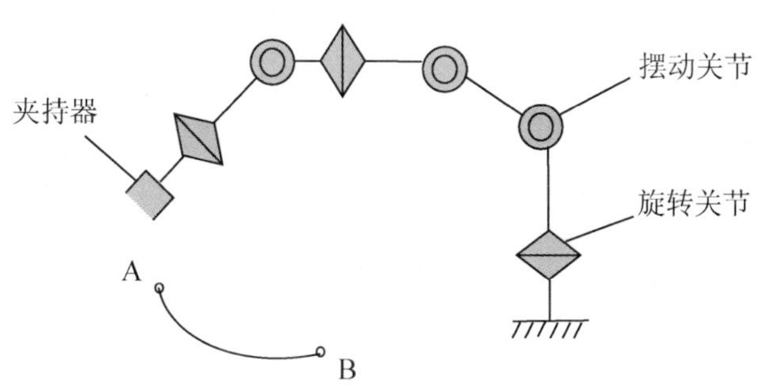

(b) 机器人结构示意图

图 1.3 多关节工业机器人

为了达到最优控制效果，需要精心设计合适的过程控制算法，使得搬运物体的速度最快，而且搬运过程既平稳，定位又准确。机器人运动过程则必然涉及多变量、耦合和非线性系统等复杂的控制问题。经典控制理论通常无法解决如此复杂的多输入多输出对象的控制问题，需要应用现代控制理论和技术加以解决。

1.3.1 控制系统的概念

所谓控制系统，一般指的是控制器与被控对象的总和，其结构如图 1.4 所示，这也是一个开环控制系统。

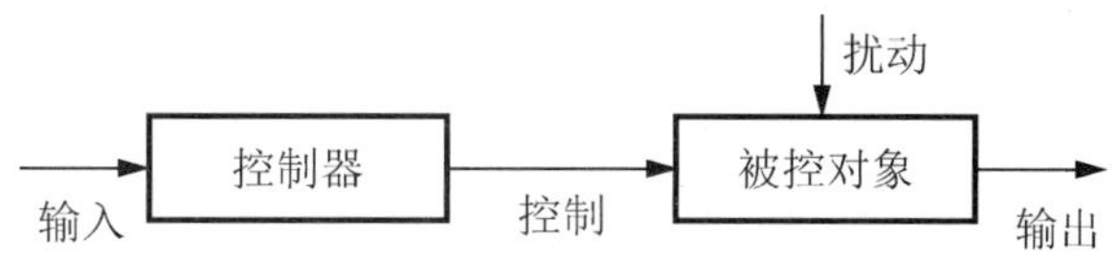

图 1.4 控制系统示意图

下面通过一个水位控制的例子来分析控制系统的结构和功能[1]。这类控制问题在许多自动化楼宇和自来水公司都会经常遇到。

【例 1.2】分析一个水位自动控制系统，如图 1.5 所示。其目的是保持水箱中的水位恒定。当水的流入量与流出量平衡时，水位保持不变。当流出量增大或流入量减小时，则水位下降，出现正偏差。用于测量水位的浮标可检测出偏差，并将信息传至控制器。控制器则控制阀门增大，水位增加至平衡。反之，当水流出量减小或流入量增大时，水位上升，出现负偏差，控制器则控制阀门减小，使水位下降至平衡状态。

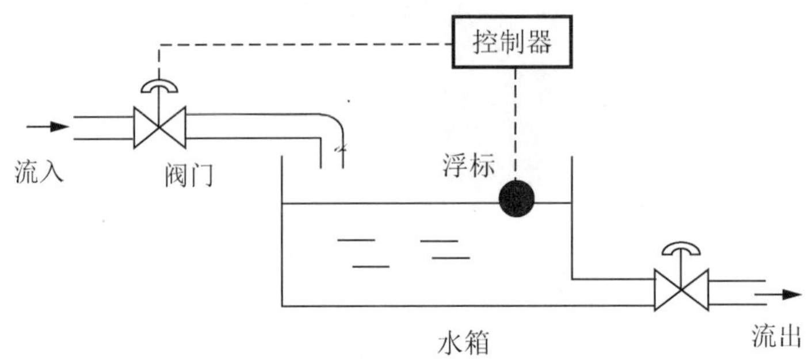

图 1.5　水位自动控制系统

在例 1.2 中，控制希望值或参考输入即为水位的希望高度，而水位实际高度即为系统的输出，水流入量和流出量的变化即为系统的扰动。

对于一个自动控制系统而言，都是为了达到某一目的，通过控制作用，保证对输入有满意的输出响应，它具有两个特点。

(1) 保证系统的输出具有控制输入指定的数值，并且只能在一定范围内波动，即输出误差需控制在一定的范围。从工程应用的角度来看，有一定的控制误差是允许的。

(2) 保证系统的输出尽量不受扰动的影响，换言之，控制系统可根据干扰造成的影响，具有相应的自动调节作用。当系统被外界因素干扰时，系统不受影响是不可能的，例如电网电压波动会造成机器运行状态的变化，负载的波动会造成电动机转速的变化等。关键的问题是，当系统被干扰时，自动控制系统应能够迅速地产生调节作用，使系统恢复原有的平衡状态，将干扰造成的影响降到最低。

但是，要得到非常满意的控制效果并非易事。例如对于例 1.2 中的水位控制系统，就涉及控制的精确性、快速性和稳定性问题。当水压突然增加或减小时，通过浮标进行测控则在时间上就会有较大的滞后，且浮标上下波动也会影响水位的测量精度。另外，在设计控制算法时，要留有一定的控制死区，否则阀门将频繁动作，容易损坏控制系统。

1.3.2　开环控制系统与闭环控制系统

下面通过电动机的控制系统来阐述开环和闭环控制系统的概念。一个直流电动机的开环控制系统如图 1.6 所示。系统的输入量为电压，输出量为电动机的转速。电动机的转速由控制器控制，而输出量转速对于输入量控制器的电压没有反馈作用。开环控制系统结构简单，给定一个输入，就对应一个输出。但控制精度不高，如电网电压波动或电动机负载变化，都会引起电动机转速的变化，而控制系统对电动机转速的变化没有调节功能。

图 1.6 电动机开环控制系统

另一种常见的开环控制系统为步进电动机的控制。步进电动机也称为脉冲电动机，它是将电脉冲信号转变为角位移或线位移的开环控制元件。在非超载的情况下，步进电动机的转速和位置只取决于脉冲信号的频率和脉冲数，而不受负载变化的影响，即给步进电动机施加一个脉冲信号，步进电动机则转过一个步距角。利用这一线性关系，再加上步进电动机只有周期性的误差而无累积误差的特点，使其在速度、位置等方面非常容易控制。步进电动机已被广泛应用于许多领域，如数控机床刀具运动控制系统、机器人运动控制系统、机床工作台的驱动系统、打印机运动控制系统等。但步进电动机并不能像普通的直流电机和交流电机在常规下使用，其必须由双环形脉冲信号、功率驱动电路等组成的控制系统方可使用，它涉及机械、电动机、电子及计算机控制等诸多专业知识。

图 1.7 所示为步进电动机及其驱动器的实物图。图 1.7(a)中为二相步进电动机，其静扭矩为 2.80Nm，串联相电流 3.0A，轴径 9.525mm。通过柔性联轴器、精密滚珠丝杠和导轨，驱动一个直角机器人的 X 轴运动。步进电动机的运动则由驱动器实现控制，图 1.7(b)中驱动器通过向步进电动机发送脉冲来控制步进电动机的转动，其供电范围 18～36VAC，驱动电流 1.3～3.5A，静止时电流可自动减半，细分精度为 256 倍细分可选，具有过压、过流保护，单/双脉冲输入兼容。

(a) 步进电动机

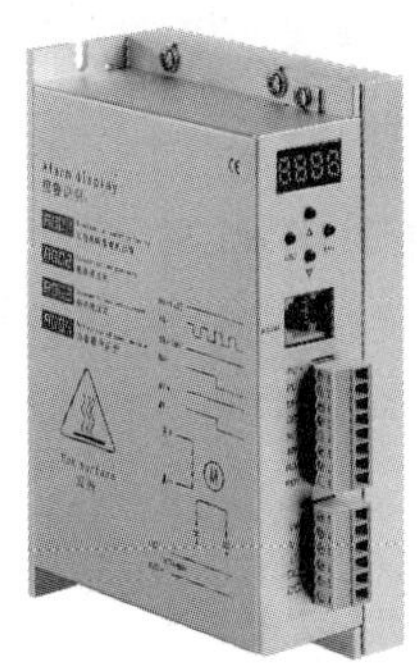

(b) 步进电动机驱动器

图 1.7 步进电动机及其驱动器

当对一个被控对象进行控制时，为了提高开环系统的控制精度，通常采用精度较高的控制系统。例如采用步进电动机控制系统，电动机的转动角度只与控制输入脉冲成正比，因此抗干扰能力较强。只要选择合适的步进电动机、驱动器、控制器和机械传动机构，精确计算驱动负载运动时所需的动力，避免步进电动机的丢步，就能够保证控制精度。

但是，由于控制现场存在各种各样的干扰，使得输出值会偏离预期值。例如电动机的转速会随着负载变化及电压的波动而改变，而对于这种改变，开环控制器是无法进行自动调节的。为此，可以通过闭环控制系统实现对输出量的在线调节，从而提高控制精度。

所谓闭环控制系统，就是在系统的输入端增加系统输出的反馈装置，并与输入参考值进行比较，以二者的差值对系统进行调节。其中反馈装置的主要功能是用于测量系统的输出状态并将其反馈到控制器。例 1.2 就是一个简单的闭环控制系统。再例如电动机转速控制系统，可采用测速发电机(输出电压与电动机转速成正比)或旋转编码器(输出脉冲频率与电动机转速成正比)得到电动机的实际转速，然后与参考输入电压相比较(旋转编码器通常需要经过频压转换，或直接通过接口电路反馈至控制器进行数字比较)，则可保证电动机的转速平稳。图 1.8 所示为电动机转速闭环控制系统的示意图。伺服电动机及其驱动控制器即为一种常见的闭环控制系统。

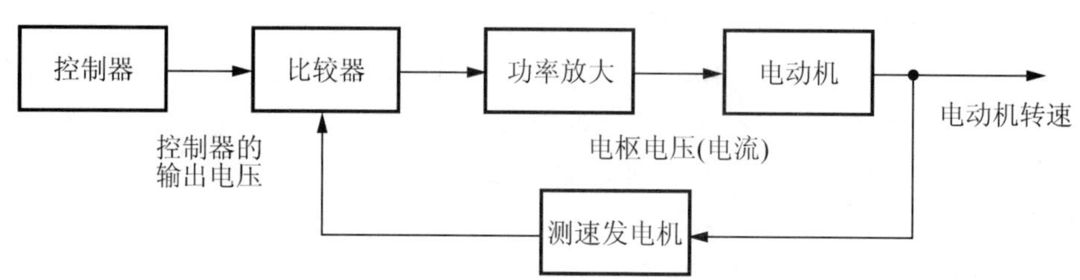

图 1.8　电动机闭环控制系统结构图

在数控机床和众多零部件加工装置中，加工装置的机械运动主要通过电动机、联轴器、滚珠丝杠、导轨等机构实现控制。如单轴滑块运动、十字工作台等都是由电动机的旋转运动转换为直线运动。图 1.9 所示为单轴运动机构的实物图，步进电动机通过滚珠丝杠等机构驱动滑块进行直线运动，而运动滑块上可以装配加工刀具、激光头、焊炬、摄像机等多种装置。此系统为简单的开环控制系统。

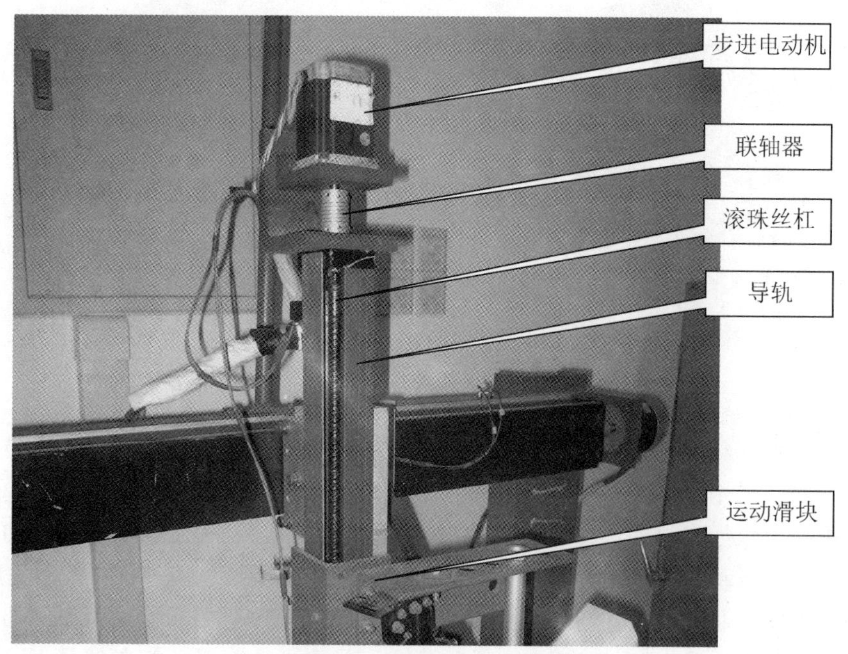

图 1.9　单轴运动机构实物图

图 1.10 所示为常见的十字工作台，工作台分别由 X 轴和 Y 轴两个步进电动机通过联轴器、滚珠丝杠、导轨等机构驱动，实现在二维平面的运动。对于每个运动轴而言，可以将其设计为单独的控制系统，也可以设计为联动控制系统。当设计为联动控制系统时，通过两台步进电动机运动的插补运算，可以控制工作台实现二维平面的直线、弧线、曲线等多种轨迹形式的运动。根据有无反馈及反馈形式，可以将每个轴的运动分为开环、半闭环和全闭环控制系统。

图 1.10 所示的 X 轴或 Y 轴的驱动形式为开环控制，此时工作台的运动由两台步进电动机驱动，但工作台的运动状态并无反馈。换言之，计算机控制器仅根据事先制定的控制规则对工作台的运动进行控制，至于工作台的运动轨迹、位置、速度、加速度等状态是否真正达到了预期要求，计算机控制器并不能得到反馈信息。此类控制形式的硬件结构和控制算法简单，成本低，在硬件及控制算法等各方面设计合理的前提下仍然可以达到较好的控制效果。不足之处是没有被控对象状态的反馈环节，缺少控制状态的自动调节功能，对控制误差也无法及时修正，难以满足高精度控制的要求。

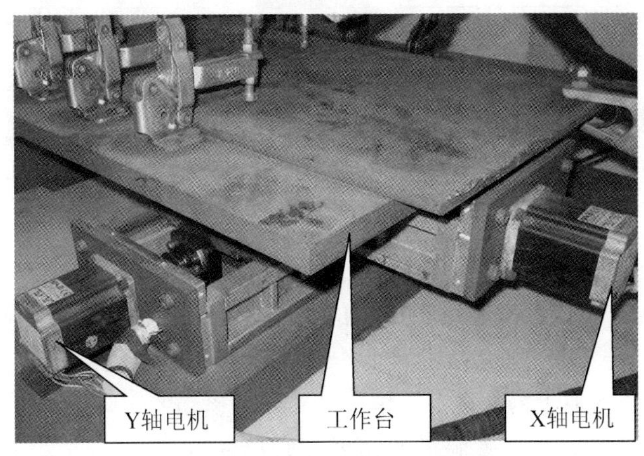

图 1.10 十字工作台及运动机构

图 1.11 所示为步进电动机驱动工作台的开环控制系统示意图。可以看出，步进电动机通过滚珠丝杠将旋转运动转换为工作台的直线运动。步进电动机每转动一个角度，工作台就相应地移动一个距离。系统的结构和控制算法简单，颇具实用性。

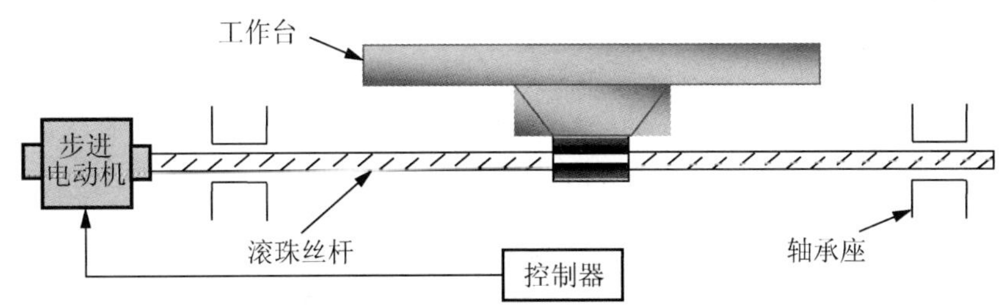

图 1.11 步进电动机驱动工作台的开环控制系统结构

图 1.12 所示为步进电动机驱动工作台的半闭环控制示意图，步进电动机驱动滚珠丝杠带动工作台实现 X 和 Y 方向移动。这里，通过旋转编码器进行工作台的位置反馈，并

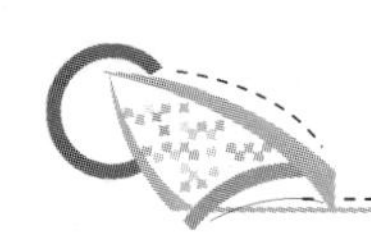

将反馈信息输入至控制器。旋转编码器通常与电动机同轴或与滚珠丝杠同轴，其分辨率是影响机器精度的主要因素。旋转编码器通过滚珠丝杠或电动机的转动来反馈工作台面移动的距离，或者直接反馈角度的旋转。旋转编码器的分辨率也称编码器的解析度，目前旋转编码器的分辨率一般可以做到每圈 36000 线，即 0.01 度的分辨率。显然，工作台运动的控制精度主要取决于编码器的分辨率和滚珠丝杠的精度。这种控制方式的优点是控制系统和机械结构较为简单，成本低，稳定性较好，目前很多数控机床均采用该种控制方式。但半闭环控制方式的缺陷是旋转编码器所测量的不是工作台的实际位移和位置，而是电动机或滚珠丝杠的转动角度，再经过推算得出工作台的位移量。因此，这种方法只能间接地推算出工作台的位移，不能补偿传动环节过程中机械的误差和磨损，例如齿轮或皮带传动的误差、丝杠的扭力变形，以及丝杠与滚珠之间的螺距误差、间隙与磨损等。

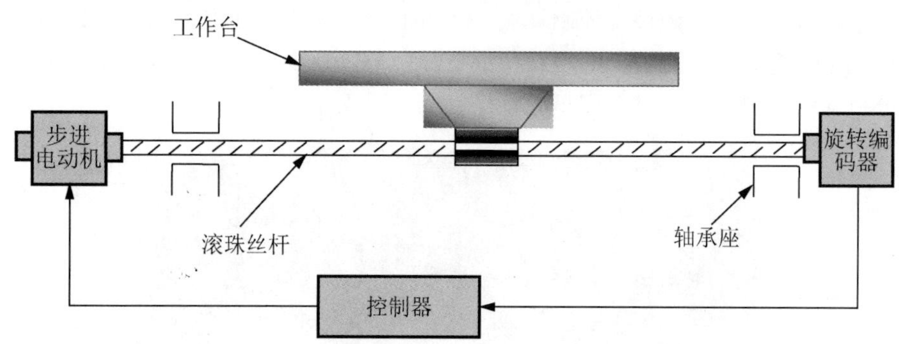

图 1.12　步进电动机驱动工作台的半闭环控制系统结构

图 1.13 所示为步进电动机驱动工作台的全闭环控制示意图，步进电动机驱动滚珠丝杠带动工作台实现 X、Y 方向运动，而工作台的运动位置由安装在工作台上的光栅尺检测。光栅尺又称为线性编码器，可以直接反馈工作台运动的实际位置，不受传动机构扭力变形和滚珠丝杠磨损等影响。光栅尺的精度通常可达到 1μm 甚至更高。从图 1.13 可看出，光栅尺的移动部分装有读/写头以读取工作台移动的实际位置并进行反馈，其优点是可以消除机械传动上存在的间隙，补偿机械传动件的制造误差，获得较高的定位精度。其不足之处是结构较为复杂，在工作台运动过程中，滚珠丝杠轴的温度上升会使滚珠丝杠因热伸长，降低定位精度。

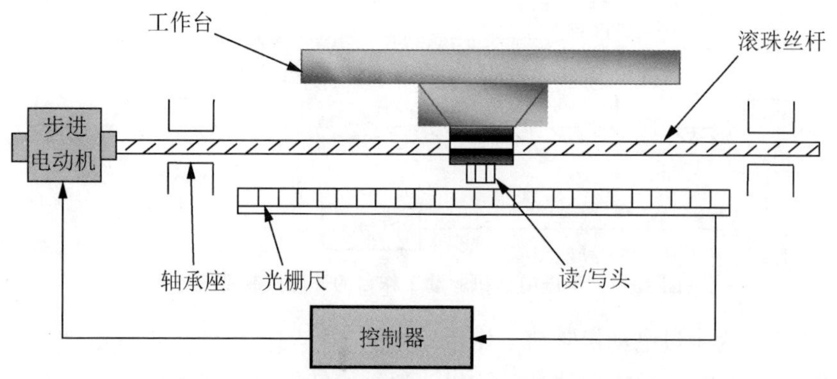

图 1.13　步进电动机驱动工作台全闭环控制系统结构

除了上述控制工作台的运动方式，还有其他一些控制方式可以实现闭环控制。例如可采用伺服电动机作为驱动机构，替代步进电动机，伺服电动机本身就具备反馈功能，控制精度较高，但成本相对也高。信息反馈可采用摄像机获取工作台的运动信息，并将其反馈至控制器。控制器通过对摄像机反馈的图像进行分析，可以识别出工作台运动的速度、加速度以及位移量等信息。关于利用摄像机获取被控对象信息的技术，本书第 10 章实例中有详细的介绍。另外，精密数控机床工作台的全闭环控制方式还有直线电机驱动，如图 1.14 所示。直线电机也称为线性电机、线性马达、直线马达、推杆马达，是一种技术发展和应用普及很快的执行机构。与全闭环步进电动机或伺服电动机驱动相比，直线电机的优点是直接实现直线运动，消除了从旋转型电动机到工作台之间的机械传动环节，磨损小，响应速度快，驱动定位系统简单，控制精度高。工作台的运动位置信息的检测仍然通过光栅尺进行位置反馈。

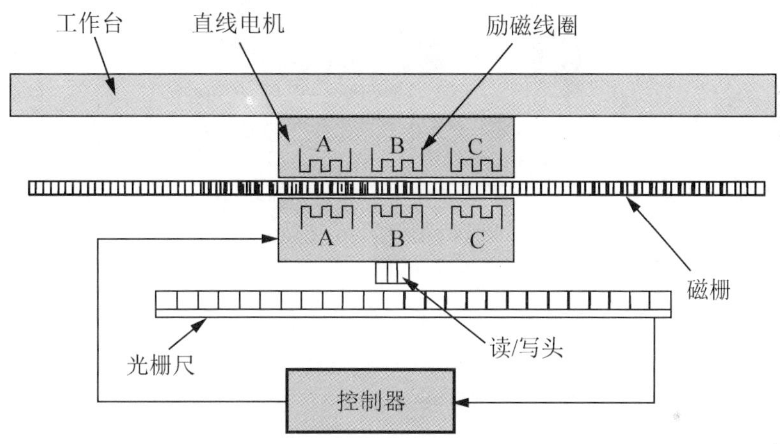

图 1.14 直线电机驱动工作台全闭环控制系统

下面通过激光焊接的例子来说明闭环自动控制技术的特点。在汽车、造船、航空航天、石油化工、电工电子、材料加工等领域，机器人自动焊接是不可缺少的主要加工技术。其中大功率光纤和盘形激光焊与传统电弧焊接方法相比，具有焊接速度快、焊缝热影响区小和大深宽比等优点，能保证高能量集中性，实现多种金属和非金属焊接。特别是焊接一些厚板材料，大功率激光焊接无须开坡口和填充材料，一次焊接成型，大大节约了工时和成本。图 1.15 所示为机器人大功率盘形激光焊接不锈钢金属厚板的实物图。

对于工程中常见的对接焊，为了保证焊接质量，在焊接过程中必须控制激光束始终对准两块待焊材料之间的焊缝。然而由于焊接前夹具的装配误差和焊接过程中工件的热变形，使得焊缝路径往往偏离预定轨迹，造成激光束跟踪焊缝时出现偏差。通常激光束与焊缝之间的偏差大于 0.2mm 时即可导致焊接工件报废，因此必须准确实时地识别和跟踪焊缝。但激光束功率密度高，光斑直径小，焊缝间隙很窄，再加上激光焊接速度快，所以要实时准确地识别和跟踪焊缝是十分困难的。为此可采用近红外摄像机作为反馈装置，机器人控制器通过分析红外图像获取焊缝偏差信息，并控制机器人的各关节调整激光束位置，实现激光束的焊缝实时跟踪控制。图 1.16 所示为机器人焊缝跟踪闭环控制系统的结构示意图。

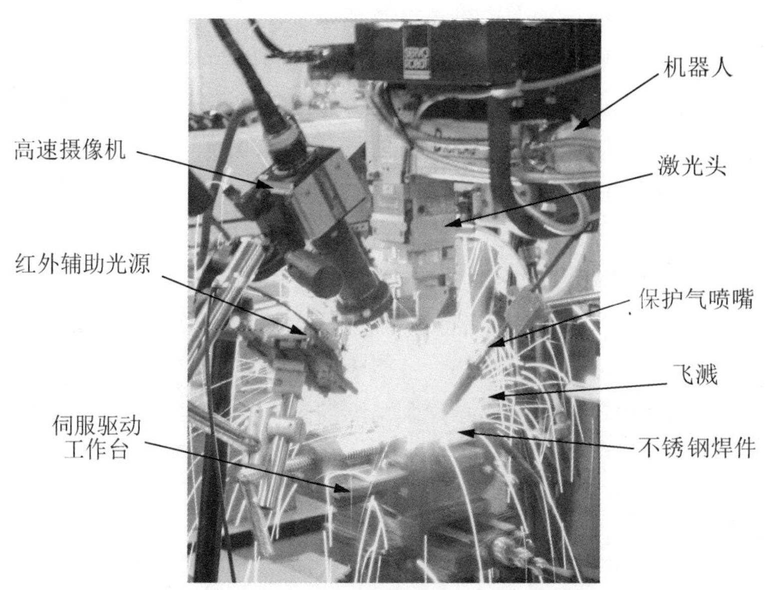

图 1.15　机器人大功率盘形激光不锈钢厚板焊接

当激光束对准和偏离焊缝时，熔池(由于激光束的照射而熔化的金属部分)区域温度分布和热辐射一定存在变化，其红外热像特征则存在差异。为此采用近红外传感高速摄像机拍摄焊接区熔池红外动态热像，分析激光束对准和偏离焊缝时的熔池红外热像特征变化，探索其与焊缝偏差之间的内在规律，实现基于红外热像的大功率激光焊焊缝跟踪控制。图1.16包括IPG Photonics公司的YLR－10000系列光纤激光焊接设备、松下公司的VR－016型六关节机器人、保护气体(氩气)和焊接工作台。焊接工作台配有NAC公司的Memrecam fx RX6高速摄像机、精密伺服电动机和夹具等。视觉传感器前设置光谱范围为960～990nm的近红外窄带抗扰光学滤光器，以消除金属蒸汽等离子体辐射和飞溅等干扰，获取最佳熔池区域红外热像。相关内容可参阅本书第10章实例中的详细介绍。

如果焊接机器人控制系统没有焊缝位置信息反馈环节，而是控制激光束按照预先规划的焊缝路径运动，则属于开环控制系统。开环控制系统相对简单，在保证精确夹装焊接工件以及较小的工件热变形的前提下，可以实现高质量焊接。但是开环控制系统由于缺少焊缝路径位置的实时反馈和纠偏功能，如果夹装误差较大或焊接过程中工件出现较大的热变形使得焊缝偏离原来轨迹，则会因激光束与焊缝之间出现较大的偏差而造成焊接失败。

闭环控制系统有两个明显的特征，一个是控制作用信号按闭环传递；另一个是系统的输出对控制作用有直接影响(有负反馈的作用)。图1.17所示为闭环控制系统结构示意图。反馈作用可以调节反馈环内的所有环节，提高控制精度，但对于反馈环以外的环节则无法调节。由于实际系统一般都具有质量、惯性或延迟，是一个动态系统，因此，对于一定的输入，系统相应的响应或输出往往是振荡的。而系统的反馈功能有可能加剧这种振荡，甚至造成系统的不稳定。

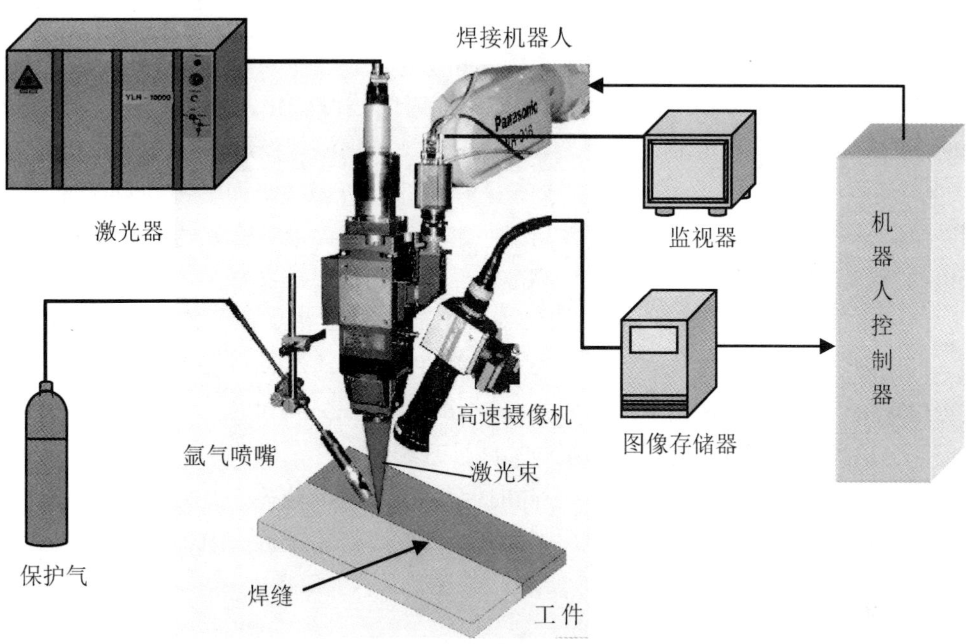

图 1.16 机器人焊缝跟踪闭环控制系统结构图

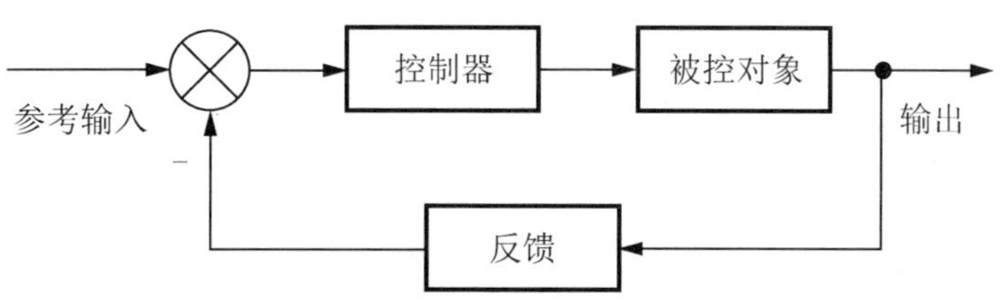

图 1.17 闭环控制系统的结构

系统的反馈功能可以使控制器及时调节控制量，使系统的输出达到期望值。但反馈也改变了系统的动态特性，增加了系统的复杂性。例如，对于电动机转速控制系统，提高输入电压会使电动机的转速相应提高，但电动机具有惯性，输出响应会出现延迟，所以当提高输入电压时，电动机的转速并不可能立即有反馈形成的调节作用。如果控制系统认为电动机的转速没有提高，再继续增加输入电压，则有可能超过了希望转速所对应的输入电压值。电动机在延迟了一段时间后转速会大幅度上升。则控制系统需要再降低输入电压，往复调整，控制效果会出现波动。因此，如何恰当地控制电动机的转速，要涉及整个控制系统的动态及静态性能、机械传动机构、电动机参数和控制算法等一系列复杂问题。

1.4 自动控制系统的类型

自动控制系统有多种分类方法[1]，下面分别加以讨论。

(1) 按信号传递路径可分为：开环控制系统和闭环控制系统。这两种控制系统在前文

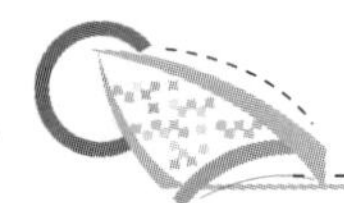

已经详细论述。

（2）按参考输入可分为：自动镇定系统、随动系统、程序控制系统。

① 自动镇定系统：该系统的输入为常值或随时间缓慢变化，目的是在控制系统受到扰动时能够使输出保持恒定的希望值。如恒压、恒速和恒温等控制系统。

② 随动系统：这种系统的参考输入不是时间的解析函数，而是随时间任意变化的，控制系统的任务是在各种情况下保证输出以一定的精度跟踪参考输入的变化而变化。随动系统也称跟踪系统，如目标自动跟踪、瞄准和导弹拦截控制系统等。

③ 程序控制系统：这种系统的输入随时间有一定的变化规律，输出也随之变化。如电梯、机械加工和食品加工流水线，每一道过程的动作及动作时间都事先编入程序。此类系统可以采用可编程序控制器PLC(Programmable Logic Controller)来实现对系统的控制。

（3）自动控制系统可分为线性系统与非线性系统。

① 线性系统。自动控制系统是一个随时间变化的动态系统，如果系统的状态和性能可以用线性微分(或差分)方程来描述，则称为线性系统。线性系统中各元件的输入与输出之间的静特性一定是直线，如图1.18所示，并且满足叠加原理。

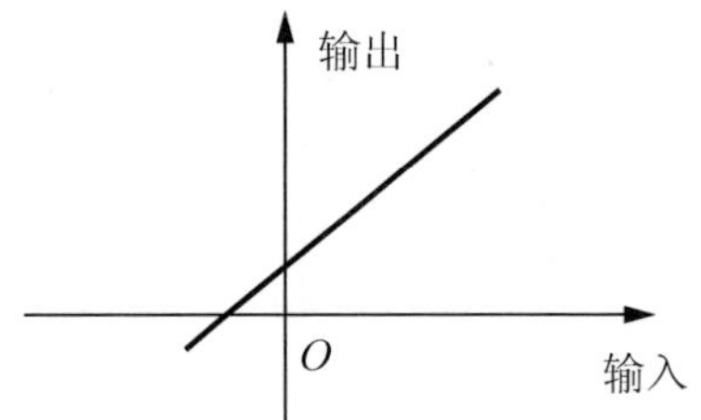

图1.18 线性系统的静特性

所谓叠加原理，即：①当系统有多个输入时，系统的输出等于各个输入时系统的输出之和；②系统的输入增大多少倍时，系统的输出也增大相应的倍数。图1.19所示为线性系统算子，其中 G 为运算子，r 为输入，y 为输出，且均为时间 t 的函数，则有 $y=G\cdot r(t)$。

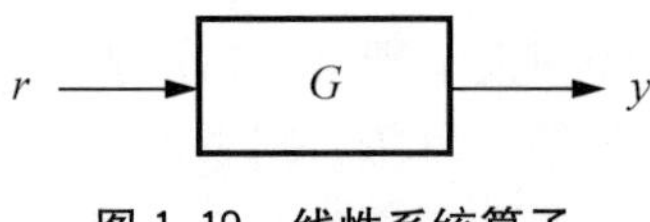

图1.19 线性系统算子

如果有两个输入 $r_1(t)$ 和 $r_2(t)$，其对应的输出分别是 $y_1(t)$ 和 $y_2(t)$，且有 $y_1(t)=Gr_1(t)$，$y_2(t)=Gr_2(t)$，$r(t)=\alpha r_1(t)+\beta r_2(t)$，其中 α、β 为常数，则有

$$G[\alpha r_1(t)+\beta r_2(t)]=\alpha Gr_1(t)+\beta Gr_2(t)$$

$$y(t)=Gr(t)=\alpha y_1(t)+\beta y_2(t)$$

如果微分或差分方程的系数为常数，并且不随时间变化，则称为线性定常系统。若初始条件为零，则 $y(t\pm\tau)=G\cdot r(t\pm\tau)$，其中 τ 为任意常数，系统的响应与时间坐标轴的起点无关。

如果微分方程或差分方程的系数是时间的函数，则对应的系统为线性时变系统，上述公式均不成立。如导弹燃料消耗，带钢卷筒等质量和惯性随时间变化，都属于时变系统。电子元件的特性参数随时间变化，相应的电子系统也属于时变系统。

② 非线性系统：当系统中只要有一个非线性特性元件时，系统就由非线性方程来描述，方程的系数将随变量大小而变化，对应的系统则为非线性系统。

图 1.20 所示为非线性系统元件的典型静态特性示意图，其输入与输出之间的静态特性不再是一条直线，图 1.20(a)存在饱和现象，当输入增大到一定程度时，系统饱和，输出不再增大。图 1.20(b)存在死区现象，当机械传动机构有间隙时，输出并非受输入控制，例如对于图 1.10 所示的十字工作台运动控制系统，虽然电动机旋转了某一角度，但由于传动机构存在间隙，工作台有可能并未移动。图 1.20(c)表示存在多回路曲线现象，即输出随输入增加的变化曲线与输出随输入减小的变化曲线并非同一条，例如电磁场系统的磁化曲线。叠加原理对非线性系统无效。严格来讲，实际当中不存在线性系统，例如电路放大器有饱和性，运动部件有间隙、摩擦、死区等，但为了简化数学描述和控制系统，可将非线性系统在一定范围内简化为线性系统，利用成熟的线性系统控制理论来处理。

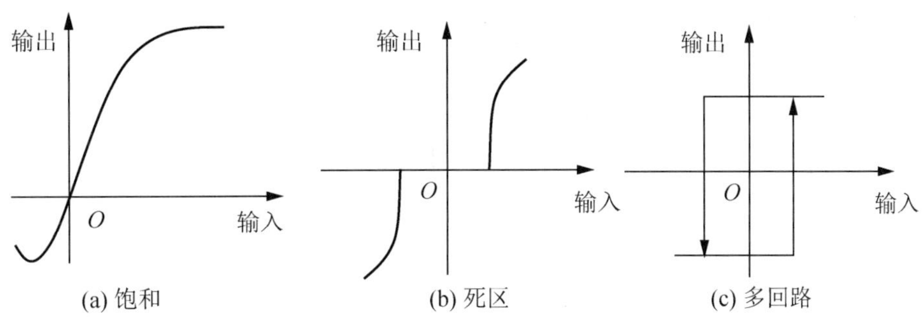

图 1.20 非线性系统元件的输入和输出静态特性

(4) 自动控制系统也可分为连续系统与离散系统。

① 连续系统。当控制系统各元件的输入信号是时间 t 的连续函数，各元件相应的输出信号也是时间 t 的连续函数时，称为连续系统。连续系统通常可以用微分方程来描述。对于连续系统而言，允许信号有间断点，而在某一时间范围内为连续函数，如图 1.21 所示，输入和输出信号在 $t=0$ 和 $t=t_i$ 为间断点，而信号在时间$[0, t_i]$区间连续。

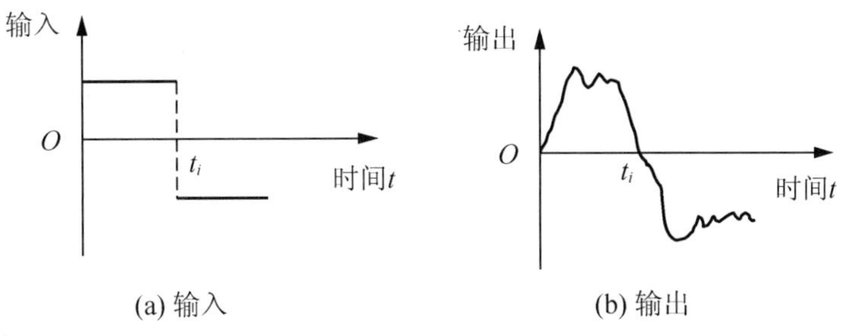

图 1.21 连续系统输入和输出信号示意图

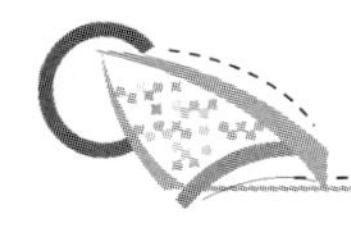

② 离散系统。系统中只要有一个地方的信号是脉冲序列或数码时，即为离散控制系统。离散控制系统的特点是：信号在特定的离散瞬时 t_1，t_2，…上是时间的函数，两瞬时点之间的信号则不确定。

离散时间信号可以由连续信号通过采样开关获得，如图 1.22 所示。离散系统也称采样控制系统。计算机系统、步进电动机驱动系统等都是离散控制系统，其性能一般可由差分方程描述。

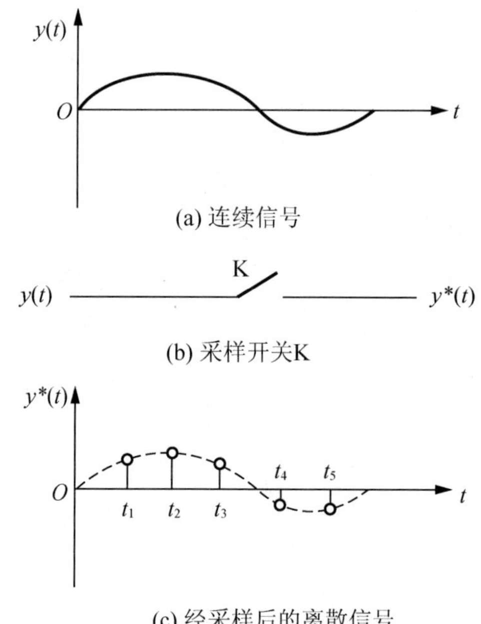

图 1.22　连续信号的采样过程示意图

(5) 自动控制系统还可分为确定系统与不确定系统。

① 确定系统。确定系统的结构和参数是确定并已知的，作用于系统的输入控制信号也确定。例如输入控制信号为

$$r(t)=16\sin(10t+40)\quad (t\geqslant 0)$$

② 不确定系统。如果作用于系统的信号不确定，则为不确定系统。例如输入信号是随机或伴有随机噪声，不能用特定的时间函数来具体描述。但如果信号有统计特性，则可以应用概率理论来研究其特征。

(6) 单输入单输出系统与多输入多输出系统。根据系统的输入和输出信号的数量，可以将控制系统分为单输入单输出系统与多输入多输出系统。

① 单输入单输出系统。该系统的输入和输出只有一个，图 1.23 所示为多回路反馈系统，这是一个典型的单输入单输出控制系统。经典控制理论所涉及的控制问题基本都属于单输入单输出控制系统，相对而言控制算法较为简单，被控对象也比较单一。相关自动控制技术已相当成熟，并在工程中得到了成功的应用，创造了显著的经济和社会效益。目前在一些工业领域，仍然存在单输入单输出系统的控制问题。

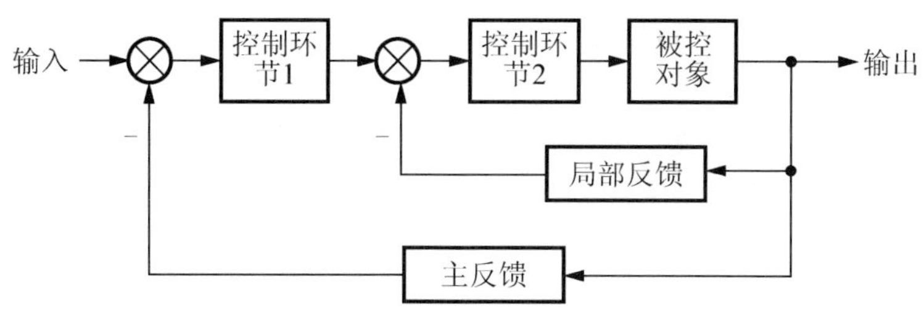

图 1.23 单输入单输出控制系统

② 多输入多输出系统。多输入多输出控制系统的信号多、回路多，相互间存在耦合，因而十分复杂。多输入多输出系统通常有多个变量，因此也称为多变量系统。如数控机床、生产装配流水线、冶炼化学控制过程、机器人多关节控制、飞行器姿态控制等都为多变量控制系统。图 1.24 所示为多输入多输出控制系统示意图。

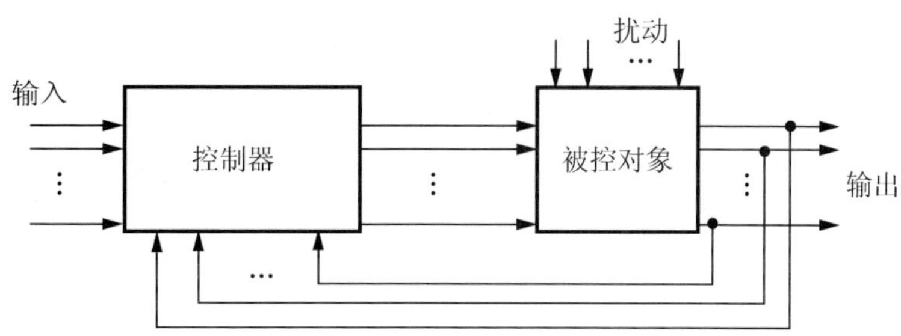

图 1.24 多输入多输出控制系统

1.5 自动控制系统的标准

1.5.1 对控制系统的要求

为了达到良好的控制性能，系统的被控量或输出量必须迅速、准确地按输入量的变化而变化，两者之间保持要求的函数关系，尽量不受扰动的影响。理想情况下，在时间 $t=0$ 时刻给定系统一个阶跃输入信号时，则输出响应在瞬间达到一个稳定值，如图 1.25(a)所示。但实际系统具有质量、惯性和扰动等因素，则被控对象的输出响应由系统的瞬态和稳态响应决定，图 1.25(b)为一个典型的实际输出响应曲线。通常可将对控制系统的要求归纳为稳定、准确、快速 3 个方面。

1.5.2 典型输入信号

一般而言，系统的输出响应与输入控制信号有关，如图 1.26 所示。对被控对象进行分析和试验，采用典型输入控制信号往往可以迅速得到系统的某些特性。

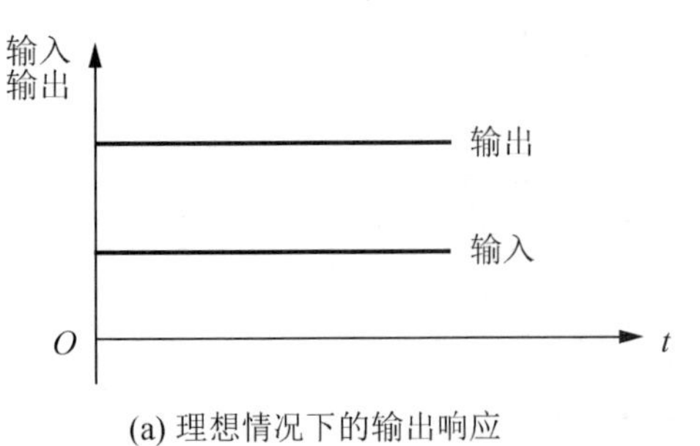

(a) 理想情况下的输出响应

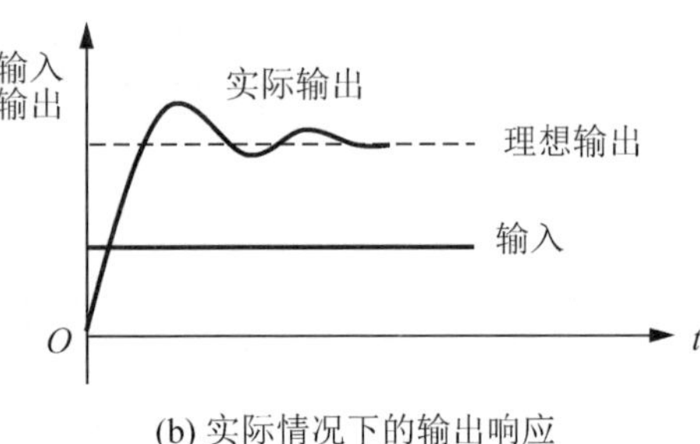

(b) 实际情况下的输出响应

图 1.25　控制系统的输出响应

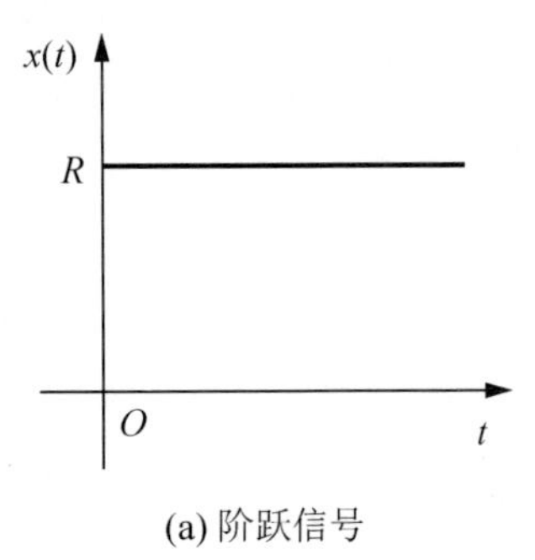

(a) 阶跃信号

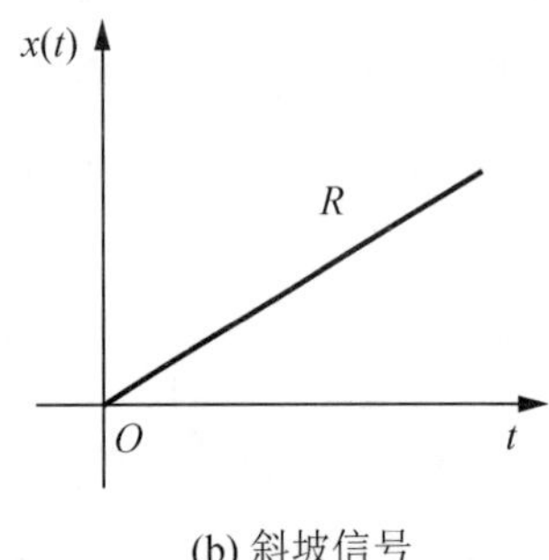

(b) 斜坡信号

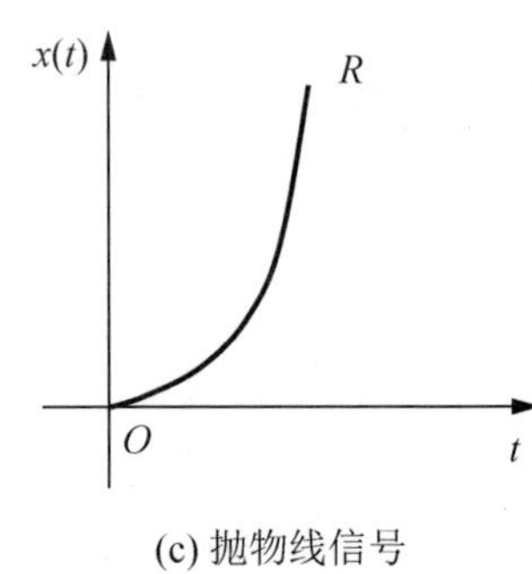

(c) 抛物线信号

图 1.26　典型输入控制信号

1. 阶跃输入信号

$$x(t)=\begin{cases}0, & t<0\\ R, & t\geqslant 0\end{cases}$$

阶跃控制信号在时间 $t\geqslant 0$ 时瞬间从零跃变到某一恒定值 R，其在工程实际当中十分常见，如启动电气开关，电动机的全压启动等。

2. 斜坡输入信号

$$x(t)=\begin{cases}0, & t<0\\ Rt, & t\geqslant 0\end{cases}$$

斜坡控制信号在时间 $t\geqslant 0$ 时从零以斜率 R 逐渐上升，当 $R=1$ 时为单位斜坡信号。斜坡信号也称为速度信号，它也是在工程实际当中十分常见的控制输入信号，如电动机的降压启动。工程领域经常会遇到很多较大的被控运动对象，其电动机的额定电流很大，如果全压启动，则启动电流过大，容易对电网和设备造成较大的冲击，为此，对大容量电动机的控制常使用斜坡信号，控制电动机的转速逐渐上升，达到最佳的综合控制性能。

3. 抛物线输入信号

$$x(t)=\begin{cases}0, & t<0\\ \dfrac{Rt^2}{2}, & t\geqslant 0\end{cases}$$

顾名思义，抛物线信号 $x(t)$ 随时间的变化为一抛物线形状，可以看出，$x(t)$ 的大小在不同时刻有很大的区别。对于图 1.26(c)的抛物线信号，$x(t)$ 在初始时刻的一段时间，其大小随时间缓慢上升，但随着时间的推移，其值急剧上升。抛物线信号可用于一些特殊的控制场合。

4. 脉冲输入信号

脉冲信号的表达式可写为

$$x(t)=\begin{cases}0, & t<0 \\ \dfrac{R}{\xi}, & 0\leqslant t\leqslant \xi \\ 0, & t>\xi\end{cases}$$

图 1.27 所示为脉冲输入信号示意图，脉冲信号 $x(t)$ 在某一时刻 ξ 的值为 R/ξ，而在其他时刻的值均为零。脉冲信号在工程中应用也十分普及，如操控开关的点动信号，步进电动机驱动器每次给步进电动机发送的脉冲控制信号，脉冲发生器输出的控制信号等。这里还需要了解单位脉冲函数 δ 的概念，脉冲函数 δ 满足公式 $\int_{-\infty}^{+\infty}\delta(t)\mathrm{d}t=1$。在时间 $t=t_0$ 处的单位脉冲函数为 $\delta(t-t_0)=\begin{cases}0, & t\neq t_0 \\ \infty, & t=t_0\end{cases}$，且有 $\int_{-\infty}^{+\infty}\delta(t-t_0)\mathrm{d}t=1$。单位脉冲信号是一个理想信号，但在工程实际应用过程，很多脉冲信号可以简化为单位脉冲信号来处理。由于单位脉冲信号有许多与众不同的特性，因此应用单位脉冲信号的相关理论可以得到极佳的控制性能，这些在书中的后续章节将有相关介绍。

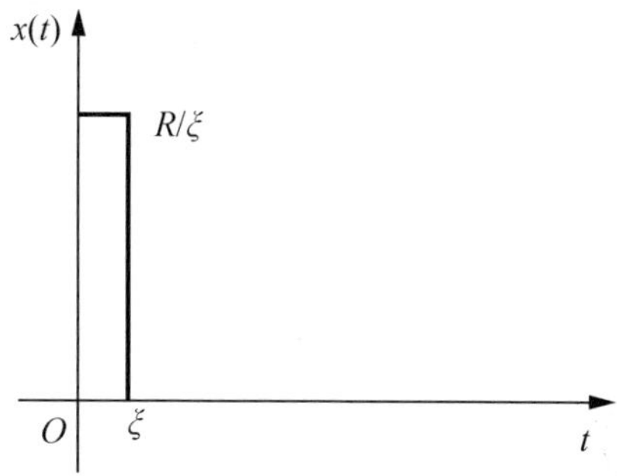

图 1.27 脉冲输入信号

1.5.3 控制系统的性能指标

衡量一个控制系统的控制效果，通常需要用到控制性能指标。不同的控制系统及不同的被控对象，对控制指标也有着不同的要求。下面列出常见的控制性能指标[1]。

1. 静态(稳态)性能指标——稳态误差

稳态误差是指在时间趋向于无穷大即 $t\to\infty$ 时输出 $y(t)$ 与参考输入 $r(t)$ 之间的偏差

e_{ss}，即 $e_{ss}=\lim_{t\to\infty}e(t)=\lim_{t\to\infty}[y(t)-r(t)]$。稳态误差反映了控制作用最终的调节效果。

2. 动态(瞬态)性能指标

(1) 最大超调量：$\delta_p=\frac{y(t_p)-y(\infty)}{y(\infty)}\times 100\%$。最大超调量反映系统输出的最大值与稳定值之间的关系，也反映了系统在控制作用下的输出量响应的幅度。

(2) 延滞时间 t_d：输出达到稳态值的 50%时的时间。

(3) 上升时间 t_r：对于振荡系统，输出第一次达到稳态值对应的时间。

(4) 峰值时间 t_p：输出第一次峰值对应的时间。

(5) 调节时间 t_s：输出衰减到稳态值±5%或±2%时对应的时间，反映了系统响应的快速性。

图 1.28 所示为标有各个性能指标的动态响应曲线示意图。在实际控制过程中，不同的被控对象，则对应不同的控制特性曲线。如调速控制系统，为了兼顾各项性能指标，则可以将振荡曲线作为参考控制曲线。但对于工件的切削加工控制，则不允许有超调，即控制特性曲线应为一条过阻尼曲线。可以看出，各个性能指标有时是相互矛盾的，例如当希望输出响应快速到达目标时，往往希望动态响应曲线上升梯度大一些(曲线较陡)，但这又增大了超调量与振荡次数。如果动态响应曲线上升较缓慢或者过阻尼，虽然超调量较小甚至没有超调，但输出量到达目标的调节时间过长。所以，采取何种控制方式和动态响应曲线，要视具体情况而定。

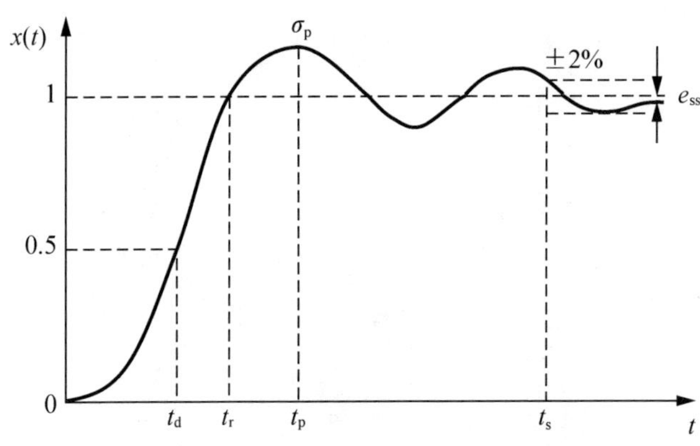

图 1.28　系统动态响应曲线及性能指标

本章小结

本章介绍了控制理论的发展史和现代控制理论的基本内容，列举了与实际工程及生活相关的实例，帮助读者理解自动控制系统的概念；同时阐述了自动控制系统的分类及控制性能要求。

习 题

1.1 试论述现代控制理论的主要思想。

1.2 现代控制理论的主要内容是什么?

1.3 什么是开环控制系统和闭环控制系统?它们各自的特点是什么?

1.4 试说明对控制系统有哪些基本性能要求。

1.5 试说明自动控制系统的分类。

1.6 自动控制系统的性能指标主要有哪些?它们的含义各是什么?

第2章

线性控制系统的状态空间描述

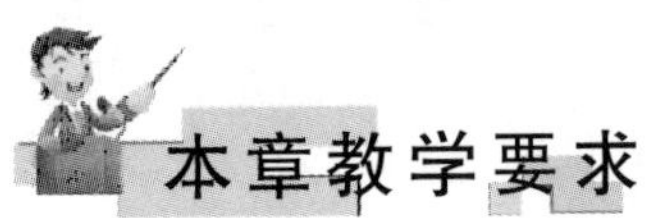

知识要点	掌握程度	相关知识	工程应用方向
状态空间描述的概念	熟悉	状态空间描述的定义、分析方法及特点	机器人技术，精密检测技术
时域描述转化为状态空间描述	掌握	状态方程中包含输入函数导数及不包含输入函数导数的时域系统转化为状态空间描述	高性能电气传动控制系统，焊接自动化
频域描述转化为状态空间描述	掌握	系统频域描述转化为状态空间描述的方法	机电控制，自动化装备与集成技术

焊接机器人在汽车、轮船、飞机、桥梁、电子等制造业中得到了广泛应用。机器人本体一般包括6关节伺服驱动系统，通过计算机系统对焊接环境、焊缝跟踪及焊接动态过程进行智能传感，根据传感信息对各种复杂的空间曲线焊缝进行实时焊接控制。由于焊接工艺、焊接环境的复杂性和多样性，焊接机器人在实施焊接前，应配备焊接路径和焊接参数的计算机控制系统。机器人控制系统可对焊缝空间的连续轨迹、焊接运动的无碰路径及焊炬姿态进行动态规划，并根据焊接工艺优化焊接参数。图2.1所示为用于自动焊接大型压力机的悬挂式焊接机器人。

状态空间描述即建立状态空间的数学模型，是现代控制理论中分析和综合系统的前提和基础，相当于经典控制理论中确定系统的传递函数。20世纪60年代初，科学家将状态空间的概念引入自动控制理论，形成了以状态空间描述为基础和最优控制为核心的现代控制理论，并在工程领域得到了广泛的应用。系统动态特性的状态空间描述可以归纳为两个数学方程，一个是反映系统内部状态变量和输入变量之间关系的状态方程，另一个是表征系统内部状态变量及输入变量与输出变量转换关系的输出方程。对于一个被控系统，一般可以在时域内用常微分方程描述，对复杂系统需要求解高阶微分方程，而求解过程相当复杂。经典控制理论中采用拉氏变换法在复频域内描述系统，得到输入与输出之间关系的传递函数，并以此设计单输入和单输出控制系统极为有效。从传递函数的零点、极点分布得出系统定性特性，所建立的图解分析设计法至今在常规控制场合仍广泛应用。但传递函数是对系统外部描述的一种方法，不能描述系统内部的运动变量，且忽略了初始条件，因此传递函数不能包含系统的所有信息。随着航空航天技术的发展，被控对象越来越复杂，设计控制系统除了需要输入量、输出量、控制误差等信息外，还需要利用系统内部的状态变化规律。同时要求能够充分利用迅猛发展的数字计算机技术进行分析设计及实时控制，因而可以处理复杂的时变、非线性、多输入和多输出系统的问题。但传递函数法对于解决复杂对象则受到很大限制，于是需要应用对系统动特性和内部状态进行描述的新方法，即状态空间分析法。

图 2.1　悬挂式焊接机器人

状态空间法具备以下几个优点：状态方程为一阶微分或差分方程组，用计算机求解一阶微分方程组或者差分方程组，比求解与之相当的高阶微分方程或差分方程要容易。状态空间法引入了向量矩阵，明显简化了一阶微分方程组的数学表示法。状态空间法不但反映了系统的输入输出外部特性，而且还揭示了系统内部的结构特性和动态变化规律，不仅特别适合处理多输入多输出变量系统，也同时适用于单输入单输出系统。采用状态空间法可以有效处理系统的初始条件问题，通过计算机控制器不但可以求解线性系统控制问题，还可求解大量的非线性系统、时变系统和随机过程系统的控制问题。

2.1　状态空间描述的概念

2.1.1　基本概念

当设计一个控制系统时，一般都需要先建立被控对象的数学模型，即先得到系统的输入与输出之间的关系。描述一个复杂的被控对象往往需要用到状态空间的知识。下面通过实例来论述状态空间的基本概念。

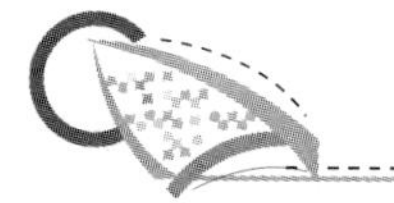

【例 2. 1】 图 2.2 所示为电阻、电感、电容 RLC 电路，电压 u 为输入变量，电容电压 u_c 为输出变量，电路回路的电流为 i。求该电路系统的数学描述[1]。

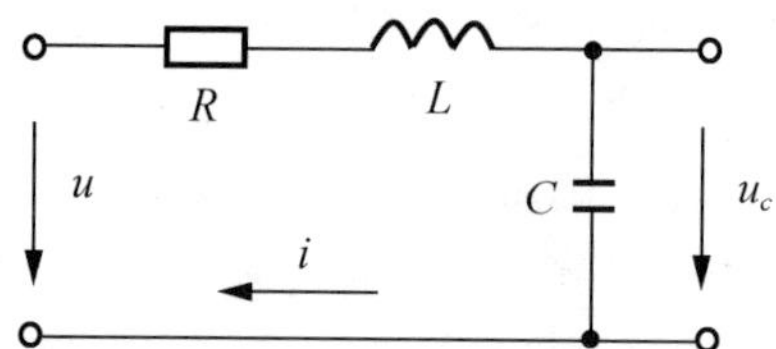

图 2.2　电阻电感电容 RLC 电路

解：由于电感和电容均为储能元件，且电感电流和电容电压都不能突变，因此 RLC 电路的控制输出响应存在过渡过程。根据电路定律可得式(2-1)。

$$\begin{cases} i=C\times\dfrac{\mathrm{d}u_c}{\mathrm{d}t} \\ u=R\cdot i+L\dfrac{\mathrm{d}i}{\mathrm{d}t}+u_c \end{cases} \tag{2-1}$$

消去中间变量得

$$LC\frac{\mathrm{d}^2u_c}{\mathrm{d}t^2}+RC\frac{\mathrm{d}u_c}{\mathrm{d}t}+u_c=u \tag{2-2}$$

对上式做拉普拉斯变换，用传递函数的形式可表示为

$$G(s)=\frac{U_c(s)}{U(s)}=\frac{1}{LCs^2+RCs+1} \tag{2-3}$$

以上 3 个公式均可以表示系统的状态，即输入量与输出量之间的数学关系。为书写简便，公式中均省略了时间 t。传递函数为在零初始条件下，输出的拉氏变换与输入的拉氏变换之比。对于式(2-3)，根据传递函数的定义，初始条件应为零。事实上，传递函数只与系统的结构和参数有关，一旦系统确定，其传递函数或模型也即确定，与输入和输出信号并无直接的关系，这一点从式(2-3)中也可以看出。

对于式(2-1)，可用两个一阶微分方程表示如下：

$$\begin{cases} \dot{u}_c=\dfrac{\mathrm{d}u_c}{\mathrm{d}t}=\dfrac{1}{C}i \\ \dot{i}=\dfrac{\mathrm{d}i}{\mathrm{d}t}=-\dfrac{1}{L}u_c-\dfrac{R}{L}i+\dfrac{1}{L}u \end{cases}$$

将其写成向量矩阵方程的形式，则为

$$\begin{bmatrix} \dot{u}_c \\ \dot{i} \end{bmatrix}=\begin{bmatrix} 0 & \dfrac{1}{C} \\ -\dfrac{1}{L} & -\dfrac{R}{L} \end{bmatrix}\cdot\begin{bmatrix} u_c \\ i \end{bmatrix}+\begin{bmatrix} 0 \\ \dfrac{1}{L} \end{bmatrix}[u] \tag{2-4}$$

如果系统的初始时刻为 t_0，并已知电流初值 $i(t_0)$、电容电压的初值 $u_c(t_0)$ 以及 $t\geqslant t_0$

时的输入电压 $u(t)$，则 $t \geqslant t_0$ 时的系统状态可以完全确定。而电流 $i(t)$和电压 $u_c(t)$就是该系统的一组状态变量。

系统状态空间的描述包括变量、输入、输出、状态和方程等一系列内容，其基本概念分别如下。

(1) 输入：由外部施加到系统上的全部激励，它体现了为使被控对象达到希望响应而施加的控制作用。输入可以是单变量，也可以是多变量。

(2) 输出：能从外部测量到的来自系统的信息，它体现了被控对象受输入作用而产生的希望响应。一般可通过各种传感器获取输出信号。

(3) 状态：动态系统的信息集合。在已知系统未来外部输入的情况下，这些信息对于确定系统未来的行为是必要而且是充分的。状态也反映了一个系统的内在本质。

(4) 状态变量：确定动力学系统状态的最小一组变量，即各变量之间线性无关。

(5) 状态向量：以状态变量为元组成的向量，如 $x_1(t)$，$x_2(t)$，…，$x_n(t)$是系统的一组 n 个状态变量，则状态向量可表达为

$$\boldsymbol{X}(t)=\begin{bmatrix} x_1(t) \\ x_2(t) \\ \vdots \\ x_n(t) \end{bmatrix} \quad 或 \quad \boldsymbol{X}^{\mathrm{T}}(t)=[x_1(t) \quad x_2(t) \quad \cdots \quad x_n(t)]$$

(6) 状态空间：以 n 个状态变量 x_1，x_2，…，x_n(书写省略了时间 t)为坐标轴组成的 n 维正交空间。状态空间中的每一点都代表了状态变量的唯一和特定的一组数值。

(7) 状态方程与输出方程：即描述控制系统的数学模型。状态方程是描述系统的状态变量与输入变量之间关系的一阶微分方程组。输出方程则是描述输出变量与系统输入控制变量和状态变量之间函数关系的方程。

【例 2.2】图 2.3 所示为电枢控制的直流电动机 M 的结构示意图。直流电动机有独立的励磁磁场，通过改变励磁磁场或者电枢电压均可对直流电动机进行控制。这里励磁电流 I 恒定，即励磁磁场不变，利用电枢电压 u_a 作为输入控制信号，实现直流电动机的运动控制。输出为直流电动机的角位移 θ(用于位置随动系统)或者角速度 ω(用于转速控制系统)，电动机的负载转矩变化为扰动输入。试求电枢电压控制的直流电动机的状态变量表达式[1,2]。

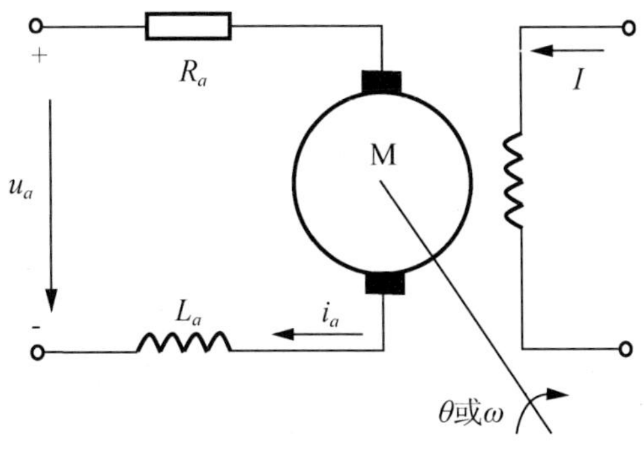

图 2.3 电枢电压控制的直流电动机结构图

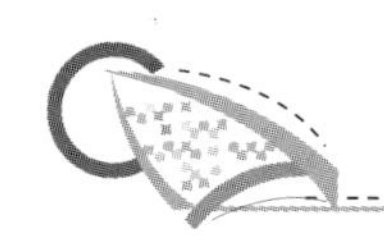

解：电动机是一个较复杂的被控对象，包含机械、电气、磁场等耦合因素，从工程应用角度来讲，为了解决主要问题，允许对一些次要因素进行简化处理。在该例中，假设直流电动机性能良好，可以忽略电枢反应、磁滞效应和涡流效应。由基尔霍夫定律可以得到电枢回路方程如下：

$$L_a\frac{\mathrm{d}i_a}{\mathrm{d}t}+R_ai_a+K_e\omega=u_a$$

式中：L_a为电枢回路总电感；R_a为电枢回路总电阻；K_e为直流电动机的电势系数；ω为直流电动机的角速度，且有$\omega=\frac{\mathrm{d}\theta}{\mathrm{d}t}$；$u_a$为电枢电压；$i_a$为电枢电流。

根据刚体的转动定律，在忽略黏性摩擦转矩的情况下，直流电动机的运动方程式可写为如下形式：

$$J\frac{\mathrm{d}\omega}{\mathrm{d}t}+M_L=M_D$$

式中：J为折算到直流电动机轴上的转动惯量；M_L为电动机轴上的负载转矩；M_D为电动机转矩。

根据直流电动机的知识可知，直流电动机的转矩与电枢电流和气隙磁通的乘积成正比，由于该例中的磁通恒定，所以有

$$M_D=K_Mi_a$$

式中：K_M为直流电动机的转矩系数。

直流电动机的电枢回路方程和运动方程也可分别写为如下形式：

$$\dot{i}_a=-\frac{Ra}{L_a}i_a-\frac{K_e}{L_a}\omega+\frac{1}{L_a}u_a$$

$$\dot{\omega}=\frac{K_M}{J}i_a-\frac{1}{J}M_L$$

如果已知$t\geqslant t_0$时的电枢电压u_a和电动机轴上的负载转矩M_L，以及电枢电流i_a和直流电动机的角速度ω的初始值，则由上述两个公式(直流电动机的电枢回路方程和运动方程)可以求出$t\geqslant t_0$时的解。该例中有两个独立的储能元件，即为电枢回路电感L_a和直流电动机轴上的转动惯量J，所以是一个二阶控制系统，并有两个状态变量。这里可以定义电枢电流i_a和直流电动机的角速度ω为一组状态变量，即

$$\boldsymbol{X}=\begin{bmatrix}i_a\\ \omega\end{bmatrix}$$

输入变量为

$$\boldsymbol{U}=\begin{bmatrix}u_a\\ M_L\end{bmatrix}$$

则电枢电压控制的直流电动机系统的状态空间表达式为

$$\dot{\boldsymbol{X}}=\begin{bmatrix}-\frac{R_a}{L_a} & -\frac{K_e}{L_a}\\ \frac{K_M}{J} & 0\end{bmatrix}\boldsymbol{X}+\begin{bmatrix}\frac{1}{L_a} & 0\\ 0 & -\frac{1}{J}\end{bmatrix}\boldsymbol{U}$$

输出方程为

$$Y=[0\quad 1]X$$

该例给出了直流电动机控制系统的状态空间描述方法，从中可以得到状态变量、输入控制信号、电动机输出量之间的关系。关于电动机的详细内容，可参考有关电动机原理的文献。

2.1.2　被控过程的状态空间描述

在状态空间概念的基础上，就可以建立被控过程在状态空间中的数学模型。被控过程的动力学系统描述由图 2.4 表示，其中 u_1，u_2，…，u_r 为控制器输出的 r 个输入控制量，其施加到执行机构如伺服电动机、步进电动机、电磁阀等。x_1，x_2，…，x_n 为系统的 n 个状态变量，y_1，y_2，…，y_m 为系统的 m 个输出量。

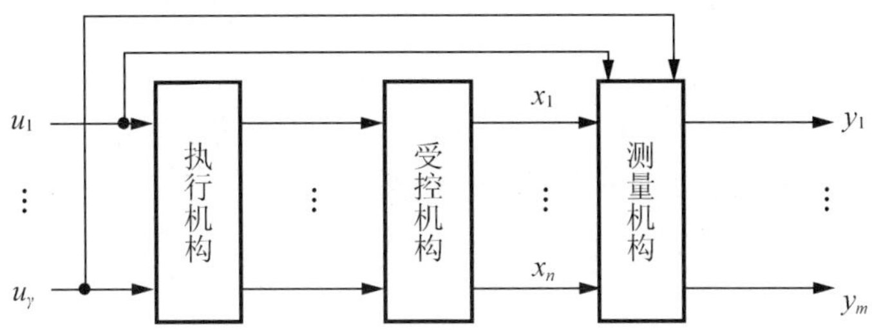

图 2.4　被控过程的动力学系统描述

从动力学的观点来看，一个反馈控制系统由被控过程和控制器组成，控制器通常由微型计算机及其接口电路构成，而各种控制算法以软件编程则存储于计算机内。反馈控制系统可由图 2.5 表示，图中输入 $\boldsymbol{R}$ 为参考值。

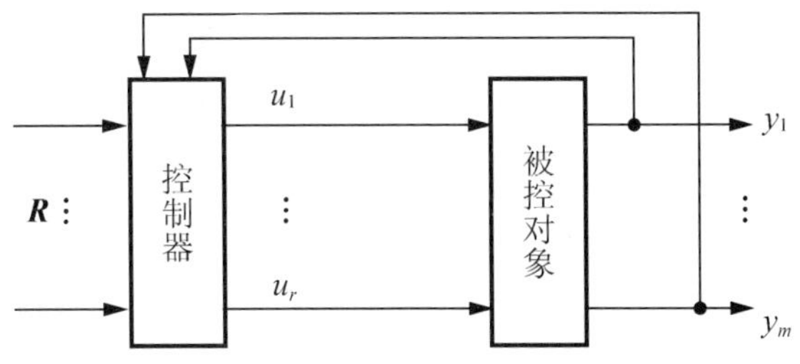

图 2.5　反馈控制系统的描述

建立被控过程的状态空间描述就是将一个表示输入与输出之间关系的高阶微分方程转化为所确定的状态变量相应的一阶微分方程组，并用向量矩阵形式表示。

对于【例 2.1】，令

状态向量为 $\boldsymbol{X}=\begin{bmatrix} u_c \\ i \end{bmatrix}$，$\dot{\boldsymbol{X}}=\begin{bmatrix} \dot{u}_c \\ \dot{i} \end{bmatrix}$

输入向量为 $\boldsymbol{U}=u(t)$

输出向量为 $\boldsymbol{Y}=u_c(t)$

再令系数矩阵分别为

$$A=\begin{bmatrix}0 & \frac{1}{C}\\ -\frac{1}{L} & -\frac{R}{L}\end{bmatrix},\ B=\begin{bmatrix}0\\ \frac{1}{L}\end{bmatrix},\ C=[1\quad 0],\ D=[0]$$

则状态空间描述的数学模型可表示为状态方程与输出方程，即式(2-4)可写为

$$\begin{cases}\dot{X}=AX+BU & \text{状态方程}\\ Y=CX+DU & \text{输出方程}\end{cases} \tag{2-5}$$

不失一般性，公式(2-5)可以看作是 n 维线性定常系统的状态空间描述。则系数矩阵 $\boldsymbol{A}$ 为 $n\times n$ 矩阵，输入系数矩阵 $\boldsymbol{B}$ 为 $n\times r$ 矩阵，输出系数矩阵 $\boldsymbol{C}$ 为 $m\times n$ 矩阵，系数矩阵 $\boldsymbol{D}$ 为 $m\times r$ 矩阵，对应的状态向量 $\boldsymbol{X}$ 为 n 维，输入向量 $\boldsymbol{U}$ 为 r 维，输出向量 $\boldsymbol{Y}$ 为 m 维。

对于线性时变系统，系数矩阵 $\boldsymbol{A}$、$\boldsymbol{B}$、$\boldsymbol{C}$、$\boldsymbol{D}$ 均与时间有关，状态向量描述为

$$\begin{cases}\dot{X}(t)=A(t)X(t)+B(t)U(t) & \text{状态方程}\\ Y(t)=C(t)X(t)+D(t)U(t) & \text{输出方程}\end{cases} \tag{2-6}$$

对应的线性系统的方框图如图 2.6 所示。

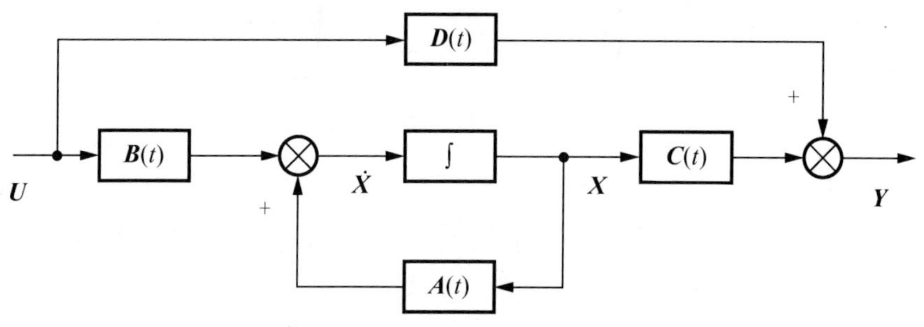

图 2.6 线性时变系统的方框图

2.1.3 系统状态空间描述的特点

由于现代控制理论的应用必然涉及系统的状态空间问题，因此要达到预期的控制效果，必须了解系统状态空间描述的特点。一个控制系统的状态空间描述主要有以下几个特点。

(1) 状态空间描述可以表达为“输入—状态—输出”的过程，通过状态来分析问题的本质。状态空间描述方法不仅研究系统的输入与输出之间的关系，更研究系统状态的变化规律及其与输入和输出的关联，从本质上剖析控制系统的特性。系统的状态变化是一个运动过程，在数学上表现为状态方程。而经典控制理论只讨论“输入—输出”之间的关系，忽略了系统的状态因素。

(2) 系统的状态变量的个数 n 仅等于系统中包含的独立储能元件的个数，即对应 n 阶系统。n 个状态变量之间最大线性无关。例如在例 2.1 中，只有电感和电容两个储能元

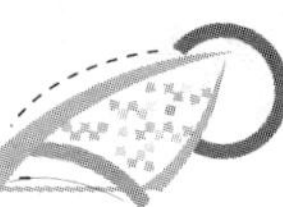

件，因此 $n=2$。

(3) 状态变量的选择不是唯一的，但尽量把状态向量选为由传感器可测量或可观察的量，便于分析和控制。另外，一旦系统的结构和参数确定，虽然状态变量的选择不是唯一的，但该系统的状态变量的个数 n 却是唯一的。

(4) 系统的状态空间分析法是时域内的一种矩阵运算方法，适合于计算机运算，因此便于构成控制器，实现对系统的自动控制。

2.2　系统的时域描述转化为状态空间描述

控制系统通常可以将其时域模型表征为输入和输出之间的一个单变量高阶微分方程，即

$$y^{(n)}+a_1y^{(n-1)}+\cdots+a_{n-1}\dot{y}+a_ny=b_0u^{(n)}+b_1u^{(n-1)}+\cdots+b_{n-1}\dot{u}+b_nu \tag{2-7}$$

式中：y 为输出；u 为输入；a_1，a_2，…，a_n 为对应输出量的系数；b_0，b_1，b_2，…，b_n 为对应输入量的系数。

为了便于应用现代控制理论对系统进行控制，往往需要将单变量高阶微分方程转化为状态空间表达形式。当将其转化为状态空间表达式(2-5)的形式时，关键是确定相应的系数矩阵 $\boldsymbol{A}$、$\boldsymbol{B}$、$\boldsymbol{C}$、$\boldsymbol{D}$。下面就两种情况对时域描述转化为状态空间描述的方法进行详细讨论[3,4]。

1. 方程中不含输入函数的导数

此时，系统的时域描述可表达为如下形式

$$y^{(n)}+a_1y^{(n-1)}+\cdots+a_{n-1}\dot{y}+a_ny=b_nu \tag{2-8}$$

选择状态变量，n 阶系统则有 n 个状态变量。

令状态变量为：$\begin{cases}x_1=y\\x_2=\dot{y}\\\vdots\\x_n=y^{(n-1)}\end{cases}$

则可将高阶微分方程转化为状态变量 x_1，x_2，…，x_n 的一阶微分方程组，即

$$\begin{cases}\dot{x}_1=\dot{y}=x_2\\\dot{x}_2=y^{(2)}=x_3\\\vdots\\\dot{x}_n=y^{(n)}=-a_ny-a_{n-1}\dot{y}-\cdots-a_1y^{(n-1)}+b_nu\\\quad=-a_nx_1-a_{n-1}x_2-\cdots-a_1x_n+b_nu\end{cases}$$

所以相应的状态方程为

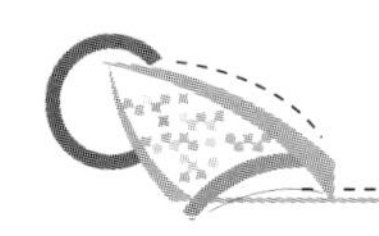

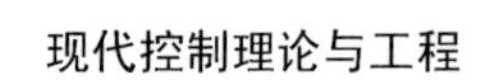

$$\begin{bmatrix}\dot{x}_1\\\dot{x}_2\\\vdots\\\dot{x}_n\end{bmatrix}=\begin{bmatrix}0&1&0&\cdots&0\\0&0&1&\cdots&0\\\vdots&\vdots&\vdots&\ddots&\vdots\\0&0&0&\cdots&1\\-a_n&-a_{n-1}&-a_{n-2}&\cdots&-a_1\end{bmatrix}\cdot\begin{bmatrix}x_1\\x_2\\\vdots\\x_n\end{bmatrix}+\begin{bmatrix}0\\0\\\vdots\\b_n\end{bmatrix}\cdot u \tag{2-9}$$

而输出方程则为

$$y=[1\quad 0\quad \cdots\quad 0]\cdot\begin{bmatrix}x_1\\x_2\\\vdots\\x_n\end{bmatrix} \tag{2-10}$$

【例 2.3】 设一个控制系统的输入为 u，输出为 y，其输入和输出之间的关系可以用微分方程描述，具体为

$$\dddot{y}+4\ddot{y}+7\dot{y}+9y=8u$$

试求其状态空间描述。

解：这是一个三阶微分方程，对应有三个状态变量，分别定义为 x_1，x_2，x_3，并令 $x_1=y$，$x_2=\dot{y}$，$x_3=\ddot{y}$

则状态方程可写为：

$$\begin{bmatrix}\dot{x}_1\\\dot{x}_2\\\dot{x}_3\end{bmatrix}=\begin{bmatrix}0&1&0\\0&0&1\\-9&-7&-4\end{bmatrix}\begin{bmatrix}x_1\\x_2\\x_3\end{bmatrix}+\begin{bmatrix}0\\0\\8\end{bmatrix}u$$

输出方程则为：

$$y=[1\quad 0\quad 0]\cdot\begin{bmatrix}x_1\\x_2\\x_3\end{bmatrix}$$

2. 方程中包含输入函数的导数

如果控制系统的线性微分方程为

$$y^{(n)}+a_1y^{(n-1)}+\cdots+a_{n-1}\dot{y}+a_ny=b_0u^{(n)}+b_1u^{(n-1)}+\cdots+b_{n-1}\dot{u}+b_nu \tag{2-11}$$

选择如下状态变量

$$\begin{cases}x_1=y-\beta_0u\\x_2=\dot{y}-\beta_0\dot{u}-\beta_1u\\x_3=\ddot{y}-\beta_0\ddot{u}-\beta_1\dot{u}-\beta_2u\\x_4=\dddot{y}-\beta_0\dddot{u}-\beta_1\ddot{u}-\beta_2\dot{u}-\beta_3u\\\vdots\\x_n=y^{(n-1)}-\beta_0u^{(n-1)}-\beta_1u^{(n-2)}-\cdots-\beta_{n-1}u\\x_{n+1}=y^{(n)}-\beta_0u^{(n)}-\beta_1u^{(n-1)}-\cdots-\beta_nu\end{cases} \tag{2-12}$$

式中：β_i，$i=0$，…，n 为待求系数，并由下面方法推算而得。

用系数 a_n，a_{n-1}，…，a_1 分别对式(2-12)方程的两端相乘(最后一个方程除外)，并移项得

$$\begin{cases} a_n y = a_n x_1 + a_n\beta_0 u \\ a_{n-1}\dot{y} = a_{n-1}x_2 + a_{n-1}\beta_0\dot{u} + a_{n-1}\beta_1 u \\ a_{n-2}\ddot{y} = a_{n-2}x_3 + a_{n-2}\beta_0\ddot{u} + a_{n-2}\beta_1\dot{u} + a_{n-2}\beta_2 u \\ \vdots \\ a_1 y^{(n-1)} = a_1 x_n + a_1\beta_0 u^{(n-1)} + \cdots + a_1\beta_{n-2}\dot{u} + a_1\beta_{n-1}u \\ y^{(n)} = x_{n+1} + \beta_0 u^{(n)} + \beta_1 u^{(n-1)} + \cdots + \beta_{n-1}\dot{u} + \beta_n u \end{cases}$$

上面各方程左端相加等于线性微分方程(2—11)的左端，所以，上述各方程的右端相加也应该等于线性微分方程的右端，即有下列结果：

$$(x_{n+1} + a_1x_n + \cdots + a_{n-1}x_2 + a_nx_1) + (\beta_0u^{(n)} + (\beta_1 + a_1\beta_0)u^{(n-1)} + (\beta_2 + a_1\beta_1 + a_2\beta_0)u^{(n-2)} + \cdots + (\beta_{n-1} + a_1\beta_{n-2} + \cdots + a_{n-2}\beta_1 + a_{n-1}\beta_0)\dot{u} + (\beta_n + a_1\beta_{n-1} + \cdots + a_{n-1}\beta_1 + a_n\beta_0)u) = b_0u^{(n)} + b_1u^{(n-1)} + \cdots + b_{n-1}\dot{u} + b_nu \tag{2-13}$$

上面等式的两边 $u^{(k)}(k=0, 1, \cdots, n)$的系数应该相等，所以有

$$\begin{cases} \beta_0 = b_0 \\ \beta_1 = b_1 - a_1\beta_0 \\ \beta_2 = b_2 - a_1\beta_1 - a_2\beta_0 \\ \vdots \\ \beta_n = b_n - a_1\beta_{n-1} - a_2\beta_{n-2} - \cdots - a_n\beta_0 \end{cases}$$

即由系数 a_i 和 b_j 可以计算出 $\beta_k(k=0, 1, \cdots, n)$，此时有

$$(x_{n+1} + a_1x_n + \cdots + a_{n-1}x_2 + a_nx_1) = 0$$

对式(2-12)求导，并考虑到$(x_{n+1} + a_1x_n + \cdots + a_{n-1}x_2 + a_nx_1) = 0$ 和公式(2-12)，可得

$$\begin{cases} \dot{x}_1 = \dot{y} - \beta_0\dot{u} = x_2 + \beta_1 u \\ \dot{x}_2 = \ddot{y} - \beta_1\ddot{u} - \beta_1\dot{u} = x_3 + \beta_2 u \\ \vdots \\ \dot{x}_{n-1} = x_n + \beta_{n-1}u \\ \dot{x}_n = x_{n+1} + \beta_n u = -a_nx_1 - a_{n-1}x_2 - \cdots - a_1x_n + \beta_n u \end{cases}$$

则状态方程为

$$\begin{bmatrix} \dot{x}_1 \\ \dot{x}_2 \\ \vdots \\ \dot{x}_n \end{bmatrix} = \begin{bmatrix} 0 & 1 & 0 & \cdots & 0 \\ 0 & 0 & 1 & \cdots & 0 \\ \vdots & \vdots & \vdots & \ddots & \vdots \\ 0 & 0 & 0 & \cdots & 1 \\ -a_n & -a_{n-1} & -a_{n-2} & \cdots & -a_1 \end{bmatrix} \cdot \begin{bmatrix} x_1 \\ x_2 \\ \vdots \\ x_n \end{bmatrix} + \begin{bmatrix} \beta_1 \\ \beta_2 \\ \vdots \\ \beta_n \end{bmatrix} \cdot [u] \tag{2-14}$$

输出方程的表达式为

$$[y]=[1\quad 0\quad \cdots\quad 0]\cdot\begin{bmatrix}x_1\\x_2\\\vdots\\x_n\end{bmatrix}+[\beta_0]\cdot[u] \tag{2-15}$$

式中，

$$\begin{cases}\beta_0=b_0\\\beta_1=b_1-a_1\beta_0\\\beta_2=b_2-a_1\beta_1-a_2\beta_0\\\vdots\\\beta_n=b_n-a_1\beta_{n-1}-\cdots-a_{n-1}\beta_1-a_n\beta_0\end{cases} \tag{2-16}$$

【例 2.4】 设一个控制系统的输入为 u，输出为 y，其输入输出微分方程为

$$\dddot{y}+20\ddot{y}+188\dot{y}+540y=220\dot{u}+480u$$

试求其状态空间表达式。

解：该微分方程中包含有输入函数 u 的导数，且微分方程系数分别为

$a_1=20$，$a_2=188$，$a_3=540$；$b_0=b_1=0$，$b_2=220$，$b_3=480$

根据公式(2-12)、(2-13)和(2-14)，则有

$$\begin{cases}\beta_0=b_0=0\\\beta_1=b_1-a_1\beta_0=0\\\beta_2=b_2-a_1\beta_1-a_2\beta_0=220\\\beta_3=b_3-a_1\beta_2-a_2\beta_1-a_3\beta_0=-3920\end{cases}$$

可得状态方程为

$$\begin{bmatrix}\dot{x}_1\\\dot{x}_2\\\dot{x}_3\end{bmatrix}=\begin{bmatrix}0&1&0\\0&0&1\\-540&-188&-20\end{bmatrix}\begin{bmatrix}x_1\\x_2\\x_3\end{bmatrix}+\begin{bmatrix}0\\220\\-3920\end{bmatrix}[u]$$

输出方程为

$$[y]=[1\quad 0\quad 0]\cdot\begin{bmatrix}x_1\\x_2\\x_3\end{bmatrix}$$

2.3 系统的频域描述转化为状态空间描述

一般控制系统的频域描述都可以写为传递函数形式。传递函数 $G(s)$ 表达了输入控制量与输出量之间的数学关系，即在零初始条件下，输出量的拉氏变换 $Y(s)$ 与输入量的拉氏变换 $U(s)$ 之比，可写成以下表达式：

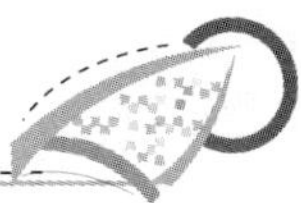

$$G(s)=\frac{Y(s)}{U(s)}=\frac{b_1 s^{n-1}+\cdots+b_{n-1}s+b_n}{s^n+a_1 s^{n-1}+\cdots+a_{n-1}s+a_n} \tag{2-17}$$

按照公式(2－17)中极点的不同情况，可以得到其不同的状态空间描述。[3,5,6]

1. 传递函数$G(s)$的极点为两两相异

此时，根据部分分式法，公式(2－17)可写为

$$G(s)=\frac{Y(s)}{U(s)}=\frac{K_1}{s-s_1}+\frac{K_2}{s-s_2}+\cdots+\frac{K_n}{s-s_n} \tag{2-18}$$

式中：s_1，s_2，…，s_n 为两两相异的极点；$K_i(i=1, 2, \cdots, n)$为待定常数，并有

$$K_i=\lim_{s\to s_i} G(s)(s-s_i)(i=1, 2, \cdots, n) \tag{2-19}$$

则有下列结果：

$$Y(s)=\frac{K_1}{s-s_1}U(s)+\frac{K_2}{s-s_2}U(s)+\cdots+\frac{K_n}{s-s_n}U(s) \tag{2-20}$$

针对上述n阶系统，可选择n个状态变量$X_1(s)$，$X_2(s)$，…，$X_n(s)$，且有如下表达式：

$$\begin{cases} X_1(s)=\dfrac{1}{s-s_1}U(s) \\ X_2(s)=\dfrac{1}{s-s_2}U(s) \\ \quad\vdots \\ X_n(s)=\dfrac{1}{s-s_n}U(s) \end{cases} \Rightarrow \begin{cases} sX_1(s)=s_1X_1(s)+U(s) \\ sX_2(s)=s_2X_2(s)+U(s) \\ \quad\vdots \\ sX_n(s)=s_nX_n(s)+U(s) \end{cases}$$

与 $Y(s)=K_1X_1(s)+K_2X_2(s)+\cdots+K_nX_n(s)$

对上述各式进行拉氏逆变换，可以得到

$$\begin{cases} \dot{x}_1=s_1x_1+u \\ \dot{x}_2=s_2x_2+u \\ \quad\vdots \\ \dot{x}_n=s_nx_n+u \end{cases} \text{与 } y=K_1x_1+K_2x_2+\cdots+K_nx_n$$

将上式写成向量形式，则为

$$\begin{bmatrix} \dot{x}_1 \\ \dot{x}_2 \\ \vdots \\ \dot{x}_n \end{bmatrix}=\begin{bmatrix} s_1 & & & \\ & s_2 & & \\ & & \ddots & \\ & & & s_n \end{bmatrix}\cdot\begin{bmatrix} x_1 \\ x_2 \\ \vdots \\ x_n \end{bmatrix}+\begin{bmatrix} 1 \\ 1 \\ \vdots \\ 1 \end{bmatrix}\cdot u \tag{2-21}$$

$$y=[K_1 \quad K_2 \quad \cdots \quad K_n]\cdot\begin{bmatrix} x_1 \\ x_2 \\ \vdots \\ x_n \end{bmatrix} \tag{2-22}$$

式中：u 为系统的输入；y 为输出；状态变量为 x_1，x_2，…，x_n。

状态方程也可写为如下形式：

$$\dot{\boldsymbol{X}}=\begin{bmatrix} s_1 & & & \\ & s_2 & & \\ & & \ddots & \\ & & & s_n \end{bmatrix}\boldsymbol{X}+\begin{bmatrix}1\\1\\\vdots\\1\end{bmatrix}u$$

【例 2.5】设一个控制系统的传递函数为

$$G(s)=\frac{12}{s^3-6s^2+11s-6}$$

试求其状态空间描述。

解：这是一个 3 阶控制系统，可以计算出系统的极点为：$s_1=1$，$s_2=2$，$s_3=3$。根据式(2-19)，其待定常数可计算如下：

$$K_1=\lim_{s\to1}G(s)(s-1)=6,\ K_2=\lim_{s\to2}G(s)(s-2)=-12,\ K_3=\lim_{s\to3}G(s)(s-3)=6$$

根据式(2-21)和式(2-22)，系统的状态方程可直接推算为

$$\begin{bmatrix}\dot{x}_1\\\dot{x}_2\\\dot{x}_3\end{bmatrix}=\begin{bmatrix}1 & & \\ & 2 & \\ & & 3\end{bmatrix}\begin{bmatrix}x_1\\x_2\\x_3\end{bmatrix}+\begin{bmatrix}1\\1\\1\end{bmatrix}u$$

输出方程为

$$y=\begin{bmatrix}6 & -12 & 6\end{bmatrix}\begin{bmatrix}x_1\\x_2\\x_3\end{bmatrix}$$

2. 控制系统传递函数的极点为重根(单重根情况)

此时，式(2-17)的传递函数可写为

$$G(s)=\frac{Y(s)}{U(s)}=\frac{K_{11}}{(s-s_1)^n}+\frac{K_{12}}{(s-s_1)n-1}+\cdots+\frac{K_{1n}}{s-s_1}$$

式中：s_1 为 n 重极点，$K_{1i}=\lim\limits_{s\to s_1}\dfrac{1}{(i-1)!}\cdot\dfrac{\mathrm{d}^{i-1}}{\mathrm{d}s^{i-1}}[G(s)(s-s_1)^n]$ $(i=1,2,\cdots,n)$ 为待定系数。

则有

$$Y(s)=K_{11}\frac{1}{(s-s_1)^n}U(s)+K_{12}\frac{1}{(s-s_1)n-1}U(s)+\cdots+K_{1n}\frac{1}{s-s_1}U(s)$$

定义状态变量为

$$x_1(s)=\frac{1}{(s-s_1)^n}U(s)=\frac{1}{(s-s_1)}\left\{\frac{1}{(s-s_1)n-1}U(s)\right\}=\frac{1}{s-s_1}x_2(s)$$

$$x_2(s)=\frac{1}{(s-s_1)n-1}U(s)=\frac{1}{(s-s_1)}\left\{\frac{1}{(s-s_1)n-2}U(s)\right\}=\frac{1}{s-s_1}x_3(s)$$

$$\vdots$$

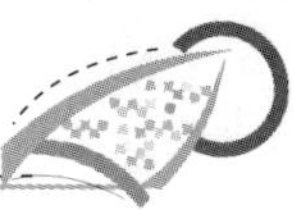

$$x_{n-1}(s)=\frac{1}{(s-s_1)^2}U(s)=\frac{1}{(s-s_1)}\left\{\frac{1}{(s-s_1)}U(s)\right\}=\frac{1}{s-s_1}x_n(s)$$

$$x_n(s)=\frac{1}{s-s_1}U(s)$$

将上述公式化为状态变量的一阶方程组如下：

$$\begin{cases} sx_1(s)=s_1x_1(s)+x_2(s) \\ sx_2(s)=s_1x_2(s)+x_3(s) \\ \vdots \\ sx_{n-1}(s)=s_1x_{n-1}(s)+x_n(s) \\ sx_n(s)=s_1x_n(s)+U(s) \end{cases}$$

输出量表达式为

$$Y(s)=K_{11}x_1(s)+K_{12}x_2(s)+\cdots+K_{1n}x_n(s)$$

对上述各式进行拉氏逆变换，可得

$$\begin{cases} \dot{x}_1=s_1x_1+x_2 \\ \dot{x}_2=s_1x_2+x_3 \\ \vdots \\ \dot{x}_{n-1}=s_1x_{n-1}+x_n \\ \dot{x}_n=s_1x_n+u \end{cases}$$

输出量为

$$y=K_{11}x_1+K_{12}x_2+\cdots+K_{1n}x_n$$

则控制系统的状态空间描述为

$$\begin{bmatrix} \dot{x}_1 \\ \dot{x}_2 \\ \vdots \\ \dot{x}_n \end{bmatrix}=\begin{bmatrix} s_1 & 1 & & \\ & s_1 & \ddots & \\ & & \ddots & 1 \\ & & & s_1 \end{bmatrix}\cdot\begin{bmatrix} x_1 \\ x_2 \\ \vdots \\ x_n \end{bmatrix}+\begin{bmatrix} 0 \\ 0 \\ \vdots \\ 1 \end{bmatrix}\cdot u$$

$$y=[K_{11}\quad K_{12}\quad \cdots\quad K_{1n}]\cdot\begin{bmatrix} x_1 \\ x_2 \\ \vdots \\ x_n \end{bmatrix}$$

【例 2.6】系统的传递函数为

$$G(s)=\frac{s^2+4s+1}{(s-2)^3}$$

试求其状态空间描述。

解：系统有三重极点 $s_1=2$，待定常数则为

$$K_{11}=\lim_{s\to 2}G(s)(s-2)^3=13$$

$$K_{12}=\lim_{s\to 2}\frac{\mathrm{d}}{\mathrm{d}s}\left[G(s)(s-2)^3\right]=8$$

$$K_{13}=\lim_{s\to 2}\frac{1}{2!}\frac{\mathrm{d}^2}{\mathrm{d}s^2}\left[G(s)(s-2)^3\right]=1$$

系统的状态空间描述为

$$\begin{bmatrix}\dot{x}_1\\ \dot{x}_2\\ \dot{x}_3\end{bmatrix}=\begin{bmatrix}2 & 1 & 0\\ 0 & 2 & 1\\ 0 & 0 & 2\end{bmatrix}\begin{bmatrix}x_1\\ x_2\\ x_3\end{bmatrix}+\begin{bmatrix}0\\ 0\\ 1\end{bmatrix}u$$

$$Y=\begin{bmatrix}13 & 8 & 1\end{bmatrix}\begin{bmatrix}x_1\\ x_2\\ x_3\end{bmatrix}$$

2.4　应用 MATLAB 的系统状态空间描述

目前，MATLAB 已成为各学科进行计算和研究的常用数学工具。MATLAB 是 Mathworks 公司开发的一种集数值计算、符号计算和图形可视化等功能于一体的优秀工程计算应用软件，其功能强大，操作简单。MATLAB 不仅可以处理代数问题和数值分析问题，而且还具有强大的图形处理及仿真模拟等功能，从而能够很好地帮助工程师及科学家解决实际工程技术问题。MATLAB 的含义是矩阵实验室(Matrix Laboratory)最初用于方便矩阵存取的工具，其基本元素是无需定义维数的矩阵。经过十几年的扩充和完善，现已发展成为包含大量实用工具箱(Toolbox)的综合应用软件，不仅成为众多学科领域的标准工具，而且适合具有不同专业研究方向及工程应用需求。MATLAB 是国际控制界目前使用最广的工具软件，几乎所有的控制理论与应用分支中都有 MATLAB 工具箱。本节结合现代控制理论的基本内容，简要介绍采用控制系统工具箱在控制理论方面的应用。而详细的 MATLAB 应用工具，可参考众多的 MATLAB 相关文献。

1. 传递函数的输入

利用下列命令可以十分容易地将传递函数模型输入到 MATLAB 环境中。

```
>>num=[b0,b1,…,bm];
>>den=[1,a1,a2,…,an];
```

调用 tf()函数即可构造出对应的传递函数对象。调用格式为

```
>>G=tf(num,den);
```

其中：(num，den)分别为系统的分子和分母多项式系数的向量。返回变量 G 为系统的传递函数对象。

【例 2.7】已知传递函数模型为

$$G(s)=\frac{2s+3}{2s^4+s^3+4s^2+s+3}$$

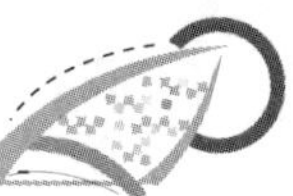

可由下列命令输入到 MATLAB 工作空间中。

```
>>num=[2,3];
>>den=[2,1,4,1,3];
>>G=tf(num,den);
Transfer function:
          2s+3
----------------
2 s^4+s^3+4 s^2+s+3
```

【例 2.8】一个较复杂系统的传递函数模型为

$$G(s)=\frac{4(2s+1)}{(2s^3+3s^2+1s+4)^2(s^2+3s+4)}$$

该传递函数模型可以通过下面的语句输入到 MATLAB 工作空间。

```
>>num=4*[2,1];
den=conv(conv([2,3,1,4],[2,3,1,4]),[1,3,4]);
tf(num,den)
Transfer function:
          8 s+4
----------------------------------------------------------
4 s^8+24 s^7+65 s^6+109 s^5+143 s^4+171 s^3+140 s^2+80 s+64
```

2. 状态空间模型的输入

表示状态空间模型的基本要素是状态向量和常数矩阵 $\boldsymbol{A}$，$\boldsymbol{B}$，$\boldsymbol{C}$，$\boldsymbol{D}$。由于 MATLAB 本来就是为矩阵运算而设计的，因而特别适合于处理状态空间模型，只需将各系数矩阵按常规矩阵方式输入到工作空间即可。

```
>>A=[a11,a12,…,a1n;a21,a22,…,a2n;…;an1,…,ann];
>>B=[b0,b1,…,bm];
>>C=[c1,c2,…,cn];
>>D=d;
```

在 MATLAB 中可调用状态方程对象 ss()构造状态方程模型，调用格式如下。

```
>>ss(A,B,C,D)
```

【例 2.9】双输入双输出系统的状态空间方程和输出方程分别为

$$\dot{\boldsymbol{X}}=\begin{bmatrix}3.45 & -4 & -1.75 & -1.5\\ 2.5 & -2.25 & -3.75 & -1.5\\ 2.25 & -1.5 & -2.25 & -0.75\\ 1.75 & -2.25 & -1.25 & -0.5\end{bmatrix}\boldsymbol{x}+\begin{bmatrix}3 & 5\\ 4 & 3\\ 3 & 1\\ 1 & 4\end{bmatrix}\boldsymbol{u}$$

$$\boldsymbol{y}=\begin{bmatrix}1 & 0 & 2 & 1\\ 0 & 1 & 0 & 1\end{bmatrix}\boldsymbol{x}$$

该方程可由下列语句输入到MATLAB工作空间。

```
>>A=[3.45,-4,-1.75,-1.5;2.5,-2.25,-3.75,-1.5;2.25,-1.5,-2.25,-0.75;1.75,-2.25,
-1.25,-0.5];
>>B=[3,5;4,3;3,1;1,4];
>>C=[1,0,2,1;0,1,0,1];
>>D=zeros(2,2);
>>G=ss(A,B,C,D)
a=
        x1     x2      x3      x4
x1   3.45   -4      -1.75   -1.5
x2   2.5    -2.25   -3.75   -1.5
x3   2.25   -1.5    -2.25   -0.75
x4   1.75   -2.25   -1.25   -0.5
b=
     u1  u2
x1   3   5
x2   4   3
x3   3   1
x4   1   4
c=
x1   x2  x3  x4
y1   1   0   2   1
y2   0   1   0   1
d=
     u1  u2
y1   0   0
y2   0   0
Continuous- time model.
```

3. 两种模型间的转换

在MATLAB中可以方便地进行传递函数模型与状态空间模型的转换，如果状态方程模型用G表示，则可用下面命令得出等效传递函数G1。

```
>>G1=tf(G)
```

【例2.10】已知系统的状态方程和输出方程为

$$\dot{\boldsymbol{X}}=\begin{bmatrix}0&3&0&0\\0&0&-2&0\\0&1&0&4\\2&0&3&0\end{bmatrix}\boldsymbol{x}+\begin{bmatrix}0\\3\\0\\-4\end{bmatrix}\boldsymbol{u}$$

$$\boldsymbol{y}=\begin{bmatrix}2&0&3&0\end{bmatrix}\boldsymbol{x}$$

由下面 MATLAB 语句可得出系统相应的传递函数模型。

```
>>A=[0,3,0,0;0,0,-2,0;0,1,0,4;2,0,3,0];
>>B=[0,3,0,-4];C=[2,0,3,0];D=0;
>>G=ss(A,B,C,D);
>>G1=tf(G)
Transfer function:
-21 s^2+192
------------------------------------------
s^4+1.155e-014 s^3-10 s^2-3.908e-014 s+48
```

同理，由 ss()函数可立即给出相应的状态空间模型。

【例 2.11】 一个单变量系统的传递函数为

$$G(s)=\frac{2s^4+3s^3+5s^2+12s+4}{s^5+3s^4+11s^3+20s^2+32s+18}$$

则由下面的 MATLAB 语句可直接获得系统的状态空间模型。

```
>>num=[2,3,5,12,4];den=[1,3,11,20,32,18];G=tf(num,den);G1=ss(G)
a=
        x1      x2       x3       x4       x5
x1      -3    -2.75     -2.5      -2     -1.125
x2       4      0         0        0        0
x3       0      2         0        0        0
x4       0      0         2        0        0
x5       0      0         0        1        0
b=
    u1
x1   2
x2   0
x3   0
x4   0
x5   0
c=
        x1     x2       x3       x4       x5
y1       1    0.375   0.3125   0.375    0.125
d=
    u1
y1   0
Continuous-time model.
```

本 章 小 结

本章介绍了状态空间描述的基本概念和特点，分别论述了时域和频域系统转化为状态空间的基本方法。状态空间描述方法是多输入多输出系统实现自动控制的基础，也是现代控制理论的重要内容。最后介绍了如何利用 MATLAB 对本章相关内容进行计算和分析。

习　题

2.1 试求出用三阶微分方程

$$m\dddot{x}(t)+n\ddot{x}(t)+p\dot{x}(t)+qx(t)=u(t)$$

表示的系统的状态方程。

2.2 已知系统的微分方程为

$$\dddot{y}-2\ddot{y}-4\dot{y}-6y=2u$$

试将其转变成状态空间表达式。

2.3 系统的微分方程为

$$\dddot{y}+5\ddot{y}+4y+7y=\ddot{u}+3u+2u$$

试选取状态变量，导出系统的状态空间表达式。

2.4 系统微分方程为

$$\dddot{y}+2\ddot{y}-4\dot{y}+7y=5\dot{u}+u$$

试选取状态变量，导出系统的状态空间表达式。

2.5 图 2.7(a)和图 2.7(b)分别为由电阻 R、电感 L 和电容 C 组成的电路，试分别写出其状态空间表达式。

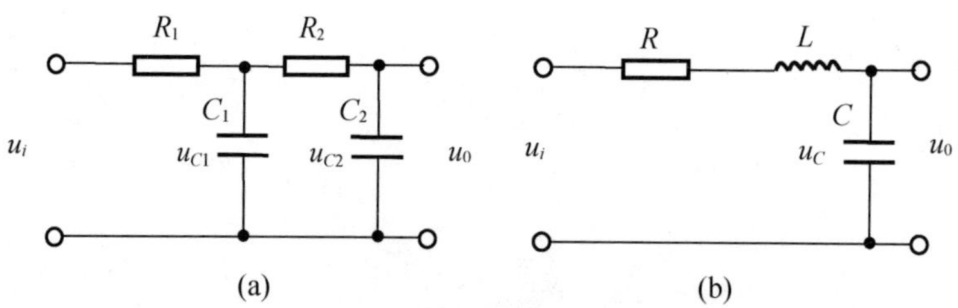

图 2.7　电阻、电感和电容组成的电路

2.6 已知系统的传递函数为

$$G(s)=\frac{s^2-s-1}{s^3-6s^2-11s-6}$$

试建立其状态空间表达式。

第3章 控制系统状态空间的特性

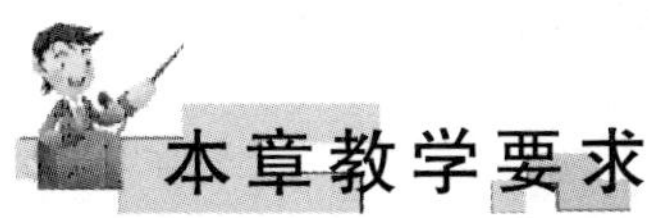

知识要点	掌握程度	相关知识	工程应用方向
状态转移矩阵的意义	掌握	状态转移矩阵的推导和不同的求解方法	机器智能与模式识别，机电系统控制
线性系统状态方程的求解	重点掌握	线性系统状态变化的构成与推导，伴随方程的求解	运动控制技术，机器人技术
系统能控性和能观测性的概念	重点掌握	能控性和能观性的定义和条件，其与传递函数间的关系，对偶原理	机器视觉及应用，焊接自动化
状态反馈与状态观测器的概念	熟悉	状态反馈与状态观测器的定义和原理	先进检测技术，机器视觉及应用

医药行业规范严格，对药品包装质量的要求非常高。当药粒被包装进泡罩后，生产商必须保证所有泡罩内的药粒都完好无损。机器视觉产品系统通过图像传感器可以快速、准确地检测到药粒是否完好无损。该系统通过预先设定的面积参数对每个泡罩内的药粒进行检测比对，这样破损的药粒将被检测出来，并自动将其剔除。机器视觉系统包含了本章中的状态观测器的技术。图 3.1 所示为药品检测用机器视觉系统。

根据状态空间法建立了控制系统的状态空间表达式后，就要对控制系统进行分析并求解系统的输出。本章重点讨论在给定系统的初始状态和输入控制信号条件下，系统的状态空间表达式的求解，并在此基础上定义状态转移矩阵，以及讨论状态转移矩阵的性质和计算方法。对系统状态空间表达式的求解，可以充分了解和分析一个控制系统的特征，获得描述系统的全部信息。经典控制理论中的反馈控制是指通过测量输出来确定系统的控制输入，以达到某种控制性能指标。通过反馈能够消除扰动输入的影响，具有更快的瞬态响应，可以减小对参数变化和模型误差的灵敏度等。如果控制作用可以使系统的状态达到某个特定的值，则称这些系统具有能控性。如果通过输出可以确定系统的状态，则称系统具有能观测性(或能重构)。对于多变量闭环控制系统，如果能控系统的所有状态都可用做反馈，则可以适当选择反馈增益，使闭环系统的特征值位于复平面的任意位置，这样可以自由地规定闭环系统的行为。控制系统的动态性能，主要由其状态矩阵的特征值(即闭环极点)决定。基于系统的状态空间表达式，可以通过适当的状态反馈控制，配置系统的极点，使得闭环系统具有期望的动态特性。

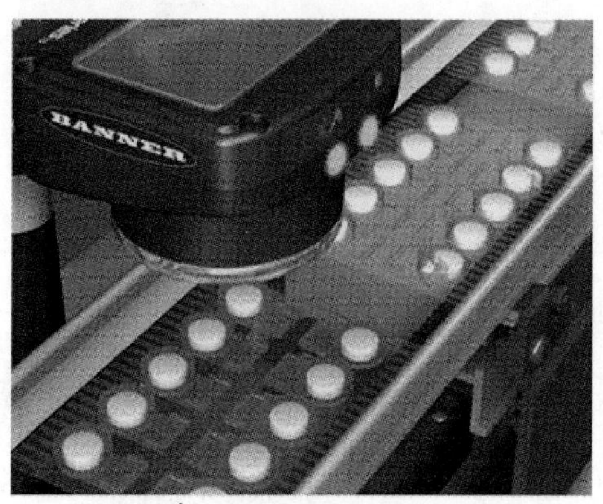

图 3.1　药品检测用机器视觉系统

3.1　状态转移矩阵及状态方程的求解

3.1.1　状态转移矩阵

系统的状态方程是由一阶微分方程组成，求解状态方程实际上归结为求解一阶微分方程组。首先考察系统的自由响应，当输入 $u=0$ 或 $\boldsymbol{U}=\boldsymbol{0}$ 时，系统表现为齐次状态方程，此时状态方程为 $\dot{\boldsymbol{X}}=\boldsymbol{A}\boldsymbol{X}$。

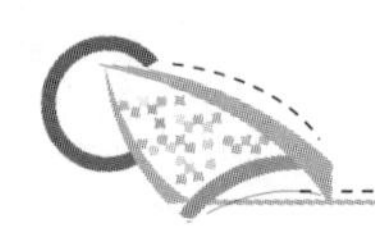

为简化起见并且不失一般性，先考察标量状态方程[1,5,6]。

$$\dot{x}(t)=ax(t) \tag{3-1}$$

设在时间 $t=0$ 时，状态初值 $x(0)$ 已知。根据高等数学的知识可知，式(3-1)的解可以写成式(3-2)的级数形式

$$x(t)=f_0+f_1t+f_2t^2+\cdots+f_kt^k+\cdots \tag{3-2}$$

式中：f_0，f_1，…，f_k，…为待求系数。

对式(3-2)两边求导，得

$$\dot{x}(t)=f_1+2f_2t+\cdots+kf_kt^{k-1}+\cdots \tag{3-3}$$

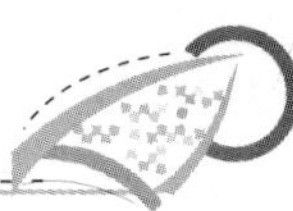

将式(3-2)代入式(3-1)，得

$$\dot{x}(t)=af_0+af_1t+af_2t^2+\cdots+af_kt^k+\cdots \tag{3-4}$$

比较式(3-3)和式(3-4)的对应项，则有

$$\begin{cases} f_1=af_0 \\ f_2=\frac{1}{2}af_1=\frac{1}{2!}a^2f_0 \\ \vdots \\ f_k=\frac{1}{k}af_{k-1}=\frac{1}{k!}a^kf_0 \end{cases} \tag{3-5}$$

将式(3-5)代入式(3-2)，得

$$\begin{aligned} x(t)&=f_0+af_0t+\frac{1}{2!}a^2f_0t^2+\cdots+\frac{1}{k!}a^kf_0t^k+\cdots \\ &=(1+at+\frac{1}{2!}a^2t^2+\cdots+\frac{1}{k!}a^kt^k+\cdots)\cdot f_0 \end{aligned} \tag{3-6}$$

当时间 $t=0$ 时，状态初值 $x(0)=f_0$，则有

$$x(t)=(1+at+\frac{1}{2!}a^2t^2+\cdots+\frac{1}{k!}a^kt^k+\cdots)\cdot x(0) \tag{3-7}$$

因为 $e^at=1+at+\frac{1}{2!}a^2t^2+\cdots+\frac{1}{k!}a^kt^k+\cdots$，所以式(3-7)也可以写为

$$x(t)=e^{at}\cdot x(0) \tag{3-8}$$

显然，只要知道标量方程式(3-1)中的系数 a 和状态初值 $x(0)$，就可以求出状态 $x(t)$。

同理，对于线性齐次状态方程

$$\dot{\boldsymbol{X}}=\boldsymbol{AX} \tag{3-9}$$

式中：$\boldsymbol{A}$ 为 $n\times n$ 系数矩阵。

设在时间 $t=0$ 时，系统状态初值 $\boldsymbol{X}(0)$已知，则有

$$\boldsymbol{X}(t)=(\boldsymbol{I}+\boldsymbol{A}t+\frac{1}{2!}\boldsymbol{A}^2t^2+\cdots+\frac{1}{k!}\boldsymbol{A}^kt^k+\cdots)\cdot\boldsymbol{X}(0) \tag{3-10}$$

设

$$\boldsymbol{\varphi}(t)=\boldsymbol{I}+\boldsymbol{A}t+\frac{1}{2!}\boldsymbol{A}^2t^2+\cdots+\frac{1}{k!}\boldsymbol{A}^kt^k+\cdots \tag{3-11}$$

则

$$\boldsymbol{X}(t)=\boldsymbol{\varphi}(t)\boldsymbol{X}(0) \tag{3-12}$$

式(3-12)即为齐次状态方程(3—9)的解。

式(3-12)中的 $\boldsymbol{\varphi}(t)$称为状态转移矩阵，又称为矩阵指数，它表达了一个系统从初始状态 $\boldsymbol{X}(0)$到任意状态的转移变化特性，表示了一个系统在无控制或控制信号 $\boldsymbol{U}=\boldsymbol{0}$ 时的自由响应(即受初始条件激励的响应)的过程特性。图 3.2 所示为系统状态转移的示意图。

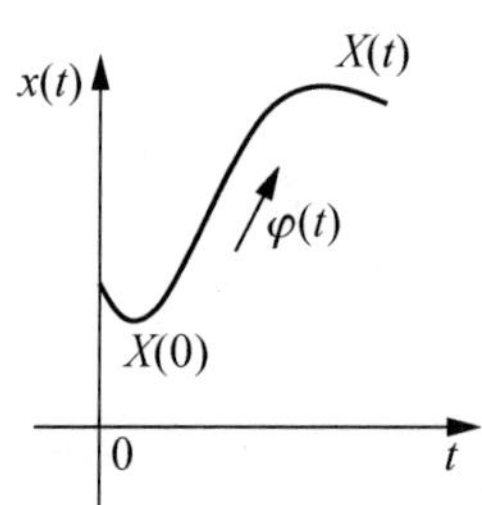

图 3.2 系统自由响应转移特性

根据数学方阵的级数表示方法，有

$$e^{\boldsymbol{A}t}=\boldsymbol{I}+\boldsymbol{A}t+\frac{1}{2!}\boldsymbol{A}^2t^2+\cdots+\frac{1}{k!}\boldsymbol{A}^kt^k+\cdots \tag{3-13}$$

则对于线性定常系统，则有

$$\boldsymbol{\varphi}(t)=e^{\boldsymbol{A}t}$$

即

$$\boldsymbol{X}(t)=e^{\boldsymbol{A}t}\cdot\boldsymbol{X}(0) \tag{3-14}$$

如果初始时刻 $t_0\neq0$，则有

$$\boldsymbol{\varphi}(t-t_0)=e^{\boldsymbol{A}(t-t_0)}$$

$$\boldsymbol{X}(t)=e^{\boldsymbol{A}(t-t_0)}\boldsymbol{X}(t_0) \tag{3-15}$$

式中：$\boldsymbol{X}(t_0)$为系统的初始状态值。

3.1.2 状态转移矩阵的求解

可以看出，状态方程的求解，归结为状态转移矩阵 $\boldsymbol{\varphi}(t)$的求解。下面介绍几种求解状态转移矩阵 $\boldsymbol{\varphi}(t)$的常见方法[1,3,4,5]。

1. 拉氏变换法

对于式(3-9)两边取拉氏变换，得

$$s\boldsymbol{X}(s)-\boldsymbol{X}(0)=\boldsymbol{A}\boldsymbol{X}(s) \tag{3-16}$$

$$[s\boldsymbol{I}-\boldsymbol{A}]\ \boldsymbol{X}(s)=\boldsymbol{X}(0) \tag{3-17}$$

假定矩阵 $[s\boldsymbol{I}-\boldsymbol{A}]$ 非奇异，即$|s\boldsymbol{I}-\boldsymbol{A}|\neq0$，则式(3-17)可变为

$$\boldsymbol{X}(s)=[s\boldsymbol{I}-\boldsymbol{A}]^{-1}\boldsymbol{X}(0) \tag{3-18}$$

取拉氏反变换，得

$$\boldsymbol{X}(t)=L^{-1}\ \{[s\boldsymbol{I}-\boldsymbol{A}]^{-1}\boldsymbol{X}(0)\} \tag{3-19}$$

上式与式(3-1)比较，得

$$\boldsymbol{\varphi}(t)=e^{\boldsymbol{A}t}=L^{-1}\ \{[s\boldsymbol{I}-\boldsymbol{A}]^{-1}\} \tag{3-20}$$

即状态转移矩阵 $\boldsymbol{\varphi}(t)$的求解转变为式(3-20)右边拉氏反变换的问题，并涉及矩阵的求逆。为了计算矩阵的逆阵，下面补充一个定理。

定理：如果方阵 $\boldsymbol{A}$ 可逆，则$|\boldsymbol{A}|\neq0$，且有

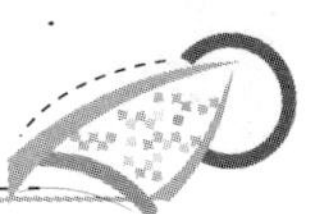

$$\boldsymbol{A}^{-1}=\frac{1}{|\boldsymbol{A}|}\cdot\boldsymbol{A}^{*}$$

式中：$\boldsymbol{A}^{*}$为方阵$\boldsymbol{A}$的伴随矩阵，也记为adj$[\boldsymbol{A}]$，它是$|\boldsymbol{A}|$的各元素的代数余子式所构成的如下方阵

$$\boldsymbol{A}^{*}=\begin{bmatrix}\boldsymbol{A}_{11} & \boldsymbol{A}_{21} & \cdots & \boldsymbol{A}_{n1}\\ \boldsymbol{A}_{12} & \boldsymbol{A}_{22} & \cdots & \boldsymbol{A}_{n2}\\ \vdots & & & \\ \boldsymbol{A}_{1n} & \boldsymbol{A}_{2n} & \cdots & \boldsymbol{A}_{nn}\end{bmatrix}$$

其中$A_{ij}=(-1)^{i+j}M_{ij}$，M_{ij}为方阵$\boldsymbol{A}$的第i行和第j列删掉后的行列式。

【例3.1】求下面系统的状态转移矩阵$\boldsymbol{\varphi}(t)$。

$$\dot{\boldsymbol{X}}(t)=\begin{bmatrix}2 & -\sqrt{2}\\ -\sqrt{2} & 1\end{bmatrix}\boldsymbol{X}(t)$$

解：对于该状态方程，对照式(3-9)，有

$$\boldsymbol{A}=\begin{bmatrix}2 & -\sqrt{2}\\ -\sqrt{2} & 1\end{bmatrix}$$

$$[s\boldsymbol{I}-\boldsymbol{A}]=\begin{bmatrix}s-2 & \sqrt{2}\\ \sqrt{2} & s-1\end{bmatrix}$$

$$|s\boldsymbol{I}-\boldsymbol{A}|=s(s-3)$$

矩阵$[s\boldsymbol{I}-\boldsymbol{A}]$的伴随矩阵为

$$\text{adj}[s\boldsymbol{I}-\boldsymbol{A}]=\begin{bmatrix}s-1 & -\sqrt{2}\\ -\sqrt{2} & s-2\end{bmatrix},$$

$$[s\boldsymbol{I}-\boldsymbol{A}]^{-1}=\frac{\text{adj}[s\boldsymbol{I}-\boldsymbol{A}]}{|s\boldsymbol{I}-\boldsymbol{A}|}=\frac{1}{s(s-3)}\begin{bmatrix}s-1 & -\sqrt{2}\\ -\sqrt{2} & s-2\end{bmatrix},$$

$$\boldsymbol{\varphi}(t)=L^{-1}\{[s\boldsymbol{I}-\boldsymbol{A}]^{-1}\}=\begin{bmatrix}\frac{1}{3}(1+2\mathrm{e}^{3t}) & \frac{\sqrt{2}}{3}(1-\mathrm{e}^{3t})\\ \frac{\sqrt{2}}{3}(1-\mathrm{e}^{3t}) & \frac{1}{3}(2+\mathrm{e}^{3t})\end{bmatrix}=\mathrm{e}^{\boldsymbol{A}t}。$$

【例3.2】齐次状态方程的系数矩阵$\boldsymbol{A}=\begin{bmatrix}0 & -1\\ 2 & 3\end{bmatrix}$，求其矩阵指数$\mathrm{e}^{\boldsymbol{A}t}$。

解：矩阵指数$e^{\boldsymbol{A}t}$也即状态转移矩阵$\boldsymbol{\varphi}(t)$，则计算步骤同例3.1，则有

$$[s\boldsymbol{I}-\boldsymbol{A}]=\begin{bmatrix}s & 1\\ -2 & s-3\end{bmatrix}$$

$$|s\boldsymbol{I}-\boldsymbol{A}|=s(s-3)+2=(s-1)(s-2)$$

伴随矩阵为

$$\text{adj}[s\boldsymbol{I}-\boldsymbol{A}]=\begin{bmatrix}s-3 & -1\\ 2 & s\end{bmatrix}$$

$$[s\boldsymbol{I}-\boldsymbol{A}]^{-1}=\frac{1}{|s\boldsymbol{I}-\boldsymbol{A}|}\text{adj}[s\boldsymbol{I}-\boldsymbol{A}]=\begin{bmatrix}\dfrac{s-3}{(s-1)(s-2)} & -\dfrac{1}{(s-1)(s-2)}\\ \dfrac{2}{(s-1)(s-2)} & \dfrac{s}{(s-1)(s-2)}\end{bmatrix}$$

$$=\begin{bmatrix}\dfrac{2}{s-1}-\dfrac{1}{s-2} & \dfrac{1}{s-1}-\dfrac{1}{s-2}\\ \dfrac{2}{s-2}-\dfrac{2}{s-1} & \dfrac{2}{s-2}-\dfrac{1}{s-1}\end{bmatrix}$$

则

$$e^{\boldsymbol{A}t}=L^{-1}\{[s\boldsymbol{I}-\boldsymbol{A}]^{-1}\}=\begin{bmatrix}2e^{t}-e^{2t} & e^{t}-e^{2t}\\ 2e^{2t}-2e^{t} & 2e^{2t}-e^{t}\end{bmatrix}$$

【例 3.3】已知齐次状态方程的系数矩阵 $\boldsymbol{A}=\begin{bmatrix}0 & -1 & 0\\ 0 & 0 & -1\\ 6 & 11 & 6\end{bmatrix}$，求状态转移矩阵 $\boldsymbol{\varphi}(t)$。

解：$[s\boldsymbol{I}-\boldsymbol{A}]=\begin{bmatrix}s & 1 & 0\\ 0 & s & 1\\ -6 & -11 & s-6\end{bmatrix}$

$$|s\boldsymbol{I}-\boldsymbol{A}|=s^2(s-6)-6+11s=s^3-6s^2+11s-6=(s-1)(s-2)(s-3)$$

$$\text{adj}[s\boldsymbol{I}-\boldsymbol{A}]=\begin{bmatrix}s(s-6)+11 & -s+6 & 1\\ -6 & s(s-6) & -s\\ 6s & 11s-6 & s^2\end{bmatrix}$$

$$[s\boldsymbol{I}-\boldsymbol{A}]^{-1}=\frac{1}{|s\boldsymbol{I}-\boldsymbol{A}|}\text{adj}[s\boldsymbol{I}-\boldsymbol{A}]=\frac{1}{(s-1)(s-2)(s-3)}\begin{bmatrix}s^2-6s+11 & -s+6 & 1\\ -6 & s^2-6s & -s\\ 6s & 11s-6 & s^2\end{bmatrix}$$

$$\boldsymbol{\varphi}(t)=L^{-1}\{[s\boldsymbol{I}-\boldsymbol{A}]^{-1}\}=\begin{bmatrix}3e^{t}-3e^{2t}+e^{3t} & \dfrac{5}{2}e^{t}-4e^{2t}+\dfrac{3}{2}e^{3t} & \dfrac{1}{2}e^{t}-e^{2t}+\dfrac{1}{2}e^{3t}\\ 3e^{t}+6e^{2t}-3e^{3t} & -\dfrac{5}{2}e^{t}+8e^{2t}-\dfrac{9}{2}e^{3t} & -\dfrac{1}{2}e^{t}+2e^{2t}-\dfrac{3}{2}e^{3t}\\ 3e^{t}-12e^{2t}+9e^{3t} & \dfrac{5}{2}e^{t}-16e^{2t}+\dfrac{27}{2}e^{3t} & \dfrac{1}{2}e^{t}-4e^{2t}+\dfrac{9}{2}e^{3t}\end{bmatrix}$$

2. 对角矩阵法

1）系统矩阵 $\boldsymbol{A}$ 的特征值各不相同时

系统矩阵 $\boldsymbol{A}$ 为 n 阶方阵，其特征多项式有 n 个不同的特征值，则存在一个矩阵 $\boldsymbol{Q}$，通过线性变换，可以将矩阵 $\boldsymbol{A}$ 变为对角矩阵 $\boldsymbol{Q}^{-1}\boldsymbol{A}\boldsymbol{Q}$，对角线上的元为矩阵 $\boldsymbol{A}$ 的特征值，即

$$\boldsymbol{Q}^{-1}\boldsymbol{A}\boldsymbol{Q}=\Lambda \tag{3-21}$$

式中：对角阵 $\Lambda=\text{diag}[s_1, s_2, \cdots, s_n]$，且 s_1，s_2，…，s_n 为 $\boldsymbol{A}$ 的特征值。

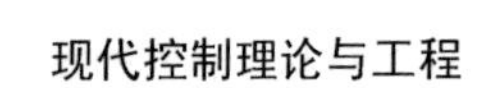

已知矩阵指数或状态转移矩阵为

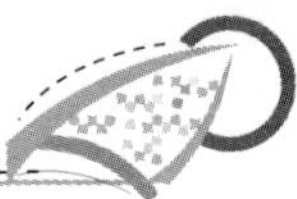

$$\boldsymbol{\varphi}(t)=\mathrm{e}^{\boldsymbol{A}t}=\boldsymbol{I}+\boldsymbol{A}t+\frac{1}{2!}\boldsymbol{A}^2t^2+\cdots+\frac{1}{k!}\boldsymbol{A}^kt^k+\cdots \tag{3-22}$$

用$\boldsymbol{Q}^{-1}$左乘、$\boldsymbol{Q}$右乘式(3-22)，将$\mathrm{e}^{\boldsymbol{A}t}$对角化，可以得到

$$\begin{aligned}
\boldsymbol{Q}^{-1}\mathrm{e}^{\boldsymbol{A}t}\boldsymbol{Q}&=\boldsymbol{Q}^{-1}\left(\boldsymbol{I}+\boldsymbol{A}t+\frac{1}{2!}\boldsymbol{A}^2t^2+\cdots+\frac{1}{k!}\boldsymbol{A}^kt^k+\cdots\right)\boldsymbol{Q}\\
&=\boldsymbol{Q}^{-1}\boldsymbol{I}\boldsymbol{Q}+\boldsymbol{Q}^{-1}\boldsymbol{A}\boldsymbol{Q}t+\boldsymbol{Q}^{-1}\boldsymbol{A}^2\boldsymbol{Q}\cdot\frac{1}{2!}t^2+\cdots+\boldsymbol{Q}^{-1}\boldsymbol{A}^k\boldsymbol{Q}\cdot\frac{1}{k!}t^k+\cdots\\
&=\begin{bmatrix}1&&&\\&1&&\\&&\ddots&\\&&&1\end{bmatrix}+\begin{bmatrix}s_1t&&&\\&s_2t&&\\&&\ddots&\\&&&s_nt\end{bmatrix}+\begin{bmatrix}\frac{1}{2!}s_1^2t^2&&&\\&\frac{1}{2!}s_2^2t^2&&\\&&\ddots&\\&&&\frac{1}{2!}s_n^2t^2\end{bmatrix}+\cdots\\
&=\begin{bmatrix}1+s_1t+\frac{1}{2!}s_1^2t^2+\cdots&&&\\&1+s_2t+\frac{1}{2!}s_2^2t^2+\cdots&&\\&&\ddots&\\&&&1+s_nt+\frac{1}{2!}s_n^2t^2+\cdots\end{bmatrix}\\
&=\begin{bmatrix}\mathrm{e}^{s_1t}&&&\\&\mathrm{e}^{s_2t}&&\\&&\ddots&\\&&&\mathrm{e}^{s_nt}\end{bmatrix}
\end{aligned}\tag{3-23}$$

对公式(3-23)左乘$\boldsymbol{Q}$，右乘$\boldsymbol{Q}^{-1}$，可得

$$\boldsymbol{Q}[\boldsymbol{Q}^{-1}\mathrm{e}^{\boldsymbol{A}t}\boldsymbol{Q}]\boldsymbol{Q}^{-1}=\mathrm{e}^{\boldsymbol{A}t}=\boldsymbol{Q}\begin{bmatrix}\mathrm{e}^{s_1t}&&&\\&\mathrm{e}^{s_2t}&&\\&&\ddots&\\&&&\mathrm{e}^{s_nt}\end{bmatrix}\boldsymbol{Q}^{-1}\tag{3-24}$$

显然，状态转移矩阵$\boldsymbol{\varphi}(t)$的求解，转化为求解矩阵$\boldsymbol{Q}$、$\boldsymbol{Q}^{-1}$和$\boldsymbol{Q}^{-1}\mathrm{e}^{\boldsymbol{A}t}\boldsymbol{Q}$。矩阵$\boldsymbol{A}$的特征值总是有解，因此根据式(3-24)即可计算出$\boldsymbol{Q}^{-1}\mathrm{e}^{\boldsymbol{A}t}\boldsymbol{Q}$。关键问题是如何求出线性变换矩阵$\boldsymbol{Q}$和它的逆阵$\boldsymbol{Q}^{-1}$。

为此，将式(3-21)两边左乘$\boldsymbol{Q}$，得

$$\boldsymbol{A}\boldsymbol{Q}=\boldsymbol{Q}\Lambda\tag{3-25}$$

在此，令

$$\boldsymbol{Q}=[\boldsymbol{Q}_1,\ \boldsymbol{Q}_2,\ \cdots,\ \boldsymbol{Q}_n]\tag{3-26}$$

式中：$\boldsymbol{Q}_i(i=1,\ 2,\ \cdots,\ n)$为$\boldsymbol{Q}$的列向量，将式(3-26)代入式(3-25)得

$$\boldsymbol{A}[\boldsymbol{Q}_1,\ \boldsymbol{Q}_2,\ \cdots,\ \boldsymbol{Q}_n]=[\boldsymbol{Q}_1,\ \boldsymbol{Q}_2,\ \cdots,\ \boldsymbol{Q}_n]\Lambda \tag{3-27}$$

则有

$$\begin{cases}(s_1\boldsymbol{I}-\boldsymbol{A})\boldsymbol{Q}_1=0\\(s_2\boldsymbol{I}-\boldsymbol{A})\boldsymbol{Q}_2=0\\\qquad\vdots\\(s_n\boldsymbol{I}-\boldsymbol{A})\boldsymbol{Q}_n=0\end{cases} \tag{3-28}$$

即 $\boldsymbol{Q}_i(i=1,\ 2,\ \cdots,\ n)$是 $\boldsymbol{A}$ 的 n 个特征向量。求解式(3-28)即可求出 $\boldsymbol{Q}_1$，$\boldsymbol{Q}_2$，…，$\boldsymbol{Q}_n$，从而得到矩阵 $\boldsymbol{Q}$ 和它的逆阵 $\boldsymbol{Q}^{-1}$。

【例 3.4】 系统的系数矩阵为 $\boldsymbol{A}=\begin{bmatrix}0 & -1 & 1\\6 & 11 & -6\\6 & 11 & -5\end{bmatrix}$，试用对角化法求状态转移矩阵 $\boldsymbol{\varphi}(t)=e^{\boldsymbol{A}t}$。

解：

$$|s\boldsymbol{I}-\boldsymbol{A}|=\begin{vmatrix}s & 1 & -1\\-6 & s-11 & 6\\-6 & -11 & s+5\end{vmatrix}=(s-1)(s-2)(s-3)$$

特征方程为$|s\boldsymbol{I}-\boldsymbol{A}|=0$，计算其特征值为

$$s_1=1,\ s_2=2,\ s_3=3。$$

将 $s_1=1$ 代入式(3-28)得

$$\begin{bmatrix}s_1 & 1 & -1\\-6 & s_1-11 & 6\\-6 & -11 & s_1+5\end{bmatrix}\begin{bmatrix}Q_{11}\\Q_{21}\\Q_{31}\end{bmatrix}=\begin{bmatrix}1 & 1 & -1\\-6 & -10 & 6\\-6 & -11 & 6\end{bmatrix}\begin{bmatrix}Q_{11}\\Q_{21}\\Q_{31}\end{bmatrix}=0,$$

可以得到

$$\begin{cases}Q_{11}+Q_{21}-Q_{31}=0\\-6Q_{11}-10Q_{21}+6Q_{31}=0\\-6Q_{11}-11Q_{21}+6Q_{31}=0\end{cases}$$

解上述方程，得到

$$Q_{11}=Q_{31}=1,\ Q_{21}=0$$

则

$$\boldsymbol{Q}_1=\begin{bmatrix}1\\0\\1\end{bmatrix}$$

同理，将 $s_2=2$ 和 $s_3=3$ 代入式(3-28)，可以得到矩阵 $\boldsymbol{Q}$ 的另两个列向量

$$\boldsymbol{Q}_2=\begin{bmatrix}1\\2\\4\end{bmatrix},\ \boldsymbol{Q}_3=\begin{bmatrix}1\\6\\9\end{bmatrix}$$

故有

$$\boldsymbol{Q}=[\boldsymbol{Q}_1 \quad \boldsymbol{Q}_2 \quad \boldsymbol{Q}_3]=\begin{bmatrix}1 & 1 & 1\\ 0 & 2 & 6\\ 1 & 4 & 9\end{bmatrix}$$

矩阵 $\boldsymbol{Q}$ 的伴随矩阵为

$$\mathrm{adj}\boldsymbol{Q}=\begin{bmatrix}-6 & -5 & 4\\ 6 & 8 & -6\\ -2 & -3 & 2\end{bmatrix}$$

$$|\boldsymbol{Q}|=-2$$

则

$$\boldsymbol{Q}^{-1}=\frac{1}{|\boldsymbol{Q}|}\mathrm{adj}\boldsymbol{Q}=\begin{bmatrix}3 & \frac{5}{2} & -2\\ -3 & -4 & 3\\ 1 & \frac{3}{2} & -1\end{bmatrix}$$

所以，状态转移矩阵为

$$\boldsymbol{\varphi}(t)=\mathrm{e}^{\boldsymbol{A}t}=\boldsymbol{Q}[\boldsymbol{Q}^{-1}\mathrm{e}^{\boldsymbol{A}t}\boldsymbol{Q}]\boldsymbol{Q}^{-1}=\boldsymbol{Q}\begin{bmatrix}\mathrm{e}^{s_1 t} & & \\ & \mathrm{e}^{s_2 t} & \\ & & \mathrm{e}^{s_3 t}\end{bmatrix}\boldsymbol{Q}^{-1}$$

$$=\begin{bmatrix}1 & 1 & 1\\ 0 & 2 & 6\\ 1 & 4 & 9\end{bmatrix}\begin{bmatrix}\mathrm{e}^{t} & & \\ & \mathrm{e}^{2t} & \\ & & \mathrm{e}^{3t}\end{bmatrix}\begin{bmatrix}3 & \frac{5}{2} & -2\\ -3 & -4 & 3\\ 1 & \frac{3}{2} & -1\end{bmatrix}$$

$$=\begin{bmatrix}\mathrm{e}^{t} & \mathrm{e}^{2t} & \mathrm{e}^{3t}\\ 0 & 2\mathrm{e}^{2t} & 6\mathrm{e}^{3t}\\ \mathrm{e}^{t} & 4\mathrm{e}^{2t} & 9\mathrm{e}^{3t}\end{bmatrix}\begin{bmatrix}3 & \frac{5}{2} & -2\\ -3 & -4 & 3\\ 1 & \frac{3}{2} & -1\end{bmatrix}$$

$$=\begin{bmatrix}3\mathrm{e}^{t}-3\mathrm{e}^{2t}+\mathrm{e}^{3t} & \frac{5}{2}\mathrm{e}^{t}-4\mathrm{e}^{2t}+\frac{3}{2}\mathrm{e}^{3t} & -2\mathrm{e}^{t}-3\mathrm{e}^{2t}+\mathrm{e}^{3t}\\ -6\mathrm{e}^{2t}+6\mathrm{e}^{3t} & -8\mathrm{e}^{2t}+9\mathrm{e}^{3t} & 6\mathrm{e}^{2t}-6\mathrm{e}^{3t}\\ 3\mathrm{e}^{t}-12\mathrm{e}^{2t}+9\mathrm{e}^{3t} & \frac{5}{2}\mathrm{e}^{t}-16\mathrm{e}^{2t}+\frac{27}{2}\mathrm{e}^{3t} & -2\mathrm{e}^{t}+12\mathrm{e}^{2t}-9\mathrm{e}^{3t}\end{bmatrix}$$

2）系统矩阵 $\boldsymbol{A}$ 的特征值有相同的情况

如果矩阵 $\boldsymbol{A}$ 的特征值出现相重，并且 $\boldsymbol{A}$ 的各异的特征向量数小于它的阶数 n，则 $\boldsymbol{A}$ 不能化成对角矩阵。但仍然存在一线性变换矩阵 $\boldsymbol{Q}$，使 $\boldsymbol{A}$ 变换为 $\boldsymbol{J}=\boldsymbol{Q}^{-1}\boldsymbol{A}\boldsymbol{Q}$，矩阵 $\boldsymbol{J}$ 为拟对角矩阵，又称为约当(Jordan)标准型。例如：

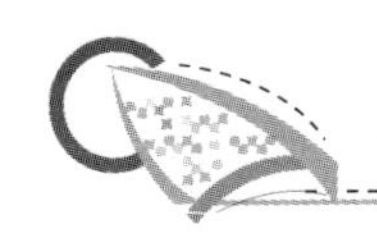

$$
\boldsymbol{J}=\begin{bmatrix} s_1 & 1 & 0 & & & \\ 0 & s_1 & 1 & & & \\ 0 & 0 & s_1 & & & \\ & & & s_2 & 1 & \\ & & & & s_2 & \\ & & & & & s_3 \end{bmatrix} \tag{3-29}
$$

式(3－29)由 3 个约当块组成，每块对角线上的元是该块对应的特征值 s_1，s_2 或 s_3。

约当标准形一般有如下性质[1,5]。

(1) 拟对角矩阵 $\boldsymbol{J}$ 的对角线上的元是矩阵 $\boldsymbol{A}$ 的特征值，主对角线以下的所有元为 0；主对角线上多重特征值上面最接近的元为 1，其余为 0。

(2) 以同一特征值为主对角线构成的子阵为约当块，约当块的数目等于独立特征向量的数目，即仅有一个与每个约当块有关的线性无关特征向量。同一个特征值在约当块中出现的次数等于它的重数。

(3) 当特征多项式没有重根时，约当块标准形就变为对角矩阵。

为了将矩阵 $\boldsymbol{A}$ 变为 $\boldsymbol{J}$，则应先求 $\boldsymbol{Q}$。假如 $\boldsymbol{A}$ 为 4 阶方阵，其特征值则为 s_1，s_1，s_1，s_4。并有

$$
\boldsymbol{J}=\boldsymbol{Q}^{-1}\boldsymbol{A}\boldsymbol{Q}
$$

$$
\boldsymbol{Q}\boldsymbol{J}=\boldsymbol{A}\boldsymbol{Q}
$$

令

$$
\boldsymbol{Q}=[\boldsymbol{Q}_1,\ \boldsymbol{Q}_2,\ \boldsymbol{Q}_3,\ \boldsymbol{Q}_4]
$$

则

$$
[\boldsymbol{Q}_1,\ \boldsymbol{Q}_2,\ \boldsymbol{Q}_3,\ \boldsymbol{Q}_4]\boldsymbol{J}=\boldsymbol{A}[\boldsymbol{Q}_1,\ \boldsymbol{Q}_2,\ \boldsymbol{Q}_3,\ \boldsymbol{Q}_4]
$$

$$
[\boldsymbol{Q}_1,\ \boldsymbol{Q}_2,\ \boldsymbol{Q}_3,\ \boldsymbol{Q}_4]\begin{bmatrix} s_1 & 1 & 0 & 0 \\ 0 & s_1 & 1 & 0 \\ 0 & 0 & s_1 & 0 \\ 0 & 0 & 0 & s_4 \end{bmatrix}=\boldsymbol{A}[\boldsymbol{Q}_1,\ \boldsymbol{Q}_2,\ \boldsymbol{Q}_3,\ \boldsymbol{Q}_4]
$$

$$
\begin{cases} s_1\boldsymbol{Q}_1=\boldsymbol{A}\boldsymbol{Q}_1 \\ \boldsymbol{Q}_1+s_1\boldsymbol{Q}_2=\boldsymbol{A}\boldsymbol{Q}_2 \\ \boldsymbol{Q}_2+s_1\boldsymbol{Q}_3=\boldsymbol{A}\boldsymbol{Q}_3 \\ s_4\boldsymbol{Q}_4=\boldsymbol{A}\boldsymbol{Q}_4 \end{cases} \tag{3-30}
$$

$$
\begin{cases} (s_1\boldsymbol{I}-\boldsymbol{A})\boldsymbol{Q}_1=\boldsymbol{0} & (3-31) \\ (s_1\boldsymbol{I}-\boldsymbol{A})\boldsymbol{Q}_2=-\boldsymbol{Q}_1 & (3-32) \\ (s_1\boldsymbol{I}-\boldsymbol{A})\boldsymbol{Q}_3=-\boldsymbol{Q}_2 & (3-33) \\ (s_4\boldsymbol{I}-\boldsymbol{A})\boldsymbol{Q}_4=\boldsymbol{0} & (3-34) \end{cases}
$$

解方程组(3－31)～(3－34)，则可求出 $\boldsymbol{Q}_1$，$\boldsymbol{Q}_2$，$\boldsymbol{Q}_3$，$\boldsymbol{Q}_4$ 四个列向量。

【例 3.5】已知系统矩阵 $A=\begin{bmatrix}0 & -1 & 0\\ 0 & 0 & -1\\ -2 & 5 & -4\end{bmatrix}$，试求将矩阵 **A** 转换为约当标准型的变换矩阵 **Q**。

解：首先计算系统矩阵 **A** 的特征值，**A** 为 3 阶方阵，其特征值为

$$s_1=s_2=-1,\ s_3=-2$$

将 s_1 代入式(3－31)，得

$$\begin{bmatrix}-1 & 1 & 0\\ 0 & -1 & 1\\ 2 & -5 & 3\end{bmatrix}\begin{bmatrix}Q_{11}\\ Q_{21}\\ Q_{31}\end{bmatrix}=\mathbf{0}$$

求解上述方程组，则可以得到

$$\boldsymbol{Q}_1=\begin{bmatrix}Q_{11}\\ Q_{21}\\ Q_{31}\end{bmatrix}=\begin{bmatrix}1\\ 1\\ 1\end{bmatrix}$$

将$\boldsymbol{Q}_1$ 代入式(3－32)，得

$$\begin{bmatrix}-1 & 1 & 0\\ 0 & -1 & 1\\ 2 & -5 & 3\end{bmatrix}\begin{bmatrix}Q_{12}\\ Q_{22}\\ Q_{32}\end{bmatrix}=\begin{bmatrix}-1\\ -1\\ -1\end{bmatrix}$$

同样解上述方程组可以得到

$$\boldsymbol{Q}_2=\begin{bmatrix}Q_{12}\\ Q_{22}\\ Q_{32}\end{bmatrix}=\begin{bmatrix}0\\ -1\\ -2\end{bmatrix}$$

由于该例中的矩阵 **A** 为 3 阶方阵，所以应将 $s_3=2$ 代入式(3－34)，得

$$\begin{bmatrix}-2 & 1 & 0\\ 0 & -2 & 1\\ 2 & -5 & 2\end{bmatrix}\begin{bmatrix}Q_{13}\\ Q_{23}\\ Q_{33}\end{bmatrix}=\mathbf{0}$$

$$\boldsymbol{Q}_3=\begin{bmatrix}Q_{13}\\ Q_{23}\\ Q_{33}\end{bmatrix}=\begin{bmatrix}1\\ 2\\ 4\end{bmatrix}$$

则

$$\boldsymbol{Q}=[\boldsymbol{Q}_1,\ \boldsymbol{Q}_2,\ \boldsymbol{Q}_3]=\begin{bmatrix}1 & 0 & 1\\ 1 & -1 & 2\\ 1 & -2 & 4\end{bmatrix}$$

这样就可以求得线性变换矩阵 **Q**，并将矩阵 **A** 线性变换为约当标准型 **J**，且有

$$\boldsymbol{J}=\begin{bmatrix}-1 & 1 & 0\\ 0 & -1 & 0\\ 0 & 0 & -2\end{bmatrix}$$

正如前面所述，如果矩阵 $\boldsymbol{A}$ 的特征值出现相重，且 $\boldsymbol{A}$ 的各异的特征向量数小于它的阶数 n，则 $\boldsymbol{A}$ 不能化成对角矩阵。但在一些情况下，如果 n 阶矩阵 $\boldsymbol{A}$ 的特征值出现相重，且 $\boldsymbol{A}$ 的各异的特征向量数为 n，则 $\boldsymbol{A}$ 也能化成对角矩阵。存在下述定理：n 阶矩阵 $\boldsymbol{A}$ 与对角阵相似的充分必要条件是 $\boldsymbol{A}$ 有 n 个线性无关的特征向量[7]。

【例 3.6】已知系统矩阵 $\boldsymbol{A}=\begin{bmatrix}1 & -1 & 1\\ 2 & -2 & 2\\ -1 & 1 & -1\end{bmatrix}$，试将矩阵 $\boldsymbol{A}$ 转换为对角阵。

解：首先计算系统矩阵 $\boldsymbol{A}$ 的特征值，$\boldsymbol{A}$ 为 3 阶方阵，其特征值为

$$s_1=s_2=0(\text{二重根}),\ s_3=-2$$

矩阵 $\boldsymbol{A}$ 有 3 个线性无关的特征向量，则通过转换矩阵

$$\boldsymbol{Q}=\begin{bmatrix}1 & -1 & -1\\ 1 & 0 & -2\\ 0 & 1 & 1\end{bmatrix}$$

可以将 $\boldsymbol{A}$ 转换为对角阵

$$\boldsymbol{Q}^{-1}\boldsymbol{A}\boldsymbol{Q}=\begin{bmatrix}0 & & \\ & 0 & \\ & & -2\end{bmatrix}$$

3.1.3 状态转移矩阵的性质

状态转移矩阵即矩阵指数，并有 $\boldsymbol{\varphi}(t)=\mathrm{e}^{\boldsymbol{A}t}$，它具有如下性质。

1. $\boldsymbol{\varphi}(0)=I$

证明：$\boldsymbol{\varphi}(t)=\mathrm{e}^{\boldsymbol{A}t}=\boldsymbol{I}+\boldsymbol{A}t+\frac{1}{2!}\boldsymbol{A}^2t^2+\cdots$

当 $t=0$ 时，则 $\boldsymbol{\varphi}(t)=\mathrm{e}^{\boldsymbol{0}}=\boldsymbol{I}$

2. $\boldsymbol{\varphi}^{-1}(t)=\boldsymbol{\varphi}(-t)$

证明：$\boldsymbol{\varphi}(t)=\mathrm{e}^{\boldsymbol{A}t}$

$$\boldsymbol{\varphi}(-t)=\mathrm{e}^{\boldsymbol{A}(-t)}=e^{-\boldsymbol{A}t}=(e^{\boldsymbol{A}t})^{-1}=\boldsymbol{\varphi}^{-1}(t)$$

3. $\boldsymbol{\varphi}(t_2-t_1)\cdot\boldsymbol{\varphi}(t_1-t_0)=\boldsymbol{\varphi}(t_2-t_0)$

证明：$\boldsymbol{\varphi}(t_2-t_1)\cdot\boldsymbol{\varphi}(t_1-t_0)=\mathrm{e}^{\boldsymbol{A}(t_2-t_1)}\cdot\mathrm{e}^{\boldsymbol{A}(t_1-t_0)}=\mathrm{e}^{\boldsymbol{A}(t_2-t_0)}=\boldsymbol{\varphi}(t_2-t_0)$

这个性质表示系统的状态转移过程可以分为若干段来研究，为分析系统的动态特性带来了便利。

4. $[\boldsymbol{\varphi}(t)]^K=\boldsymbol{\varphi}(Kt)$，其中 K 为整数

证明：

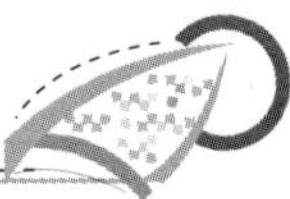

$$
\begin{aligned}
[\boldsymbol{\varphi}(t)]^K &= e^{At}e^{At}\cdots e^{At} \quad (K\ \text{项}) \\
&= e^{KAt} = \boldsymbol{\varphi}(Kt)
\end{aligned}
$$

3.2 线性系统非齐次状态方程的求解

非齐次状态方程表现为系统在控制作用下的运动，即此时输入控制信号 $\boldsymbol{U}$ 不为零。下面论述非齐次状态方程的求解方法[4,5]。

3.2.1 线性系统非齐次状态方程的求解

线性定常系统的状态方程和输出方程的数学表达式为

$$
\begin{cases}
\dot{\boldsymbol{X}}(t) = \boldsymbol{A}\boldsymbol{X}(t) + \boldsymbol{B}\boldsymbol{U}(t) \\
\boldsymbol{Y}(t) = \boldsymbol{C}\boldsymbol{X}(t) + \boldsymbol{D}\boldsymbol{U}(t)
\end{cases}
$$

状态方程可整理为

$$\dot{\boldsymbol{X}}(t) - \boldsymbol{A}\boldsymbol{X}(t) = \boldsymbol{B}\boldsymbol{U}(t)$$

方程两端同乘以 e^{-At}，有

$$e^{-At}[\dot{\boldsymbol{X}}(t) - \boldsymbol{A}\boldsymbol{X}(t)] = e^{-At}\boldsymbol{B}\boldsymbol{U}(t)$$

由于

$$\frac{de^{-At}\boldsymbol{X}(t)}{dt} = e^{-At}\frac{d\boldsymbol{X}(t)}{dt} - e^{-At}\boldsymbol{A}\boldsymbol{X}(t) = e^{-At}[\dot{\boldsymbol{X}}(t) - \boldsymbol{A}\boldsymbol{X}(t)]$$

所以有

$$\frac{d}{dt}[e^{-At}\boldsymbol{X}(t)] = e^{-At}\boldsymbol{B}\boldsymbol{U}(t)$$

在时间 $0 \to t$ 范围内积分得

$$e^{-At}\boldsymbol{X}(t) - \boldsymbol{X}(0) = \int_0^t e^{-A\tau}\boldsymbol{B}\boldsymbol{U}(\tau)\,d\tau$$

方程两端同乘以 e^{At} 并移项，则有

$$\boldsymbol{X}(t) = e^{At}\boldsymbol{X}(0) + \int_0^t e^{A(t-\tau)}\boldsymbol{B}\boldsymbol{U}(\tau)\,d\tau$$

即

$$\boldsymbol{X}(t) = \boldsymbol{\varphi}(t)X(0) + \int_0^t \boldsymbol{\varphi}(t-\tau)\boldsymbol{B}\boldsymbol{U}(\tau)\,d\tau \tag{3-35}$$

当时间 $t \neq 0$ 时，初始状态为 $\boldsymbol{X}(t_0)$，则有

$$\boldsymbol{X}(t) = \boldsymbol{\varphi}(t-t_0)\boldsymbol{X}(t_0) + \int_{t0}^t \boldsymbol{\varphi}(t-\tau)\boldsymbol{B}\boldsymbol{U}(\tau)\,d\tau \tag{3-36}$$

式(3-36)表明，系统在任意时刻 t 的状态取决于 $t = t_0$ 的初始状态 $\boldsymbol{X}(t_0)$和 $t \geqslant t_0$ 的输入 $\boldsymbol{U}(t)$。通过状态转移矩阵 $\boldsymbol{\varphi}(t)$，系统从初始状态 $\boldsymbol{X}(t_0)$转移到 t 时刻的状态 $\boldsymbol{X}(t)$。同时可看出，线性系统的状态变化(或运动)由两部分构成，第一部分为起始状态的转移项

$\boldsymbol{\varphi}(t-t_0)\boldsymbol{X}(t_0)$，即$\boldsymbol{U}(t)=0$的情况，见公式(3-15)。第二部分为控制作用$\boldsymbol{U}(t)$下的受控项$\int_{t0}^{t}\boldsymbol{\varphi}(t-\tau)\boldsymbol{B}\boldsymbol{U}(\tau)\,\mathrm{d}\tau$。此状态方程的求解公式的构成说明了系统运动的响应应满足线性系统的叠加原理。

系统的输出方程为

$$\begin{aligned}\boldsymbol{Y}(t)&=\boldsymbol{C}\boldsymbol{X}(t)+\boldsymbol{D}\boldsymbol{U}(t)\\&=\boldsymbol{C}\cdot\boldsymbol{\varphi}(t-t_0)\boldsymbol{X}(t_0)+\int_{t0}^{t}\boldsymbol{C}\boldsymbol{\varphi}(t-\tau)\boldsymbol{B}\boldsymbol{U}(\tau)\,\mathrm{d}\tau+\boldsymbol{D}\boldsymbol{U}(t)\end{aligned}\tag{3-37}$$

【例 3.7】系统的状态方程为

$\dot{\boldsymbol{X}}(t)=\begin{bmatrix}-2&\sqrt{2}\\\sqrt{2}&-1\end{bmatrix}\boldsymbol{X}(t)+\begin{bmatrix}-1\\-1\end{bmatrix}\boldsymbol{U}(t)$，其中$\boldsymbol{U}(t)$为单位阶跃函数，初始状态$t=t_0=0$，$\boldsymbol{X}(0)=\begin{bmatrix}2\\0\end{bmatrix}$，试求系统的时间响应。

解：由前面所述求解状态转移矩阵的方法，可计算系统的状态转移矩阵为

$$\boldsymbol{\varphi}(t)=\mathrm{e}^{\boldsymbol{A}t}=L^{-1}\{[s\boldsymbol{I}-\boldsymbol{A}]^{-1}\}=\begin{bmatrix}\frac{1}{3}(1+2\mathrm{e}^{-3t})&\frac{\sqrt{2}}{3}(1-\mathrm{e}^{-3t})\\\frac{\sqrt{2}}{3}(1-\mathrm{e}^{-3t})&\frac{1}{3}(2+\mathrm{e}^{-3t})\end{bmatrix}$$

根据式(3-36)可以得到系统的时间响应，也即系统的状态为

$$\begin{aligned}\boldsymbol{X}(t)&=\boldsymbol{\varphi}(t-t_0)X(t_0)+\int_{t0}^{t}\boldsymbol{\varphi}(t-\tau)\boldsymbol{B}\boldsymbol{U}(\tau)\,\mathrm{d}\tau\\
&=\boldsymbol{\varphi}(t)\boldsymbol{X}(0)+\int_{0}^{t}\boldsymbol{\varphi}(t-\tau)\boldsymbol{B}\boldsymbol{U}(\tau)\,\mathrm{d}\tau\\
&=\begin{bmatrix}\frac{1}{3}(1+2\mathrm{e}^{-3t})&\frac{\sqrt{2}}{3}(1-\mathrm{e}^{-3t})\\\frac{\sqrt{2}}{3}(1-\mathrm{e}^{-3t})&\frac{1}{3}(2+\mathrm{e}^{-3t})\end{bmatrix}\begin{bmatrix}2\\0\end{bmatrix}+\int_0^t\begin{bmatrix}\frac{1}{3}(1+2\mathrm{e}^{-3(t-\tau)})&\frac{\sqrt{2}}{3}(1-\mathrm{e}^{-3(t-\tau)})\\\frac{\sqrt{2}}{3}(1-\mathrm{e}^{-3(t-\tau)})&\frac{1}{3}(2+\mathrm{e}^{-3(t-\tau)})\end{bmatrix}\begin{bmatrix}-1\\-1\end{bmatrix}\mathrm{d}\tau\\
&=\begin{bmatrix}\frac{2}{3}(1+2\mathrm{e}^{-3t})\\\frac{2\sqrt{2}}{3}(1-\mathrm{e}^{-3t})\end{bmatrix}+\int_0^t\begin{bmatrix}-\frac{1}{3}(1+2\mathrm{e}^{-3(t-\tau)})-\frac{\sqrt{2}}{3}(1-\mathrm{e}^{-3(t-\tau)})\\-\frac{\sqrt{2}}{3}(1-\mathrm{e}^{-3(t-\tau)})-\frac{1}{3}(2+\mathrm{e}^{-3(t-\tau)})\end{bmatrix}\mathrm{d}\tau\\
&=\begin{bmatrix}\frac{2}{3}(1+2\mathrm{e}^{-3t})\\\frac{2\sqrt{2}}{3}(1-\mathrm{e}^{-3t})\end{bmatrix}+\begin{bmatrix}-\frac{1}{3}t-\frac{2}{9}(1-\mathrm{e}^{-3t})-\frac{\sqrt{2}}{3}t+\frac{\sqrt{2}}{9}(1-\mathrm{e}^{-3t})\\-\frac{\sqrt{2}}{3}t+\frac{\sqrt{2}}{9}(1-\mathrm{e}^{-3t})-\frac{2}{3}t-\frac{1}{9}(1-\mathrm{e}^{-3t})\end{bmatrix}\\
&=\begin{bmatrix}\frac{4+\sqrt{2}}{9}-\frac{1+\sqrt{2}}{3}t+\frac{14-\sqrt{2}}{9}\mathrm{e}^{-3t}\\\frac{-1+7\sqrt{2}}{9}-\frac{2+\sqrt{2}}{3}t+\frac{1-7\sqrt{2}}{9}\mathrm{e}^{-3t}\end{bmatrix}\end{aligned}$$

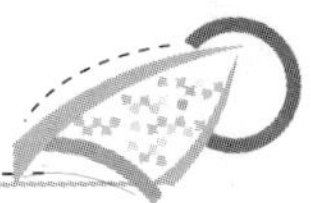

【例 3.8】系统的状态方程为

$\dot{\boldsymbol{X}}(t)=\begin{bmatrix}0 & 1\\-2 & -3\end{bmatrix}\boldsymbol{X}(t)+\begin{bmatrix}0\\-1\end{bmatrix}\boldsymbol{U}(t)$，控制量$\boldsymbol{U}(t)$为单位阶跃函数，系统的初始状态$\boldsymbol{X}(0)=0$，求系统的时间响应函数。

解：系统的状态转移矩阵为

$$\boldsymbol{\varphi}(t)=\mathrm{e}^{\boldsymbol{A}t}=L^{-1}\{[s\boldsymbol{I}-\boldsymbol{A}]^{-1}\}=\begin{bmatrix}2\mathrm{e}^{-t}-\mathrm{e}^{-2t} & \mathrm{e}^{-t}-\mathrm{e}^{-2t}\\-2\mathrm{e}^{-t}+2\mathrm{e}^{-2t} & -\mathrm{e}^{-t}+2\mathrm{e}^{-2t}\end{bmatrix}$$

则系统的时间响应函数，也即状态为

$$\begin{aligned}\boldsymbol{X}(t)&=\boldsymbol{\varphi}(t)X(0)+\int_0^t\boldsymbol{\varphi}(t-\tau)\boldsymbol{B}\boldsymbol{U}(\tau)\,\mathrm{d}\tau\\&=\int_0^t\begin{bmatrix}2\mathrm{e}^{-(t-\tau)}-\mathrm{e}^{-2(t-\tau)} & \mathrm{e}^{-(t-\tau)}-\mathrm{e}^{-2(t-\tau)}\\-2\mathrm{e}^{-(t-\tau)}+2\mathrm{e}^{-2(t-\tau)} & -\mathrm{e}^{-(t-\tau)}+2\mathrm{e}^{-2(t-\tau)}\end{bmatrix}\begin{bmatrix}0\\-1\end{bmatrix}\mathrm{d}\tau\\&=\int_0^t\begin{bmatrix}-\mathrm{e}^{-(t-\tau)}+\mathrm{e}^{-2(t-\tau)}\\\mathrm{e}^{-(t-\tau)}-2\mathrm{e}^{-2(t-\tau)}\end{bmatrix}\mathrm{d}\tau\\&=\begin{bmatrix}-\dfrac{1}{2}+\mathrm{e}^{-t}-\dfrac{1}{2}\mathrm{e}^{-2t}\\-\mathrm{e}^{-t}-\mathrm{e}^{-2t}\end{bmatrix}\end{aligned}$$

【例 3.9】对于例 3.8，如果输入为单位斜坡函数，即

$\boldsymbol{U}(t)=\begin{cases}0 & t<0\\t & t\geqslant 0\end{cases}$，试求系统的时间响应。

解：根据例 3.8 的结果，可以直接写出系统的时间响应函数的计算表达式，同时考虑到$t\geqslant 0$时的输入函数$U(\tau)=\tau$，则系统的状态为

$$\begin{aligned}\boldsymbol{X}(t)&=\int_0^t\boldsymbol{\varphi}(t-\tau)\boldsymbol{B}\tau\,\mathrm{d}\tau=\int_0^t\begin{bmatrix}-\mathrm{e}^{-(t-\tau)}+\mathrm{e}^{-2(t-\tau)}\\\mathrm{e}^{-(t-\tau)}-2\mathrm{e}^{-2(t-\tau)}\end{bmatrix}\tau\,\mathrm{d}\tau\\&=\begin{bmatrix}-\displaystyle\int_0^t\mathrm{e}^{-(t-\tau)}\tau\,\mathrm{d}\tau+\int_0^t\mathrm{e}^{-2(t-\tau)}\tau\,\mathrm{d}\tau\\\displaystyle\int_0^t\mathrm{e}^{-(t-\tau)}\tau\,\mathrm{d}\tau-\int_0^t2\mathrm{e}^{-2(t-\tau)}\tau\,\mathrm{d}\tau\end{bmatrix}\\&=\begin{bmatrix}\dfrac{1}{2}t+\dfrac{3}{4}-\mathrm{e}^{-t}+\dfrac{1}{4}\mathrm{e}^{-2t}\\-\dfrac{1}{2}+\mathrm{e}^{-t}-\dfrac{1}{2}\mathrm{e}^{-2t}\end{bmatrix}\end{aligned}$$

3.2.2 伴随方程

对于前面讨论的系统的自由响应问题，设系统的初始状态$\boldsymbol{X}(0)$已知，求$t>0$时的$\boldsymbol{X}(t)$。现在讨论相反的问题，即系统在某一时刻t的状态$\boldsymbol{X}(t)$已知，求其初始状态$\boldsymbol{X}(0)$。

对于自由响应系统$\dot{\boldsymbol{X}}(t)=\boldsymbol{A}\boldsymbol{X}(t)$，系统的状态解为

$$\boldsymbol{X}(t)=\boldsymbol{\varphi}(t)\boldsymbol{X}(0)，状态转移矩阵\ \boldsymbol{\varphi}(t)=\mathrm{e}^{\boldsymbol{A}t}$$

则

$$\boldsymbol{X}(0)=\boldsymbol{\varphi}^{-1}(t)\boldsymbol{X}(t) \tag{3-38}$$

可以看出，已知 $\boldsymbol{X}(t)$，求系统的初始状态 $\boldsymbol{X}(0)$的问题就是求解状态转移矩阵逆阵 $\boldsymbol{\varphi}^{-1}(t)$的问题。

如果 $\boldsymbol{\varphi}(t)$已知，则根据状态矩阵的性质可知$\boldsymbol{\varphi}^{-1}(t)=\boldsymbol{\varphi}(-t)$。但如果 $\boldsymbol{\varphi}(t)$未知，则可由求解伴随方程而得。

令

$$\boldsymbol{\psi}^{\mathrm{T}}(t)=\boldsymbol{\varphi}^{-1}(t),$$

则

$$\boldsymbol{\psi}^{\mathrm{T}}(t)\boldsymbol{\varphi}(t)=I$$

将上式两端对时间 t 求导，可得

$$\dot{\boldsymbol{\psi}}^{\mathrm{T}}(t)\boldsymbol{\varphi}(t)+\boldsymbol{\psi}^{\mathrm{T}}(t)\dot{\boldsymbol{\varphi}}(t)=0$$

根据矩阵指数 $\boldsymbol{\varphi}(t)=\mathrm{e}^{\boldsymbol{A}t}$ 求导的性质可知

$$\dot{\boldsymbol{\varphi}}(t)=\boldsymbol{A}\boldsymbol{\varphi}(t)$$

所以

$$[\dot{\boldsymbol{\psi}}^{\mathrm{T}}(t)+\boldsymbol{\psi}^{\mathrm{T}}(t)\boldsymbol{A}]\boldsymbol{\varphi}(t)=0$$

若 $\boldsymbol{\varphi}(t)\neq 0$，则

$$\dot{\boldsymbol{\psi}}^{\mathrm{T}}(t)=-\boldsymbol{\psi}^{\mathrm{T}}(t)\boldsymbol{A}$$

根据矩阵的转置特性，有

$$\dot{\boldsymbol{\psi}}(t)=-\boldsymbol{A}^{\mathrm{T}}\boldsymbol{\psi}(t) \tag{3-39}$$

考虑到系统

$$\dot{\boldsymbol{Z}}(t)=-\boldsymbol{A}^{\mathrm{T}}\boldsymbol{Z}(t) \tag{3-40}$$

可以推知，式(3-39)的$\boldsymbol{\psi}(t)$即为式(3-40)的转移矩阵，这可由状态转移矩阵的特性$\dot{\boldsymbol{\varphi}}(t)=\boldsymbol{A}\boldsymbol{\varphi}(t)$推知。一个状态方程的状态转移矩阵的导数等于系数矩阵与状态转移矩阵的乘积。因此，只要求得式(3-40)的状态转移矩阵$\boldsymbol{\psi}(t)$，就可以求出$\boldsymbol{\varphi}^{-1}(t)$及$\boldsymbol{X}(0)$。

根据定义有

$$\boldsymbol{\psi}^{\mathrm{T}}(t)=\boldsymbol{\varphi}^{-1}(t)=\mathrm{e}^{-\boldsymbol{A}t}$$

则

$$\boldsymbol{\psi}(t)=\mathrm{e}^{-\boldsymbol{A}^{\mathrm{T}}t}$$

根据式(3-40)，其状态转移矩阵为 $e^{-\boldsymbol{A}^{\mathrm{T}}t}$，所以也验证了$\boldsymbol{\psi}(t)$就是式(3-40)的状态转移矩阵。式(3-40)称为系统 $\dot{\boldsymbol{X}}(t)=\boldsymbol{A}\boldsymbol{X}(t)$的伴随方程。

下面列出求解系统初始状态 $\boldsymbol{X}(0)$的步骤。

(1) 根据系数矩阵 $\boldsymbol{A}$ 求$-\boldsymbol{A}^{\mathrm{T}}$。

(2) 依据式(3-40)，求出系统的状态转移矩阵 $\boldsymbol{\psi}(t)=L^{-1}\{[s\boldsymbol{I}+\boldsymbol{A}^{\mathrm{T}}]^{-1}\}$。

(3) $\boldsymbol{\psi}^{\mathrm{T}}(t)=\boldsymbol{\varphi}^{-1}(t)$。

(4) 系统的初始状态则为

$$\boldsymbol{X}(0)=\boldsymbol{\varphi}^{-1}(t)\boldsymbol{X}(t)$$

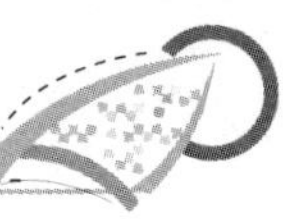

【例 3.10】 系统的状态方程为

$\dot{\boldsymbol{X}}=\begin{bmatrix}0 & -1\\ 2 & 3\end{bmatrix}\boldsymbol{X}$，试求系统的初始状态 $\boldsymbol{X}(0)$ 的表达式。

解：

$$\boldsymbol{A}=\begin{bmatrix}0 & -1\\ 2 & 3\end{bmatrix}$$

$$-\boldsymbol{A}^{\mathrm{T}}=\begin{bmatrix}0 & -2\\ 1 & -3\end{bmatrix}$$

伴随方程为

$$\dot{\boldsymbol{Z}}(t)=\begin{bmatrix}0 & -2\\ 1 & -3\end{bmatrix}\boldsymbol{Z}(t)$$

则

$$\begin{aligned}
\boldsymbol{\psi}(t)&=L^{-1}\{[s\boldsymbol{I}+\boldsymbol{A}^{\mathrm{T}}]^{-1}\}=L^{-1}\left\{\begin{bmatrix}s & 2\\ -1 & s+3\end{bmatrix}^{-1}\right\}\\
&=L^{-1}\left\{\frac{\begin{bmatrix}s+3 & -2\\ 1 & s\end{bmatrix}}{(s+1)(s+2)}\right\}=L^{-1}\left\{\frac{1}{s+1}\begin{bmatrix}2 & -2\\ 1 & -1\end{bmatrix}+\frac{1}{s+2}\begin{bmatrix}-1 & 2\\ -1 & 2\end{bmatrix}\right\}\\
&=\mathrm{e}^{-t}\begin{bmatrix}2 & -2\\ 1 & -1\end{bmatrix}+\mathrm{e}^{-2t}\begin{bmatrix}-1 & 2\\ -1 & 2\end{bmatrix}\\
&=\begin{bmatrix}2\mathrm{e}^{-t}-\mathrm{e}^{-2t} & -2\mathrm{e}^{-t}+2\mathrm{e}^{-2t}\\ \mathrm{e}^{-t}-\mathrm{e}^{-2t} & -\mathrm{e}^{-t}+2\mathrm{e}^{-2t}\end{bmatrix}
\end{aligned}$$

$$\boldsymbol{\varphi}^{-1}(t)=\boldsymbol{\psi}^{\mathrm{T}}(t)=\begin{bmatrix}2\mathrm{e}^{-t}-\mathrm{e}^{-2t} & \mathrm{e}^{-t}-\mathrm{e}^{-2t}\\ -2\mathrm{e}^{-t}+2\mathrm{e}^{-2t} & -\mathrm{e}^{-t}+2\mathrm{e}^{-2t}\end{bmatrix}$$

则系统的初始状态 $\boldsymbol{X}(0)$ 的表达式为

$$\boldsymbol{X}(0)=\boldsymbol{\varphi}^{-1}(t)\boldsymbol{X}(t)=\begin{bmatrix}2\mathrm{e}^{-t}-\mathrm{e}^{-2t} & \mathrm{e}^{-t}-\mathrm{e}^{-2t}\\ -2\mathrm{e}^{-t}+2\mathrm{e}^{-2t} & -\mathrm{e}^{-t}+2\mathrm{e}^{-2t}\end{bmatrix}\boldsymbol{X}(t)$$

3.3　系统的脉冲响应

前面论述的是系统的自由响应以及系统对一般输入信号的响应。对于控制系统而言，脉冲输入是一个非常重要的输入控制信号，通过研究系统的脉冲响应，可以分析出系统许多重要的特性。本节讨论系统对脉冲输入控制的响应[1,5,6]。

3.3.1　脉冲响应

在分析脉冲响应之前，首先回顾一下有关卷积分的基本概念。

1. 卷积分的概念和性质

如果两个函数分别为 $h(t)$和 $r(t)$，则两个函数 $h(t)$和 $r(t)$的卷积分定义为

$$r(t) * h(t)=\int_0^t h(t-\tau)r(\tau)\,\mathrm{d}\tau \quad (t \geqslant 0)$$

卷积分有如下三个性质。

(1) $r(t) * h(t)=h(t) * r(t)$

(2) 函数 $h(t)$与单位脉冲函数 $\delta(t)$的卷积分仍然为 $h(t)$，即

$$h(t) * \delta(t)=h(t)$$

(3) 函数 $h(t)$与单位阶跃函数 $1(t)$的卷积分仍然为 $h(t)$对时间的积分，即

$$h(t) * 1(t)=\int_0^t h(\tau)\,\mathrm{d}\tau$$

2. 标量系统

标量系统的状态空间描述为

$$\begin{cases}\dot{\boldsymbol{X}}=\boldsymbol{AX}+\boldsymbol{B}U\\ Y=\boldsymbol{CX}\end{cases}$$

式中：U 为标量；$\boldsymbol{B}$ 为 $n\times1$ 的矩阵；$\boldsymbol{C}$ 为 $1\times n$ 矩阵。

设初始状态

$$t_0=0,\ \boldsymbol{X}(0)=\boldsymbol{0}$$

则根据式(3－37)，系统的输出为

$$Y(t)=\int_0^t \boldsymbol{C}\mathrm{e}^{\boldsymbol{A}(t-\tau)}\boldsymbol{B}U\mathrm{d}\tau \tag{3-41}$$

如果输入为单位脉冲函数，即 $U=\delta(t)$，则系统的输出为脉冲响应，即 $Y(t)=h(t)$。由卷积分的性质可知，函数与单位脉冲函数 $\delta(t)$的卷积分仍为该函数，所以根据公式(3－41)可得标量系统的脉冲响应为

$$h(t)=\boldsymbol{C}\mathrm{e}^{\boldsymbol{A}t}\boldsymbol{B} \tag{3-42}$$

从经典控制理论的知识知道，脉冲响应又是传递函数 $\boldsymbol{G}(s)$的拉氏反变换，即

$$h(t)=L^{-1}\{\boldsymbol{C}[s\boldsymbol{I}-\boldsymbol{A}]^{-1}\boldsymbol{B}\}$$

其中传递函数(传递矩阵)为

$$\boldsymbol{G}(s)=\boldsymbol{C}[s\boldsymbol{I}-\boldsymbol{A}]^{-1}\boldsymbol{B}$$

传递矩阵 $\boldsymbol{G}(s)$表达了系统的输出与输入之间的关系，但其值决定于系统的结构与参数，也即只与 $\boldsymbol{A}$、$\boldsymbol{B}$、$\boldsymbol{C}$ 有关，而与输入和输出信号无关。

3. 多变量系统

对于多变量系统，其状态空间描述为

$$\begin{cases}\dot{\boldsymbol{X}}=\boldsymbol{AX}+\boldsymbol{BU}\\ \boldsymbol{Y}=\boldsymbol{CX}\end{cases}$$

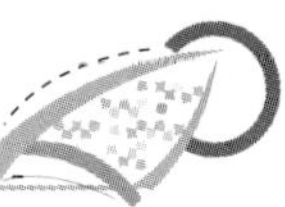

式中：$\boldsymbol{U}\in\boldsymbol{R}^{P}$，$\boldsymbol{B}$ 为 $n\times p$ 矩阵，$\boldsymbol{C}$ 为 $q\times n$ 矩阵。

设

$$t_0=0,\ X(0)=0$$

根据前面标量系统的结论，同理可得脉冲响应阵为

$$\boldsymbol{H}(t)=\boldsymbol{C}\mathrm{e}^{\boldsymbol{A}t}\boldsymbol{B} \tag{3-43}$$

3.3.2　脉冲响应的不变性

脉冲响应是系统的基本特性，不受状态变换的影响，具有不变性。

证明：设状态变换矩阵为 $\boldsymbol{Q}$，并有

$$\boldsymbol{X}=\boldsymbol{Q}\widetilde{\boldsymbol{X}}$$

则系统$\begin{cases}\dot{\boldsymbol{X}}=\boldsymbol{AX}+\boldsymbol{BU}\\ \boldsymbol{Y}=\boldsymbol{CX}\end{cases}$可以变换为

$$\begin{cases}\dot{\widetilde{\boldsymbol{X}}}=\boldsymbol{Q}^{-1}\boldsymbol{AQ}\widetilde{\boldsymbol{X}}+\boldsymbol{Q}^{-1}\boldsymbol{BU}\\ \boldsymbol{Y}=\boldsymbol{CQ}\widetilde{\boldsymbol{X}}\end{cases} \tag{3-44}$$

根据式(3-43)，系统(3—44)的脉冲响应为

$$\widetilde{\boldsymbol{H}}(t)=(\boldsymbol{CQ})\mathrm{e}^{\boldsymbol{Q}^{-1}\boldsymbol{AQ}t}(\boldsymbol{Q}^{-1}\boldsymbol{B})=(\boldsymbol{CQ})\boldsymbol{Q}^{-1}\mathrm{e}^{\boldsymbol{A}t}\boldsymbol{Q}(\boldsymbol{Q}^{-1}\boldsymbol{B})=\boldsymbol{C}\mathrm{e}^{\boldsymbol{A}t}\boldsymbol{B}=\boldsymbol{H}(t)$$

【例 3.11】 求系统

$$\begin{cases}\dot{\boldsymbol{X}}=\begin{bmatrix}0 & 1\\ -2 & -3\end{bmatrix}\boldsymbol{X}+\begin{bmatrix}1\\ 1\end{bmatrix}\boldsymbol{U}\\ \boldsymbol{Y}=\begin{bmatrix}1 & 1\end{bmatrix}\boldsymbol{X}\end{cases}$$

的脉冲响应阵，并检验其不变性。

解：由状态转移矩阵的求解方法可以得到

$$\mathrm{e}^{\boldsymbol{A}t}=\begin{bmatrix}2\mathrm{e}^{-t}-\mathrm{e}^{-2t} & \mathrm{e}^{-t}-\mathrm{e}^{-2t}\\ 2\mathrm{e}^{-2t}-2\mathrm{e}^{-t} & 2\mathrm{e}^{-2t}-\mathrm{e}^{-t}\end{bmatrix}$$

$$\boldsymbol{H}(t)=\boldsymbol{C}\mathrm{e}^{\boldsymbol{A}t}\boldsymbol{B}=\begin{bmatrix}1 & 1\end{bmatrix}\mathrm{e}^{\boldsymbol{A}t}\begin{bmatrix}1\\ 1\end{bmatrix}=2\mathrm{e}^{-2t}$$

如果变换矩阵为

$$\boldsymbol{Q}=\begin{bmatrix}1 & 1\\ -1 & -2\end{bmatrix}$$

则

$$\widetilde{\boldsymbol{A}}=\boldsymbol{Q}^{-1}\boldsymbol{AQ}=\begin{bmatrix}2 & 1\\ -1 & -1\end{bmatrix}\begin{bmatrix}0 & 1\\ -2 & -3\end{bmatrix}\begin{bmatrix}1 & 1\\ -1 & -2\end{bmatrix}=\begin{bmatrix}-1 & 0\\ 0 & -2\end{bmatrix}$$

$$\widetilde{\boldsymbol{C}}=\boldsymbol{CQ}=\begin{bmatrix}0 & -1\end{bmatrix}$$

$$\widetilde{\boldsymbol{B}}=\boldsymbol{Q}^{-1}\boldsymbol{B}=\begin{bmatrix}2 & 1\\ -1 & -1\end{bmatrix}\begin{bmatrix}1\\ 1\end{bmatrix}=\begin{bmatrix}3\\ -2\end{bmatrix}$$

$$e^{\widetilde{A}t} = L^{-1}\ \{[s\boldsymbol{I} - \widetilde{\boldsymbol{A}}]^{-1}\} = \begin{bmatrix} e^{-t} & 0 \\ 0 & e^{-2t} \end{bmatrix}$$

$$\widetilde{\boldsymbol{H}}(t) = \widetilde{\boldsymbol{C}} e^{\widetilde{A}t} \widetilde{\boldsymbol{B}} = [0 \quad -1] \begin{bmatrix} e^{-t} & 0 \\ 0 & e^{-2t} \end{bmatrix} \begin{bmatrix} 3 \\ -2 \end{bmatrix}$$

$$= 2e^{-2t} = \boldsymbol{H}(t)$$

从上述例子的计算结果可以看出，脉冲响应不受状态变换的影响，即具有不变性。

3.4 系统的能控性和能观测性

系统的能控性和能观测性这两个概念是卡尔曼(Kalman)在 20 世纪 60 年代提出的，是现代控制理论中的两个重要概念。能控性是反映系统的每一状态分量能否被控制信号 $u(t)$控制，以及控制作用对系统的影响能力。能观测性表示由量测量 $y(t)$能否判断系统的状态 X，反映由系统的输出量确定系统状态的可能性。

从控制系统的规律角度来看，能控性和能观测性从状态的控制能力和状态的识别能力两个方面反映系统本身的内在特性，它是判断现代控制理论中许多问题是否存在解的先决条件。例如最优控制、最优估计等都以能控性和能观测性作为其解存在的条件。

与经典控制理论相比，现代控制理论中的能控性和能观测性着眼于对系统状态的控制，而经典控制理论只着眼于对输出进行控制。因为在大多数情况下，被控量 $y(t)$与控制量 $u(t)$之间存在明显的依赖关系，所以有时系统能否控制或能否观测的问题被掩盖了。但就系统的状态而言，这个问题仍然客观存在。在现代控制理论中，系统由其状态方程来描述，通过对系统的状态方程和输出方程的分析，可以判断系统的能控性和能观测性，并且它们由状态方程和输出方程的系数矩阵决定。本节讨论控制系统的能控性和能观测性问题[1,3]。

3.4.1 系统的能控性

1. 能控性的定义

如果在一个有限时间内，$t_0 \leqslant t \leqslant t_1$，可以用无约束的控制量 $\boldsymbol{U}(t)$，使得系统由初始状态 $\boldsymbol{X}(t_0)$转移到任何另一个状态 $\boldsymbol{X}(t)$，则称系统在 $t=t_0$ 是状态能控的。如果在有限时间内，每一初始状态都能控，则称系统是状态完全能控(简称为系统是状态能控的)。如果有一个或几个状态变量不能控，则称这一状态不能控，系统就是状态不完全能控或不能控。对于线性定常系统，只要在某一时刻 $t=t_0$，每一个状态变量都能控，则称系统是完全能控的[1]。

例如，图 3.3 所示的电桥电路在实际工程中应用十分普遍，电流计、物体变形测量仪(应变片电路)、电子秤等均用到这类电路。电路中的 R_1、R_2、R_3、R_4 为 4 个电阻，电路

电流为 $i(t)$，电压 $u_r(t)$作为控制量，电压 $u_0(t)$作为输出量。如果选择电流 $i(t)$和电压 $u_0(t)$作为状态变量，当电桥不平衡时(即 4 个电阻的比值不平衡时)，改变控制电压 $u_r(t)$，则电流 $i(t)$和电压 $u_0(t)$将随之改变，这时电路是完全能控的。但是当电桥平衡时，控制电压 $u_r(t)$改变时，电流 $i(t)$仍将随之改变，但输出电压 $u_0(t)$却始终为零，不再受控制，这时电路就不能控了。

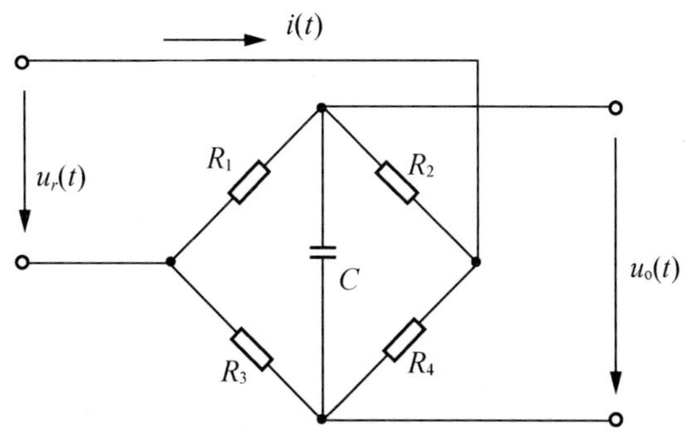

图 3.3　电桥电路的能控性

由上述电桥电路的例子可见，一个系统的能控性是有条件的。在讨论系统的能控性条件之前，首先回顾一下向量的线性相关和线性无关等概念。

2. 向量的线性相关性

设线性方程组为

$$\begin{cases} a_{11}x_1+a_{12}x_2+\cdots a_{1n}x_n=b_1 \\ a_{21}x_1+a_{22}x_2+\cdots a_{2n}x_n=b_2 \\ \vdots \\ a_{m1}x_1+a_{m2}x_2+\cdots a_{mn}x_n=b_m \end{cases}$$

并设

$$\boldsymbol{A}=\begin{bmatrix} a_{11} & a_{12} & \cdots & a_{1n} \\ a_{21} & a_{22} & & a_{2n} \\ \vdots & & & \\ a_{m1} & a_{m2} & & a_{mn} \end{bmatrix},\ \boldsymbol{X}=\begin{bmatrix} x_1 \\ x_2 \\ \vdots \\ x_n \end{bmatrix},\ \boldsymbol{B}=\begin{bmatrix} b_1 \\ b_2 \\ \vdots \\ b_m \end{bmatrix}$$

则方程组可表达为

$$\boldsymbol{AX}=\boldsymbol{B} \tag{3-45}$$

矩阵 **A** 的每一行构成一个 n 维行向量，如第 i 行向量为

$$\boldsymbol{\alpha}=[a_{i1}\quad a_{i2}\quad \cdots\quad a_{in}]$$

则有

$$A=\begin{bmatrix}\boldsymbol{\alpha}_1\\ \boldsymbol{\alpha}_2\\ \vdots\\ \boldsymbol{\alpha}_m\end{bmatrix}$$

(1) 对于 m 个 n 维行向量 $\boldsymbol{\alpha}_1$，$\boldsymbol{\alpha}_2$，…，$\boldsymbol{\alpha}_m$，如果有 m 个不为零的数 λ_1，λ_2，…，λ_m存在，使得下列等式成立：

$$\lambda_1\boldsymbol{\alpha}_1+\lambda_2\boldsymbol{\alpha}_2+\cdots+\lambda_m\boldsymbol{\alpha}_m=\mathbf{0}$$

或

$$[\boldsymbol{\alpha}_1\quad \boldsymbol{\alpha}_2\quad \cdots\quad \boldsymbol{\alpha}_m]\begin{bmatrix}\lambda_1\\ \lambda_2\\ \vdots\\ \lambda_m\end{bmatrix}=\mathbf{0} \tag{3-46}$$

则称向量 $\boldsymbol{\alpha}_1$，$\boldsymbol{\alpha}_2$，…，$\boldsymbol{\alpha}_m$是线性相关的。如果 $\lambda_1\neq 0$，则向量 $\boldsymbol{\alpha}_1$ 就可以用其余的$(m-1)$个向量来表示：

$$\boldsymbol{\alpha}_1=-\frac{\lambda_2}{\lambda_1}\boldsymbol{\alpha}_2-\frac{\lambda_3}{\lambda_1}\boldsymbol{\alpha}_3-\cdots-\frac{\lambda_m}{\lambda_1}\boldsymbol{\alpha}_m$$

(2) 如果只有当$\lambda_1=\lambda_2=\cdots=\lambda_m=0$时，等式(3-46)才成立，则称向量 $\boldsymbol{\alpha}_1$，$\boldsymbol{\alpha}_2$，…，$\boldsymbol{\alpha}_m$线性无关或线性独立。

(3) 在一组向量中，必有一部分向量 $\boldsymbol{\alpha}_1$，$\boldsymbol{\alpha}_2$，…，$\boldsymbol{\alpha}_r$存在，并满足下列条件。

① 向量 $\boldsymbol{\alpha}_1$，$\boldsymbol{\alpha}_2$，…，$\boldsymbol{\alpha}_r$线性无关。

② 向量组中其他任一向量都是向量 $\boldsymbol{\alpha}_1$，$\boldsymbol{\alpha}_2$，…，$\boldsymbol{\alpha}_r$的线性组合，则向量 $\boldsymbol{\alpha}_1$，$\boldsymbol{\alpha}_2$，…，$\boldsymbol{\alpha}_r$称为该向量组的一个最大线性无关向量组。一般而言，最大线性无关向量组不是唯一的，但任意两个最大线性无关向量组的所含向量个数 r 一定相等，这个数 r 称为向量组的秩。

对于式(3-45)，如果 $r=m$，则方程有解。

(4) 如果 $\boldsymbol{A}$ 为 n 阶方阵，且 $r=n$(满秩)，则 n 个向量 $\boldsymbol{\alpha}_1$，$\boldsymbol{\alpha}_2$，…，$\boldsymbol{\alpha}_n$是线性无关的，式(3-45)有唯一解。如果 $\boldsymbol{A}$ 不满秩(奇异)，则 n 个向量 $\boldsymbol{\alpha}_1$，$\boldsymbol{\alpha}_2$，…，$\boldsymbol{\alpha}_n$是线性相关的。

【例 3.12】 有以下向量

$$\boldsymbol{\alpha}_1=[1\quad 2\quad 3]$$
$$\boldsymbol{\alpha}_2=[1\quad 0\quad 1]$$
$$\boldsymbol{\alpha}_3=[2\quad 2\quad 4]$$

由于 $\boldsymbol{\alpha}_1+\boldsymbol{\alpha}_2-\boldsymbol{\alpha}_3=\mathbf{0}$

所以向量 $\boldsymbol{\alpha}_1$，$\boldsymbol{\alpha}_2$，$\boldsymbol{\alpha}_3$ 线性相关。

对于下面的向量

$$\boldsymbol{\beta}_1=[1\quad 0\quad 0]$$
$$\boldsymbol{\beta}_2=[0\quad 1\quad 0]$$
$$\boldsymbol{\beta}_3=[0\quad 0\quad 1]$$

因为只有在$\lambda_1=\lambda_2=\lambda_3=0$时，才有下式存在

$$\lambda_1\boldsymbol{\beta}_1+\lambda_2\boldsymbol{\beta}_2+\lambda_3\boldsymbol{\beta}_3=\mathbf{0}$$

所以向量 $\boldsymbol{\beta}_1$，$\boldsymbol{\beta}_2$，$\boldsymbol{\beta}_3$ 线性无关。

【例 3.13】 矩阵 $\boldsymbol{A}$ 为

$$\boldsymbol{A}=\begin{bmatrix}1 & & \\ & 1 & \\ & & 1\end{bmatrix}$$

由于 $|\boldsymbol{A}|=1\neq0$，所以 $\boldsymbol{A}$ 的秩为 3，即满秩，$\boldsymbol{A}$ 是非奇异矩阵。其行向量 $\boldsymbol{A}_1$，$\boldsymbol{A}_2$，$\boldsymbol{A}_3$ 线性无关的。

矩阵 $\boldsymbol{B}$ 为

$$\boldsymbol{B}=\begin{bmatrix}1 & 2 & 3\\ 1 & 0 & 1\\ 2 & 2 & 4\end{bmatrix}$$

由于 $|\boldsymbol{B}|_{3\times3}=0$，$|\boldsymbol{b}|_{2\times2}\neq0$，则矩阵 $\boldsymbol{B}$ 的秩为 2，行向量 $\boldsymbol{B}_1$，$\boldsymbol{B}_2$，$\boldsymbol{B}_3$ 线性相关，而有两个行向量线性无关。

3. 线性系统状态完全能控的条件

对于线性系统

$$\begin{cases}\dot{\boldsymbol{X}}(t)=\boldsymbol{AX}(t)+\boldsymbol{BU}(t)\\ \boldsymbol{Y}(t)=\boldsymbol{CX}(t)+\boldsymbol{DU}(t)\end{cases} \tag{3-47}$$

式中：$\boldsymbol{X}\in\boldsymbol{R}^n$；$\boldsymbol{Y}\in\boldsymbol{R}^q$；$\boldsymbol{U}\in\boldsymbol{R}^p$；$\boldsymbol{A}$ 为 $n\times n$ 阵；$\boldsymbol{B}$ 为 $n\times p$ 阵；$\boldsymbol{C}$ 为 $q\times n$ 阵；$\boldsymbol{D}$ 为 $q\times p$ 阵。

设时间 $t=t_0$ 时，系统的初始状态为 $\boldsymbol{X}(t_0)$，如果 $t_0=0$，则 $\boldsymbol{X}(0)$ 为初始状态。当 $t=t_1$ 时，系统达到终止状态 $\boldsymbol{X}(t_1)$。为了便于分析，但又不失一般性，这里取终止状态为状态空间的原点，即 $t=t_1$ 时，$\boldsymbol{X}(t_1)=\mathbf{0}$。

根据系统状态能控性的定义[1,2]，系统由任意初始状态开始，加以适当的控制向量，在有限的时间内，转移到状态空间的原点，则式(3-47)描述的系统在 $t_0=0$ 时是状态能控的。

对于式(3-47)描述的系统，其解为

$$\boldsymbol{X}(t)=\boldsymbol{\varphi}(t)\boldsymbol{X}(0)+\int_0^t\boldsymbol{\varphi}(t-\tau)\boldsymbol{BU}(\tau)\,\mathrm{d}\tau$$

根据假设有

$$\boldsymbol{X}(t_1)=\boldsymbol{\varphi}(t_1)\boldsymbol{X}(0)+\int_0^{t_1}\boldsymbol{\varphi}(t_1-\tau)\boldsymbol{BU}(\tau)\,\mathrm{d}\tau=\mathbf{0}$$

$$\boldsymbol{\varphi}(t_1)\boldsymbol{X}(0)=-\int_0^{t_1}\boldsymbol{\varphi}(t_1-\tau)\boldsymbol{BU}(\tau)\,\mathrm{d}\tau$$

上式两边同时左乘 $\boldsymbol{\varphi}^{-1}(t_1)$，可得

$$\boldsymbol{X}(0)=-\boldsymbol{\varphi}^{-1}(t_1)\int_0^{t_1}\boldsymbol{\varphi}(t_1-\tau)\boldsymbol{BU}(\tau)\,\mathrm{d}\tau=-\int_0^{t_1}\boldsymbol{\varphi}(0-t_1)\boldsymbol{\varphi}(t_1-\tau)\boldsymbol{BU}(\tau)\,\mathrm{d}\tau$$
$$=-\int_0^{t_1}\boldsymbol{\varphi}(-\tau)\boldsymbol{BU}(\tau)\,\mathrm{d}\tau \tag{3-48}$$

而
$$\boldsymbol{\varphi}(-\tau)=\mathrm{e}^{-\boldsymbol{A}\tau}=\sum_{k=0}^{\infty}\boldsymbol{A}^k\frac{\tau^k(-1)^k}{k!}$$

由凯莱-哈密顿定理，可求得

$$\mathrm{e}^{-\boldsymbol{A}t}=\sum_{j=0}^{n-1}a_j(t)\boldsymbol{A}^j \tag{3-49}$$

式中：$a_j(t)$为系数(是时间 t 的函数)。

将式(3-49)代入式(3-48)，得

$$X(0)=-\sum_{j=0}^{n-1}\boldsymbol{A}^j\boldsymbol{B}\int_0^{t_1}a_j(\tau)\boldsymbol{U}(\tau)\,\mathrm{d}\tau$$

令
$$\int_0^{t_1}a_j(\tau)\boldsymbol{U}(\tau)\,\mathrm{d}\tau=\beta_j$$

则

$$\boldsymbol{X}(0)=-\sum_{j=0}^{n-1}\boldsymbol{A}^j\boldsymbol{B}\beta_j=-[\boldsymbol{B}\vdots\boldsymbol{AB}\vdots\cdots\vdots\boldsymbol{A}^{n-1}\boldsymbol{B}]\begin{bmatrix}\boldsymbol{\beta}_0\\\boldsymbol{\beta}_1\\\vdots\\\boldsymbol{\beta}_{n-1}\end{bmatrix} \tag{3-50}$$

由式(3-50)可知，如果系统是状态完全能控的，则对任意初始状态 $\boldsymbol{X}(0)$，总可以求出控制向量 $\boldsymbol{U}(t)$，使得系统在 $t=t_1$ 时达到终止状态 $\boldsymbol{X}(t_1)=0$。即式(3-50)的解 $\boldsymbol{\beta}_j(j=0,1,2,\cdots,n-1)$存在，也就是控制向量 $\boldsymbol{U}(t)$存在。

式(3-50)是 n 个方程式，要使 $\boldsymbol{\beta}_j$ 存在，则要求 $n\times np$ 阵$[\boldsymbol{B}\vdots\boldsymbol{AB}\vdots\boldsymbol{A}^2\boldsymbol{B}\vdots\cdots\vdots\boldsymbol{A}^{n-1}\boldsymbol{B}]$的秩为 n，即 n 个向量线性无关。该 $n\times np$ 阵也称为系统的能控性阵，即下式

$$[\boldsymbol{B}\vdots\boldsymbol{AB}\vdots\cdots\vdots\boldsymbol{A}^{n-1}\boldsymbol{B}] \tag{3-51}$$

系统(式(3-47))状态完全能控的充要条件是能控性矩阵(式(3-51))满秩，即秩等于系统的阶数。

【例 3.14】 系统的状态方程为

$\dot{\boldsymbol{X}}=\begin{bmatrix}0&1\\-3&-4\end{bmatrix}\boldsymbol{X}+\begin{bmatrix}1&3\\2&4\end{bmatrix}\boldsymbol{U}$，试分析系统的能控性。

解：

$$\boldsymbol{A}=\begin{bmatrix}0&1\\-3&-4\end{bmatrix},\ \boldsymbol{B}=\begin{bmatrix}1&3\\2&4\end{bmatrix},\ n=2,\ p=2。$$

系统的能控性阵为

$$[\boldsymbol{B}\vdots\boldsymbol{AB}]=\begin{bmatrix}1&3&2&4\\2&4&-11&-25\end{bmatrix}$$

系统的能控性阵的秩

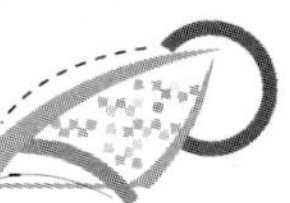

$$\mathrm{rank}[\boldsymbol{B} \vdots \boldsymbol{AB}]=2=n$$

即系统的能控阵满秩，所以系统是状态完全能控的。

【例 3.15】 系统为 $\dot{\boldsymbol{X}}=\begin{bmatrix}-4 & 1\\0 & 2\end{bmatrix}\boldsymbol{X}+\begin{bmatrix}1\\0\end{bmatrix}\boldsymbol{U}$，试分析系统的能控性。

解：$\boldsymbol{A}=\begin{bmatrix}-4 & 1\\0 & 2\end{bmatrix}$，$\boldsymbol{B}=\begin{bmatrix}1\\0\end{bmatrix}$，$n=2$，$p=1$

系统的能控性阵的秩为

$$\mathrm{rank}[\boldsymbol{B} \vdots \boldsymbol{AB}]=\mathrm{rank}\begin{bmatrix}1 & -4\\0 & 0\end{bmatrix}=1<2=n$$

其能控性阵奇异，故系统状态不可控。

【例 3.16】 试分析下列 3 阶系统(状态方程)的能控性。式中，$\boldsymbol{X}$ 为状态向量，$\boldsymbol{U}$ 为控制向量。

$$\dot{\boldsymbol{X}}=\begin{bmatrix}-1 & -2 & -2\\0 & -1 & 1\\1 & 0 & -1\end{bmatrix}\boldsymbol{X}+\begin{bmatrix}2\\0\\2\end{bmatrix}\boldsymbol{U}$$

解：
$$\boldsymbol{B}=\begin{bmatrix}2\\0\\2\end{bmatrix},\ \boldsymbol{AB}=\begin{bmatrix}-1 & -2 & -2\\0 & -1 & 1\\1 & 0 & -1\end{bmatrix}\begin{bmatrix}2\\0\\2\end{bmatrix}=\begin{bmatrix}-6\\2\\1\end{bmatrix}$$

$$\boldsymbol{A}^2\boldsymbol{B}=\begin{bmatrix}2\\-2\\-6\end{bmatrix}$$

系统的能控性阵的秩为

$$\mathrm{rank}\ [\boldsymbol{B} \vdots \boldsymbol{AB} \vdots \boldsymbol{A}^2\boldsymbol{B}]=\begin{bmatrix}2 & -6 & 2\\0 & 2 & -2\\2 & 0 & -6\end{bmatrix}=3\text{，满秩}$$

因此该系统为状态可控。

【例 3.17】 判断下列 3 阶系统(状态方程)的能控性。式中，$\boldsymbol{X}$ 为状态向量，$\boldsymbol{U}$ 为控制向量。

$$\dot{\boldsymbol{X}}=\begin{bmatrix}1 & 3 & 2\\0 & 2 & 0\\0 & 1 & 3\end{bmatrix}\boldsymbol{X}+\begin{bmatrix}2 & 1\\1 & 1\\-1 & -1\end{bmatrix}\boldsymbol{U}$$

解：这是一个 3 阶系统，即 $n=3$。

根据系统的状态方程可知

$$\boldsymbol{A}=\begin{bmatrix}1 & 3 & 2\\0 & 2 & 0\\0 & 1 & 3\end{bmatrix},\ \boldsymbol{B}=\begin{bmatrix}2 & 1\\1 & 1\\-1 & -1\end{bmatrix}$$

系统的能控性阵的秩为

$$\text{rank}\ [\boldsymbol{B} \vdots \boldsymbol{AB} \vdots \boldsymbol{A}^2\boldsymbol{B}] = \text{rank}\begin{bmatrix} 2 & 1 & 3 & 2 & 5 & 4 \\ 1 & 1 & 2 & 2 & 4 & 4 \\ -1 & -1 & -2 & -2 & -4 & -4 \end{bmatrix}$$

$$= \text{rank}\begin{bmatrix} 2 & 1 & 3 & 2 & 5 & 4 \\ 1 & 1 & 2 & 2 & 4 & 4 \\ 0 & 0 & 0 & 0 & 0 & 0 \end{bmatrix} = 2 < 3 = n$$

显然，其能控性阵奇异，故系统状态不可控。

【例 3.18】 分析下列 3 阶系统(状态方程)的能控性。

$$\dot{\boldsymbol{X}} = \begin{bmatrix} 1 & 2 & -1 \\ 0 & 1 & 0 \\ 1 & 0 & 3 \end{bmatrix}\boldsymbol{X} + \begin{bmatrix} 1 & 0 \\ 1 & 1 \\ 0 & 0 \end{bmatrix}\boldsymbol{U}$$

解：根据系统的状态方程可知

$$\boldsymbol{A} = \begin{bmatrix} 1 & 2 & -1 \\ 0 & 1 & 0 \\ 1 & 0 & 3 \end{bmatrix},\ \boldsymbol{B} = \begin{bmatrix} 1 & 0 \\ 1 & 1 \\ 0 & 0 \end{bmatrix}$$

系统的能控性阵的秩为

$$\text{rank}\ [\boldsymbol{B} \vdots \boldsymbol{AB} \vdots \boldsymbol{A}^2\boldsymbol{B}] = \text{rank}\begin{bmatrix} 1 & 0 & 3 & 2 & 4 & 4 \\ 1 & 1 & 1 & 1 & 1 & 1 \\ 0 & 0 & 1 & 0 & 6 & 2 \end{bmatrix} = 3$$

其能控性阵满秩，因此系统状态可控。

能控性阵是一个 $n \times np$ 的矩阵，在判断其是否满秩时，可以运用数学技巧，并非一定要将能控性阵计算完。如果计算到发现满秩的一步时，就可以终止计算了。例如，对于例 3.18，

$$\text{rank}\ [\boldsymbol{B} \vdots \boldsymbol{AB}] = \text{rank}\begin{bmatrix} 1 & 0 & 3 & 2 \\ 1 & 1 & 1 & 1 \\ 0 & 0 & 1 & 0 \end{bmatrix} = 3 = n$$，就无须继续计算 $\text{rank}\ [\boldsymbol{B} \vdots \boldsymbol{AB} \vdots \boldsymbol{A}^2\boldsymbol{B}]$ 了。这样可以显著减少计算量。

另外，如果矩阵的行数小于列数时，计算秩可以用下式

$$\begin{aligned} &\text{rank}[\boldsymbol{B} \vdots \boldsymbol{AB} \vdots \boldsymbol{A}^2\boldsymbol{B} \vdots \cdots \vdots A^{n-1}\boldsymbol{B}] \\ &= \text{rank}[(\boldsymbol{B} \vdots \boldsymbol{AB} \vdots \boldsymbol{A}^2\boldsymbol{B} \vdots \cdots \vdots \boldsymbol{A}^{n-1}\boldsymbol{B})(\boldsymbol{B} \vdots \boldsymbol{AB} \vdots \boldsymbol{A}^2\boldsymbol{B} \vdots \cdots \vdots \boldsymbol{A}^{n-1}\boldsymbol{B})^{\mathrm{T}}] \end{aligned} \tag{3-52}$$

上式的右端矩阵为 $n \times n$ 的方阵，而计算方阵的秩相对较为简单。

【例 3.19】 对于例 3.17，应用式(3-52)，有

$$\operatorname{rank}\left[\boldsymbol{B} \vdots \boldsymbol{AB} \vdots \boldsymbol{A}^2\boldsymbol{B}\right] = \operatorname{rank}\begin{bmatrix} 2 & 1 & 3 & 2 & 5 & 4 \\ 1 & 1 & 2 & 2 & 4 & 4 \\ -1 & -1 & -2 & -2 & -4 & -4 \end{bmatrix}\begin{bmatrix} 2 & 1 & 3 & 2 & 5 & 4 \\ 1 & 1 & 2 & 2 & 4 & 4 \\ -1 & -1 & -2 & -2 & -4 & -4 \end{bmatrix}^{\mathrm{T}}$$

$$= \operatorname{rank}\begin{bmatrix} 59 & 49 & 49 \\ 49 & 42 & 42 \\ -49 & -42 & -42 \end{bmatrix} = \operatorname{rank}\begin{bmatrix} 59 & 49 & 49 \\ 49 & 42 & 42 \\ 0 & 0 & 0 \end{bmatrix} = 2 < 3 = n$$

显然，能控性矩阵奇异，故系统不可控。其结果与例 3.17 相同。

4. 状态变换不改变系统的状态能控性

前面章节已证明，系统的状态变换不改变系统的基本特性。事实上，系统的状态变换也不改变系统的能控性。

证明：对于式(3-47)的系统，设状态变换矩阵为 $\boldsymbol{Q}$，并有

$$\boldsymbol{X} = \boldsymbol{QZ}$$

式(3-47)的系统状态方程经过线性变换后，其表达式为

$$\dot{\boldsymbol{Z}} = \boldsymbol{Q}^{-1}\boldsymbol{AQZ} + \boldsymbol{Q}^{-1}\boldsymbol{BU}$$

式中：$\boldsymbol{Q}^{-1}\boldsymbol{AQ}$ 为对角矩阵。

系统的能控性阵为

$$\left[\boldsymbol{Q}^{-1}\boldsymbol{B} \vdots (\boldsymbol{Q}^{-1}\boldsymbol{AQ})\boldsymbol{Q}^{-1}\boldsymbol{B} \vdots \cdots \vdots (\boldsymbol{Q}^{-1}\boldsymbol{AQ})^{n-1}\boldsymbol{Q}^{-1}\boldsymbol{B}\right] = \boldsymbol{Q}^{-1}\left[\boldsymbol{B} \vdots \boldsymbol{AB} \vdots \cdots \vdots \boldsymbol{A}^{n-1}\boldsymbol{B}\right]$$

显而易见，由于线性变换不改变矩阵的秩，所以也不改变系统的能控性。

3.4.2　系统的能观测性

1. 能观测性定义

如果系统的每一个初始状态 $\boldsymbol{X}(t_0)$ 都可以在一个有限的时间间隔内($t_0 \leqslant t \leqslant t_1$)，由观测值 $\boldsymbol{Y}(t)$ 来确定，则称系统为完全能观测的，或者说每一个状态 $\boldsymbol{X}(t_0)$ 是能观测的。对于线性定常系统，如果每一状态变量都能观测，则称系统是完全能观测的[1-3]。

将现代控制理论在工程应用的过程中，对于一个闭环控制系统而言，一般都要先通过各种传感器获取被控对象的状态，并反馈至系统的控制器，然后控制器根据输出偏差情况，应用某种控制算法对被控对象施加控制。所以系统的状态观测性是控制系统的一个非常重要的特性。

2. 线性系统完全能观测的条件

对于式(3-47)描述的系统，其解为

$$\boldsymbol{X}(t)=\boldsymbol{\varphi}(t-t_0)\boldsymbol{X}(t_0)+\int_{t_0}^{t}\boldsymbol{\varphi}(t-\tau)\boldsymbol{B}\boldsymbol{U}(\tau)\,\mathrm{d}\tau$$

将上式代入输出方程得

$$\boldsymbol{Y}(t)=\boldsymbol{C}\boldsymbol{X}(t)+\boldsymbol{D}\boldsymbol{U}(t)=\boldsymbol{C}\boldsymbol{\varphi}(t-t_0)\boldsymbol{X}(t_0)+\boldsymbol{C}\int_{t_0}^{t}\boldsymbol{\varphi}(t-\tau)\boldsymbol{B}\boldsymbol{U}(\tau)\,\mathrm{d}\tau+\boldsymbol{D}\boldsymbol{U}(t) \tag{3-53}$$

根据系统完全能观测的定义，$\boldsymbol{X}(t_0)$的能观测性主要依赖于式(3-53)右边的第一项。为了分析方便，取$\boldsymbol{U}(t)=0$，虽然没有控制，但不影响最终结论。则有

$$\begin{aligned}\boldsymbol{Y}(t)&=\boldsymbol{C}\boldsymbol{\varphi}(t-t_0)\boldsymbol{X}(t_0)=\boldsymbol{C}\mathrm{e}^{\boldsymbol{A}(t-t_0)}\boldsymbol{X}(t_0)=\boldsymbol{C}\sum_{j=0}^{n-1}a_j(t-t_0)\boldsymbol{A}^j\boldsymbol{X}(t_0)\\&=\begin{bmatrix}a_0(t-t_0)\boldsymbol{I} & a_1(t-t_0)\boldsymbol{I} & \cdots & a_{n-1}(t-t_0)\boldsymbol{I}\end{bmatrix}\begin{bmatrix}\boldsymbol{C}\\ \boldsymbol{C}\boldsymbol{A}\\ \vdots\\ \boldsymbol{C}\boldsymbol{A}^{n-1}\end{bmatrix}\boldsymbol{X}(t_0)\end{aligned} \tag{3-54}$$

式中：$a_j(t)$为系数(是时间t的函数)。

为了使系统的状态能观测，能够根据观测到的输出$\boldsymbol{Y}(t)$唯一确定初始状态$\boldsymbol{X}(t_0)$，则充要条件是$qn\times n$阵

$$\begin{bmatrix}\boldsymbol{C}\\ \boldsymbol{C}\boldsymbol{A}\\ \vdots\\ \boldsymbol{C}\boldsymbol{A}^{n-1}\end{bmatrix} \tag{3-55}$$

为满秩，即秩等于系统的阶数n。该矩阵称为能观测性阵，也可写为

$$[\boldsymbol{C}^{\mathrm{T}}\ \vdots\ \boldsymbol{A}^{\mathrm{T}}\boldsymbol{C}^{\mathrm{T}}\ \vdots\ \cdots\ \vdots\ (\boldsymbol{A}^{\mathrm{T}})^{n-1}\boldsymbol{C}^{\mathrm{T}}] \tag{3-56}$$

【例 3.20】系统的状态空间描述如下，试判断系统的可观测性。

$$\dot{\boldsymbol{X}}=\begin{bmatrix}0 & -1\\ 3 & 4\end{bmatrix}\boldsymbol{X}+\begin{bmatrix}1\\ 2\end{bmatrix}\boldsymbol{U}$$

$$\boldsymbol{Y}=\begin{bmatrix}1 & 0\\ 2 & 1\end{bmatrix}\boldsymbol{X}+\begin{bmatrix}1\\ 0\end{bmatrix}\boldsymbol{U}$$

解：对于上述系统，有

$$n=2,\ p=1,\ q=2$$

$$\boldsymbol{A}=\begin{bmatrix}0 & -1\\ 3 & 4\end{bmatrix},\ \boldsymbol{C}=\begin{bmatrix}1 & 0\\ 2 & 1\end{bmatrix}$$

系统的能观测性阵为

$$[\boldsymbol{C}^{\mathrm{T}}\ \vdots\ \boldsymbol{A}^{\mathrm{T}}\boldsymbol{C}^{\mathrm{T}}]=\left[\begin{bmatrix}1 & 2\\ 0 & 1\end{bmatrix}\ \vdots\ \begin{bmatrix}0 & 3\\ -1 & 4\end{bmatrix}\begin{bmatrix}1 & 2\\ 0 & 1\end{bmatrix}\right]=\begin{bmatrix}1 & 2 & 0 & 3\\ 0 & 1 & -1 & 2\end{bmatrix}$$

系统能观测性阵的秩为

$$\mathrm{rank}[\boldsymbol{C}^{\mathrm{T}}\ \vdots\ \boldsymbol{A}^{\mathrm{T}}\boldsymbol{C}^{\mathrm{T}}]=2=n$$

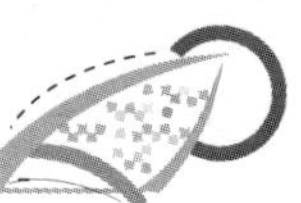

可见，能观测阵满秩，所以系统具有可观测性。

【例 3.21】系统的状态空间描述如下，试判断系统的可观测性。

状态方程为

$$\dot{\boldsymbol{X}}=\begin{bmatrix}-2 & 0\\0 & -5\end{bmatrix}\boldsymbol{X}$$

输出方程为

$$\boldsymbol{Y}=[0 \quad -1]\boldsymbol{X}$$

解：从系统的状态方程可知

$$\boldsymbol{A}=\begin{bmatrix}-2 & 0\\0 & -5\end{bmatrix}$$

从系统的输出方程可知

$$\boldsymbol{C}=[0 \quad -1]$$

系统的 $n=2$，$p=0$，$q=1$

系统的能观测性阵为

$$[\boldsymbol{C}^{\mathrm{T}} \vdots \boldsymbol{A}^{\mathrm{T}}\boldsymbol{C}^{\mathrm{T}}]=\left[\begin{bmatrix}0\\-1\end{bmatrix} \vdots \begin{bmatrix}-2 & 0\\0 & -5\end{bmatrix}\begin{bmatrix}0\\-1\end{bmatrix}\right]=\begin{bmatrix}0 & 0\\-1 & 5\end{bmatrix}$$

系统能观测性阵的秩为

$$\mathrm{rank}[\boldsymbol{C}^{\mathrm{T}} \vdots \boldsymbol{A}^{\mathrm{T}}\boldsymbol{C}^{\mathrm{T}}]=1<n=2$$

所以能观测阵不满秩，则该系统不可观测。

【例 3.22】系统的状态空间描述方程组为

$$\begin{bmatrix}\dot{x}_1\\\dot{x}_2\\\dot{x}_3\end{bmatrix}=\begin{bmatrix}0 & 1 & 0\\0 & 0 & 1\\-6 & -11 & -6\end{bmatrix}\begin{bmatrix}x_1\\x_2\\x_3\end{bmatrix}+\begin{bmatrix}0\\9\\2\end{bmatrix}u$$

$$y=[4 \quad 5 \quad 1]\begin{bmatrix}x_1\\x_2\\x_3\end{bmatrix}$$

试判断系统的能观测性。

解：由系统的输出方程可知

$$\boldsymbol{C}=[4 \quad 5 \quad 1]$$

由系统的状态方程可知

$$\boldsymbol{A}=\begin{bmatrix}0 & 1 & 0\\0 & 0 & 1\\-6 & -11 & -6\end{bmatrix}$$

则有以下结果

$$\boldsymbol{CA}=[4 \quad 5 \quad 1]\begin{bmatrix}0 & 1 & 0\\0 & 0 & 1\\-6 & -11 & -6\end{bmatrix}=[-6 \quad -7 \quad -1]$$

$$CA^2=[-6\quad -7\quad -1]\begin{bmatrix}0 & 1 & 0\\0 & 0 & 1\\-6 & -11 & -6\end{bmatrix}=[6\quad 5\quad -1]$$

$$\begin{bmatrix}C\\CA\\CA^2\end{bmatrix}=\begin{bmatrix}4 & 5 & 1\\-6 & -7 & -1\\6 & 5 & -1\end{bmatrix}$$

可看出，第 2 列减去第 3 列即为第 1 列，因此可判断出其不满秩。事实上，能观测阵的秩为

$$\text{rank}\begin{bmatrix}C\\CA\\CA^2\end{bmatrix}=2<3=n$$

所以，能观测阵不满秩，系统不可观测。

【例 3.23】系统的动力学方程为

$$\begin{bmatrix}\dot{x}_1\\\dot{x}_2\end{bmatrix}=\begin{bmatrix}2 & -1\\1 & -3\end{bmatrix}\begin{bmatrix}x_1\\x_2\end{bmatrix}+\begin{bmatrix}2\\3\end{bmatrix}U$$

$$\begin{bmatrix}y_1\\y_2\end{bmatrix}=\begin{bmatrix}1 & 0\\-1 & 0\end{bmatrix}\begin{bmatrix}x_1\\x_2\end{bmatrix}$$

试判断系统的能观测性。

解：由系统的状态方程可知

$$A=\begin{bmatrix}2 & -1\\1 & -3\end{bmatrix}$$

由系统的输出方程可知

$$C=\begin{bmatrix}1 & 0\\-1 & 0\end{bmatrix}$$

则有

$$CA=\begin{bmatrix}1 & 0\\-1 & 0\end{bmatrix}\begin{bmatrix}2 & -1\\1 & -3\end{bmatrix}=\begin{bmatrix}2 & -1\\-2 & 1\end{bmatrix}$$

能观测阵的秩为

$$\text{rank}\begin{bmatrix}C\\CA\end{bmatrix}=\begin{bmatrix}1 & 0\\-1 & 0\\2 & -1\\-2 & 1\end{bmatrix}=2，满秩$$

所以该系统可观测。

【例 3.24】控制系统的方框图如图 3.4 所示，判断其能控性和能观测性。

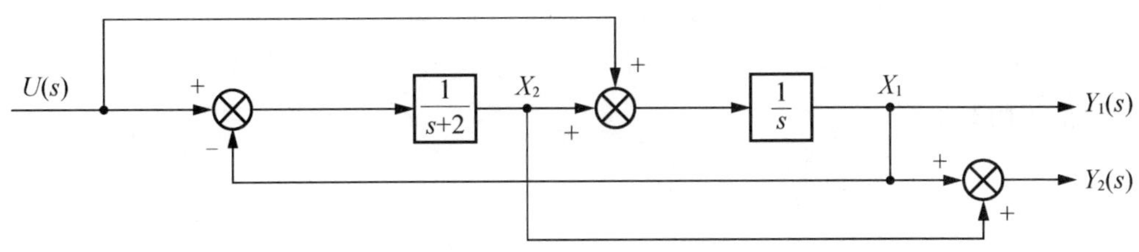

图 3.4　控制系统的方框图

解：根据系统的方框图可得到系统的状态方程及输出方程。

系统的状态方程为

$$\begin{cases}\dot{X}_1=X_2+U\\ \dot{X}_2=-X_1-2X_2+U\end{cases}$$

系统的输出方程为

$$\begin{cases}Y_1=X_1\\ Y_2=X_1+X_2\end{cases}$$

所以状态方程有

$$\begin{bmatrix}\dot{X}_1\\ \dot{X}_2\end{bmatrix}=\begin{bmatrix}0 & 1\\ -1 & -2\end{bmatrix}\begin{bmatrix}X_1\\ X_2\end{bmatrix}+\begin{bmatrix}1\\ 1\end{bmatrix}\boldsymbol{U}$$

输出方程又可写为

$$\begin{bmatrix}Y_1\\ Y_2\end{bmatrix}=\begin{bmatrix}1 & 0\\ 1 & 1\end{bmatrix}\begin{bmatrix}X_1\\ X_2\end{bmatrix}$$

即

$$\boldsymbol{X}=\begin{bmatrix}X_1\\ X_2\end{bmatrix},\ \boldsymbol{A}=\begin{bmatrix}0 & 1\\ -1 & -2\end{bmatrix},\ \boldsymbol{B}=\begin{bmatrix}1\\ 1\end{bmatrix},\ \boldsymbol{C}=\begin{bmatrix}1 & 0\\ 1 & 1\end{bmatrix}$$

系统的能控性矩阵为

$$[\boldsymbol{B}\ \vdots\ \boldsymbol{AB}]=\begin{bmatrix}1 & 1\\ 1 & -3\end{bmatrix}$$

其秩为

$$\mathrm{rank}[\boldsymbol{B}\ \vdots\ \boldsymbol{AB}]=\mathrm{rank}\begin{bmatrix}1 & 1\\ 1 & -3\end{bmatrix}=2=n\text{，奇异，故系统可控。}$$

系统的能观测性矩阵为

$$[\boldsymbol{C}^{\mathrm{T}}\ \vdots\ \boldsymbol{A}^{\mathrm{T}}\boldsymbol{C}^{\mathrm{T}}]=\begin{bmatrix}1 & 1 & 0 & -1\\ 0 & 1 & 1 & -1\end{bmatrix}$$

其秩为

$$\mathrm{rank}[\boldsymbol{C}^{\mathrm{T}}\ \vdots\ \boldsymbol{A}^{\mathrm{T}}\boldsymbol{C}^{\mathrm{T}}]=\mathrm{rank}\begin{bmatrix}1 & 1 & 0 & -1\\ 0 & 1 & 1 & -1\end{bmatrix}=2\text{，满秩，故系统状态可观测。}$$

为计算方便，同样可以将能观测性矩阵的求秩变为方阵求秩。

$$\operatorname{rank}[\boldsymbol{C}^{\mathrm{T}} \vdots \boldsymbol{A}^{\mathrm{T}} \boldsymbol{C}^{\mathrm{T}} \vdots \cdots \vdots (\boldsymbol{A}^{\mathrm{T}})^{n-1}\boldsymbol{C}^{\mathrm{T}}]$$
$$=\operatorname{rank}\{[\boldsymbol{C}^{\mathrm{T}} \vdots \boldsymbol{A}^{\mathrm{T}} C^{\mathrm{T}} \vdots \cdots \vdots (\boldsymbol{A}^{\mathrm{T}})^{n-1}\boldsymbol{C}^{\mathrm{T}}][\boldsymbol{C}^{\mathrm{T}} \vdots \boldsymbol{A}^{\mathrm{T}} \boldsymbol{C}^{\mathrm{T}} \vdots \cdots \vdots (\boldsymbol{A}^{\mathrm{T}})^{n-1}\boldsymbol{C}^{\mathrm{T}}]^{\mathrm{T}}\}$$

上式右边的矩阵为方阵。

3. 状态变换不改变系统的能观测性

证明：对于式(3-47)表示的系统，经过线性矩阵 $\boldsymbol{Q}$ 变换后的系统有

$$\boldsymbol{X}=\boldsymbol{Q}\boldsymbol{Z}$$
$$\dot{\boldsymbol{Z}}=\boldsymbol{Q}^{-1}\boldsymbol{A}\boldsymbol{Q}\boldsymbol{Z}+\boldsymbol{Q}^{-1}\boldsymbol{B}\boldsymbol{U}$$
$$\boldsymbol{Y}=\boldsymbol{C}\boldsymbol{Q}\boldsymbol{Z}$$

则有

$$\widetilde{\boldsymbol{A}}=\boldsymbol{Q}^{-1}\boldsymbol{A}\boldsymbol{Q}$$
$$\widetilde{\boldsymbol{C}}=\boldsymbol{C}\boldsymbol{Q}$$

系统的能观测性阵为

$$\begin{bmatrix} \widetilde{\boldsymbol{C}} \\ \widetilde{\boldsymbol{C}}\widetilde{\boldsymbol{A}} \\ \vdots \\ \widetilde{\boldsymbol{C}}\widetilde{\boldsymbol{A}}^{n-1} \end{bmatrix}=\begin{bmatrix} \boldsymbol{C}\boldsymbol{Q} \\ \boldsymbol{C}\boldsymbol{A}\boldsymbol{Q} \\ \vdots \\ \boldsymbol{C}\boldsymbol{A}^{n-1}\boldsymbol{Q} \end{bmatrix}=\begin{bmatrix} \boldsymbol{C} \\ \boldsymbol{C}\boldsymbol{A} \\ \vdots \\ \boldsymbol{C}\boldsymbol{A}^{n-1} \end{bmatrix}\boldsymbol{Q}$$

系统变换前后的秩不变，所以状态变换不改变系统的能观测性。

3.4.3 能控性、能观测性与传递函数的关系

控制系统的能控性、能观测性与经典控制理论中的传递函数(或传递矩阵)有着密切的关系。在复频域中状态完全能控、完全能观测的充要条件是：传递函数(传递矩阵)不出现零点与极点对消。如果有零点与极点对消，则传递函数(传递矩阵)的极点少于系统的极点，与被约去极点相对应的状态变量不能被控制、不能被观测，系统就不完全能控和不完全能观测了[1-3]。

【例 3.25】 系统的传递函数为

$$G(s)=\frac{Y(s)}{R(s)}=\frac{s+3}{(s+3)(s+1)}$$

试判断系统的能控性和能观测性。

解：这是一个 2 阶系统，传递函数 $G(s)$ 的分子分母中有相同因式 $(s+3)$，则系统是不完全能控的或不完全能观测的，或者是不能控和不能观测的。如果不消掉因式 $(s+3)$，可根据第 2 章第 3 节的内容得到系统的状态方程及输出方程。

$$\dot{\boldsymbol{X}}=\begin{bmatrix} -1 & 0 \\ 0 & -3 \end{bmatrix}\boldsymbol{X}+\begin{bmatrix} 1 \\ 1 \end{bmatrix}\boldsymbol{U}$$
$$\boldsymbol{Y}=\begin{bmatrix} 1 & 0 \end{bmatrix}\boldsymbol{X}$$

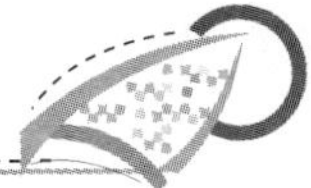

系统的能控性阵为

$$[\boldsymbol{B} \vdots \boldsymbol{AB}]=\left[\begin{bmatrix}-1\\1\end{bmatrix} \vdots \begin{bmatrix}1 & 0\\0 & -3\end{bmatrix}\begin{bmatrix}-1\\1\end{bmatrix}\right]=\begin{bmatrix}1 & -1\\1 & -3\end{bmatrix}$$

系统的能控性阵的秩为

rank$[\boldsymbol{B} \vdots \boldsymbol{AB}]=2$，满秩，所以系统状态能控。

系统的能观测阵为

$$[\boldsymbol{C}^{\mathrm{T}} \vdots \boldsymbol{A}^{\mathrm{T}}\boldsymbol{C}^{\mathrm{T}}]=\left[\begin{bmatrix}1\\0\end{bmatrix} \vdots \begin{bmatrix}-1 & 0\\0 & -3\end{bmatrix}\begin{bmatrix}1\\0\end{bmatrix}\right]=\begin{bmatrix}1 & -1\\0 & 0\end{bmatrix}$$

系统的能观测阵的秩为

rank$[\boldsymbol{C}^{\mathrm{T}} \vdots \boldsymbol{A}^{\mathrm{T}}\boldsymbol{C}^{\mathrm{T}}]=1<2$，奇异，系统状态不能完全观测。

3.4.4 能控性和能观测性之间的对偶原理

观察系统 1

$$\begin{cases}\dot{\boldsymbol{X}}=\boldsymbol{AX}+\boldsymbol{BU}\\ \boldsymbol{Y}=\boldsymbol{CX}\end{cases} \tag{3-57}$$

式中：$\boldsymbol{X}\in\boldsymbol{R}^n$（$n$ 维状态向量）；$\boldsymbol{U}\in\boldsymbol{R}^P$；$\boldsymbol{Y}\in\boldsymbol{R}^q$；$\boldsymbol{A}$ 为 $n\times n$ 矩阵；$\boldsymbol{B}$ 为 $n\times p$ 矩阵；$\boldsymbol{C}$ 为 $q\times n$ 矩阵。

观察系统 2

$$\begin{cases}\dot{\boldsymbol{Z}}=\boldsymbol{A}^{\mathrm{T}}\boldsymbol{Z}+\boldsymbol{C}^{\mathrm{T}}\boldsymbol{V}\\ \boldsymbol{W}=\boldsymbol{B}^{\mathrm{T}}\boldsymbol{Z}\end{cases} \tag{3-58}$$

式中：$\boldsymbol{Z}\in\boldsymbol{R}^n$（$n$ 维状态向量）；$\boldsymbol{V}\in\boldsymbol{R}^q$；$\boldsymbol{W}\in\boldsymbol{R}^P$；$\boldsymbol{A}^T$ 为 $\boldsymbol{A}$ 的转置矩阵；$\boldsymbol{B}^T$ 为 $\boldsymbol{B}$ 的转置矩阵；$\boldsymbol{C}^T$ 为 $\boldsymbol{C}$ 的转置矩阵。

系统的对偶性说明如下：只有当系统 2 是完全能观测时，系统 1 才是状态能控的。当系统 2 是状态完全能控时，系统 1 才是状态完全能观测的。系统(3-57)与(3-58)为对偶系统。若其中一个能控(能观测)，则另一个系统能观测(能控)，即成为对偶原理[1-3]。

证明：对于系统 1，有

(1) $n\times np$ 的能控阵为

$$[\boldsymbol{B} \vdots \boldsymbol{AB} \vdots \cdots \vdots \boldsymbol{A}^{n-1}\boldsymbol{B}]$$

(2) $n\times nq$ 的能观测阵为

$$[\boldsymbol{C}^{\mathrm{T}} \vdots \boldsymbol{A}^{\mathrm{T}}\boldsymbol{C}^{\mathrm{T}} \vdots \cdots \vdots (\boldsymbol{A}^{\mathrm{T}})^{n-1}\boldsymbol{C}^{\mathrm{T}}]$$

对于系统 2，有

(3) $n\times nq$ 的状态能控阵为

$$[\boldsymbol{C}^{\mathrm{T}} \vdots \boldsymbol{A}^{\mathrm{T}}\boldsymbol{C}^{\mathrm{T}} \vdots \cdots \vdots (\boldsymbol{A}^{\mathrm{T}})^{n-1}\boldsymbol{C}^{\mathrm{T}}]$$

(4) $n\times np$ 的状态能观测阵为

$$[\boldsymbol{B} \vdots \boldsymbol{AB} \vdots \cdots \vdots \boldsymbol{A}^{n-1}\boldsymbol{B}]$$

比较(1)～(4)部分中的公式，即可看出其对偶性。

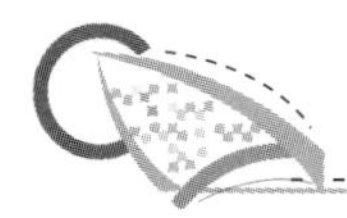

利用对偶性，一个系统的能观测性可以用它的对偶系统的状态能控性来验证。

上述系统间的置换关系可用图 3.5 表示。

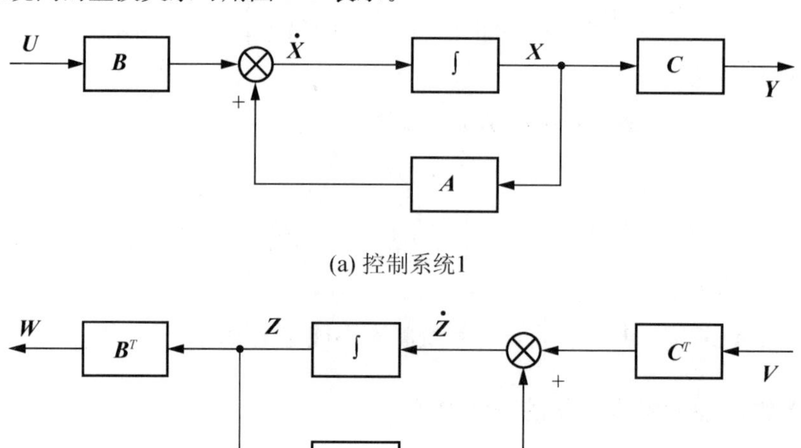

图 3.5　控制系统的对偶性

3.5　能控标准形和能观测标准形

系统的能控阵与能观测阵具有标准形式，具体内容如下[1,2]。

对于单输入单输出系统，如果系统的传递函数为

$$G(s)=\frac{Y(s)}{U(s)}=\frac{b_{n-1}s^{n-1}+b_{n-2}s^{n-2}+\cdots+b_1s^1+b_0}{s^n+a_{n-1}s^{n-1}+\cdots+a_1s+a_0} \tag{3-59}$$

则系统可用向量式表示为

$$\begin{cases}\dot{\boldsymbol{X}}=\boldsymbol{AX}+\boldsymbol{BU}\\ \boldsymbol{Y}=\boldsymbol{CX}\end{cases} \tag{3-60}$$

式中：

$$\boldsymbol{A}=\begin{bmatrix}0 & 1 & 0 & \cdots & 0\\ 0 & 0 & 1 & \cdots & 0\\ & & \vdots & & \\ 0 & 0 & 0 & \cdots & 1\\ -a_0 & -a_1 & -a_2 & \cdots & -a_{n-1}\end{bmatrix},\ \boldsymbol{B}=\begin{bmatrix}0\\0\\ \vdots\\0\\1\end{bmatrix} \tag{3-61}$$

$$\boldsymbol{C}=[b_0\quad b_1\quad \cdots\quad b_{n-1}]$$

式(3－61)称为系统的能控标准形。

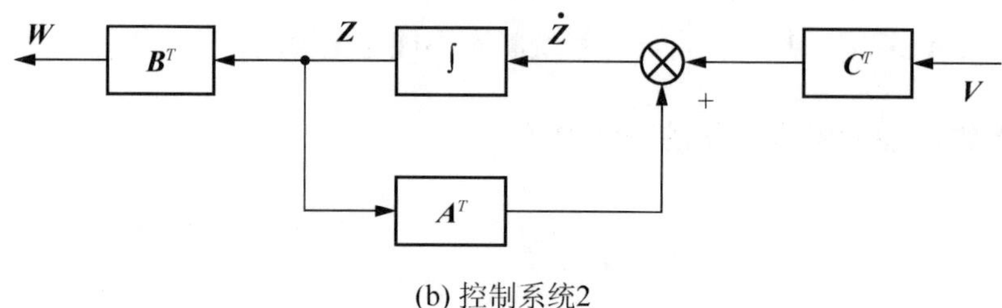

对于式(3－60)，如果有

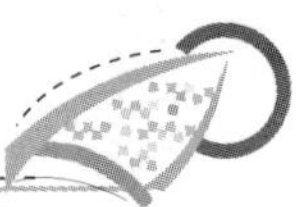

$$\boldsymbol{A}=\begin{bmatrix}0 & 0 & 0 & \cdots & 0 & -a_0\\ 1 & 0 & 0 & \cdots & 0 & -a_1\\ 0 & 1 & 0 & \cdots & 0 & -a_2\\ \vdots & \vdots & \vdots & & \vdots & \vdots\\ 0 & 0 & 0 & \cdots & 1 & -a_{n-1}\end{bmatrix},\ \boldsymbol{B}=\begin{bmatrix}b_0\\ b_1\\ b_2\\ \vdots\\ b_{n-1}\end{bmatrix},\ \boldsymbol{C}=[0\ \cdots\ 0\ \ 1] \tag{3-62}$$

则式(3-62)称为系统的能观测标准形。

参照式(3-57)和式(3-58)可知，式(3-61)和式(3-62)描述的是对偶系统。

定理：如果系统具有能控标准形，则系统一定是状态完全能控的。如果系统具有能观测标准形，则系统一定是状态完全能观测的。如果一个系统满足能控(或能观测)条件时，可以通过线性变换将其变换为能控(或能观测)标准形。

3.5.1　能控标准形的变换

一个 n 阶系统的状态变量表达式为

$$\dot{\boldsymbol{X}}(t)=\boldsymbol{A}\boldsymbol{X}(t)+\boldsymbol{B}u(t) \tag{3-63}$$

式中：$\boldsymbol{X}(t)\in R^n$；$\boldsymbol{A}$ 为 $n\times n$ 矩阵；$\boldsymbol{B}$ 为 $n\times 1$ 矩阵；$u(t)$ 为标量函数[1-3]。

如果$(\boldsymbol{A},\ \boldsymbol{B})$不是能控标准形，但$[\boldsymbol{B}\ \vdots\ \boldsymbol{AB}\ \vdots\ \cdots\ \vdots\ \boldsymbol{A}n^{-1}\boldsymbol{B}]$非奇异(即能控)，则存在线性变换：

$$\tilde{\boldsymbol{X}}(t)=\boldsymbol{Q}\boldsymbol{X}(t)$$

或

$$\boldsymbol{X}(t)=\boldsymbol{Q}^{-1}\tilde{\boldsymbol{X}}(t) \tag{3-64}$$

使得式(3-63)变为

$$\dot{\tilde{\boldsymbol{X}}}(t)=\boldsymbol{A}_1\tilde{\boldsymbol{X}}(t)+\boldsymbol{B}_1u(t) \tag{3-65}$$

式中：$\tilde{\boldsymbol{X}}(t)\in R^n$，

$$\boldsymbol{A}_1=\boldsymbol{QAQ}^{-1}=\begin{bmatrix}0 & 1 & 0 & \cdots & 0\\ 0 & 0 & 1 & \cdots & 0\\ \vdots & \vdots & \vdots & & \vdots\\ 0 & 0 & 0 & \cdots & 1\\ -a_0 & -a_1 & -a_2 & \cdots & -a_n\end{bmatrix}$$

$$\boldsymbol{B}_1=\boldsymbol{QB}=\begin{bmatrix}0\\ 0\\ \vdots\\ 0\\ 1\end{bmatrix}$$

变换矩阵 $\boldsymbol{Q}$ 为

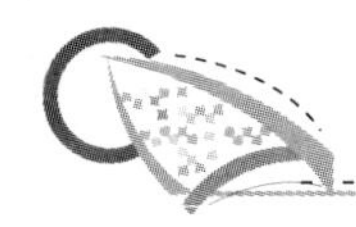

$$\boldsymbol{Q}=\begin{bmatrix}\boldsymbol{Q}_1\\\boldsymbol{Q}_1\boldsymbol{A}\\\vdots\\\boldsymbol{Q}_1\boldsymbol{A}^{n-1}\end{bmatrix}\tag{3-66}$$

式中：

$$\boldsymbol{Q}_1=[0\quad\cdots\quad 0\quad 1][\boldsymbol{B}\quad\boldsymbol{AB}\quad\cdots\quad\boldsymbol{A}^{n-1}\boldsymbol{B}]^{-1}$$

证明：

设

$$\boldsymbol{X}(t)=\begin{bmatrix}x_1(t)\\x_2(t)\\\vdots\\x_n(t)\end{bmatrix},\ \widetilde{\boldsymbol{X}}(t)=\begin{bmatrix}\widetilde{x}_1(t)\\\widetilde{x}_2(t)\\\vdots\\\widetilde{x}_n(t)\end{bmatrix}$$

$$\boldsymbol{Q}(t)=\begin{bmatrix}Q_{11}&Q_{12}&\cdots&Q_{1n}\\Q_{21}&Q_{22}&\cdots&Q_{2n}\\\vdots&\vdots&&\vdots\\Q_{n1}&Q_{n2}&\cdots&Q_{nn}\end{bmatrix}=\begin{bmatrix}\boldsymbol{Q}_1\\\boldsymbol{Q}_2\\\vdots\\\boldsymbol{Q}_n\end{bmatrix}$$

式中：

$$\boldsymbol{Q}_i=[\boldsymbol{Q}_{i1}\quad\boldsymbol{Q}_{i2}\quad\cdots\quad\boldsymbol{Q}_{in}],\ i=1,\ 2,\ \cdots,\ n$$

由式(3-64)可得

$$\widetilde{\boldsymbol{X}}_1(t)=\boldsymbol{Q}_{11}x_1(t)+\boldsymbol{Q}_{12}x_2(t)+\cdots+\boldsymbol{Q}_{1n}x_n(t)=\boldsymbol{Q}_1\boldsymbol{X}(t)$$

将上式两边对时间 t 求导，得

$$\dot{\widetilde{\boldsymbol{X}}}_1(t)=\widetilde{\boldsymbol{X}}_2(\mathrm{t})=\boldsymbol{Q}_1\dot{\boldsymbol{X}}(t)=\boldsymbol{Q}_1(\boldsymbol{AX}+\boldsymbol{B}u)=\boldsymbol{Q}_1\boldsymbol{AX}(t)+\boldsymbol{Q}_1\boldsymbol{B}u(t)$$

从式(3-64)可看出，$\widetilde{\boldsymbol{X}}_1(t)$只与$\boldsymbol{X}(t)$有关，

即
$$\boldsymbol{Q}_1\boldsymbol{B}=\boldsymbol{0}$$

则有
$$\dot{\widetilde{\boldsymbol{X}}}_1(t)=\widetilde{\boldsymbol{X}}_2(t)=\boldsymbol{Q}_1\boldsymbol{AX}$$

将上式两边对时间 t 求导，并考虑

$$\boldsymbol{Q}_1\boldsymbol{AB}=\boldsymbol{0}$$

则
$$\dot{\widetilde{\boldsymbol{X}}}_2(t)=\boldsymbol{Q}_1\boldsymbol{A}^2\boldsymbol{X}(t)=\widetilde{\boldsymbol{X}}_3(t)$$

以此类推，考虑

$$\boldsymbol{Q}_1\boldsymbol{A}^{n-2}\boldsymbol{B}=\boldsymbol{0}$$

则有
$$\dot{\widetilde{\boldsymbol{X}}}_{n-1}(t)=\boldsymbol{Q}_1\boldsymbol{A}^{n-1}\boldsymbol{X}(t)=\widetilde{\boldsymbol{X}}_n(t)$$

上述结果可写为

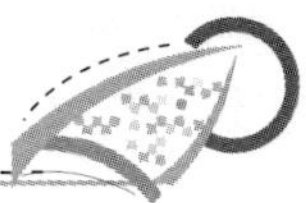

$$\widetilde{\boldsymbol{X}}(t)=\begin{bmatrix}\widetilde{\boldsymbol{X}}_1(t)\\ \widetilde{\boldsymbol{X}}_2(t)\\ \vdots\\ \widetilde{\boldsymbol{X}}_n(t)\end{bmatrix}=\begin{bmatrix}\boldsymbol{Q}_1\boldsymbol{X}(t)\\ \boldsymbol{Q}_1\boldsymbol{A}\boldsymbol{X}(t)\\ \vdots\\ \boldsymbol{Q}_1\boldsymbol{A}^{n-1}\boldsymbol{X}(t)\end{bmatrix}=\begin{bmatrix}\boldsymbol{Q}_1\\ \boldsymbol{Q}_1\boldsymbol{A}\\ \vdots\\ \boldsymbol{Q}_1\boldsymbol{A}^{n-1}\end{bmatrix}\boldsymbol{X}(t) \tag{3-67}$$

对照式(3-64)，知

$$\boldsymbol{Q}=\begin{bmatrix}\boldsymbol{Q}_1\\ \boldsymbol{Q}_1\boldsymbol{A}\\ \vdots\\ \boldsymbol{Q}_1\boldsymbol{A}^{n-1}\end{bmatrix} \tag{3-68}$$

且 $\boldsymbol{Q}_1\boldsymbol{B}=\boldsymbol{Q}_1\boldsymbol{A}\boldsymbol{B}=\cdots=\boldsymbol{Q}_1\boldsymbol{A}n-2\boldsymbol{B}=\boldsymbol{0}$

将式(3-67)对 t 求导，得

$$\dot{\widetilde{\boldsymbol{X}}}(t)=\boldsymbol{Q}\dot{\boldsymbol{X}}(t)=\boldsymbol{Q}\boldsymbol{A}\boldsymbol{X}(t)+\boldsymbol{Q}\boldsymbol{B}u(t)=\boldsymbol{Q}\boldsymbol{A}\boldsymbol{Q}^{-1}\widetilde{\boldsymbol{X}}(t)+\boldsymbol{Q}\boldsymbol{B}u(t)$$

与式(3-65)比较得

$$\boldsymbol{A}_1=\boldsymbol{Q}\boldsymbol{A}\boldsymbol{Q}^{-1}$$

$$\boldsymbol{B}_1=\boldsymbol{Q}\boldsymbol{B}=\begin{bmatrix}\boldsymbol{Q}_1\boldsymbol{B}\\ \boldsymbol{Q}_1\boldsymbol{A}\boldsymbol{B}\\ \vdots\\ \boldsymbol{Q}_1\boldsymbol{A}^{n-1}\boldsymbol{B}\end{bmatrix}=\begin{bmatrix}0\\ 0\\ \vdots\\ 1\end{bmatrix}$$

由于 $\boldsymbol{Q}_1$ 是 $1\times n$ 矩阵，上式可写为

$$\boldsymbol{Q}_1[\boldsymbol{B}\quad \boldsymbol{A}\boldsymbol{B}\quad \cdots\quad \boldsymbol{A}^{n-1}\boldsymbol{B}]=[0\quad 0\quad \cdots\quad 1]$$

因为$[\boldsymbol{B}\quad \boldsymbol{A}\boldsymbol{B}\quad \cdots\quad \boldsymbol{A}^{n-1}\boldsymbol{B}]$非奇异，则有

$$\boldsymbol{Q}_1=[0\quad 0\quad \cdots\quad 1][\boldsymbol{B}\quad \boldsymbol{A}\boldsymbol{B}\quad \cdots\quad \boldsymbol{A}^{n-1}\boldsymbol{B}]^{-1}$$

到此，证明完毕。

【例 3.26】 系统状态方程表达式为

$$\dot{\boldsymbol{X}}(t)=\begin{bmatrix}-1 & 2\\ -3 & -4\end{bmatrix}\boldsymbol{X}(t)+\begin{bmatrix}1\\ 1\end{bmatrix}u(t)$$

已知系统状态能控，试将其变换为能控标准形。

解：系统的能控性阵为

$$[\boldsymbol{B}\quad \boldsymbol{A}\boldsymbol{B}]=\begin{bmatrix}1 & 1\\ 1 & -7\end{bmatrix}\neq\boldsymbol{0}\text{，为非奇异}$$

$$[\boldsymbol{B}\quad \boldsymbol{A}\boldsymbol{B}]^{-1}=\begin{bmatrix}\frac{7}{8} & \frac{1}{8}\\ \frac{1}{8} & -\frac{1}{8}\end{bmatrix}$$

$$\boldsymbol{Q}_1=[0\quad 1]\cdot[\boldsymbol{B}\quad \boldsymbol{A}\boldsymbol{B}]^{-1}=\begin{bmatrix}\frac{1}{8} & -\frac{1}{8}\end{bmatrix}$$

$$\boldsymbol{Q}=\begin{bmatrix}\boldsymbol{Q}_1\\ \boldsymbol{Q}_1\boldsymbol{A}\end{bmatrix}=\begin{bmatrix}\frac{1}{8} & -\frac{1}{8}\\ \frac{1}{4} & \frac{3}{4}\end{bmatrix}$$

$$\boldsymbol{Q}^{-1}=\begin{bmatrix}6 & 1\\ -2 & 1\end{bmatrix}$$

$$\boldsymbol{A}_1=\boldsymbol{QAQ}^{-1}=\begin{bmatrix}\frac{1}{8} & -\frac{1}{8}\\ \frac{1}{4} & \frac{3}{4}\end{bmatrix}\begin{bmatrix}-1 & 2\\ -3 & -4\end{bmatrix}\begin{bmatrix}6 & 1\\ -2 & 1\end{bmatrix}=\begin{bmatrix}0 & 1\\ -10 & -5\end{bmatrix}$$

$$\boldsymbol{B}_1=\boldsymbol{QB}=\begin{bmatrix}\frac{1}{8} & -\frac{1}{8}\\ \frac{1}{4} & \frac{3}{4}\end{bmatrix}\begin{bmatrix}1\\ 1\end{bmatrix}=\begin{bmatrix}0\\ 1\end{bmatrix}$$

则系统可转换为如下的能控标准形

$$\dot{\tilde{\boldsymbol{X}}}=\begin{bmatrix}0 & 1\\ -10 & -5\end{bmatrix}\tilde{\boldsymbol{X}}(t)+\begin{bmatrix}0\\ 1\end{bmatrix}u(t)$$

【例 3.27】 线性定常系统为

$$\dot{\boldsymbol{X}}(t)=\begin{bmatrix}-1 & 1\\ 0 & 1\end{bmatrix}\boldsymbol{X}(t)+\begin{bmatrix}1\\ 1\end{bmatrix}u(t)$$

试将状态方程化为能控标准形。

解：能控性阵为

$$[\boldsymbol{B}\quad \boldsymbol{AB}]=\begin{bmatrix}1 & 0\\ 1 & 1\end{bmatrix}\text{，非奇异}$$

则系统能控，可化为能控标准形

$$\boldsymbol{Q}_1=[0\quad 1]\cdot[\boldsymbol{B}\quad \boldsymbol{AB}]^{-1}=[-1\quad 1]$$

变换矩阵为

$$\boldsymbol{Q}=\begin{bmatrix}\boldsymbol{Q}_1\\ \boldsymbol{Q}_1\boldsymbol{A}\end{bmatrix}=\begin{bmatrix}-1 & 1\\ 1 & 0\end{bmatrix}$$

$$\boldsymbol{A}_1=\boldsymbol{QAQ}^{-1}=\begin{bmatrix}0 & 1\\ 1 & 0\end{bmatrix}$$

$$\boldsymbol{B}_1=\boldsymbol{QB}=\begin{bmatrix}0\\ 1\end{bmatrix}$$

则系统可转换为如下的能控标准形

$$\dot{\tilde{\boldsymbol{X}}}(t)=\begin{bmatrix}0 & 1\\ 1 & 0\end{bmatrix}\tilde{\boldsymbol{X}}(\mathrm{t})+\begin{bmatrix}0\\ 1\end{bmatrix}u(t)$$

【例 3.28】 系统的状态方程为

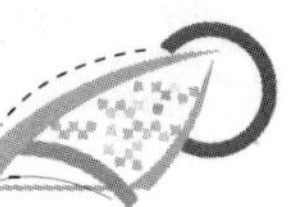

$$\dot{\boldsymbol{X}}(t)=\begin{bmatrix}-1 & 0\\ 1 & -2\end{bmatrix}\boldsymbol{X}(t)+\begin{bmatrix}-1\\ 1\end{bmatrix}u(t),$$

试将其化为能控标准形。

解：系统的能控性阵为

$$[\boldsymbol{B}\quad \boldsymbol{AB}]=\begin{bmatrix}-1 & 1\\ 1 & -3\end{bmatrix}，非奇异，因此系统能控$$

$$[\boldsymbol{B}\quad \boldsymbol{AB}]^{-1}=\begin{bmatrix}-\frac{3}{2} & -\frac{1}{2}\\ -\frac{1}{2} & \frac{1}{2}\end{bmatrix}$$

$$\boldsymbol{Q}_1=[0\quad 1]\cdot[\boldsymbol{B}\quad \boldsymbol{AB}]^{-1}=\begin{bmatrix}-\frac{1}{2} & -\frac{1}{2}\end{bmatrix}$$

变换矩阵为

$$\boldsymbol{Q}=\begin{bmatrix}\boldsymbol{Q}_1\\ \boldsymbol{Q}_1\boldsymbol{A}\end{bmatrix}=\begin{bmatrix}-\frac{1}{2} & -\frac{1}{2}\\ 0 & 1\end{bmatrix}$$

$$\boldsymbol{Q}^{-1}=\begin{bmatrix}-2 & -1\\ 0 & 1\end{bmatrix}$$

能控标准形为

$$\begin{aligned}\dot{\tilde{\boldsymbol{X}}}(t)&=\boldsymbol{QAQ}^{-1}\tilde{X}(t)+\boldsymbol{QB}u(t)\\ &=\begin{bmatrix}-\frac{1}{2} & -\frac{1}{2}\\ 0 & 1\end{bmatrix}\begin{bmatrix}-1 & 0\\ 1 & -2\end{bmatrix}\begin{bmatrix}-2 & -1\\ 0 & 1\end{bmatrix}\tilde{\boldsymbol{X}}(t)+\begin{bmatrix}-\frac{1}{2} & -\frac{1}{2}\\ 0 & 1\end{bmatrix}\begin{bmatrix}-1\\ 1\end{bmatrix}u(t)\end{aligned}$$

$$\dot{\tilde{\boldsymbol{X}}}(t)=\begin{bmatrix}0 & 1\\ -2 & -3\end{bmatrix}\tilde{\boldsymbol{X}}(t)+\begin{bmatrix}0\\ 1\end{bmatrix}u(t)$$

3.5.2　能观测标准形的变换

系统的状态表达式为

$$\begin{cases}\dot{\boldsymbol{X}}(t)=\boldsymbol{AX}(t)+\boldsymbol{B}u(t)\\ Y(t)=\boldsymbol{CX}(t)\end{cases}\tag{3-69}$$

式中：$\boldsymbol{X}(t)\in R^n$，$\boldsymbol{A}$ 为 $n\times n$ 矩阵；$\boldsymbol{B}$ 为 $n\times 1$ 矩阵；$\boldsymbol{C}$ 为 $1\times n$ 矩阵；$u(t)$和 $Y(t)$为标量函数[1-3]。

如果($\boldsymbol{A}$，$\boldsymbol{C}$)能观测，但不是标准形，且$[\boldsymbol{C}^{\mathrm{T}}\quad \boldsymbol{A}^{\mathrm{T}}\boldsymbol{C}^{\mathrm{T}}\quad \cdots\quad (\boldsymbol{A}^{\mathrm{T}})^{n-1}\boldsymbol{C}^{\mathrm{T}}]$非奇异，则存在下列线性变换

$$\tilde{\boldsymbol{X}}(t)=(\boldsymbol{Q}^{\mathrm{T}})^{-1}\cdot\boldsymbol{X}(t)$$

或

$$\boldsymbol{X}(t)=\boldsymbol{Q}^{\mathrm{T}}\cdot\tilde{\boldsymbol{X}}(t)\tag{3-70}$$

使得系统状态表达式变换为

$$\begin{cases}\dot{\tilde{\boldsymbol{X}}}(t)=\boldsymbol{A}_2\tilde{\boldsymbol{X}}(t)+\boldsymbol{B}_2u(t)\\ Y(t)=\boldsymbol{C}_2\tilde{\boldsymbol{X}}(t)\end{cases} \tag{3-71}$$

式中：$\tilde{\boldsymbol{X}}(t)\in R^n$，且有

$$\boldsymbol{A}_2=\begin{bmatrix}0 & 0 & \cdots & 0 & -a_0\\ 1 & 0 & \cdots & 0 & -a_1\\ \vdots & \vdots & & \vdots & \vdots\\ 0 & 0 & \cdots & 1 & -a_{n-1}\end{bmatrix}$$

$$\boldsymbol{B}_2=(\boldsymbol{Q}^{\mathrm{T}})^{-1}\cdot\boldsymbol{B}$$

$$\boldsymbol{C}_2=[0\quad 0\quad\cdots\quad 1]$$

变换矩阵为

$$\boldsymbol{Q}^{\mathrm{T}}=[\boldsymbol{Q}_1^{\mathrm{T}}\quad \boldsymbol{A}\boldsymbol{Q}_1^{\mathrm{T}}\quad\cdots\quad \boldsymbol{A}n^{-1}\boldsymbol{Q}_1^{\mathrm{T}}],$$

其中，$\boldsymbol{Q}_1^{\mathrm{T}}=\begin{bmatrix}\boldsymbol{C}\\ \boldsymbol{CA}\\ \vdots\\ \boldsymbol{CA}^{n-1}\end{bmatrix}^{-1}\begin{bmatrix}0\\0\\\vdots\\1\end{bmatrix}=\{[\boldsymbol{C}^{\mathrm{T}}\quad \boldsymbol{A}^{\mathrm{T}}\boldsymbol{C}^{\mathrm{T}}\quad\cdots\quad(\boldsymbol{A}^{\mathrm{T}})^{n-1}\boldsymbol{C}^{\mathrm{T}}]^{-1}\}^{\mathrm{T}}\begin{bmatrix}0\\0\\\vdots\\1\end{bmatrix}$

证明：根据3.4.4节的对偶性知，式(3-69)描述的系统的对偶系统为

$$\begin{cases}\dot{\boldsymbol{Z}}(t)=\boldsymbol{A}^{\mathrm{T}}\boldsymbol{Z}(t)+\boldsymbol{C}^{\mathrm{T}}V(\mathrm{t})\\ W(t)=\boldsymbol{B}^{\mathrm{T}}\boldsymbol{Z}(t)\end{cases} \tag{3-72}$$

式中：$\boldsymbol{Z}(t)\in R^n$；$V(t)$和$W(t)$为标量函数。

由于$[\boldsymbol{C}^{\mathrm{T}}\quad \boldsymbol{A}^{\mathrm{T}}\boldsymbol{C}^{\mathrm{T}}\quad\cdots\quad(\boldsymbol{A}^{\mathrm{T}})^{n-1}\boldsymbol{C}^{\mathrm{T}}]$非奇异，则式(3-69)描述的系统状态完全能观测，式(3-72)描述的系统则完全能控。

由于$(\boldsymbol{A},\boldsymbol{C})$不是标准能观测形，则$(\boldsymbol{A}^{\mathrm{T}},\boldsymbol{C}^{\mathrm{T}})$也不是能控标准形。

经过线性变换

$$\tilde{\boldsymbol{Z}}(t)=\boldsymbol{Q}\boldsymbol{Z}(t)$$

将式(3-72)变换能控标准形

$$\begin{cases}\dot{\tilde{\boldsymbol{Z}}}(t)=\boldsymbol{Q}\boldsymbol{A}^{\mathrm{T}}\boldsymbol{Q}^{-1}\tilde{\boldsymbol{Z}}(t)+\boldsymbol{Q}\boldsymbol{C}^{\mathrm{T}}V(t)\\ W(t)=\boldsymbol{B}^{\mathrm{T}}\boldsymbol{Q}^{-1}\tilde{\boldsymbol{Z}}(t)\end{cases} \tag{3-73}$$

式中：$\tilde{\boldsymbol{Z}}(t)\in R^n$，

$$\boldsymbol{Q}=\begin{bmatrix}\boldsymbol{Q}_1\\ \boldsymbol{Q}_1\boldsymbol{A}^{\mathrm{T}}\\ \vdots\\ \boldsymbol{Q}_1(\boldsymbol{A}^{\mathrm{T}})^{n-1}\end{bmatrix}$$

$$\boldsymbol{Q}_1=[0\quad 0\quad\cdots\quad 1][\boldsymbol{C}^{\mathrm{T}}\quad \boldsymbol{A}^{\mathrm{T}}\boldsymbol{C}^{\mathrm{T}}\quad\cdots\quad(\boldsymbol{A}^{\mathrm{T}})^{n-1}\boldsymbol{C}^{\mathrm{T}}]^{-1}$$

再根据对偶性，写出式(3－73)的对偶系统

$$\begin{cases}\dot{\widetilde{\boldsymbol{X}}}(t)=\boldsymbol{A}_2\widetilde{\boldsymbol{X}}(t)+\boldsymbol{B}_2u(t)\\ \boldsymbol{Y}(t)=\boldsymbol{C}_2\widetilde{\boldsymbol{X}}(t)\end{cases} \tag{3-74}$$

式中：$\widetilde{\boldsymbol{X}}(t)\in R^n$，对照式(3－73)有

$$\boldsymbol{A}_2=(\boldsymbol{Q}\boldsymbol{A}^{\mathrm{T}}\boldsymbol{Q}^{-1})^{\mathrm{T}}=(\boldsymbol{Q}^{-1})^{\mathrm{T}}\boldsymbol{A}\boldsymbol{Q}^{T}=(\boldsymbol{Q}^{\mathrm{T}})^{-1}\boldsymbol{A}\boldsymbol{Q}^{\mathrm{T}}$$

$$\boldsymbol{B}_2=(\boldsymbol{B}^{\mathrm{T}}\boldsymbol{Q}^{-1})^{\mathrm{T}}=(\boldsymbol{Q}^{\mathrm{T}})^{-1}\boldsymbol{B}$$

$$\boldsymbol{C}_2=(\boldsymbol{Q}\boldsymbol{C}^{\mathrm{T}})^{\mathrm{T}}=\boldsymbol{C}\boldsymbol{Q}^{\mathrm{T}}$$

则式(3－74)表达的系统一定是能观测标准形。

【例 3.29】系统描述为

$$\dot{\boldsymbol{X}}(t)=\begin{bmatrix}-1 & 1\\ -1 & -1\end{bmatrix}\boldsymbol{X}(t)+\begin{bmatrix}2\\ -1\end{bmatrix}u(t)$$

$$Y(t)=\begin{bmatrix}-1 & 1\end{bmatrix}\boldsymbol{X}(t)$$

试将系统变换为能观测标准形。

解：$[\boldsymbol{C}^{\mathrm{T}}\quad \boldsymbol{A}^{\mathrm{T}}\boldsymbol{C}^{\mathrm{T}}]=\begin{bmatrix}-1 & \boldsymbol{0}\\ 1 & -2\end{bmatrix}\neq\boldsymbol{0}$，为非奇异，系统能观。

$$[\boldsymbol{C}^{\mathrm{T}}\quad \boldsymbol{A}^{\mathrm{T}}\boldsymbol{C}^{\mathrm{T}}]^{-1}=\begin{bmatrix}-1 & 0\\ -\frac{1}{2} & -\frac{1}{2}\end{bmatrix}$$

$$\boldsymbol{Q}_1^{\mathrm{T}}=\{[\boldsymbol{C}^{\mathrm{T}}\quad \boldsymbol{A}^{\mathrm{T}}\boldsymbol{C}^{\mathrm{T}}]^{-1}\}^{\mathrm{T}}\begin{bmatrix}0\\ 1\end{bmatrix}=\begin{bmatrix}0\\ -\frac{1}{2}\end{bmatrix}$$

$$\boldsymbol{Q}^{\mathrm{T}}=[\boldsymbol{Q}_1^{\mathrm{T}}\quad \boldsymbol{A}\boldsymbol{Q}_1^{\mathrm{T}}]=\begin{bmatrix}0 & -\frac{1}{2}\\ -\frac{1}{2} & \frac{1}{2}\end{bmatrix}$$

$$(\boldsymbol{Q}^{\mathrm{T}})^{-1}=\begin{bmatrix}-2 & -2\\ -2 & 0\end{bmatrix}$$

$$\boldsymbol{A}_2=(\boldsymbol{Q}^{\mathrm{T}})^{-1}\boldsymbol{A}\boldsymbol{Q}^{\mathrm{T}}=\begin{bmatrix}-2 & -2\\ -2 & 0\end{bmatrix}\begin{bmatrix}-1 & 1\\ -1 & -1\end{bmatrix}\begin{bmatrix}0 & -\frac{1}{2}\\ -\frac{1}{2} & \frac{1}{2}\end{bmatrix}=\begin{bmatrix}0 & -2\\ 1 & -2\end{bmatrix}$$

$$\boldsymbol{C}_2=\boldsymbol{C}\boldsymbol{Q}^{\mathrm{T}}=\begin{bmatrix}-1 & 1\end{bmatrix}\begin{bmatrix}0 & -\frac{1}{2}\\ -\frac{1}{2} & \frac{1}{2}\end{bmatrix}=\begin{bmatrix}-\frac{1}{2} & 1\end{bmatrix}$$

$$\boldsymbol{B}_2=(\boldsymbol{Q}^{\mathrm{T}})^{-1}\boldsymbol{B}=\begin{bmatrix}-2 & -2\\ -2 & 0\end{bmatrix}\begin{bmatrix}2\\ -1\end{bmatrix}=\begin{bmatrix}-2\\ -4\end{bmatrix}$$

则系统的能观标准形为

$$\dot{\tilde{X}}=\begin{bmatrix}0 & -2\\1 & -2\end{bmatrix}\tilde{X}(t)+\begin{bmatrix}-2\\-4\end{bmatrix}u(t)$$

$$Y(t)=\begin{bmatrix}-\frac{1}{2} & 1\end{bmatrix}\tilde{X}(t)$$

3.6 状态反馈与状态观测器

控制系统的分析和综合是控制系统的两个主要内容。控制系统的分析一般包括：已知系统的状态空间表达式，对状态方程进行求解；控制系统的能控性和能观测性分解；控制系统的稳定性分析；控制系统的各种标准型的转换等。控制系统的综合一般包括：寻求系统性能的各种控制规律，保证系统的各种性能指标达到要求；控制器的设计。本节讨论控制系统的状态反馈和状态观测器的基本概念[2,3]。

3.6.1 系统的状态反馈

1. 状态反馈

控制系统最基本的结构形式是由受控系统和反馈规律所构成的闭环反馈控制系统。对于经典控制理论，一般采用输出反馈构成闭环系统。对于现代控制理论，通常采用状态反馈构成闭环系统。状态反馈控制系统的结构如图 3.6 所示。

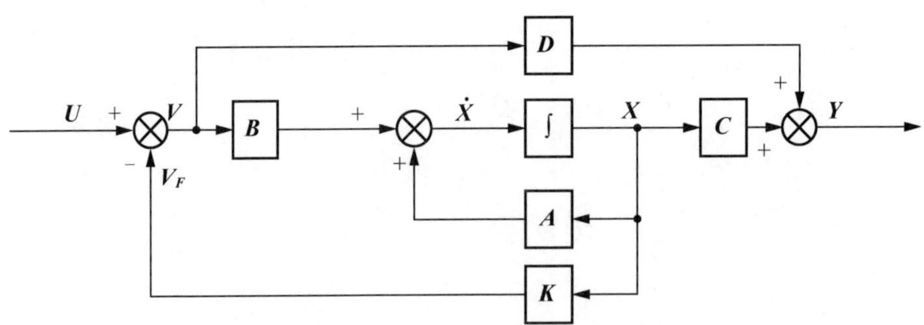

图 3.6 状态反馈控制系统方框图

对于一个受控系统，用状态向量的线性反馈 $\boldsymbol{V}_F=\boldsymbol{KX}$ 构成的闭环控制系统，通常称为状态反馈控制系统，其中 $\boldsymbol{K}$ 为状态反馈矩阵。未加状态反馈的受控系统方程为

$$\begin{cases}\dot{\boldsymbol{X}}=\boldsymbol{AX}+\boldsymbol{BV}\\ \boldsymbol{Y}=\boldsymbol{CX}+\boldsymbol{DV}\end{cases} \tag{3-75}$$

如果线性反馈规律为 $\boldsymbol{V}=\boldsymbol{U}-\boldsymbol{KX}$，则通过状态反馈构成的闭环系统的状态方程和输出方程为

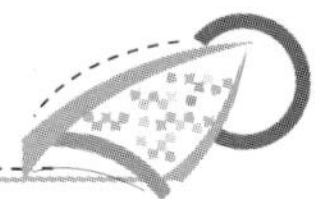

$$\begin{cases}\dot{\boldsymbol{X}}=(\boldsymbol{A}-\boldsymbol{BK})\boldsymbol{X}+\boldsymbol{BU}\\ \boldsymbol{Y}=(\boldsymbol{C}-\boldsymbol{DK})\boldsymbol{X}+\boldsymbol{DU}\end{cases} \tag{3-76}$$

由于在多数情况下，$\boldsymbol{D}=\boldsymbol{0}$，则公式(3-76)可简化为

$$\begin{cases}\dot{\boldsymbol{X}}=(\boldsymbol{A}-\boldsymbol{BK})\boldsymbol{X}+\boldsymbol{BU}\\ \boldsymbol{Y}=\boldsymbol{CK}\end{cases} \tag{3-77}$$

系统的传递函数矩阵为

$$\boldsymbol{G}_K(s)=\boldsymbol{C}(s\boldsymbol{I}-\boldsymbol{A}+\boldsymbol{BK})^{-1}\boldsymbol{B} \tag{3-78}$$

一般而言，反馈的引入并不增加原系统新的状态变量，即闭环控制系统与开环控制系统应该具有相同的阶数。闭环反馈控制系统能够保证反馈引入前的能控性，但不一定能够保持原系统具有的能观测性，需要对状态反馈后的控制系统重新判定其能观测性。在实际工程应用时，还需将上述反馈形式推广为带有观测器的状态反馈闭环控制系统，如图 3.7 所示。原因是如果要实现状态反馈，状态变量 x_1，x_2，…，x_n 在物理上必须可量测。当状态变量不可量测时，无法由输出 $\boldsymbol{Y}$ 和控制 $\boldsymbol{V}$ 将系统的状态 $\boldsymbol{X}$ 进行构造。所以通过采用观测器可以获得状态的量测量，从而实现状态反馈[2,3]。

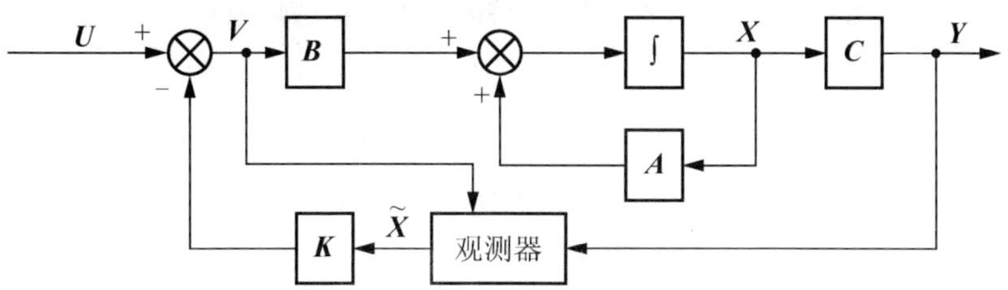

图 3.7 具有观测器的状态反馈闭环控制系统

图 3.7 中的 $\tilde{\boldsymbol{X}}$ 为 $\boldsymbol{X}$ 的重构值，虽然两者不恒等，但它们为渐近相等。观测器作为一个线性系统，其阶数一般小于受控系统的阶数。因此具有观测器的状态反馈控制系统，其阶数等于受控系统和观测器阶数的和，即闭环控制系统的状态变量由受控系统的状态变量和观测器的状态变量共同组成。由现代控制理论和工程实际应用可知，状态反馈可以通过各种传感器及时将系统的输出反馈至控制器，减小控制误差，使系统具有更好的特性。随着现代控制理论中的观测器理论以及卡尔曼滤波理论的不断发展，系统状态反馈的物理实现问题已解决，并在实际工程中得到了应用。

2. 输出反馈

输出反馈指的是将系统的输出向量通过线性反馈阵反馈到输入端，再与参考输入向量进行比较，其差值产生控制作用，形成闭环控制系统。这里的输出反馈也即经典控制理论中所讨论的反馈系统。一个多输入多输出系统的输出反馈结构如图 3.8 所示。

图 3.8 中被控系统的状态空间表达式为

$$\begin{cases}\dot{\boldsymbol{X}}=\boldsymbol{AX}+\boldsymbol{BV}\\ \boldsymbol{Y}=\boldsymbol{CX}+\boldsymbol{DV}\end{cases} \tag{3-79}$$

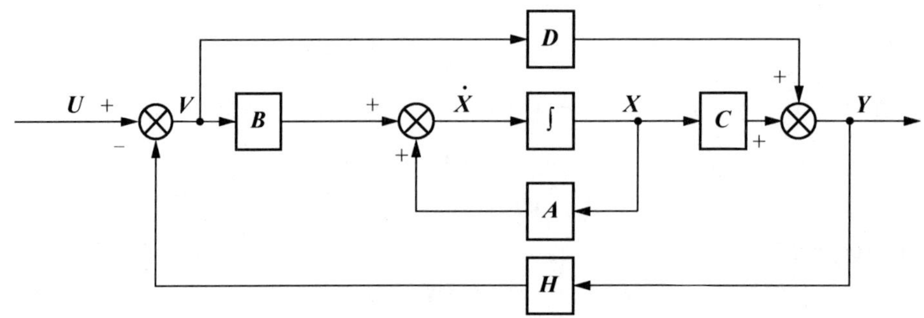

图 3.8　多输入多输出系统的输出反馈结构图

系统的输出反馈规律为

$$\boldsymbol{V}=\boldsymbol{U}-\boldsymbol{HY} \tag{3-80}$$

其中，H 为输出反馈矩阵。将式(3－79)的输出方程代入式(3－80)中并整理可得

$$\boldsymbol{V}=(\boldsymbol{I}+\boldsymbol{HD})^{-1}(\boldsymbol{U}-\boldsymbol{HCX})$$

再将上式代入式(3－79)，可得到闭环反馈系统的状态空间表达式和输出方程为

$$\begin{cases}\dot{\boldsymbol{X}}=[\boldsymbol{A}-\boldsymbol{B}(\boldsymbol{I}+\boldsymbol{HD})^{-1}\boldsymbol{HC}]\boldsymbol{X}+\boldsymbol{B}(\boldsymbol{I}+\boldsymbol{HD})^{-1}\boldsymbol{U}\\ \boldsymbol{Y}=[\boldsymbol{C}-\boldsymbol{D}(\boldsymbol{I}+\boldsymbol{HD})^{-1}\boldsymbol{HC}]\boldsymbol{X}+\boldsymbol{D}(\boldsymbol{I}+\boldsymbol{HD})^{-1}\boldsymbol{U}\end{cases} \tag{3-81}$$

如果 $\boldsymbol{D}=\boldsymbol{0}$，则有

$$\begin{cases}\dot{\boldsymbol{X}}=(\boldsymbol{A}-\boldsymbol{BHC})\boldsymbol{X}+\boldsymbol{BU}\\ \boldsymbol{Y}=\boldsymbol{CX}\end{cases} \tag{3-82}$$

经过输出反馈后，系统的传递函数为 $\boldsymbol{G}_H(s)=\boldsymbol{C}[s\boldsymbol{I}-(\boldsymbol{A}-\boldsymbol{BHC})]^{-1}\boldsymbol{B}$，如果原被控系统的传递函数为 $\boldsymbol{G}_0(s)=\boldsymbol{C}(s\boldsymbol{I}-\boldsymbol{A})^{-1}\boldsymbol{B}$，则传递函数 $\boldsymbol{G}_0(s)$ 和 $\boldsymbol{G}_H(s)$ 存在如下关系：$\boldsymbol{G}_H(s)=\boldsymbol{G}_0(s)[\boldsymbol{I}+\boldsymbol{HG}_0(s)]^{-1}$。可以看出，控制系统经过输出反馈后，输入矩阵 $\boldsymbol{B}$ 和输出矩阵 $\boldsymbol{C}$ 没有变化，只是控制系统矩阵 $\boldsymbol{A}$ 变为$(\boldsymbol{A}-\boldsymbol{BHC})$。另外，闭环控制系统也未因此引入新的状态变量，即没有增加系统的维数。但是，由于控制系统的输出所包含的信息不是系统的全部信息，即输出维数 m 小于系统的阶数 n，所以输出反馈只能看成是一种部分状态反馈。只有当 rank $\boldsymbol{C}=n$ 时，才能视为系统的全状态反馈[2,3]。显然，在不增加补偿器的条件下，状态反馈系统的效果要优于输出反馈。但在工程实际应用中，输出反馈技术较容易实现。例如，输出量往往为电动机的转速、角位移，或其他直线运动部件的速度、位移，而这些量通过旋转编码器、光栅尺等传感器很容易获得。

3.6.2　系统的极点配置

单输入单输出线性定常系统经过状态反馈后，其闭环控制系统的状态空间表达式为

$$\begin{cases}\dot{\boldsymbol{X}}=(\boldsymbol{A}-\boldsymbol{BK})\boldsymbol{X}+\boldsymbol{BU}\\ \boldsymbol{Y}=\boldsymbol{CX}\end{cases} \tag{3-83}$$

为了实现期望极点的配置，需要求解状态反馈矩阵 $\boldsymbol{K}$。首先介绍极点配置定理。

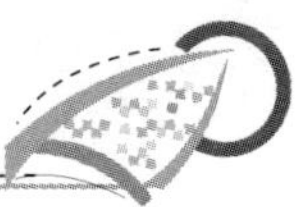

定理：通过状态线性反馈，实现闭环系统极点任意配置的充分必要条件是被控系统的状态完全能控。

证明：(1)充分性：如果被控系统的状态完全能控，则闭环系统必能任意配置极点。

由于被控系统的状态完全能控，则必然存在一个线性非奇异变换阵 $\boldsymbol{P}$，利用 $\boldsymbol{X}=\boldsymbol{P}\widetilde{\boldsymbol{X}}$ 线性变换，将其转换为能控标准型[2,3]。

$$\begin{cases}\dot{\widetilde{\boldsymbol{X}}}=\widetilde{\boldsymbol{A}}\widetilde{\boldsymbol{X}}+\widetilde{\boldsymbol{B}}\boldsymbol{U}\\ \boldsymbol{Y}=\widetilde{\boldsymbol{C}}\widetilde{\boldsymbol{X}}\end{cases} \tag{3-84}$$

式中：

$$\widetilde{\boldsymbol{A}}=\boldsymbol{P}^{-1}\boldsymbol{A}\boldsymbol{P}=\begin{bmatrix}0 & 1 & \cdots & 0\\ \vdots & \vdots & \vdots & \vdots\\ 0 & 0 & \cdots & 1\\ -a_n & -a_{n-1} & \cdots & -a_1\end{bmatrix}$$

$$\widetilde{\boldsymbol{C}}=\boldsymbol{C}\boldsymbol{P}^{-1}=[c_n \quad c_{n-1} \quad \cdots \quad c_1]$$

被控系统的传递函数为

$$\boldsymbol{G}_0(s)=\boldsymbol{C}(s\boldsymbol{I}-\boldsymbol{A})^{-1}\boldsymbol{B}=\frac{c_1 s^{n-1}+\cdots+c_{n-1}s+c}{s^n+a_1 s^{n-1}+\cdots+a_{n-1}s+a_n} \tag{3-85}$$

由于线性变换不改变系统的特征值，所以系统的特征多项式可写为

$$f(s)=|s\boldsymbol{I}-\boldsymbol{A}|=|s\boldsymbol{I}-\widetilde{\boldsymbol{A}}|=s^n+a_1 s^{n-1}+\cdots+a_{n-1}s+a_n \tag{3-86}$$

在系统的能控标准型基础上，引入状态反馈

$$\boldsymbol{V}=\boldsymbol{U}-\widetilde{\boldsymbol{K}}\widetilde{\boldsymbol{X}}$$

式中：

$$\widetilde{\boldsymbol{K}}=[\widetilde{k}_1 \quad \widetilde{k}_2 \quad \cdots \quad \widetilde{k}_n]$$

将上式代入式（3—84）中，可得到对 $\widetilde{\boldsymbol{X}}$ 的闭环系统的状态空间表达式，即

$$\begin{cases}\dot{\widetilde{\boldsymbol{X}}}=(\widetilde{\boldsymbol{A}}-\widetilde{\boldsymbol{B}}\widetilde{\boldsymbol{K}})\widetilde{\boldsymbol{X}}+\widetilde{\boldsymbol{B}}\boldsymbol{R}\\ \boldsymbol{Y}=\widetilde{\boldsymbol{C}}\widetilde{\boldsymbol{X}}\end{cases}$$

式中：

$$(\widetilde{\boldsymbol{A}}-\widetilde{\boldsymbol{B}}\widetilde{\boldsymbol{K}})=\begin{bmatrix}0 & 1 & \cdots & 0\\ \vdots & \vdots & & 0\\ 0 & 0 & \cdots & 1\\ -(a_n+\widetilde{k}_1) & -(a_{n-1}+\widetilde{k}_2) & \cdots & -(a_1+\widetilde{k}_n)\end{bmatrix}$$

其对应的特征多项式为

$$f_{\widetilde{K}}(s)=s^n+(a_1+\widetilde{k}_n)s^{n-1}+\cdots+(a_{n-1}+\widetilde{k}_2)s+(a_n+\widetilde{k}_1) \tag{3-87}$$

闭环系统的传递函数为

$$G_{\widetilde{K}}(s)=\widetilde{C}[sI-(\widetilde{A}-\widetilde{B}\widetilde{K})]^{-1}\widetilde{B}$$
$$=\frac{c_1s^{n-1}+\cdots+c_{n-1}s+c_n}{s^n+(a_1+\widetilde{k}_n)s^{n-1}+\cdots+(a_{n-1}+\widetilde{k}_2)s+(a_n+\widetilde{k}_1)}$$

引入任意 n 个期望闭环极点为 λ_1，λ_2，…，λ_n，则期望的闭环系统特征多项式为

$$f^*(s)=(s-\lambda_1)(s-\lambda_2)\cdots(s-\lambda_n)=s^n+a_1{}^*s^{n-1}+a_2{}^*s^{n-2}+\cdots+a_n{}^* \tag{3-88}$$

比较式(3-87)和式(3-88)，并令 s 的同次幂的系数相等，则有

$$\widetilde{k}_{n+1-i}=a_i{}^*-a_i(i=1,\ 2,\ \cdots,\ n)$$

也即

$$\widetilde{K}=[\widetilde{k}_1\quad \widetilde{k}_2\quad \cdots\quad \widetilde{k}_n]=[a^*-a_n\quad a_{n-1}{}^*-a_{n-1}\quad \cdots\quad a_1^*-a_1] \tag{3-89}$$

以上推导结果表明 $\widetilde{K}$ 是存在的。根据状态反馈规律在等价变换前后的表达式 $V=U-KX=U-KP\widetilde{X}$ 和 $V=U-\widetilde{K}\widetilde{X}$，可得到原系统的状态反馈阵 K 的表达式为 $K=\widetilde{K}P^{-1}$。由于 P 为非奇异变换阵，所以 K 阵存在，说明当被控系统的状态是完全能控时，可以实现闭环系统极点的任意配置。

(2) 必要性：如果通过状态的线性反馈后，被控系统可实现极点的任意配置，则被控系统的状态完全能控。这里可以采用反证法，假设被控系统可实现极点的任意配置，但是被控系统的状态不完全能控。考虑到被控系统为不完全能控，则必定可以采用非奇异线性变换，将系统分解为能控和不能控两部分，即

$$\begin{cases}\dot{\widetilde{X}}=\begin{bmatrix}\widetilde{A}_c & \widetilde{A}_{12}\\ 0 & \widetilde{A}_{c}\end{bmatrix}\widetilde{X}+\begin{bmatrix}\widetilde{B}_1\\ 0\end{bmatrix}U\\ Y=[\widetilde{C}_1\quad \widetilde{C}_2]\widetilde{X}\end{cases}$$

引入状态反馈 $V=U-\widetilde{K}\widetilde{X}$，其中 $\widetilde{K}=[\widetilde{K}_c\quad \widetilde{K}_{\tilde{c}}]$，自动系统变为

$$\begin{cases}\dot{\widetilde{X}}=\begin{bmatrix}\widetilde{A}_c-\widetilde{B}_1\widetilde{K}_c & \widetilde{A}_{12}-\widetilde{B}_1\widetilde{K}_{\tilde{c}}\\ 0 & \widetilde{A}_{\tilde{c}}\end{bmatrix}\widetilde{X}+\begin{bmatrix}\widetilde{B}_1\\ 0\end{bmatrix}U\\ Y=[\widetilde{C}_1\quad \widetilde{C}_2]\widetilde{X}\end{cases}$$

系统的相应特征多项式为

$$|sI-(\widetilde{A}-\widetilde{B}\widetilde{K})|=\begin{vmatrix}sI-(\widetilde{A}_c-\widetilde{B}_1\widetilde{K}_c) & -(\widetilde{A}_{12}-\widetilde{B}_1\widetilde{K}_{\tilde{c}})\\ 0 & sI-\widetilde{A}_{\tilde{c}}\end{vmatrix}$$
$$=|sI-(\widetilde{A}_c-\widetilde{B}_1\widetilde{K}_c)|\,|sI-\widetilde{A}_{\tilde{c}}|$$

其中，下标 c 表示能控，下标 $\tilde{c}$ 表示不能控，利用状态的线性反馈只能改变系统中能控部分的极点，并不能改变系统不能控部分的极点。也就是说不可能任意配置系统的全部极点，这与假设相矛盾，于是系统完全能控。

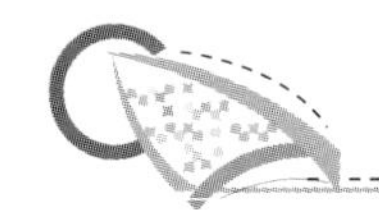

3.6.3　状态观测器

设原系统的状态方程与输出方程为

$$\begin{cases}\dot{\boldsymbol{X}}=\boldsymbol{AX}+\boldsymbol{BV}\\ \boldsymbol{Y}=\boldsymbol{CX}\end{cases} \tag{3-90}$$

且原系统能控、能观，如果状态 $\boldsymbol{X}$ 不能直接量测，则可通过构造一个状态观测器，并以观测器估计出的状态 $\tilde{\boldsymbol{X}}(t)$ 代替系统实际状态 $\boldsymbol{X}$ 进行状态反馈[2,3]。状态观测器的状态方程为

$$\dot{\tilde{\boldsymbol{X}}}=(\boldsymbol{A}-\boldsymbol{GC})\tilde{\boldsymbol{X}}+\boldsymbol{BV}+\boldsymbol{GY} \tag{3-91}$$

其中，$\boldsymbol{G}$ 为反馈阵。控制作用为

$$\boldsymbol{V}=\boldsymbol{U}-\boldsymbol{K}\tilde{\boldsymbol{X}} \tag{3-92}$$

则带有状态观测器的状态反馈系统的阶数为 $2n$。引入变量 $\boldsymbol{X}-\tilde{\boldsymbol{X}}$，则可有如下方程

$$\dot{\boldsymbol{X}}=(\boldsymbol{A}-\boldsymbol{BK})\boldsymbol{X}+\boldsymbol{BK}(\boldsymbol{X}-\tilde{\boldsymbol{X}})+\boldsymbol{BU} \tag{3-93}$$

$$\dot{\boldsymbol{X}}-\dot{\tilde{\boldsymbol{X}}}=(\boldsymbol{A}-\boldsymbol{GC})(\boldsymbol{X}-\tilde{\boldsymbol{X}}) \tag{3-94}$$

用分块矩阵形式

$$\begin{bmatrix}\dot{\boldsymbol{X}}\\ \dot{\boldsymbol{X}}-\dot{\tilde{\boldsymbol{X}}}\end{bmatrix}=\begin{bmatrix}\boldsymbol{A}-\boldsymbol{BK} & \boldsymbol{BK}\\ \boldsymbol{0} & \boldsymbol{A}-\boldsymbol{GC}\end{bmatrix}\begin{bmatrix}\boldsymbol{X}\\ \boldsymbol{X}-\tilde{\boldsymbol{X}}\end{bmatrix}+\begin{bmatrix}\boldsymbol{B}\\ \boldsymbol{0}\end{bmatrix}\boldsymbol{U} \tag{3-95}$$

$$\boldsymbol{Y}=\begin{bmatrix}\boldsymbol{C} & \boldsymbol{0}\end{bmatrix}\begin{bmatrix}\boldsymbol{X}\\ \boldsymbol{X}-\tilde{\boldsymbol{X}}\end{bmatrix} \tag{3-96}$$

将系统用另外形式表达，则有

$$\boldsymbol{A}_1=\begin{bmatrix}\boldsymbol{A}-\boldsymbol{BK} & \boldsymbol{BK}\\ \boldsymbol{0} & \boldsymbol{A}-\boldsymbol{GC}\end{bmatrix},\ \boldsymbol{B}_1=\begin{bmatrix}\boldsymbol{B}\\ \boldsymbol{0}\end{bmatrix},\boldsymbol{C}_1=\begin{bmatrix}\boldsymbol{C} & \boldsymbol{0}\end{bmatrix} \tag{3-97}$$

其传递函数为

$$\boldsymbol{\Phi}_1(s)=\frac{\boldsymbol{Y}(s)}{\boldsymbol{U}(s)}=\boldsymbol{C}_1(s\boldsymbol{I}-\boldsymbol{A}_1)^{-1}\boldsymbol{B}_1 \tag{3-98}$$

应用分块矩阵等式

$$\begin{bmatrix}\boldsymbol{R} & \boldsymbol{s}\\ \boldsymbol{0} & \boldsymbol{T}\end{bmatrix}=\begin{bmatrix}\boldsymbol{R}^{-1} & -\boldsymbol{R}^{-1}\boldsymbol{s}\boldsymbol{T}^{-1}\\ \boldsymbol{0} & \boldsymbol{T}^{-1}\end{bmatrix} \tag{3-99}$$

则系统传递函数为

$$\begin{aligned}&\boldsymbol{\Phi}_1(s)=\boldsymbol{C}_1(s\boldsymbol{I}-\boldsymbol{A}_1)^{-1}\boldsymbol{B}_1=\\ &\begin{bmatrix}\boldsymbol{C} & \boldsymbol{0}\end{bmatrix}\begin{bmatrix}[s\boldsymbol{I}-(\boldsymbol{A}-\boldsymbol{BK})]^{-1} & [s\boldsymbol{I}-(\boldsymbol{A}-\boldsymbol{BK})]^{-1}\boldsymbol{BK}[s\boldsymbol{I}-(\boldsymbol{A}-\boldsymbol{GC})]^{-1}\\ \boldsymbol{0} & [s\boldsymbol{I}-(\boldsymbol{A}-\boldsymbol{GC})]^{-1}\end{bmatrix}\begin{bmatrix}\boldsymbol{B}\\ \boldsymbol{0}\end{bmatrix}=\\ &\begin{bmatrix}\boldsymbol{C} & \boldsymbol{0}\end{bmatrix}\begin{bmatrix}[s\boldsymbol{I}-(\boldsymbol{A}-\boldsymbol{BK})]^{-1}\cdot\boldsymbol{B}\\ \boldsymbol{0}\end{bmatrix}=\boldsymbol{C}[s\boldsymbol{I}-(\boldsymbol{A}-\boldsymbol{BK})]^{-1}\cdot\boldsymbol{B}\end{aligned} \tag{3-100}$$

如果原系统的状态变量 $\boldsymbol{X}$ 可以直接用传感器进行量测，则用状态 $\boldsymbol{X}$ 进行状态反馈构成的闭环系统的状态方程与输出方程为

$$\begin{aligned}\dot{\boldsymbol{X}} &= (\boldsymbol{A}-\boldsymbol{BK})\boldsymbol{X}+\boldsymbol{BU}\\ \boldsymbol{Y} &= \boldsymbol{CX}\end{aligned}$$

其闭环系统传递函数为

$$\boldsymbol{\Phi}(s)=\frac{\boldsymbol{Y}(s)}{\boldsymbol{U}(s)}=\boldsymbol{C}\left[s\boldsymbol{I}-(\boldsymbol{A}-\boldsymbol{BK})\right]^{-1}\boldsymbol{B} \tag{3-101}$$

通过比较式(3－100)与式(3－101)可以推知，根据状态观测器的状态 $\tilde{\boldsymbol{X}}$ 进行状态反馈，与直接用实际状态 $\boldsymbol{X}$ 进行状态反馈，它们的闭环传递函数完全相同，即等价。所以在实际工程应用过程中，当系统的实际状态不容易直接测量时，可考虑通过设计状态观测器，实现系统的状态反馈控制。

本 章 小 结

状态转移矩阵是分析控制系统状态的重要概念，它包含了系统自由运动的全部信息，表达了一个系统从初始状态到任意状态的转移特性。状态转移矩阵的性质和求解是本章的重点内容。本章还介绍了用拉氏变换法和对角矩阵法求解状态转移矩阵，以及线性系统非齐次状态方程的求解方法。

本章另一个重点为系统的能控性和能观性。能控性是对应系统控制问题的一个结构特性，反映系统外部控制输入对系统内部状态运动的支配能力；而能观测性是对应系统状态估计问题的一个结构特性，表征由系统的外部输出反映系统状态向量的能力。针对线性连续系统和线性离散系统，论述了判定系统能控、能观测的多种判据。能控标准型和能观测标准型是反映系统完全能控和完全能观测特性的标准型式的状态空间模型，在状态反馈控制和状态观测器的综合中有重要应用。

习　　题

3.1 用拉氏变化法求 $\boldsymbol{A}=\begin{bmatrix}1 & 1\\ 4 & 1\end{bmatrix}$ 的矩阵指数函数 $e^{\boldsymbol{A}t}$ 。

3.2 用对角矩阵法求解 $\boldsymbol{A}=\begin{bmatrix}1 & 1\\ 4 & 1\end{bmatrix}$ 的矩阵指数函数 $e^{\boldsymbol{A}t}$ 。

3.3 求 $\boldsymbol{A}=\begin{bmatrix}0 & 1 & 0\\ 0 & 0 & 1\\ 2 & -5 & 4\end{bmatrix}$ 的矩阵指数函数 $e^{\boldsymbol{A}t}$ 。

3.4 系统状态方程为 $\dot{\boldsymbol{X}}=\begin{bmatrix}0 & 1\\0 & 0\end{bmatrix}\boldsymbol{x}+\begin{bmatrix}0\\1\end{bmatrix}u$，其中初始状态 $\boldsymbol{x}(0)=\begin{bmatrix}1\\1\end{bmatrix}$，输入 $u(t)$ 为单位阶跃函数，求系统的时间响应。

3.5 已知线性定常系统的状态方程为 $\dot{\boldsymbol{X}}=\begin{bmatrix}0 & 1\\-2 & -3\end{bmatrix}\boldsymbol{x}+\begin{bmatrix}0\\1\end{bmatrix}\boldsymbol{u}$，初始条件为 $\boldsymbol{x}(0)=\begin{bmatrix}1\\-1\end{bmatrix}$。试求输入为单位阶跃函数时系统状态方程的解。

3.6 已知线性定常系统的状态空间表达式为

$$\dot{\boldsymbol{X}}=\begin{bmatrix}0 & 1\\-5 & -6\end{bmatrix}\boldsymbol{x}+\begin{bmatrix}2\\0\end{bmatrix}u$$

$$\boldsymbol{y}=\begin{bmatrix}1 & 2\end{bmatrix}\boldsymbol{x}$$

状态初始条件为 $\boldsymbol{x}(0)=\begin{bmatrix}0\\1\end{bmatrix}$，输入量为 $u(t)=\mathrm{e}^{-t}(t\geqslant 0)$，试求系统的输出响应。

3.7 时不变系统为

$$\dot{\boldsymbol{X}}=\begin{bmatrix}-3 & 1\\1 & -3\end{bmatrix}\boldsymbol{x}+\begin{bmatrix}1 & 1\\1 & 1\end{bmatrix}\boldsymbol{u}$$

试判别其能控性和能观性。

3.8 已知系统的状态空间表达式为

$$\dot{\boldsymbol{X}}=\begin{bmatrix}s & 1 & 0\\0 & s & 0\\0 & 0 & s\end{bmatrix}\boldsymbol{x}+\begin{bmatrix}a\\b\\c\end{bmatrix}\boldsymbol{u}$$

$$\boldsymbol{y}=\begin{bmatrix}a & b & c\end{bmatrix}\boldsymbol{x}$$

试问能否选择常数 a、b、c，使系统具有能控性和能观测性。

3.9 给定下列状态空间方程，试判别其是否能够变换为能控和能观测标准型，如果可以，则将其化为标准型。

$$\dot{\boldsymbol{X}}=\begin{bmatrix}0 & 1 & 0\\-2 & -3 & 0\\-1 & 1 & -3\end{bmatrix}\boldsymbol{x}+\begin{bmatrix}0\\1\\2\end{bmatrix}\boldsymbol{u}$$

$$\boldsymbol{y}=\begin{bmatrix}0 & 0 & 1\end{bmatrix}\boldsymbol{x}$$

3.10 已知系统的状态方程为

$$\boldsymbol{x}(k+1)=\boldsymbol{G}\boldsymbol{x}(k)+\boldsymbol{H}\boldsymbol{u}(k)$$

式中 $\boldsymbol{G}=\begin{bmatrix}0 & 1\\-0.16 & -1\end{bmatrix}$，$\boldsymbol{H}=\begin{bmatrix}0\\0\end{bmatrix}$，$\boldsymbol{x}(0)=\begin{bmatrix}1\\-1\end{bmatrix}$

试用 MATLAB 程序求 $u(k)=1$ 时的状态方程的解。

3.11 已知系统状态方程为

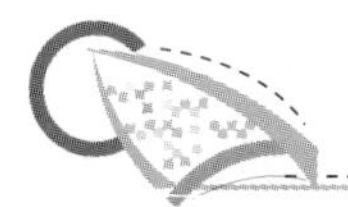

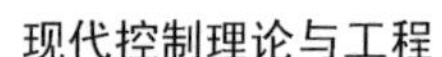

$$\dot{\boldsymbol{X}}=\begin{bmatrix}-2 & 2 & -1\\0 & -2 & 0\\1 & -4 & 0\end{bmatrix}\boldsymbol{x}+\begin{bmatrix}0\\-1\\-1\end{bmatrix}\boldsymbol{u}$$

试用 MATLAB 程序将系统状态方程化为能控标准型。

3.12 已知系统状态空间表达式为

$$\begin{cases}\begin{bmatrix}\dot{x}_1\\\dot{x}_2\end{bmatrix}=\begin{bmatrix}1 & -1\\2 & 2\end{bmatrix}\begin{bmatrix}x_1\\x_2\end{bmatrix}+\begin{bmatrix}1\\-1\end{bmatrix}u\\ y=\begin{bmatrix}1 & 2\end{bmatrix}\begin{bmatrix}x_1\\x_2\end{bmatrix}\end{cases}$$

试用 MATLAB 程序将系统的方程转化为能观测标准型，并求出其变换矩阵。

3.13 已知系统的状态空间表达式为

$$\dot{\boldsymbol{x}}=\begin{bmatrix}-2 & 1 & 0\\0 & -3 & 0\\0 & 1 & -4\end{bmatrix}\boldsymbol{x}+\begin{bmatrix}-1 & -1\\1 & 4\\2 & -3\end{bmatrix}\boldsymbol{u}$$

试回答下列问题。

(1) 试用$\tilde{\boldsymbol{x}}=\boldsymbol{P}^{-1}\boldsymbol{x}$ 进行线性变换，变换矩阵$\boldsymbol{P}^{-1}=\begin{bmatrix}1 & 0 & 0\\0 & 2 & 0\\0 & 0 & 1\end{bmatrix}$，求变换后的状态空间表达式。

(2) 试证明变换前后系统的特征值的不变性和传递函数矩阵的不变性。

3.14 系统的方程为

$$\begin{cases}\dot{\boldsymbol{X}}(t)=\begin{bmatrix}2 & 12\\1 & 0\end{bmatrix}\boldsymbol{X}(t)+\begin{bmatrix}p\\-1\end{bmatrix}\boldsymbol{U}(t)\\ \boldsymbol{Y}(t)=\begin{bmatrix}q & 1\end{bmatrix}\boldsymbol{X}(t)\end{cases}$$

试确定当 p 和 q 为何值时系统不能控，为何值时系统不能观测？

第4章

系统的稳定性原理

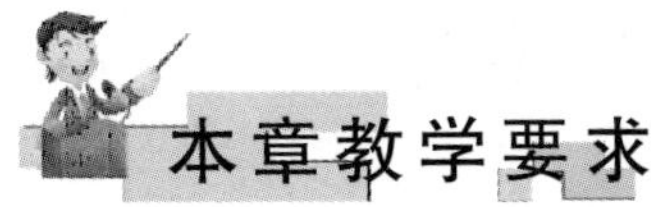

知识要点	掌握程度	相关知识	工程应用方向
李亚普诺夫稳定性的定义	掌握	系统的平衡状态分析和稳定性	机器人，运动控制技术
李亚普诺夫判断系统稳定性的方法	重点掌握	标量函数的正定性、负定性和不定性，稳定性判据，线性定常离散系统的稳定性分析	运动控制技术，车辆电子控制技术

案例一

美国研制成功一款形似机械狗的四足机器人，并被命名为“大狗”(Bigdog)，它由波士顿动力学工程公司(Boston Dynamics)专门为美国军队研究设计。Boston Dynamics 公司曾测试过 BigDog，这只机器狗的体积近似真狗大小，能够在战场上发挥重要作用，为士兵运送弹药、食物和其他物品。其原理是，由液压驱动系统带动关节的四肢运动，陀螺仪和其他传感器帮助机载计算机规划每一步的运动。机器狗依靠感觉来保持身体的平衡，如果有一条腿比预期更早地碰到了地面，计算机则会认为它可能踩到了岩石或是山坡，然后 BigDog 就会相应地调节自己的步伐。在测试过程中，测试人员用脚用力踢向 BigDog，此时 BigDog 身体倾斜，几乎摔倒。但是通过稳定性的系统控制，它能够迅速调节，使身体自动回复到平衡状态。图 4.1 所示为美国机器狗 BigDog。

案例二

倒立摆系统是一个非线性自然不稳定系统，许多抽象的控制概念如控制系统的稳定性、可控性、系统收敛速度和系统抗干扰能力等，都可以通过倒立摆系统直观地表现出

图 4.1　美国机器狗 BigDog

来。通过对倒立摆的控制，用来检验新的控制方法是否有较强的处理非线性和不稳定性问题的能力。图 4.2 所示为倒立摆系统。

图 4.2　倒立摆装置

案例三

在交通日益拥堵的城市，小巧灵便的摩托车有时比汽车更方便快捷。美国研制出一款新型的摩托车，神奇之处在于这款摩托车像不倒翁，怎么都撞不倒，十分稳定。“不倒翁”摩托车采用独特的陀螺仪技术，配备高速旋转器和处理器，一旦摩托车受到侧面撞击，处理器就会迅速做出反应，提供反方向的推力，从而保证摩托车的平衡。这款摩托车涉及了自动控制系统的稳定性问题。图 4.3 所示为“不倒翁”摩托车。

一个自动控制系统要正常工作，首先必须是一个稳定系统。即当系统受到外界干扰后，虽然其平衡状态被暂时破坏，但在消除干扰后，系统能够自动恢复到原有的平衡状态。稳定性是控制系统的一个重要动态属性。

系统的稳定性可用下式表示：

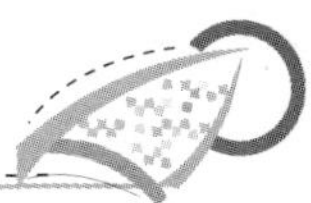

图 4.3　“不倒翁”摩托车

$$\lim_{t\to\infty}|\Delta x(t)|\leqslant\varepsilon$$

式中：$\Delta x(t)$为系统被调量偏离其平衡位置的大小；ε 为任意小的规定量。

当系统是一个线性定常系统，由经典控制理论知，可用劳斯或奈奎斯特稳定判据对系统的稳定性进行判断。对于非线性系统，可以先简化为线性系统。但现代控制系统越来越复杂，多是一些非线性时变系统，因此需要更通用的系统稳定判定方法。1892 年，李亚普诺夫将判断系统的稳定性问题归纳为两种方法[1,3]。

第一法是求解系统的微分方程，根据解的性质来判断系统的稳定性。对于非线性系统，在工作点附近的一定范围内，用线性化的系统微分方程式来近似描述系统。如果方程式的根具有负实数部分，则系统在工作点附近是稳定的。

第二法也称直接法，其特点是不用求解系统的微分方程式，而是通过引入广义能量函数(李亚普诺夫函数)$V(\boldsymbol{X},\ t)$，它是状态 x_1，x_2，…，x_n 和时间 t 的函数。如果系统稳定，则 $V(\boldsymbol{X})=V(x_1,\ x_2,\ \cdots,\ x_n)$对任意 $\boldsymbol{X}\neq\boldsymbol{X}_e$(平衡点)时，有 $V(\boldsymbol{X})>0$，$\dot{V}(\boldsymbol{X})<0$ 成立，对 $\boldsymbol{X}=\boldsymbol{X}_e$ 时，$V(\boldsymbol{X})=\dot{V}(\boldsymbol{X})=0$。

4.1　李亚普诺夫关于稳定性的定义

前面已知，稳定性是指系统在干扰消失后，自动恢复平衡状态的性能。如图 4.4 所示，小球的原平衡点为 A_0，对于图 4.4(a)，当小球受到外力干扰时会偏离平衡点 A_0，当外力消失后，小球经过来回若干次振荡，在空气阻力和地球引力的作用下，最终能够回到原平衡点 A_0(凹面无摩擦力)或平衡点 A_0 的附近(凹面有摩擦力)，因此该系统的小球位置是稳定的。对于图 4.4(b)，当小球受到外力干扰时会偏离平衡点 A_0，当外力消失后，小球也无法回到原平衡点，则系统是不稳定的。也可以这么理解，当一个人匀速正常走路时，此时处于一种平衡状态，如果不小心被路上的障碍物磕绊，那么此人原有的平衡状态就会被打破，他会有倾倒的趋势。路上的障碍物可以看作是一个扰动源。如果此人经过自身的迅速调节，并没有摔倒，也就是说在扰动消失后，他又回到了原有的走路平衡状态，那么认为此人在某一时刻是稳定的。如果此人被绊倒，也就是说在扰动消失后，他(她)没有能够迅速回到原有的走路平衡状态，那么认为此人在当时是不稳定的。

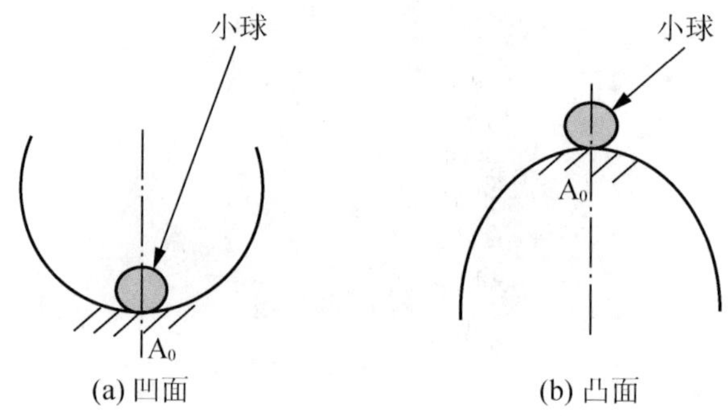

(a) 凹面　　(b) 凸面

图 4.4　系统稳定性概念示意图

对于电动机转速控制系统，若电机平衡转速为 n_0，当受到外界干扰如负载、电网电压波动时，电机转速会偏离平衡点 n_0。当扰动消失后，由于系统的惯性，转速在 n_0 附近可能来回振荡 n 次后最终恢复到 n_0，则控制系统稳定。否则，系统不能恢复到原 n_0，则系统不稳定。

对于更一般的情况[1,3]，系统的状态方程为

$$\dot{\boldsymbol{X}}=f[\boldsymbol{X}(t),\ \boldsymbol{u}(t)]$$

设控制信号 $\boldsymbol{u}(t)=\boldsymbol{0}$，且在原平衡点状态 $\boldsymbol{X}_e$，$f[\boldsymbol{X}(t)]=\boldsymbol{0}$。如果有扰动使系统在 $t=t_0$ 时的状态 $\boldsymbol{X}_0$，产生初始偏差 $\boldsymbol{X}_0-\boldsymbol{X}_e$，则 $t\geqslant t_0$ 后系统运动，状态 $\boldsymbol{X}$ 由 $\boldsymbol{X}_0$ 开始随时间发生变化。对于下式

$$\|\boldsymbol{X}_0-\boldsymbol{X}_e\|\leqslant\delta \tag{4-1}$$

表示初始偏差在以 δ 为半径，以平衡点 $\boldsymbol{X}_e$ 为中心的闭球域 $S(\delta)$ 中，如果是二维空间，$S(\delta)$ 则为圆。

在式(4-1)中，

$\|\boldsymbol{X}_0-\boldsymbol{X}_e\|=[(x_{10}-x_{1e})^2+(x_{20}-x_{2e})^2+\cdots+(x_{n0}-x_{ne})^2]\frac{1}{2}$ 为欧几里得范数，x_{i0} 和 $x_{ie}(i=1,\ 2,\ \cdots,\ n)$ 各为 $\boldsymbol{X}_0$ 和 $\boldsymbol{X}_e$ 的分量。下列公式

$$\|\boldsymbol{X}-\boldsymbol{X}_e\|\leqslant\varepsilon\qquad(t\geqslant t_0) \tag{4-2}$$

表示对平衡状态的状态偏差都在以 ε 为半径，以平衡点 $\boldsymbol{X}_e$ 为中心的闭球域 $S(\varepsilon)$ 中。

以上公式中的欧几里得范数为

$\|\boldsymbol{X}-\boldsymbol{X}_e\|=[(x_1-x_{1e})^2+(x_2-x_{2e})^2+\cdots+(x_n-x_{ne})^2]\frac{1}{2}$，$x_i(i=1,\ 2,\ \cdots,\ n)$ 为 $\boldsymbol{X}$ 的分量。

李亚普诺夫关于稳定性的定义如下。

如果对应每一个正数 ε 或球域 $S(\varepsilon)$，无论其多小，总是存在一个 δ 或 $S(\delta)$，在初始偏差不超出 $S(\delta)$ 范围的条件下，当 $t>t_0$ 后 $\boldsymbol{X}$ 的运动轨迹都在 $S(\varepsilon)$ 范围内，则称系统的平衡状态 $\boldsymbol{X}_e$ 是稳定的。这时的系统就称为稳定系统。

图 4.5 所示的就是稳定系统，由 $S(\delta)$ 出发的 $\boldsymbol{X}$ 轨迹均在 $S(\varepsilon)$ 的范围内。

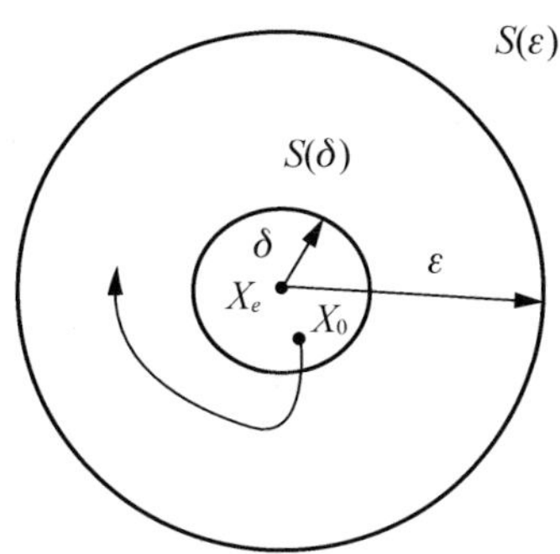

图 4.5　稳定系统示意图

如果随着时间 t 的增加，状态 $\boldsymbol{X}$ 逐渐趋近平衡状态 $\boldsymbol{X}_e$，即

$$\lim_{t\to\infty}\|\boldsymbol{X}-\boldsymbol{X}_e\|=0$$

或

$$\lim_{t\to\infty}(x_i-x_{ie})=0\ (i=1,\ 2,\ \cdots,\ n)$$

则称系统是渐进稳定的，如图 4.6 所示。

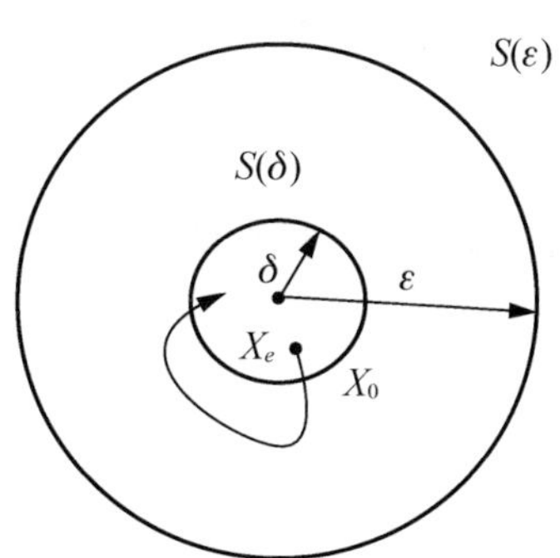

图 4.6　渐近稳定系统

如果初始偏差无论多大，系统总是稳定的，则称系统是大范围内稳定的，此时状态 $\boldsymbol{X}$ 的出发点可以是状态空间中任意一点。若大范围内稳定的系统，当时间 $t\to\infty$ 时，其状态 $\boldsymbol{X}\to\boldsymbol{X}_e$，则是大范围内渐进稳定的。

如果系统初始偏差较小时才能使系统稳定，则称系统是小范围内稳定的。如图 4.7 所示，对于图 4.7(a)，如果凹面一直向上，则无论小球偏离 A_0 多少，最终都是稳定的。位置 A_0 就是大范围稳定的。但对于图 4.7(b)，小球位置 A_0 是小范围内稳定的，当初始位置偏差超越 B 点时就不稳定了。对于线性系统，若在小范围内是渐进稳定的，则它一定也是大范围内渐进稳定的。对于非线性系统，在小范围内稳定，则在大范围内不一定稳定。

如果对于某个正实数 ε 和任一个正实数 δ，无论它们有多小，在 $S(\delta)$ 域内总存在状态 $\boldsymbol{X}_0$，当时间 $t\geqslant t_0$ 且无限增大时，从 $\boldsymbol{X}_0$ 开始的状态 $\boldsymbol{X}$ 的轨迹最终超越了 $S(\varepsilon)$ 域，则称系统在平衡状态 $\boldsymbol{X}_e$ 是不稳定的，该系统就是不稳定系统，如图 4.8 所示。

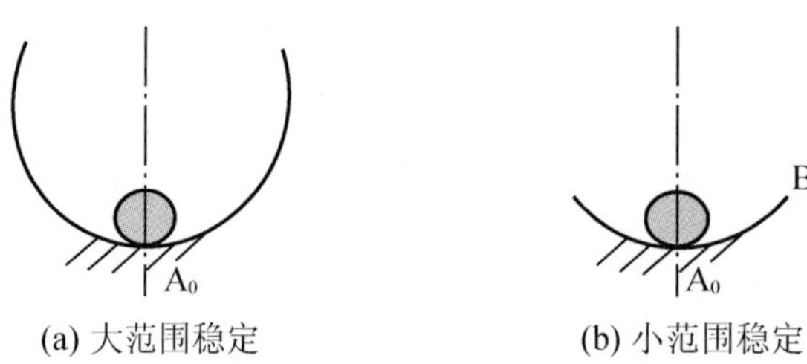

(a) 大范围稳定　　(b) 小范围稳定

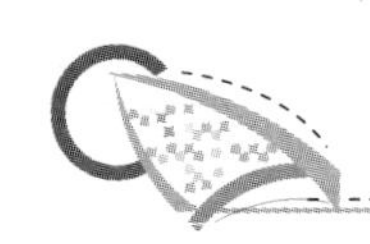

图 4.7　系统稳定范围示意图

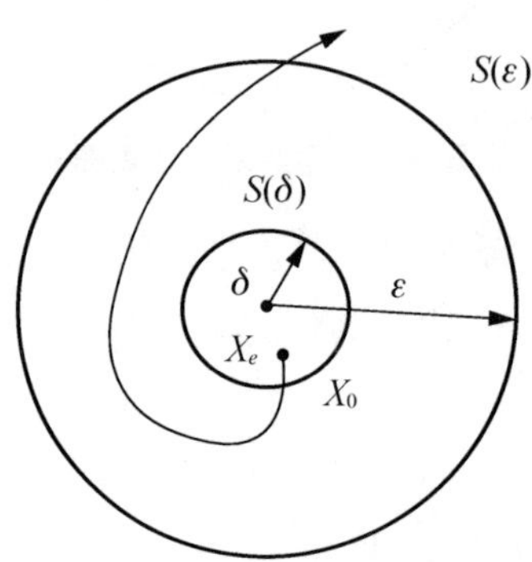

图 4.8　不稳定系统示意图

4.2　根据系统矩阵 A 分析线性定常系统的稳定性

系统的状态方程为

$$\dot{\boldsymbol{X}}(t)=\boldsymbol{AX}(t)+\boldsymbol{Bu}(t)$$

式中：$\boldsymbol{A}$ 为系统矩阵，系统的特征方程为

$$|s\boldsymbol{I}-\boldsymbol{A}|=0$$

如果其特征值为 s_1，s_2，…，s_n，系统的稳定性可以由特征值来判断。

从经典控制理论可以推知，线性系统稳定的充要条件是：系统矩阵 $\boldsymbol{A}$ 的所有特征值均为负实数或有负的实数部分。即 $|s\boldsymbol{I}-\boldsymbol{A}|=0$，$s$ 皆小于 0 或具有负实部。

证明：根据系统稳定性的定义可知，系统是否稳定，由系统的自由响应决定。系统的自由响应为

$$\boldsymbol{X}(t)=\mathrm{e}^{\boldsymbol{A}t}\boldsymbol{X}(0)$$

如果系统原平衡状态为 $\boldsymbol{X}_e=\boldsymbol{0}$，它对任何初始状态 $\boldsymbol{X}_0$ 都满足下式

$$\lim_{t\to\infty}\|\boldsymbol{X}(t)\|=0$$

则系统是渐进稳定的。因此可以看出，$\boldsymbol{A}$ 的特征值具有负实部，此时，随着时间趋于无穷大，$\mathrm{e}^{\boldsymbol{A}t}$ 的值趋于零，则状态 $\boldsymbol{X}(t)$ 趋于零。

【例 4.1】系统的状态方程为

$$\begin{bmatrix}\dot{x}_1\\\dot{x}_2\\\dot{x}_3\end{bmatrix}=\begin{bmatrix}0&2&-1\\3&0&-2\\5&-4&0\end{bmatrix}\begin{bmatrix}x_1\\x_2\\x_3\end{bmatrix}$$

试判断该系统的稳定性。

解：系统的特征方程为

$$|s\boldsymbol{I}-\boldsymbol{A}|=\begin{vmatrix}s&-2&1\\-3&s&2\\-5&4&s\end{vmatrix}=0$$

即 $s^3-9s+8=0$

求解此方程发现，有一个特征根为 $s_1=1$，是正实根，所以该系统不稳定。

4.3 李亚普诺夫第二法——直接法

判断一个系统是否稳定的李亚普诺夫第二法，其关键是找一个合适的李亚普诺夫函数，但寻找这个能量函数目前还没有一个通用的方法，因此至今仍然有许多科学家投身于该类科学问题的研究。在阐述李亚普诺夫第二法之前，先介绍几个基本概念[1,3]。

4.3.1 标量函数的正定性、负定性和不定性

1. 正定性

设标量函数 $V(\boldsymbol{X})$，它对域 S 中所有非零状态 $\boldsymbol{X}(\boldsymbol{X}\neq\boldsymbol{0})$，总有 $V(\boldsymbol{X})>0$，且当 $\boldsymbol{X}=\boldsymbol{0}$（也在域 S 中）时，$V(\boldsymbol{X})=0$，则称标量函数 $V(\boldsymbol{X})$ 在域 S 内是正定的。

2. 负定性

如果标量函数 $V(\boldsymbol{X})$ 对域 S 中所有非零状态 $\boldsymbol{X}$，总有 $V(\boldsymbol{X})<0$，且 $V(0)=0$，则称 $V(\boldsymbol{X})$ 在域 S 内是负定的。而 $-V(\boldsymbol{X})$ 则一定是正定的。

3. 半正定性和半负定性

在域 S 中，对 $\boldsymbol{X}=\boldsymbol{0}$ 及某些状态 $\boldsymbol{X}$，标量函数 $V(\boldsymbol{X})=0$，对 S 中所有其他状态，都有 $V(\boldsymbol{X})>0$，则称标量函数 $V(\boldsymbol{X})$ 为半正定的。而 $-V(\boldsymbol{X})$ 则是半负定的。

4. 不定性

无论域 S 多么小，在域 S 内，标量函数 $V(\boldsymbol{X})$ 能正能负，则称 $V(\boldsymbol{X})$ 为不定的。

【例 4.2】对于状态向量 $\boldsymbol{X}=\begin{bmatrix}x_1\\x_2\end{bmatrix}$

有

(1) $V(\boldsymbol{X})=3x_1^2+x_2^2$，标量函数 $V(\boldsymbol{X})$是正定的。

(2) $V(\boldsymbol{X})=-x_1^2-(8x_1+x_2)^2$，标量函数 $V(\boldsymbol{X})$是负定的。

(3) $V(\boldsymbol{X})=(3x_1+7x_2)^2$，标量函数 $V(\boldsymbol{X})$是正半定的。

(4) $V(\boldsymbol{X})=-x_1x_2^2$，标量函数 $V(\boldsymbol{X})$是不定的。

4.3.2 二次型函数的正定性

设 $V(\boldsymbol{X})$是二次型标量函数，则

$$V(\boldsymbol{X})=\boldsymbol{X}^{\mathrm{T}}\boldsymbol{Q}\boldsymbol{X}=\begin{bmatrix}x_1 & x_2 & \cdots & x_n\end{bmatrix}\begin{bmatrix}q_{11} & q_{12} & \cdots & q_{1n}\\ q_{21} & q_{22} & \cdots & q_{2n}\\ \vdots & \vdots & & \vdots\\ q_{n1} & q_{n2} & \cdots & q_{nn}\end{bmatrix}\begin{bmatrix}x_1\\ x_2\\ \vdots\\ x_n\end{bmatrix} \tag{4-3}$$

设 $\boldsymbol{Q}$ 为对称阵，则当 $\boldsymbol{X}\neq\boldsymbol{0}$ 时，$V(\boldsymbol{X})>0$，则称 $V(\boldsymbol{X})$是正定的，而称 $\boldsymbol{Q}$ 是正定的。

下面介绍检验对称阵 $\boldsymbol{Q}$ 是正定性的判据——塞尔维斯特准则，其具体内容如下。

如果 $\boldsymbol{Q}$ 阵的所有主子式都大于零，即

$$q_{11}>0,\quad \begin{vmatrix}q_{11} & q_{12}\\ q_{21} & q_{22}\end{vmatrix}>0,\quad \begin{vmatrix}q_{11} & q_{12} & q_{13}\\ q_{21} & q_{22} & q_{23}\\ q_{31} & q_{32} & q_{33}\end{vmatrix}>0,\ \cdots \tag{4-4}$$

则 $\boldsymbol{Q}$ 是正定的，而 $V(\boldsymbol{X})$也是正定的。或者，$\boldsymbol{Q}$ 的特征值均为正值，则对称矩阵 $\boldsymbol{Q}$ 是正定的。

【例 4.3】 对于下列表达式

$$\boldsymbol{V}(\boldsymbol{X})=\boldsymbol{X}^{\mathrm{T}}\boldsymbol{Q}\boldsymbol{X}=\begin{bmatrix}x_1 & x_2 & x_3\end{bmatrix}\begin{bmatrix}8 & 1 & -2\\ 1 & 5 & -1\\ -2 & -1 & 2\end{bmatrix}\begin{bmatrix}x_1\\ x_2\\ x_3\end{bmatrix}$$
$$=8x_1^2+5x_2^2+2x_3^2+2x_1x_2-2x_2x_3-4x_1x_3$$

由于 $V(\boldsymbol{X})$的主子式

$$8>0,\quad \begin{vmatrix}8 & 1\\ 1 & 5\end{vmatrix}>0,\quad \begin{bmatrix}8 & 1 & -2\\ 1 & 5 & -1\\ -2 & -1 & 2\end{bmatrix}>0$$

所以 $V(\boldsymbol{X})$(或 $\boldsymbol{Q}$)是正定的。

如果 $\boldsymbol{Q}$ 阵的所有子式，它们的对角线上的元是 $\boldsymbol{Q}$ 阵对角线上的元，当这些子式均非负(即$\geqslant 0$)，则 $\boldsymbol{Q}$ 为非负定。

例如，$\boldsymbol{Q}$ 为 3×3 对称阵，如果 q_{11}，q_{22}，$q_{33}\geqslant 0$

$$\begin{vmatrix}q_{11} & q_{12}\\ q_{12} & q_{22}\end{vmatrix}\geqslant 0,\quad \begin{vmatrix}q_{11} & q_{13}\\ q_{13} & q_{33}\end{vmatrix}\geqslant 0,\quad \begin{vmatrix}q_{22} & q_{23}\\ q_{23} & q_{33}\end{vmatrix}\geqslant 0,\quad \begin{vmatrix}q_{11} & q_{12} & q_{13}\\ q_{12} & q_{22} & q_{23}\\ q_{13} & q_{23} & q_{33}\end{vmatrix}\geqslant 0$$，则 $\boldsymbol{Q}$ 非负定。

4.3.3 李亚普诺夫直接法

从经典力学知道，对于一个自由振动系统，随着振动过程的进展，如果其总能量(正定函数)迅速减小，直至平衡状态，则系统是稳定的。根据李亚普诺夫关于渐进稳定性的定义，当系统由于初始偏差而引起的运动系统总能量随时间($t\to\infty$)而衰减，直至平衡状态，总能量能够达到某一极小值的话，则称系统是渐进稳定的。

为了判断系统的稳定性，需要找到能量函数。但要找到一个合适的能量函数，目前在数学上还很困难。为此可以虚构一个函数，只要其满足一定的条件，则根据这个能量函数(李亚普诺夫函数)就可以判定系统的稳定性。

1. 李亚普诺夫稳定性的主要理论

对于一个系统，如果能构造一个正定的标量函数 $V(\boldsymbol{X})$，并且它对时间 t 的一阶导数总是负的，即 $\dot{V}(\boldsymbol{X})$是负定的，那么随着时间的进展，$V(\boldsymbol{X})$越来越小，当时间 $t\to\infty$，$\boldsymbol{X}=\boldsymbol{0}$，$V(\boldsymbol{X})=0$，称系统在状态空间的原点是渐进稳定的。

对于一个系统，如果有 $V(\boldsymbol{X})$在原点附近邻域内是正定的，而 $\dot{V}(\boldsymbol{X})$也是正定的，则系统在原点处是不稳定的。

2. 应用李亚普诺夫第二法分析线性定常系统的稳定性

设系统的状态方程为

$$\dot{\boldsymbol{X}}=\boldsymbol{A}\boldsymbol{X}$$

式中：$\boldsymbol{X}(t)\in R^n$；$\boldsymbol{A}$ 为 $n\times n$ 非奇异矩阵。

由于系统的稳定与否主要取决于自由响应，所以可认为控制信号 $\boldsymbol{u}=\boldsymbol{0}$，即系统的状态方程中不含有控制项。由上式可知，系统如果稳定，其平衡点在原点[3,6]。

(1) 对于上述系统，取李亚普诺夫函数为二次型函数

$$V(\boldsymbol{X})=\boldsymbol{X}^{\mathrm{T}}\boldsymbol{Q}\boldsymbol{X}$$

式中：$\boldsymbol{Q}$ 为待求的实对称矩阵。则有

$$\begin{aligned}\dot{V}(\boldsymbol{X})&=\dot{\boldsymbol{X}}^{\mathrm{T}}\boldsymbol{Q}\boldsymbol{X}+\boldsymbol{X}^{\mathrm{T}}\boldsymbol{Q}\dot{\boldsymbol{X}}\\&=(\boldsymbol{A}\boldsymbol{X})^{\mathrm{T}}\boldsymbol{Q}\boldsymbol{X}+\boldsymbol{X}^{\mathrm{T}}\boldsymbol{Q}(\boldsymbol{A}\boldsymbol{X})\\&=\boldsymbol{X}^{\mathrm{T}}(\boldsymbol{A}^{\mathrm{T}}\boldsymbol{Q}+\boldsymbol{Q}\boldsymbol{A})\boldsymbol{X}\\&=-\boldsymbol{X}^{\mathrm{T}}\boldsymbol{T}\boldsymbol{X}\end{aligned}$$

式中：

$$\boldsymbol{T}=-(\boldsymbol{A}^{\mathrm{T}}\boldsymbol{Q}+\boldsymbol{Q}\boldsymbol{A}) \tag{4-5}$$

(2) 若要使系统稳定，必须满下列条件：① $\boldsymbol{Q}$ 正定；② $\boldsymbol{T}$ 正定，即($\boldsymbol{A}^{\mathrm{T}}\boldsymbol{Q}+\boldsymbol{Q}\boldsymbol{A}$)负定。

因此，如果事先选定 $\boldsymbol{T}$，它为正定的，则只要按式(4-5)求出 $\boldsymbol{Q}$，如果 $\boldsymbol{Q}$ 是正定矩阵，则系统是渐进稳定的。

实际上，为了判断系统的稳定性，可以简单地用单位矩阵作为正定矩阵 $\boldsymbol{T}$，即取 $\boldsymbol{T}=\boldsymbol{I}$（正定），再按式(4-5)求对称阵 $\boldsymbol{Q}$，加以判断系统的稳定性。

【例 4.4】系统的状态方程为

$$\dot{\boldsymbol{X}}=\begin{bmatrix}1 & -3\\1 & -2\end{bmatrix}\boldsymbol{X}$$

试用李亚普诺夫函数判定系统的稳定性。

解：设李亚普诺夫函数为

$$V(\boldsymbol{X})=\boldsymbol{X}^{\mathrm{T}}\boldsymbol{Q}\boldsymbol{X}$$

取 $\boldsymbol{T}=\boldsymbol{I}$，按式(4-5)有

$$\boldsymbol{A}^{\mathrm{T}}\boldsymbol{Q}+\boldsymbol{Q}\boldsymbol{A}=-\boldsymbol{I}$$

$$\begin{bmatrix}1 & 1\\-3 & -2\end{bmatrix}\begin{bmatrix}q_{11} & q_{12}\\q_{12} & q_{22}\end{bmatrix}+\begin{bmatrix}q_{11} & q_{12}\\q_{12} & q_{22}\end{bmatrix}\begin{bmatrix}1 & -3\\1 & -2\end{bmatrix}=\begin{bmatrix}-1 & 0\\0 & -1\end{bmatrix}$$

$$\begin{cases}2q_{11}+2q_{12}=-1\\-3q_{11}-q_{12}+q_{22}=0\\-6q_{12}-4q_{22}=-1\end{cases}$$

解得：$q_{11}=3$，$q_{12}=-\dfrac{7}{2}$，$q_{22}=\dfrac{11}{2}$

则

$$\boldsymbol{Q}=\begin{bmatrix}q_{11} & q_{12}\\q_{12} & q_{22}\end{bmatrix}=\begin{bmatrix}3 & -\dfrac{7}{2}\\-\dfrac{7}{2} & \dfrac{11}{2}\end{bmatrix}$$

下面通过计算 $\boldsymbol{Q}$ 的主子式来判断其正定性

由于 $q_{11}=3>0$

$$\begin{vmatrix}q_{11} & q_{12}\\q_{21} & q_{22}\end{vmatrix}=\begin{vmatrix}3 & -\dfrac{7}{2}\\-\dfrac{7}{2} & \dfrac{11}{2}\end{vmatrix}=\frac{17}{4}>0$$

所以 $\boldsymbol{Q}$ 正定，所以系统是稳定的。这里需要注意的是，$\boldsymbol{Q}$ 为实对称矩阵。

【例 4.5】控制系统的方框图如图 4.9 所示，要求系统渐近稳定，试采用李亚普诺夫第二法确定增益 K 的范围。

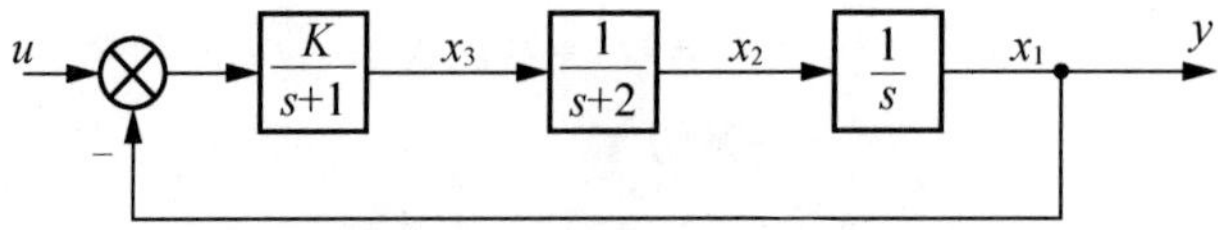

图 4.9　控制系统的方框图

解：由图 4.9 可知

$$\begin{cases}\dot{x}_1=x_2\\ \dot{x}_2=x_3-2x_2\\ \dot{x}_3=-Kx_1-x_3+Ku\end{cases}$$

则系统的状态方程为

$$\dot{\boldsymbol{X}}=\begin{bmatrix}\dot{x}_1\\ \dot{x}_2\\ \dot{x}_3\end{bmatrix}=\begin{bmatrix}0 & 1 & 0\\ 0 & -2 & 1\\ -K & 0 & -1\end{bmatrix}\begin{bmatrix}x_1\\ x_2\\ x_3\end{bmatrix}+\begin{bmatrix}0\\ 0\\ K\end{bmatrix}\boldsymbol{u}$$

如果输入 $\boldsymbol{u}$ 为零，则系统状态方程为

$$\dot{\boldsymbol{X}}=\begin{bmatrix}\dot{x}_1\\ \dot{x}_2\\ \dot{x}_3\end{bmatrix}=\begin{bmatrix}0 & 1 & 0\\ 0 & -2 & 1\\ -K & 0 & -1\end{bmatrix}\begin{bmatrix}x_1\\ x_2\\ x_3\end{bmatrix}$$

$$\boldsymbol{A}^{\mathrm{T}}\boldsymbol{Q}+\boldsymbol{QA}=-\boldsymbol{I}$$

$$\begin{bmatrix}0 & 0 & -K\\ 1 & -2 & 0\\ 0 & 1 & -1\end{bmatrix}\begin{bmatrix}q_{11} & q_{12} & q_{13}\\ q_{12} & q_{22} & q_{23}\\ q_{13} & q_{23} & q_{33}\end{bmatrix}+\begin{bmatrix}q_{11} & q_{12} & q_{13}\\ q_{12} & q_{22} & q_{23}\\ q_{13} & q_{23} & q_{33}\end{bmatrix}\begin{bmatrix}0 & 1 & 0\\ 0 & -2 & 1\\ -K & 0 & -1\end{bmatrix}=\begin{bmatrix}-1 & & \\ & -1 & \\ & & -1\end{bmatrix}$$

可根据以上方程组求出 $\boldsymbol{Q}$。$\boldsymbol{Q}$ 若为正定，则系统稳定，同时可求得 K 的范围为 $0<K<6$。

【例 4.6】 宇宙飞船围绕惯性主轴运动，其欧拉方程为

$$\begin{cases}A\dot{\omega}_x-(B-C)\omega_y\omega_z=T_x\\ B\dot{\omega}_y-(C-A)\omega_z\omega_x=T_y\\ C\dot{\omega}_z-(A-B)\omega_x\omega_y=T_z\end{cases}$$

式中：A、B、C 表示围绕三个主轴的转动惯量；ω_x、ω_y、ω_z 表示围绕三个主轴的角速度；T_x、T_y、T_z 表示控制力矩。

宇宙飞船在轨道上翻转，如果希望通过施加控制力矩使飞船在轨道上停止翻转，则控制力矩为

$$T_x=K_1A\omega_x$$
$$T_y=K_2B\omega_y$$
$$T_z=K_3C\omega_z$$

试确定系统为渐进稳定的充要条件。

解：取状态变量

$$x_1=\omega_x$$
$$x_2=\omega_y$$
$$x_3=\omega_z$$

则系统可表示为

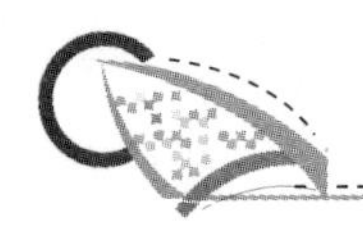

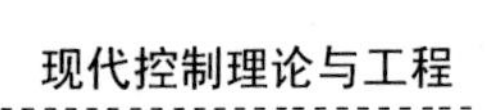

$$\dot{x}_1-\left(\frac{B}{A}-\frac{C}{A}\right)x_2x_3=K_1x_1$$

$$\dot{x}_2-\left(\frac{C}{B}-\frac{A}{B}\right)x_3x_1=K_2x_2$$

$$\dot{x}_3-\left(\frac{A}{C}-\frac{B}{C}\right)x_1x_2=K_3x_3$$

系统的状态方程为

$$\begin{bmatrix}\dot{x}_1\\ \dot{x}_2\\ \dot{x}_3\end{bmatrix}=\begin{bmatrix}K_1 & \frac{B}{A}x_3 & -\frac{C}{A}x_2\\ -\frac{A}{B}x_3 & K_2 & \frac{C}{B}x_1\\ \frac{A}{C}x_2 & -\frac{B}{C}x_1 & K_3\end{bmatrix}\begin{bmatrix}x_1\\ x_2\\ x_3\end{bmatrix}$$

其平衡状态$\boldsymbol{X}_e=0$，取李亚普诺夫函数为

$$V(\boldsymbol{X})=\boldsymbol{X}^{\mathrm{T}}\boldsymbol{Q}\boldsymbol{X}$$

$$\boldsymbol{Q}=\begin{bmatrix}A^2 & & \\ & B^2 & \\ & & C^2\end{bmatrix}，为对称、正定$$

则

$$V(\boldsymbol{X})=\begin{bmatrix}x_1 & x_2 & x_3\end{bmatrix}\begin{bmatrix}A^2 & & \\ & B^2 & \\ & & C^2\end{bmatrix}\begin{bmatrix}x_1\\ x_2\\ x_3\end{bmatrix}=A^2x_1^2+B^2x_2^2+C^2x_3^2 为正定。$$

将$V(\boldsymbol{X})$对时间t求导

$$\dot{V}(\boldsymbol{X})=\boldsymbol{X}^{\mathrm{T}}(\boldsymbol{A}^{\mathrm{T}}\boldsymbol{Q}+\boldsymbol{Q}\boldsymbol{A})\boldsymbol{X}$$

$$=\boldsymbol{X}^{\mathrm{T}}\left(\begin{bmatrix}K_1 & -\frac{A}{B}x_3 & \frac{A}{C}x_2\\ \frac{B}{A}x_3 & K_2 & -\frac{B}{C}x_1\\ -\frac{C}{A}x_2 & \frac{C}{B}x_1 & K_3\end{bmatrix}\begin{bmatrix}A^2 & & \\ & B^2 & \\ & & C^2\end{bmatrix}+\begin{bmatrix}A^2 & & \\ & B^2 & \\ & & C^2\end{bmatrix}\begin{bmatrix}K_1 & \frac{B}{A}x_3 & -\frac{C}{A}x_2\\ -\frac{A}{B}x_3 & K_2 & \frac{C}{B}x_1\\ \frac{A}{C}x_2 & -\frac{B}{C}x_1 & K_3\end{bmatrix}\right)\boldsymbol{X}$$

$$=\boldsymbol{X}^{\mathrm{T}}\begin{bmatrix}2K_1A^2 & & \\ & 2K_2B^2 & \\ & & 2K_3C^2\end{bmatrix}\boldsymbol{X}=-\boldsymbol{X}^{\mathrm{T}}\boldsymbol{T}\boldsymbol{X}$$

若系统渐进稳定，则要求能量函数$V(\boldsymbol{X})>0$，而$\dot{V}(\boldsymbol{X})<0$，即$\boldsymbol{T}$正定，也即$K_1<0$，$K_2<0$，$K_3<0$。且随着$\|\boldsymbol{X}\|\to\infty$，$V(\boldsymbol{X})\to\infty$，故在平衡点$\boldsymbol{X}_e=0$处大范围接近稳定[1,3]。

从以上的例子可以看出，判断系统的稳定，关键是求得一个能量函数$V(\boldsymbol{X})$。目前还没有一套绝对合适的算法，在工程上通常采用二次型的方法，即$V(\boldsymbol{X})=\boldsymbol{X}^{\mathrm{T}}\boldsymbol{Q}\boldsymbol{X}$，$\boldsymbol{Q}$为正定对称矩阵，再判断 $\dot{V}(\boldsymbol{X})$ 是否小于零。

3. 线性定常离散系统的稳定性分析

当使用计算机实现自动控制时，需要将系统离散化[3,4]。设线性离散系统的状态方程为

$$\boldsymbol{X}(k+1)=\boldsymbol{A}\boldsymbol{X}(k)$$
$$\boldsymbol{X}_e=\boldsymbol{0}$$

当系统在平衡点 $\boldsymbol{X}_e=\boldsymbol{0}$ 是大范围渐进稳定时，其充要条件是：对于任意给定的对称正定矩阵 $\boldsymbol{T}$，都存在对称正定矩阵 $\boldsymbol{Q}$，使得

$$\boldsymbol{A}^{\mathrm{T}}\boldsymbol{Q}\boldsymbol{A}-\boldsymbol{Q}=-\boldsymbol{T} \tag{4-6}$$

系统的李亚普诺夫函数为

$$V[\boldsymbol{X}(k)]=\boldsymbol{X}^{\mathrm{T}}(k)\boldsymbol{Q}\boldsymbol{X}(k) \tag{4-7}$$

当取 $\boldsymbol{T}=\boldsymbol{I}$ 时，则有

$$\boldsymbol{A}^{\mathrm{T}}\boldsymbol{Q}\boldsymbol{A}-\boldsymbol{Q}=-\boldsymbol{I} \tag{4-8}$$

证明：当李亚普诺夫函数取为

$$V[\boldsymbol{X}(k)]=\boldsymbol{X}^{\mathrm{T}}(k)\boldsymbol{Q}\boldsymbol{X}(k)$$

式中：$\boldsymbol{Q}$ 为正定实对称阵。

对于离散时间系统，有

$$\Delta V[\boldsymbol{X}(k)]=V[\boldsymbol{X}(k+1)]-V[\boldsymbol{X}(k)]$$

它相当于连续系统中 $V(\boldsymbol{X})$ 的导数 $\dot{V}(\boldsymbol{X})$

则有

$$\begin{aligned}\Delta V[\boldsymbol{X}(k)]&=V[\boldsymbol{X}(k+1)]-V[\boldsymbol{X}(k)]=\boldsymbol{X}^{\mathrm{T}}(k+1)\boldsymbol{Q}\boldsymbol{X}(k+1)-\boldsymbol{X}^{\mathrm{T}}(k)\boldsymbol{Q}\boldsymbol{X}(k)\\&=[\boldsymbol{A}\,\boldsymbol{X}(k)]^{\mathrm{T}}Q[\boldsymbol{A}\,\boldsymbol{X}(k)]-\boldsymbol{X}^{\mathrm{T}}(k)\boldsymbol{Q}\boldsymbol{X}(k)\\&=\boldsymbol{X}^{\mathrm{T}}(k)[\boldsymbol{A}^{\mathrm{T}}\boldsymbol{Q}\boldsymbol{A}-\boldsymbol{Q}]\boldsymbol{X}(k)\\&=-\boldsymbol{X}^{\mathrm{T}}(k)\boldsymbol{T}\boldsymbol{X}(k)\end{aligned}$$

式中：$\boldsymbol{A}^{\mathrm{T}}\boldsymbol{Q}\boldsymbol{A}-\boldsymbol{Q}=-\boldsymbol{T}$

显然，要满足系统在平衡点 $\boldsymbol{X}_e=\boldsymbol{0}$ 大范围内渐进稳定的条件为矩阵 $\boldsymbol{T}$ 必须为正定对称矩阵。

如果 $\Delta V[\boldsymbol{X}(k)]=-\boldsymbol{X}^{\mathrm{T}}(k)\boldsymbol{T}\boldsymbol{X}(k)$ 沿任一解的序列不恒等于零，则 $\boldsymbol{T}$ 也可取为半正定矩阵。

【例 4.7】 离散系统的状态方程为

$$\boldsymbol{X}(k+1)=\begin{bmatrix}\lambda_1 & \\ & \lambda_2\end{bmatrix}\boldsymbol{X}(k)$$

试确定系统在平衡点处大范围渐进稳定的条件。其中 λ_1 和 λ_2 为正实数。

解：由李亚普诺夫原理，令 $\boldsymbol{T}=\boldsymbol{I}$，则有

$$\boldsymbol{A}^{\mathrm{T}}\boldsymbol{Q}\boldsymbol{A}-\boldsymbol{Q}=-\boldsymbol{I}$$

即

$$\begin{bmatrix}\lambda_1 & \\ & \lambda_2\end{bmatrix}\begin{bmatrix}q_{11} & q_{12}\\ q_{12} & q_{22}\end{bmatrix}\begin{bmatrix}\lambda_1 & \\ & \lambda_2\end{bmatrix}-\begin{bmatrix}q_{11} & q_{12}\\ q_{12} & q_{22}\end{bmatrix}=\begin{bmatrix}-1 & \\ & -1\end{bmatrix}$$

$$\begin{bmatrix}q_{11}(1-\lambda_1^2) & q_{12}(1-\lambda_1\lambda_2)\\ q_{12}(1-\lambda_1\lambda_2) & q_{22}(1-\lambda_2^2)\end{bmatrix}=\begin{bmatrix}1 & \\ & 1\end{bmatrix}$$

$$\begin{cases}q_{12}(1-\lambda_1\lambda_2)=0\\ q_{11}(1-\lambda_1^2)=1\\ q_{22}(1-\lambda_2^2)=1\end{cases}$$

$\boldsymbol{Q}$ 为正定，必须满足主子式

$$q_{11}>0，\ q_{11}q_{22}-q_{12}q_{12}>0$$

将该条件代入上面方程组，则有

$$1-\lambda_1^2>0，即\ \lambda_1^2<1，\lambda_1<1，且有\ \lambda_2<1。$$

【例 4.8】线性定常离散系统状态方程为

$$\boldsymbol{X}(k+1)=\begin{bmatrix}0 & 1\\ \frac{1}{2} & 0\end{bmatrix}\boldsymbol{X}(k)$$

试分析系统在平衡状态$\boldsymbol{X}_e=\boldsymbol{0}$ 处的稳定性。

解：设李亚普诺夫函数为

$$V\left[\boldsymbol{X}(k)\right]=\boldsymbol{X}^{\mathrm{T}}(k)\boldsymbol{Q}\boldsymbol{X}(k)$$

有

$$\boldsymbol{A}^{\mathrm{T}}\boldsymbol{Q}\boldsymbol{A}-\boldsymbol{Q}=-\boldsymbol{I}$$

即

$$\begin{bmatrix}0 & \frac{1}{2}\\ 1 & 0\end{bmatrix}\begin{bmatrix}q_{11} & q_{12}\\ q_{12} & q_{22}\end{bmatrix}\begin{bmatrix}0 & 1\\ \frac{1}{2} & 0\end{bmatrix}-\begin{bmatrix}q_{11} & q_{12}\\ q_{12} & q_{22}\end{bmatrix}=\begin{bmatrix}-1 & \\ & -1\end{bmatrix}$$

$$\begin{bmatrix}\frac{1}{4}q_{22}-q_{11} & -\frac{1}{2}q_{12}\\ -\frac{1}{2}q_{12} & q_{11}-q_{22}\end{bmatrix}=\begin{bmatrix}-1 & \\ & -1\end{bmatrix}$$

也即

$$\begin{cases}\frac{1}{4}q_{22}-q_{11}=-1\\ \frac{1}{2}q_{12}=0\\ q_{11}-q_{22}=-1\end{cases}$$

解上述方程组得

$$Q=\begin{bmatrix} q_{11} & q_{12} \\ q_{12} & q_{22} \end{bmatrix}=\begin{bmatrix} \frac{5}{3} & 0 \\ 0 & \frac{8}{3} \end{bmatrix}$$

可知 Q 为正定，系统在平衡状态 $X_e=\mathbf{0}$ 处为大范围内渐进稳定。

事实上

$$\begin{aligned} V[X(k)] &= X^{\mathrm{T}}(k)QX(k) \\ &= [x_1(k),\ x_2(k)]\begin{bmatrix} \frac{5}{3} & 0 \\ 0 & \frac{8}{3} \end{bmatrix}\begin{bmatrix} x_1(K) \\ x_2(K) \end{bmatrix} \\ &= \frac{5}{3}[x_1(k)]^2+\frac{8}{3}[x_2(k)]^2>0 \end{aligned}$$

而状态的变化值

$$\Delta V[X(k)]=V[X(k+1)]-V[X(k)]=-[x_1(k)]^2-[x_2(k)]^2<0$$

所以也可以判定系统是大范围内渐进稳定的。

本章小结

稳定性是控制系统分析和设计的主要问题，也是系统综合的主要目标。本章讨论了动力学系统的李亚普诺夫稳定性分析，揭示了动力学系统内部运动状态的变化规律，是具有普适性的稳定性分析方法。

本章首先给出了动力学系统的平衡态定义和稳定性的局部性概念，然后讨论了李亚普诺夫稳定、渐进稳定及不稳定等概念，最后详细论述了应用李亚普诺夫第二法分析线性定常系统的稳定性。

习　　题

4.1 系统的状态方程为

$$\begin{bmatrix} \dot{x}_1 \\ \dot{x}_2 \\ \dot{x}_3 \end{bmatrix}=\begin{bmatrix} 0 & 3 & 0 \\ 2 & 0 & 0 \\ -1 & -4 & 0 \end{bmatrix}\begin{bmatrix} x_1 \\ x_2 \\ x_3 \end{bmatrix}$$

试判断系统的稳定性。

4.2 判断下列二次型函数的符号性质。

(1) $Q(x)=-x_1^2-3x_2^2+4x_3^2+x_1x_2-x_2x_3-2x_1x_3$

(2) $v(x)=x_1^2+3x_2^2+x_3^2-2x_1x_2-3x_2x_3-2x_1x_3$

4.3 试确定下列二次型为正定时，待定常数的取值范围。

$$v(x)=ax_1^2+bx_2^2+cx_3^2-2x_1x_2-8x_2x_3-4x_1x_3$$

4.4 系统为

$$\dot{\boldsymbol{X}}=\begin{bmatrix}1 & 1\\ 1 & 3\end{bmatrix}\boldsymbol{X}$$

试用李亚普诺夫函数判定系统的稳定性。

4.5 已知二阶系统的状态方程：

$$\dot{\boldsymbol{X}}=\begin{bmatrix}a_{11} & a_{12}\\ a_{21} & a_{22}\end{bmatrix}\boldsymbol{X}$$

试确定系统在平衡状态处大范围渐进稳定的条件。

4.6 离散系统状态方程为

$$\boldsymbol{X}(k+1)=\begin{bmatrix}2 & 1\\ 0 & 1\end{bmatrix}\boldsymbol{X}(k)$$

试分析系统的稳定性。

4.7 试确定下列系统平衡状态的稳定性。

$$\boldsymbol{X}(k+1)=\begin{bmatrix}1 & 2 & 0\\ -2 & -2 & -3\\ 1 & 0 & 0\end{bmatrix}\boldsymbol{X}(k)$$

4.8 设离散系统状态方程为

$$\boldsymbol{X}(k+1)=\begin{bmatrix}0 & 1 & 0\\ 0 & 0 & 1\\ 0 & k & 0\end{bmatrix}\boldsymbol{X}(k)$$

其中 $k>0$，试在求平衡点 $\boldsymbol{X}_e=\boldsymbol{0}$ 渐近稳定时 k 值范围。

4.9 设离散系统状态方程为

$$\boldsymbol{X}(k+1)=\begin{bmatrix}0 & k\\ -1 & 0\end{bmatrix}\boldsymbol{X}(k)$$

其中 $k>0$，试求平衡点 $\boldsymbol{X}_e=\boldsymbol{0}$ 渐近稳定时 k 值范围。

4.10 请简述李亚普诺夫稳定性理论的两种方法。

第 5 章

最优控制

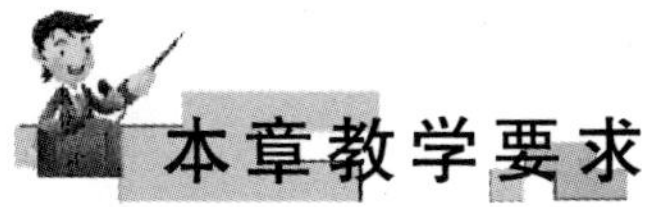

知识要点	掌握程度	相关知识	工程应用方向
最优控制的基本概念	重点掌握	最优控制的基本概念和最优控制的基本内容	运动控制技术，智能控制与信息处理技术
最优控制中的变分法	掌握	泛函与变分法，用变分法求解最优控制问题	机器人技术，焊接自动化
极大值原理	掌握	极大值原理的定理，极大值原理求解方法	车辆节能与排放控制，运动控制技术
具有二次型性能指标的线性调节器问题	熟悉	二次型性能指标的最优控制、线性调节器问题	机电系统控制，先进检测技术
动态规划	重点掌握	多步决策问题及最优性原理，状态空间表达式的离散化，离散系统的动态规划法	智能决策方法及应用，交通系统控制与决策

20 世纪 90 年代以来，世界上很多国家都制订了月球探测计划。我国的探月计划，即著名的嫦娥工程也已经实施。这些都标志着月球探测的一个新时代已经开始。月球探测是一个庞大的工程，包含了诸多关键技术，其中月球探测器软着陆是一项极其关键的控制技术。月球软着陆要求探月器以很小的相对速度着陆在月球表面。由于月球上近乎没有空气，探月器必须用自身的发动机来制动。探月器在到达近月点时开始制动，并在水平速度被基本抵消之后进入最终着陆阶段，最后探测器以垂直姿态软着陆到月面。软着陆问题的关键是找到最优飞行轨迹和推力大小与方向的时间历程，该过程就是一个典型的最优控制

问题。图 5.1 所示为月球探测器。

图 5.1 月球探测器

最优控制理论是现代控制理论的一个重要组成部分，在实际工程领域已得到广泛应用。在经典控制理论中，根据给定的时域或者频域指标，通过选择校正装置的结构和参数，使综合后的系统达到预定的技术指标。在综合过程中，需要借助工程实际经验，采用的往往是凑试方法，特别是对于多输入多输出复杂系统，很难达到满意效果。这种凑试方法，通常着眼于满足技术指标要求，而不是从控制是否最优的角度来考虑。

最优控制的目的是选择一条达到目标的最佳途径(即最优控制轨线)，使某种性能指标达到最佳。不同的系统有不同的最佳轨线要求。例如机床加工要求加工成本最低为最优，在导弹飞行控制中，要求燃料消耗最少为最优，在截击问题中可选时间最短为最优等。

最优控制理论主要讨论求解最优控制问题的方法和理论，包括最优控制的存在性、唯一性和最优控制应满足的必要条件等。早在 20 世纪 50 年代初，人们就开始对最短时间控制问题进行研究。随着航空航天技术的发展，越来越多的学者和工程技术人员投身于这一领域的研究，逐渐形成了一套较为完整的最优控制理论体系。由于数字计算机的飞速发展和完善，逐步形成了最优控制理论中的数值计算法。当性能指标比较复杂时，可以采用直接搜索法，经过若干次迭代，搜索到最优点。同时，可以把计算机作为控制系统的一个组成部分，以实现在线控制，从而使最优控制理论的工程实现成为现实。因此，最优控制理论的求解方法，既是一种数学方法，又是一种计算机控制算法。随着最优控制理论研究的不断深入，它与其他控制理论相互渗透，形成了更为实用的学科，在制造业、交通运输、电力、国防和国民经济管理等领域得到了广泛的应用。

5.1 最优控制的基本概念

达到一个目标的控制方式有很多，但由于受到经济、时间、环境和制造等方面的限制，可实行的控制方式是有限的。因此，需要引入控制的性能指标概念，使指标达到最优值，这种指标可以是极大值，也可以是极小值。本节先通过下面实例来说明这一问题，然后引出最优控制的基本概念[2,6,8]。

【例 5.1】这是一个升降机快速降落问题的研究，如图 5.2 所示。升降机控制技术的应用十分广泛，例如，高层建筑施工过程中用于运送货物的升降机，煤矿企业的升降机，客运或货运电梯等。设升降机质量为 m，mg 为重力，$u(t)$为控制力(或钢索牵引力)，控制力是受约束的，满足$|u(t)|\leqslant k$，式中 k 为常数，并有 $k>g$。设时间 $t=t_0$ 时，升降机距地面高度 $x(t_0)$，垂直速度为 $\dot{x}(t_0)$。试求控制力 $u(t)$，使升降机最快到达地面，且达到地面的速度为零。

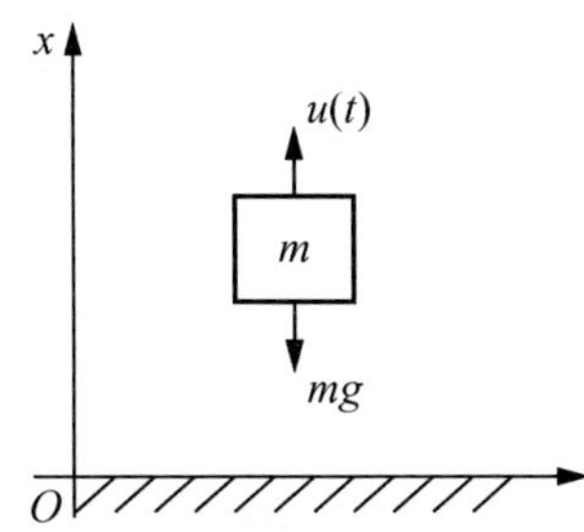

图 5.2 升降机快速降落控制问题示意图

解：这是一个时间最短的最优控制问题。根据牛顿第二定律，有

$$m\ddot{x}(t)=u(t)-mg$$

令

$$x_1(t)=x(t) \qquad \text{位移}$$

$$x_2(t)=\dot{x}(t) \qquad \text{速度}$$

则系统的状态方程为

$$\begin{bmatrix}\dot{x}_1\\ \dot{x}_2\end{bmatrix}=\begin{bmatrix}0 & 1\\ 0 & 0\end{bmatrix}\begin{bmatrix}x_1\\ x_2\end{bmatrix}+\begin{bmatrix}0\\ \dfrac{1}{m}u-g\end{bmatrix}$$

初始条件为

$$x_1(t_0)=x(t_0),\quad x_2(t_0)=\dot{x}(t_0)$$

式中：t_0 为初始时间。

终止条件为

$$x_1(t_f)=0,\quad x_2(t_f)=0$$

式中：t_f 为终止时间。

因为要求在最短时间内，使状态变量 $\boldsymbol{X}(t_0)=\begin{bmatrix}x_1(t_0)\\ x_2(t_0)\end{bmatrix}$ 转移到 $\boldsymbol{X}(t_f)=\begin{bmatrix}0\\ 0\end{bmatrix}$，则性能指标函数应该为

$$J=\int_{t_0}^{t_f}\mathrm{d}t=t_f-t_0 \text{ 最小。}$$

从上面的例子可知，最优控制问题一般包含以下内容。

（1）系统的状态方程为

$$\dot{\boldsymbol{X}}(t)=\boldsymbol{f}\ [\boldsymbol{X}(t),\ \boldsymbol{u}(t),\ t]$$

式中：$\boldsymbol{X}(t)$为n维状态向量；$\boldsymbol{u}(t)$为r维控制向量；$\boldsymbol{f}$为n维向量函数。

在数学上状态方程理解为等式约束条件，即对应的边界条件为初始点与终止点，且时间固定，状态自由。

（2）控制变量的约束条件为

$$|\boldsymbol{u}(t)|\leqslant k$$

在现实生活中，控制变量总是受约束的，如发动机的推力、电动机的转矩、电压、电流、功率等都不能超过某个极限。

（3）初始条件和终止条件

初始条件为：$\boldsymbol{X}(t_0)=\boldsymbol{X}_0$

终止条件为：$\boldsymbol{X}(t_f)=\boldsymbol{X}_f$

终值状态有时候受运动轨迹约束。

（4）指标函数

$$J=\theta[\boldsymbol{X}(t_f),\ t_f]+\int_{t_0}^{t_f}\Phi[\boldsymbol{X}(t),\ \boldsymbol{u}(t),\ t]\mathrm{d}t$$

上式中，第一项为终值性能指标，是对系统状态变量终值的某些要求，如最小稳态误差，最准确的定位等。式中第二项为积分性能指标，表示在控制过程中，对状态变量和控制量的要求和限制。如各变量的综合过渡过程要好，控制能量消耗最小等。

性能指标J是个标量，一般由向量函数$\boldsymbol{X}(t)$和$\boldsymbol{u}(t)$决定。如果变量的值由一个或多个函数的选取而确定，则此变量称为泛函(泛函可以简单理解为函数的函数)。泛函是一种变换，它把向量空间［$\boldsymbol{X}(t)$，$\boldsymbol{u}(t)$］的元素变换为标量J。

当性能指标J包含两项时，称为波尔扎(Bolza)问题，即综合性能指标问题。当J只含第一项终端性能指标，称为马耶尔(Mayer)问题。当J只有第二项积分性能指标，称为拉格朗日(Lagrange)问题。

性能指标J是根据工程经验和数学简易处理来确定，尚无理论指导的具体确定性方法。但在工程应用方面，最优控制的性能指标通常采用二次型形式，即

$$J=\frac{1}{2}\boldsymbol{X}^{\mathrm{T}}(t_f)\boldsymbol{s}\boldsymbol{X}(t_f)+\frac{1}{2}\int_{t_0}^{t_f}[\boldsymbol{X}^{\mathrm{T}}(t)\boldsymbol{Q}(t)\boldsymbol{X}(t)+\boldsymbol{u}^{\mathrm{T}}(t)\boldsymbol{R}(t)\boldsymbol{u}(t)]\mathrm{d}t$$

并且性能指标已有几种公式化的形式，如下面所示。

1. 最短时间问题

$$J=\int_{t_0}^{t_f}\mathrm{d}t=t_f-t_0\ ,\ \Phi\ [\boldsymbol{X}(t),\ \boldsymbol{u}(t),\ t]\ =1$$

2. 线性调节器问题

系统能够从任何初始状态恢复到平衡状态。

$$J=\frac{1}{2}\int_{t_0}^{t_f}\boldsymbol{X}^{\mathrm{T}}\boldsymbol{Q}\boldsymbol{X}\mathrm{d}t$$

式中：$\boldsymbol{Q}$ 为正定对称矩阵。

或
$$J=\frac{1}{2}\int_{t_0}^{t_f}[\boldsymbol{X}^{\mathrm{T}}\boldsymbol{Q}\boldsymbol{X}+\boldsymbol{u}^{\mathrm{T}}\boldsymbol{R}\boldsymbol{u}]\mathrm{d}t$$

式中：$\boldsymbol{u}$ 为控制作用；$\boldsymbol{R}$、$\boldsymbol{Q}$ 为权矩阵，在最优控制过程中，它们的组成将对状态 $\boldsymbol{X}$ 和控制 $\boldsymbol{u}$ 施加不同的影响。

3. 线性伺服器问题

如果要求给定的系统状态 $\boldsymbol{X}$ 跟踪或尽可能接近目标轨迹$\boldsymbol{X}_d$，则

$$J=\frac{1}{2}\int_{t_0}^{t_f}[(\boldsymbol{X}-\boldsymbol{X}_d)^{\mathrm{T}}\boldsymbol{Q}(\boldsymbol{X}-\boldsymbol{X}_d)]\mathrm{d}t$$

此时 J 为极小值。

另外，还有最小能量问题，最小燃料问题等。下面给出最优控制的一般性定义[1,6]。

设系统的状态方程为

$$\dot{\boldsymbol{X}}(t)=\boldsymbol{f}\ [\boldsymbol{X}(t),\ \boldsymbol{u}(t),\ t] \tag{5-1}$$

在给定初始条件 $\boldsymbol{X}(t_0)=\boldsymbol{X}_0$ 下，选择有约束的控制 $\boldsymbol{u}(t)$，使状态 $\boldsymbol{X}(t)$ 从初始状态出发，在时间域$[t_0,\ t_f]$中，转移到某目标集，在沿着该条状态轨迹转移过程中，性能指标

$$J=\theta[\boldsymbol{X}(t_f),\ t_f]+\int_{t_0}^{t_f}\boldsymbol{\Phi}[\boldsymbol{X}(t),\ \boldsymbol{u}(t),\ t]\mathrm{d}t \tag{5-2}$$

取极值。在这里，称选择的 $\boldsymbol{u}(t)$为最优控制，记为$\boldsymbol{u}^*(t)$，对应的状态转移轨迹为最优轨迹，记为$\boldsymbol{X}^*(t)$，如图 5.3 所示。所谓求解最优控制问题，实际上就是在一些约束条件及边界条件下，求使性能指标 J 取极值时的最优控制$\boldsymbol{u}^*(t)$。

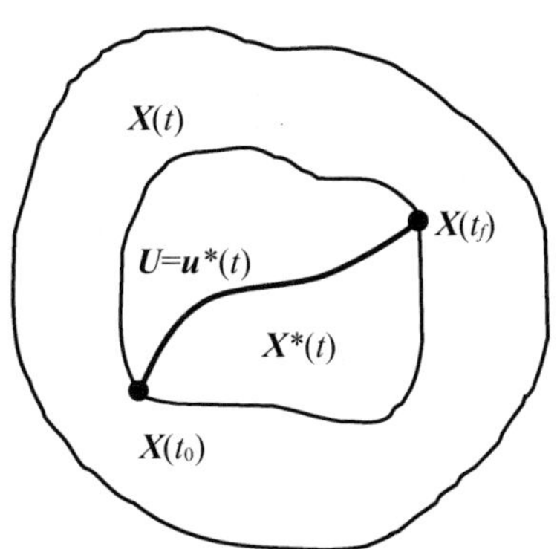

图 5.3 最优控制问题示意图

最优控制问题在 20 世纪 50 年代初，由于火箭技术的发展而提出，代表性的算法为经典变分法。后来到了 1957 年，庞德里亚金与贝尔曼分别提出了极大值原理与动态规划法，解决了存在约束的变分问题，推动了最优控制理论的发展。系统可控是实现最优控制的前提，如果系统不可控，则系统的最优控制是不能实现的[3]。

【例 5.2】电枢控制的它激直流电动机的动态方程为

$$J_1 \frac{\mathrm{d}\omega}{\mathrm{d}t}+M_L=C_M I_a$$

式中：M_L 为负载转矩；J_1 为转动惯量；I_a 为电枢电流；ω 为电机的角速度；C_M 为转矩系数。

要求电动机在 t_f 时间内，从静止状态启动，转过角度 θ 后停止。即 $\omega(0)=0$，$\omega(t_f)=0$，$\int_0^{t_f}\omega \mathrm{d}t=\theta$。同时，要求电动机的功耗最小。

解：在时间$[0,t_f]$内，使电枢绕组的损耗最小，即最优控制问题的性能指标为

$$J=\int_0^{t_f} RI_a^2 \mathrm{d}t$$

式中：I_a 为最小电枢电流；R 为电枢绕组的电阻。

设状态变量

$$x_1(t)=\theta(\text{转角})$$

$$x_2(t)=\omega(\text{角速度})$$

令

$$u(t)=\frac{1}{C_M}\cdot J_1\cdot\frac{\mathrm{d}\omega}{\mathrm{d}t}=\frac{M}{C_M}$$

则系统的状态方程可写为

$$\begin{bmatrix}\dot{x}_1(t)\\ \dot{x}_2(t)\end{bmatrix}=\begin{bmatrix}0 & 1\\ 0 & 0\end{bmatrix}\begin{bmatrix}x_1(t)\\ x_2(t)\end{bmatrix}+\begin{bmatrix}0\\ \dfrac{C_M}{J_1}\end{bmatrix}u(t)$$

初始和终点状态为

$$x_1(0)=0,\ x_1(t_f)=\theta$$

$$x_2(0)=0,\ x_2(t_f)=0$$

性能指标应为最小，即

$$J=\int_0^{t_f} R\left[u(t)+\frac{M_L}{C_M}\right]^2 \mathrm{d}t \text{ 为最小}$$

【例 5.3】关于登月船的软着陆推力控制问题。众所周知，如何节省燃料对于宇宙飞船、航空探测器包括登月船等是一个非常重要的问题，涉及复杂的自动控制技术。以最小能耗在月球表面进行软着陆的推力控制问题，可以用下列经过简化的问题来表示。将登月船视为一个质点，用 $h(t)$代表登月船与月球表面的距离，以远离月球表面的方向为正方向，$v(t)$表示登月船的速度，$u(t)$表示登月船上火箭的推力，g 表示月球上的重力加速度，k 为一给定常数，$m(t)$为登月船的质量，h_0 和 v_0 分别表示登月船在初始时刻的高度和速度，M 表示登月船在不装燃料时的质量，M_0 代表燃料的初始质量。则登月船的运动方程可表示为

$$\dot{h}=v$$

$$\dot{v}=-g+\frac{u}{m}$$

$$\dot{m}=-ku$$

初始条件为

$$h(t_0)=h_0, \quad v(t_0)=v_0, \quad m(t_0)=M+M_0$$

终端条件为

$$h(t_1)=0, \quad v(t_1)=0$$

以上是登月船安全着陆月球的要求。

作为控制函数的推力 $u(t)$需满足约束

$$0\leqslant u(t)\leqslant F$$

其中 F 为登月船的火箭所能达到的最大推力。

在控制过程中要保证燃料最少，也就是使

$$m(t_0)-m(t_1)=\int_{t_0}^{t_1}-\dot{m}(t)\mathrm{d}t$$

取最小，即登月船的质量变化最小。其中终止时刻 t_1 是待定，上式等价于泛函

$$J(u)=\int_{t_0}^{t_1}u(t)\mathrm{d}t$$

则登月船的软着陆推力控制问题可以表述为求解满足登月船动力方程和各种约束条件的推力 $u(t)$，并使得性能指标泛函 $J(u)$取最小值。

5.2 最优控制的变分法

5.2.1 泛函与变分法

首先介绍一下泛函的概念，所谓泛函指的是：变量 J 的取值依赖于几个函数如 $x(t)$，$y(t)$，$z(t)$的取值，则称变量 J 为依赖这几个函数的泛函，记为

$$J=f\,[x(t),\ y(t),\ z(t)]$$

换句话而言，泛函就是函数的函数。而变分法就是研究求泛函极值的方法，它是最优控制技术的基础[3,4,9]。

一个变量 y 依赖于另一个变量 x 的取值，称 y 是 x 的函数，记为 $y=f(x)$。函数取极值的条件是函数对自变量的微分(导数)等于零。同理，泛函取极值的必要条件是泛函的变分等于零，即 $\delta J=0$。

5.2.2 用变分法求解最优控制问题

对于式(5-1)描述的系统状态方程，有

$$\dot{\boldsymbol{X}}(t)=\boldsymbol{f}[\boldsymbol{X}(t),\ \boldsymbol{u}(t),\ t]$$

最优控制技术涵盖面较广，不同的被控问题需要采用相应的控制算法。下面分几种不同的控制问题来论述[3,4,8,9]。

1. 始端固定，终端自由，时间 T 固定

初始状态为 $\boldsymbol{X}(t_0)$，调节时间的间隔为$[t_0, t_f]$，即 $T=t_f-t_0$ 固定不变，终点状态 $\boldsymbol{X}(t_f)$任意。泛函指标为式(5-2)，控制 $\boldsymbol{u}(t)$不受限制。

状态方程式(5-1)可变为

$$\boldsymbol{f}[\boldsymbol{X}(t), \boldsymbol{u}(t), t]-\dot{\boldsymbol{X}}(t)=\boldsymbol{0}$$

引入向量拉格朗日乘子

$$\boldsymbol{\lambda}(t)=[\lambda_1(t), \lambda_2(t), \cdots\lambda_n(t)]^{\mathrm{T}}$$

式(5-2)的性能指标泛函表达式可改写为

$$\begin{aligned} J&=\theta[\boldsymbol{X}(t_f), t_f]+\int_{t_0}^{t_f}\{\Phi[\boldsymbol{X}(t), \boldsymbol{u}(t), t]+\boldsymbol{\lambda}^{\mathrm{T}}(t)[\boldsymbol{f}(\boldsymbol{X}, \boldsymbol{u}, t)-\dot{\boldsymbol{X}}]\}\mathrm{d}t \\ &=\theta[\boldsymbol{X}(t_f), t_f]+\int_{t_0}^{t_f}[H(\boldsymbol{X}, \boldsymbol{u}, \boldsymbol{\lambda}, t)-\boldsymbol{\lambda}^{\mathrm{T}}(t)\dot{\boldsymbol{X}}]\mathrm{d}t \end{aligned} \tag{5-3}$$

式中，标量函数：

$$H(\boldsymbol{X}, \boldsymbol{u}, \boldsymbol{\lambda}, t)=\Phi(\boldsymbol{X}, \boldsymbol{u}, t)+\boldsymbol{\lambda}^{\mathrm{T}}(t)\boldsymbol{f}(\boldsymbol{X}, \boldsymbol{u}, t) \tag{5-4}$$

称为哈密顿(Hamilton)函数。

对式(5-3)进行分部积分，并考虑到

$$\begin{aligned} \int_{t_0}^{t_f}\boldsymbol{\lambda}^{\mathrm{T}}(t)\dot{\boldsymbol{X}}(t)\mathrm{d}t&=\boldsymbol{\lambda}^{\mathrm{T}}(t)\boldsymbol{X}(t)\Big|_{t_0}^{t_f}-\int_{t_0}^{t_f}\dot{\boldsymbol{\lambda}}^{\mathrm{T}}(t)\boldsymbol{X}(t)\mathrm{d}t \\ &=\boldsymbol{\lambda}^{\mathrm{T}}(t_f)\boldsymbol{X}(t_f)-\boldsymbol{\lambda}^{\mathrm{T}}(t_0)\boldsymbol{X}(t_0)-\int_{t_0}^{t_f}\dot{\boldsymbol{\lambda}}^{\mathrm{T}}(t)\boldsymbol{X}(t)\mathrm{d}t \end{aligned}$$

所以式(5-3)可表达为

$$\begin{aligned} J=&\theta[\boldsymbol{X}(t_f), t_f]-\boldsymbol{\lambda}^{\mathrm{T}}(t_f)\boldsymbol{X}(t_f)+\boldsymbol{\lambda}^{\mathrm{T}}(t_0)\boldsymbol{X}(t_0) \\ &+\int_{t_0}^{t_f}[H(\boldsymbol{X}, \boldsymbol{u}, \boldsymbol{\lambda}, t)+\dot{\boldsymbol{\lambda}}^{\mathrm{T}}(t)\boldsymbol{X}]\mathrm{d}t \end{aligned} \tag{5-5}$$

变分定义为

$\delta J=\left(\frac{\partial J}{\partial \boldsymbol{X}}\right)^{\mathrm{T}}\delta\boldsymbol{X}+\left(\frac{\partial J}{\partial \boldsymbol{u}}\right)^{\mathrm{T}}\delta\boldsymbol{u}$，泛涵 J 为 $\boldsymbol{X}$ 和 $\boldsymbol{u}$ 的函数，其变分即分别对 $\boldsymbol{X}$ 和 $\boldsymbol{u}$ 进行微分。

泛涵 J 在最优控制 $\boldsymbol{u}^*(t)$和对应的最优轨迹 $\boldsymbol{X}^*(t)$上取极小值时，其变分 δJ 必为零。考虑应用内积可换位性质$\left(\frac{\partial J}{\partial \boldsymbol{X}}\right)^{\mathrm{T}}\delta\boldsymbol{X}=\delta\boldsymbol{X}^{\mathrm{T}}\left(\frac{\partial J}{\partial \boldsymbol{X}}\right)$，式(5-5)则有

$$\begin{aligned} \delta J=&\left(\frac{\partial\theta}{\partial\boldsymbol{X}(t_f)}\right)^{\mathrm{T}}\delta\boldsymbol{X}(t_f)-\boldsymbol{\lambda}^{\mathrm{T}}(t_f)\delta\boldsymbol{X}(t_f) \\ &+\int_{t_0}^{t_f}[(\frac{\partial H}{\partial\boldsymbol{X}})^{\mathrm{T}}\delta\boldsymbol{X}+\left(\frac{\partial H}{\partial\boldsymbol{u}}\right)^{\mathrm{T}}\delta\boldsymbol{u}+\dot{\boldsymbol{\lambda}}^{\mathrm{T}}(t)\delta\boldsymbol{X}]\mathrm{d}t \\ =&\left[\left(\frac{\partial\theta}{\partial\boldsymbol{X}(t_f)}\right)^{\mathrm{T}}-\boldsymbol{\lambda}^{\mathrm{T}}(t_f)\right]\delta\boldsymbol{X}(t_f)+\int_{t_0}^{t_f}\left\{\left[\frac{\partial H}{\partial\boldsymbol{X}}+\dot{\boldsymbol{\lambda}}\right]^{\mathrm{T}}\delta\boldsymbol{X}+\left(\frac{\partial H}{\partial\boldsymbol{u}}\right)^{\mathrm{T}}\delta\boldsymbol{u}\right\}\mathrm{d}t=0 \end{aligned} \tag{5-6}$$

即有

$$\dot{\boldsymbol{\lambda}}=-\frac{\partial H}{\partial \boldsymbol{X}}=-\frac{\partial \Phi}{\partial \boldsymbol{X}}-\boldsymbol{\lambda}^{\mathrm{T}}\frac{\partial f}{\partial \boldsymbol{X}} \quad \text{伴随方程} \tag{5-7}$$

$$\boldsymbol{\lambda}(t_f)=\frac{\partial \theta\ [\boldsymbol{X}(t_f),\ t_f]}{\partial \boldsymbol{X}(t_f)} \quad \text{贯截方程} \tag{5-8}$$

$$\frac{\partial H}{\partial \boldsymbol{u}}=\frac{\partial \Phi}{\partial \boldsymbol{u}}+\boldsymbol{\lambda}^{\mathrm{T}}\frac{\partial \boldsymbol{f}}{\partial \boldsymbol{u}}=0 \quad \text{控制方程} \tag{5-9}$$

$$\dot{\boldsymbol{X}}=\boldsymbol{f}(\boldsymbol{X},\ \boldsymbol{u},\ t)=\frac{\partial H}{\partial \boldsymbol{\lambda}} \quad \text{最优轨迹，系统状态方程} \tag{5-10}$$

式(5-7)到式(5-10)4个方程称为控制作用$\boldsymbol{u}(t)$不受约束的庞德里亚金方程。

根据以上推导过程，可以得到以下结论。

系统的状态方程为

$$\dot{\boldsymbol{X}}=\boldsymbol{f}(\boldsymbol{X},\ \boldsymbol{u},\ t)$$

在时间$[t_0,\ t_f]$限定，初始条件给定，终点状态$\boldsymbol{X}(t_f)$自由，为使$\boldsymbol{u}(t)$成为最优控制$\boldsymbol{u}^*(t)$，$\boldsymbol{X}(t)$为最优轨迹线$\boldsymbol{X}^*(t)$，则必存在一向量函数$\boldsymbol{\lambda}(t)$，使得

(1) $\boldsymbol{X}(\mathrm{t})$和$\boldsymbol{\lambda}(t)$为下列方程(哈密顿方程组)的解

$$\dot{\boldsymbol{X}}(t)=\frac{\partial H}{\partial \boldsymbol{\lambda}}$$

$$\dot{\boldsymbol{\lambda}}(t)=-\frac{\partial H}{\partial \boldsymbol{X}}$$

(2) $\boldsymbol{X}(t)$和$\boldsymbol{\lambda}(t)$满足端点条件(或贯截条件)

$\boldsymbol{X}(t_0)$给定，

$$\boldsymbol{\lambda}(t_f)=\frac{\partial \theta}{\partial \boldsymbol{X}(t_f)}$$

(3) 哈密顿函数H对最优控制有稳定的取值

$$\frac{\partial H}{\partial \boldsymbol{u}}=\boldsymbol{0}$$

(4) $\boldsymbol{u}^*(t)$、$\boldsymbol{X}^*(t)$和$\boldsymbol{\lambda}(t)$使指标泛函J取极小值，因为对式(5-2)取二次变分或对式(5-6)取一次变分，得

$$\delta^2 J=\frac{1}{2}(\delta J)'=\frac{1}{2}\delta\boldsymbol{X}^{\mathrm{T}}(t_f)\frac{\partial^2\theta}{\partial \boldsymbol{X}^2(t_f)}\cdot\delta\boldsymbol{X}(t_f)+\frac{1}{2}\int_{t_0}^{t_f}[\delta\boldsymbol{X}^{\mathrm{T}}\cdot\delta\boldsymbol{u}^{\mathrm{T}}]\begin{bmatrix}\dfrac{\partial^2 H}{\partial \boldsymbol{X}^2} & \dfrac{\partial^2 H}{\partial \boldsymbol{X}\partial \boldsymbol{u}}\\ \dfrac{\partial^2 H}{\partial \boldsymbol{u}\partial \boldsymbol{X}} & \dfrac{\partial^2 H}{\partial \boldsymbol{u}^2}\end{bmatrix}\begin{bmatrix}\delta\boldsymbol{X}\\ \delta\boldsymbol{u}\end{bmatrix}\mathrm{d}t\geqslant 0$$

由高等数学知，函数取极小值的条件是，一阶导数为零，二阶导数非负。而变分就相当于微分，所以上述结论成立。下面给出变分法应用的一些实例[8,9]。

【例5.4】 已知一维系统的状态方程和初始条件为

$$\dot{\boldsymbol{X}}=\boldsymbol{u}$$
$$\boldsymbol{X}(t_0)=\boldsymbol{X}_0$$

调节时间为$[t_0, t_f]$，终端 $\boldsymbol{X}(t_f)$自由。

性能指标为

$$J=\frac{1}{2}C\boldsymbol{X}^2(t_f)+\frac{1}{2}\int_{t_0}^{t_f}\boldsymbol{u}^2(t)\mathrm{d}t$$

其中，$C>0$ 为常数，求使 J 取极小的最优控制$\boldsymbol{u}^*(t)$。

解：哈密顿函数为

$$H=\Phi+\boldsymbol{\lambda}^{\mathrm{T}}\dot{\boldsymbol{X}}=\frac{1}{2}\boldsymbol{u}^2+\boldsymbol{\lambda u}$$

伴随方程为

$$\dot{\boldsymbol{\lambda}}=-\frac{\partial H}{\partial \boldsymbol{X}}=\boldsymbol{0}$$

控制方程为

$$\frac{\partial H}{\partial \boldsymbol{u}}=\boldsymbol{u}+\boldsymbol{\lambda}=\boldsymbol{0}$$

贯截(端点)条件为

$$\boldsymbol{X}(t_0)=\boldsymbol{X}_0 \qquad \theta=\frac{1}{2}C\boldsymbol{X}^2(t_f)$$

$$\boldsymbol{\lambda}(t_f)=\frac{\partial\theta}{\partial\boldsymbol{X}(t_f)}=C\boldsymbol{X}(t_f)$$

解上述方程得

$$\boldsymbol{\lambda}=C\boldsymbol{X}(t_f)=\text{const 常数(由 }\dot{\boldsymbol{\lambda}}=\boldsymbol{0}\text{ 和贯截条件得知)}$$
$$\boldsymbol{u}^*(t)=-\boldsymbol{\lambda}=-C\boldsymbol{X}(t_f)$$

由式(3-35)知

$$\boldsymbol{X}(t)=\Phi(t-t_0)\boldsymbol{X}(t_0)+\int_{t_0}^{t}\Phi(t-\tau)\boldsymbol{Bu}(\tau)\mathrm{d}\tau$$

考虑到本例和对应的状态方程 $\dot{\boldsymbol{X}}=\boldsymbol{AX}+\boldsymbol{Bu}$ 知

$$\boldsymbol{A}=0,\ \boldsymbol{B}=1$$

则状态转移矩阵 $\boldsymbol{\Phi}(t-t_0)=\mathrm{e}^{\boldsymbol{A}(t-t_0)}=\mathrm{e}^0=\boldsymbol{I}$

所以

$$\boldsymbol{X}(t)=\boldsymbol{X}(t_0)+\int_{t_0}^{t}\boldsymbol{u}(\tau)\mathrm{d}\tau=x_0+\int_{t_0}^{t}[-C\boldsymbol{X}(t_f)]\mathrm{d}\tau=-C\boldsymbol{X}(t_f)(t-t_0)+\boldsymbol{X}_0$$

也即

$$\boldsymbol{X}^*(t)=-C\boldsymbol{X}(t_f)(t-t_0)+\boldsymbol{X}_0$$

当 $t=t_f$ 时，有

$$\boldsymbol{X}(t_f)=\frac{\boldsymbol{X}_0}{1+\boldsymbol{C}(t_f-t_0)}$$

最优控制为

$$u^*(t)=-\frac{CX_0}{1+C(t_f-t_0)}$$

此时指标泛函为

$$J=\frac{1}{2}CX^2(t_f)+\frac{1}{2}\int_{t_0}^{t_f}u^2(t)\mathrm{d}t=\frac{1}{2}CX^2(t_f)+\frac{1}{2}\left[-CX(t_f)\right]^2\cdot(t_f-t_0)$$

$$=\frac{1}{2}\cdot\frac{C{X_0}^2}{1+C(t_f-t_0)}$$

2. 始端固定、终端固定，调节时间 T 固定

系统的状态方程仍然为式(5-1)。

初始状态 $X(t_0)$和终点状态 $X(t_f)$均给定，此时泛函式(5-2)可简化为

$$J=\int_{t_0}^{t_f}\Phi[X(t),\ u(t),\ t]\mathrm{d}t$$

式(5-5)变为

$$J=-\lambda^{\mathrm{T}}(t_f)X(t_f)+\lambda^{\mathrm{T}}(t_0)X(t_0)+\int_{t_0}^{t_f}[H(X,\ u,\ \lambda,\ t)-\dot{\lambda}^{\mathrm{T}}(t)X]\mathrm{d}t$$

因为 $\delta X(t_0)=\delta X(t_f)=0$，

则式(5-6)即变分为

$$\delta J=\int_{t_0}^{t_f}\left\{\left[\frac{\partial H}{\partial X}+\dot{\lambda}\right]^{\mathrm{T}}\delta X+\left(\frac{\partial H}{\partial u}\right)^{\mathrm{T}}\delta u\right\}\mathrm{d}t=0 \qquad (5-11)$$

正则方程为

$$\dot{X}^*(t)=\frac{\partial H}{\partial \lambda} \qquad (5-12)$$

$$\dot{\lambda}^*=-\frac{\partial H}{\partial X}$$

边界条件为

$$X^*(t_0)=X(t_0);\quad X^*(t_f)=X(t_f) \qquad (5-13)$$

因为终端 $X(t_f)$固定，所以最优控制不能由 δu 的任意变分来求解，但如果状态方程是完全可控的，则可由控制方程

$$\frac{\partial H}{\partial u}=\mathbf{0} \qquad (5-14)$$

求解最优控制$u^*(t)$。

【例 5.5】 一维系统的状态方程、初始状态、终点状态、调节时间$[t_0,\ t_f]$均已知，表达式如下

$$\dot{X}(t)=u,\ X(t_0)=x_0,\ X(t_f)=\mathbf{0}$$

性能指标为

$$J=\frac{1}{2}\int_{t_0}^{t_f}u^2(t)\mathrm{d}t$$

求使 J 取极小值的最优控制 $\boldsymbol{u}^*$ 和最优轨迹 $\boldsymbol{X}^*$。

解：哈密顿函数为

$$H=\frac{1}{2}\boldsymbol{u}^2+\boldsymbol{\lambda u}$$

伴随方程为

$$\dot{\boldsymbol{\lambda}}=-\frac{\partial H}{\partial \boldsymbol{X}}=\boldsymbol{0}$$

控制方程为

$$\frac{\partial H}{\partial \boldsymbol{u}}=\boldsymbol{u}+\boldsymbol{\lambda}=\boldsymbol{0}$$

端点条件为

$$\boldsymbol{X}(t_0)=\boldsymbol{X}_0 \quad \boldsymbol{X}(t_f)=\boldsymbol{0}$$

解上述各方程，可得最优控制、最优轨线和伴随变量。

因为由例 5.3 可知

$$\boldsymbol{X}(t)=\boldsymbol{X}(t_0)+\int_{t_0}^{t}\boldsymbol{u}(\tau)\mathrm{d}\tau=\boldsymbol{X}(t_0)+\int_{t_0}^{t}(-\boldsymbol{\lambda})\mathrm{d}\tau$$

由于 $\dot{\boldsymbol{\lambda}}=\boldsymbol{0}$

所以 $\boldsymbol{\lambda}$ 为常数，即

$$\boldsymbol{X}(t)=-\boldsymbol{\lambda}(t-t_0)+\boldsymbol{X}_0$$

由边界条件知

$$\boldsymbol{X}(t_f)=-\boldsymbol{\lambda}(t_f-t_0)+\boldsymbol{X}_0=\boldsymbol{0}$$

所以

$$\boldsymbol{\lambda}=\frac{\boldsymbol{X}_0}{t_f-t_0}$$

$$\boldsymbol{u}^*(t)=-\boldsymbol{\lambda}=-\frac{\boldsymbol{X}_0}{t_f-t_0}$$

$$\boldsymbol{\lambda}^*(t)=\frac{\boldsymbol{X}_0}{t_f-t_0}$$

$$\boldsymbol{X}^*(t)=-\frac{\boldsymbol{X}_0}{t_f-t_0}(t-t_0)+\boldsymbol{X}_0=\frac{t_f-t}{t_f-t_0}\boldsymbol{X}_0$$

最优性能指标为

$$J=\frac{1}{2}\int_{t_0}^{t_f}u^{*2}(t)\mathrm{d}t=\frac{1}{2}\left(-\frac{\boldsymbol{X}_0}{t_f-t_0}\right)^2(t_f-t_0)=\frac{1}{2}\cdot\frac{\boldsymbol{X}_0{}^2}{t_f-t_0}$$

$$H^*=\frac{1}{2}\left(-\frac{\boldsymbol{X}_0}{t_f-t_0}\right)^2+\frac{\boldsymbol{X}_0}{t_f-t_0}\left(-\frac{\boldsymbol{X}_0}{t_f-t_0}\right)=-\frac{1}{2}\cdot\left(\frac{\boldsymbol{X}_0}{t_f-t_0}\right)^2=\text{const}$$

3. 始端固定，终端状态自由，终端时间自由

对于系统

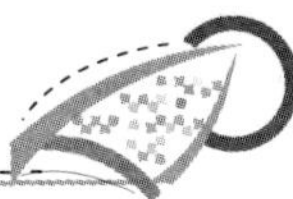

$$\dot{\boldsymbol{X}}(t)=\boldsymbol{f}\ [\boldsymbol{X}(t),\ \boldsymbol{u}(t),\ t]$$

如果 t_0、$\boldsymbol{X}(t_0)$固定，t_f、$\boldsymbol{X}(t_f)$自由，综合性能指标为

$$J=\theta[\boldsymbol{X}(t_f),\ t_f]+\int_{t_0}^{t_f}[H(\boldsymbol{X},\ \boldsymbol{u},\ \boldsymbol{\lambda},\ t)-\boldsymbol{\lambda}^{\mathrm{T}}(t)\dot{\boldsymbol{X}}]\mathrm{d}t$$

指标泛函的增量 ΔJ 由 $\delta\boldsymbol{u}$，$\delta\boldsymbol{X}$，δt_f 引起，则

$$\begin{aligned}\Delta J=&\ \theta[\boldsymbol{X}(t_f)+\delta\boldsymbol{X}(t_f),\ t_f+\delta t_f]+\int_{t_0}^{t_f}[H(\boldsymbol{X}+\delta\boldsymbol{X},\ \boldsymbol{u}+\delta\boldsymbol{u},\ \boldsymbol{\lambda},\ t)-\boldsymbol{\lambda}^{\mathrm{T}}(\dot{\boldsymbol{X}}+\delta\dot{\boldsymbol{X}})]\mathrm{d}t\\ &-\theta[\boldsymbol{X}(t_f),\ t_f]-\int_{t_0}^{t_f}[H(\boldsymbol{X},\ \boldsymbol{u},\ \boldsymbol{\lambda},\ t)-\boldsymbol{\lambda}^{\mathrm{T}}\dot{\boldsymbol{X}}]\mathrm{d}t\\ =&\ \theta[\boldsymbol{X}(t_f+\delta t_f)+\delta\dot{\boldsymbol{X}}(t_f+\delta t_f),\ t_f+\delta t_f]-\theta[\boldsymbol{X}(t_f),\ t_f]\\ &+\int_{t_f}^{t_f+\delta t_f}[H(\boldsymbol{X}+\delta\boldsymbol{X},\ \boldsymbol{u}+\delta\boldsymbol{u},\ \boldsymbol{\lambda},\ t)-\lambda^{\mathrm{T}}(\dot{\boldsymbol{X}}+\delta\dot{\boldsymbol{X}})]\mathrm{d}t\\ &+\int_{t_0}^{t_f}[H(\boldsymbol{X}+\delta\boldsymbol{X},\ \boldsymbol{u}+\delta\boldsymbol{u},\ \boldsymbol{\lambda},\ t)-H(\boldsymbol{X},\ \boldsymbol{u},\ \boldsymbol{\lambda},\ t)-\boldsymbol{\lambda}^{\mathrm{T}}\delta\dot{\boldsymbol{X}})]\mathrm{d}t\end{aligned}$$

利用积分中值定理，可得泛函的变分为

$$\begin{aligned}\delta J=&\left(\frac{\partial\theta}{\partial\boldsymbol{X}(t_f)}\right)^{\mathrm{T}}\cdot\delta\boldsymbol{X}(t_f)+\left(\frac{\partial\theta}{\partial t_f}\right)\cdot\delta t_f+[H-\boldsymbol{\lambda}^{\mathrm{T}}\dot{\boldsymbol{X}}]_{t=t_f}\cdot\delta t_f\\ &+\int_{t_0}^{t_f}\left[\left(\frac{\partial H}{\partial\boldsymbol{X}}\right)^{\mathrm{T}}\delta\boldsymbol{X}\left(\frac{\partial H}{\partial\boldsymbol{u}}\right)^{\mathrm{T}}\delta\boldsymbol{u}-\boldsymbol{\lambda}^{\mathrm{T}}\delta\dot{\boldsymbol{X}}\right]\mathrm{d}t\end{aligned}$$

再由分部积分法，可得

$$\begin{aligned}\delta J=&\left(\frac{\partial\theta}{\partial\boldsymbol{X}(t_f)}\right)^{\mathrm{T}}\cdot\delta\boldsymbol{X}(t_f)+\left(\frac{\partial\theta}{\partial t_f}\right)\cdot\delta t_f+[H-\boldsymbol{\lambda}^{\mathrm{T}}\dot{\boldsymbol{X}}]_{t=t_f}\cdot\delta t_f\\ &-[\boldsymbol{\lambda}^{\mathrm{T}}\delta\boldsymbol{X}]_{t=t_f}+\int_{t_0}^{t_f}\left\{\left[\frac{\partial H}{\partial\boldsymbol{X}}+\dot{\boldsymbol{\lambda}}\right]^{\mathrm{T}}\delta\boldsymbol{X}+\left(\frac{\partial H}{\partial\boldsymbol{u}}\right)^{\mathrm{T}}\delta\boldsymbol{u}\right\}\mathrm{d}t\end{aligned}$$

又
$$\delta\boldsymbol{X}(t_f+\delta t_f)=[\delta\boldsymbol{X}]_{t=t_f}+\dot{\boldsymbol{X}}(t_f)\delta t_f$$

则有

$$\delta J=\left[\frac{\partial\theta}{\partial\boldsymbol{X}(t_f)}-\boldsymbol{\lambda}(t_f)\right]^{\mathrm{T}}\delta\boldsymbol{X}(t_f)+\left[\frac{\partial\theta}{\partial t_f}+H(t_f)\right]\partial t_f+\int_{t_0}^{t_f}\left\{\left[\frac{\partial H}{\partial\boldsymbol{X}}+\dot{\boldsymbol{\lambda}}\right]^{\mathrm{T}}\delta\boldsymbol{X}+\left(\frac{\partial H}{\partial\boldsymbol{u}}\right)^{\mathrm{T}}\delta\boldsymbol{u}\right\}\mathrm{d}t$$

取极值的必要条件为 $\delta J=0$

所以有

$$\dot{\boldsymbol{\lambda}}=-\frac{\partial H}{\partial\boldsymbol{X}}\tag{5-15}$$

$$\frac{\partial\theta}{\partial\boldsymbol{X}(t_f)}=\boldsymbol{\lambda}(t_f)\tag{5-16}$$

$$H(t_f)=-\frac{\partial\theta}{\partial t_f}\tag{5-17}$$

$$\frac{\partial H}{\partial\boldsymbol{u}}=\boldsymbol{0}\tag{5-18}$$

可以得到以下结论：在系统给定初始时刻 t_0、初始状态 $\boldsymbol{X}(t_0)$、终端时刻 t_f 和终端状

态$\boldsymbol{X}(t_f)$自由情况下，一定存在伴随向量函数$\boldsymbol{\lambda}^*(t)$，在最优控制$\boldsymbol{u}^*(\mathrm{t})$和最优状态$\boldsymbol{X}^*(t)$上使性能指标(5-2)取极小值。$\boldsymbol{X}^*(t)$和$\boldsymbol{\lambda}^*(t)$是状态方程式(5-1)或$\dot{\boldsymbol{X}}^*(t)=\left.\dfrac{\partial H}{\partial \boldsymbol{\lambda}}\right|_*$与伴随方程(5-15)的解，且满足边界条件式(5-16)与$\boldsymbol{X}^*(t_0)=\boldsymbol{X}(t_0)$，最优控制$\boldsymbol{u}^*(t)$由控制方程式(5-18)求解，最佳终点时间$t_f^*$由式(5-17)求解[8,9]。

5.3 极大值原理

极大值原理也称为极小值原理，两者意义相同。对于式(5-2)的指标泛函中被积函数取$\Phi(\boldsymbol{X},\boldsymbol{u},t)$时，指标$J$取极大值。如果被积函数取$-\Phi(\boldsymbol{X},\boldsymbol{u},t)$时，指标$J$取极小值。

极大值原理由科学家庞德里亚金等人提出，极大值原理来自于变分法，但功能更强，可以解决变分法无法解决的问题。当控制作用$\boldsymbol{u}(t)$不受限制，最优问题可以用经典变分法解决。但如果$\boldsymbol{u}(t)$限制在闭区间内，或性能指标含绝对值形式时，变分法则不能解决[1,3,4]。下面举例说明。

【例 5.6】一维受控系统的方程为

$$\frac{\mathrm{d}x}{\mathrm{d}t}=u^2$$

允许控制域为$|u|\leqslant 1$，初始状态$x(0)=1$，终端状态$x(t_f)=6$，求控制系统从初态到终态并使性能指标$J=\int_0^{t_f}\mathrm{d}t=t_f$达到最小的最优控制$u^*(t)$。

解：如果采用变分法求解，首先构造哈密顿函数

$$H=1+\lambda u^2$$

正则方程为

$$\dot{x}=\frac{\partial H}{\partial \lambda}=u^2$$

$$\dot{\lambda}=-\frac{\partial H}{\partial x}=0$$

边界条件为

$$x(0)=1,\ x(t_f)=6$$

$$H(t_f)=-\frac{\partial \theta}{\partial t_f}=0$$

控制方程为

$$\frac{\partial H}{\partial u}=2\lambda u=0$$

由伴随方程可知

$$\lambda=\mathrm{const}(常数)$$

代入控制方程有

$$2\lambda u=0$$

所以

$$u^*=0$$

显然，求出的 u^* 并非最优控制，因为 $\dot{x}=u^2=0$，状态不会转移。事实上，容易看出，在允许的控制范围内，取 $u(t)=1$ 时，(因为 $|u|\leqslant 1$，u 的最大值为 1)，系统的运动速度最大，即

$$\dot{x}=u^2=1$$

应用初始条件得

$$x(t)=t+1$$

再用终端条件

$$t_f=x(t_f)-1=5$$

所以，在 $|u|\leqslant 1$ 控制约束下，使系统从 $x(0)=1$ 转移到 $x(t_f)=6$ 的最短时间为 $t_f=5$，最优控制 $u^*=1$。

采用变分法无法求解该控制问题的原因为，实际最优控制正好落在闭区域的约束 $|u|\leqslant 1$ 的边界上。在边界上，它不再满足 $\frac{\partial H}{\partial u}=0$ 这个极值条件方程。

此外，变分法对函数 $\dot{\boldsymbol{X}}(t)=\boldsymbol{f}(\boldsymbol{X},\boldsymbol{u},t)$ 和 $\Phi(\boldsymbol{X},\boldsymbol{u},t)$ 的可微性要求很严格，特别是要求 $\frac{\partial \Phi}{\partial \boldsymbol{u}}$ 存在，但在工程上往往无法满足。例如要求燃料最节省的最优控制中，性能指标泛函中的 Φ 函数为控制 $\boldsymbol{u}$ 的绝对值，此时 $\frac{\partial \Phi}{\partial \boldsymbol{u}}$ 就不存在，变分法不能求解。

极大值原理放宽了对函数 $\boldsymbol{f}(\boldsymbol{X},\boldsymbol{u},t)$ 和 $\Phi(\boldsymbol{X},\boldsymbol{u},t)$ 的要求，从而可以解决工程上的许多实际控制问题。下面给出关于极大值原理的定理[1,3,4]。

定理：对于给定系统

$$\dot{\boldsymbol{X}}=\boldsymbol{f}(\boldsymbol{X},\boldsymbol{u},t)$$

在初始状态 $\boldsymbol{X}(t_0)=\boldsymbol{X}_0$，终点时间 t_f 与终点状态 $\boldsymbol{X}(t_f)$ 自由的情况下，容许控制 $\boldsymbol{u}(t)$ 是分段连续的函数，其约束为

$$\boldsymbol{u}\in U,\quad U \text{ 为闭域}$$

性能指标为

$$J=\theta[\boldsymbol{X}(t_f),t_f]+\int_{t_0}^{t_f}\Phi[\boldsymbol{X}(t),\boldsymbol{u}(t),t]\mathrm{d}t$$

则最优控制 $\boldsymbol{u}^*(t)$ 为性能指标使 J 取极小值的最优控制的必要条件是：存在一个向量伴随函数 $\boldsymbol{\lambda}^*(t)$，使得

(1) $\boldsymbol{X}^*(t)$ 和 $\boldsymbol{\lambda}^*(t)$ 满足正则方程

$$\dot{\boldsymbol{X}}=\frac{\partial H}{\partial \boldsymbol{\lambda}};\quad \dot{\boldsymbol{\lambda}}=-\frac{\partial H}{\partial \boldsymbol{X}} \tag{5-19}$$

式中 H 为哈密顿函数

$$H(\boldsymbol{X},\ u,\ \lambda,\ t)=\Phi(\boldsymbol{X},\ \boldsymbol{u},\ t)+\boldsymbol{\lambda}^{\mathrm{T}}(t)\boldsymbol{f}(\boldsymbol{X},\ \boldsymbol{u},\ t) \tag{5-20}$$

(2) $\boldsymbol{X}^*(t)$和$\boldsymbol{\lambda}^*(t)$满足下列端点条件

$$\boldsymbol{X}^*(t_0)=\boldsymbol{X}_0;\qquad \boldsymbol{\lambda}^*(t_f)=\frac{\partial\theta}{\partial\boldsymbol{X}(t_f)} \tag{5-21}$$

(3) 哈密顿函数对最优控制有极小值

$$H(\boldsymbol{X}^*,\ \boldsymbol{u}^*,\ \boldsymbol{\lambda}^*,\ t)=\min_{u\in U}H(\boldsymbol{X}^*,\ \boldsymbol{u},\ \boldsymbol{\lambda}^*,\ t) \tag{5-22}$$

(4) 对最优控制，哈密顿函数的终值为

$$H^*(t_f)=-\frac{\partial\theta}{\partial t_f} \tag{5-23}$$

可以看出，极大值原理与变分法的始端固定、终端时间和终端状态自由相比，只有式(5-18)和式(5-22)不同，其余公式则相同[1,4]。

【例 5.7】 已知系统的状态方程和初始状态为

$$\begin{bmatrix}\dot{x}_1\\ \dot{x}_2\end{bmatrix}=\begin{bmatrix}0 & 1\\ 0 & 0\end{bmatrix}\begin{bmatrix}x_1\\ x_2\end{bmatrix}+\begin{bmatrix}0\\ 1\end{bmatrix}u$$

$$\boldsymbol{X}(t_0)=\boldsymbol{X}_0$$

允许控制域为 $|u|\leqslant 1$

求使系统从动态$\boldsymbol{X}_0$转移到原点，并使指标函数

$$J=\int_{t_0}^{t_f}\mathrm{d}t$$

达到极小的最优控制。

解：这是一个最小时间控制问题。

由状态方程知

$$\begin{cases}\dot{x}_1=x_2\\ \dot{x}_2=u\end{cases}$$

哈密顿函数为

$$H(\boldsymbol{X},\ u,\ \boldsymbol{\lambda})=1+\lambda_1x_2+\lambda_2u,$$

伴随方程为

$$\dot{\lambda}_1=-\frac{\partial H}{\partial x_1}=0$$

$$\dot{\lambda}_2=-\frac{\partial H}{\partial x_2}=-\lambda_1$$

最优控制 $u^*(t)$使 H 函数取最小值，考虑到$|u|\leqslant 1$，所以

$$u^*(t)=-\mathrm{sgn}\ [\lambda_2(t)]$$

由伴随方程解得

$$\lambda_1(t)=c_1$$

$$\lambda_2(t)=-c_1t+c_2\qquad (c_1,\ c_2\ 为常数)$$

只要 $c_1\neq 0$，则$\lambda_2(t)$是 t 的单调函数，最多只过一次零，所以 $u^*(t)$最多只变一次符号。

$u^*(t)$有下列 4 种可能性。

(1) $u^*(t)=-1$，对应于$\lambda_2(t)>0$，控制过程如图 5.4(a)所示。

(2) $u^*(t)=+1$，对应于$\lambda_2(t)<0$，控制过程如图 5.4(b)所示。

(3) $u^*(t)$由-1切换到$+1$，对应于$\lambda_2(t)$由大于零变到小于零。控制过程如图 5.4(c)所示。

(4) $u^*(t)$由$+1$切换到-1，对应于$\lambda_2(t)$由小于零变到大于零。控制过程如图 5.4(d)所示。

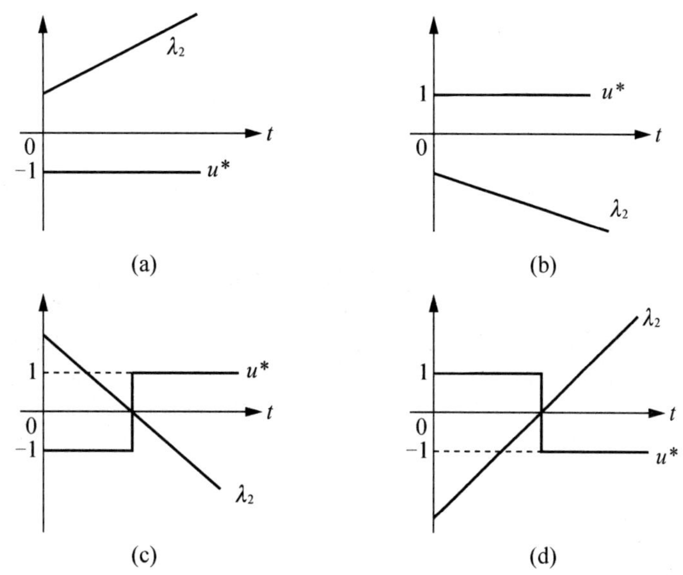

图 5.4 最优控制示意图

为了确定控制切换时间和具体的$u^*(t)$的极性，可以在相平面(x_1, x_2)上进行相轨迹分析。

当$u(t)=+1$时，解状态方程得

$$\begin{cases} x_1(t)=\dfrac{1}{2}t^2+x_{20}t+x_{10} \\ x_2(t)=t+x_{20} \end{cases} \quad x_{10},\ x_{20}\text{为初始值}$$

消去t，得相轨迹方程为

$$x_1(t)=\frac{1}{2}x_2^2(t)+x_{10}-\frac{1}{2}x_{20}^2$$

当$u(t)=-1$时，解状态方程得

$$\begin{cases} x_1(t)=-\dfrac{1}{2}t^2+x_{20}t+x_{10} \\ x_2(t)=-t+x_{20} \end{cases}$$

消去t，得相轨迹方程为

$$x_1(t)=-\frac{1}{2}x_2^2(t)+x_{10}+\frac{1}{2}x_{20}^2$$

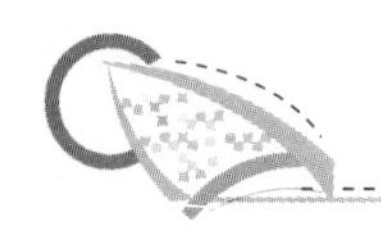

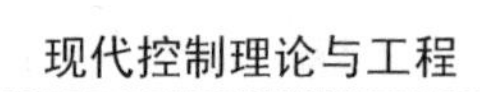

显然，这两组相轨迹为两个抛物线族，如图 5.5 所示。因为 $\dot{x}_1=x_2>0$ 是使 x_1 增加，$\dot{x}_1=x_2<0$ 是使 x_1 减小，所以状态随时间 t 变化的趋势如图中箭头所示。

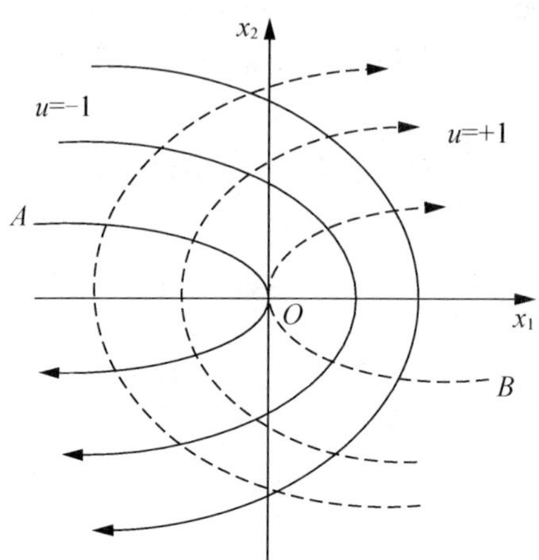

图 5.5　控制轨迹示意图

可以看出，只有两条轨迹能达到坐标原点，即 $u(t)=-1$ 时 AO 线和 $u(t)=+1$ 时的 BO 线。当初始状态正好在 AO 线上或者 BO 线上时，对最优控制为 $u^*(t)=-1$ 或 $+1$，对应图 5.4(a)和图 5.4(b)。如果初始状态不在 AOB 线上时，要转换到原点，必须先切换到 AO 线或 BO 轨线上。

AO 轨线的方程为

$$x_1(t)=-\frac{1}{2}x_2^2(t),\quad x_2(t)\geqslant 0$$

$$u(t)=-1$$

BO 轨线的方程为

$$x_1(t)=\frac{1}{2}x_2^2(t),\quad x_2(t)\leqslant 0$$

$$u(t)=+1$$

将其合并，AOB 轨迹方程为

$$x_1(t)=-\frac{1}{2}x_2(t)\,|x_2(t)|$$

AOB 曲线将相平面划分为两个区域，图 5.6 画出可以到原点的轨迹线示意图。AOB 线的上半平面为 $u(t)=-1$ 控制区，因为若在此区域内由 $u(t)=+1$ 控制，则对应的状态线轨迹只会随时间远离原点。AOB 线下半平面为 $u(t)=+1$ 控制区。AOB 称为系统的最小时间开关曲线。

在 $u(t)=-1$ 的区域，有

$$x_1(t)+\frac{1}{2}x_2(t)\,|x_2(t)|>0$$

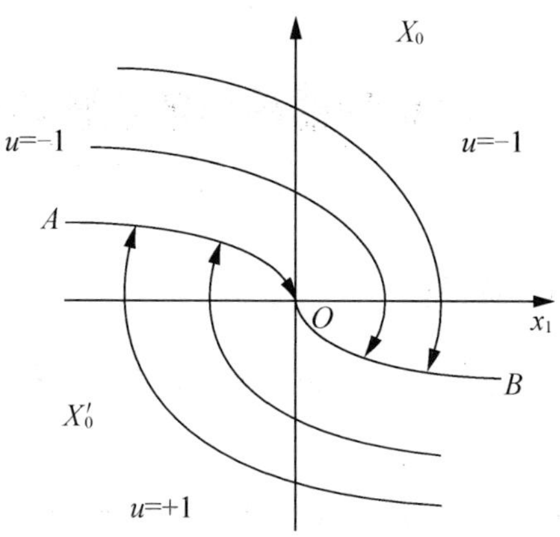

图 5.6 轨迹切换示意图

在 $u(t)=+1$ 的区域，有

$$x_1(t)+\frac{1}{2}x_2(t)|x_2(t)|<0$$

因此，最优控制为

$$u^*(t)=-\mathrm{sgn}\left[x_1(t)+\frac{1}{2}x_2(t)|x_2(t)|\right]$$

当初始状态在 AOB 曲线上半平面时，如对应 X_0，先用 $u(t)=-1$ 控制，待状态转移到与 OB 线相交时，换成 $u(t)=+1$ 控制，直到状态转移到原点为止。当初始状态在 AOB 曲线下半平面时，如对应图 5.6 的 X_0'，则先用 $u(t)=+1$ 控制，待状态转移到与 AO 线相交时，再换成 $u(t)=-1$ 控制，直到状态转移到原点为止。根据最优控制的表达式，可以构成闭环最优控制系统[1,4]，如图 5.7 所示。

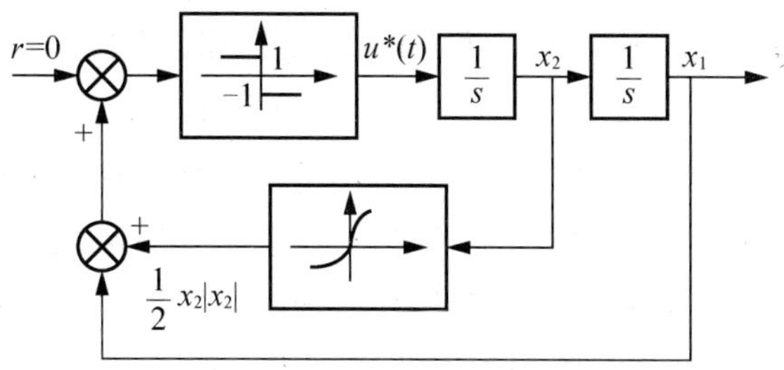

图 5.7 最优控制系统的结构

注：符号函数为

$$f(x)=\mathrm{sgn}(x)=\begin{cases}+1 & x>0\\ 0 & x=0\\ -1 & x<0\end{cases}$$

5.4 具有二次型性能指标的线性调节器问题

5.4.1 二次型性能指标的最优控制

在现代控制理论中，对于是二次型性能指标的最优控制问题，可以利用变分法的无约束最优控制原理来解决[3,4,6]。

给定一个 n 阶线性控制对象，其状态方程和初始状态为

$$\dot{\boldsymbol{X}}(t)=\boldsymbol{A}(t)\boldsymbol{X}(t)+\boldsymbol{B}(t)\boldsymbol{u}(t) \tag{5-24}$$

$$\boldsymbol{X}(t_0)=\boldsymbol{X}_0$$

寻求最优控制 $\boldsymbol{u}(t)$，使性能指标

$$J=\frac{1}{2}\boldsymbol{X}^{\mathrm{T}}(t_f)\boldsymbol{S}\boldsymbol{X}(t_f)+\frac{1}{2}\int_{t_0}^{t_f}[\boldsymbol{X}^{\mathrm{T}}(t)\boldsymbol{Q}(t)\boldsymbol{X}(t)+\boldsymbol{u}^{\mathrm{T}}(t)\boldsymbol{R}(t)\boldsymbol{u}(t)]\mathrm{d}t \tag{5-25}$$

达到极小值。其中 $\boldsymbol{S}$、$\boldsymbol{Q}(t)$、$\boldsymbol{R}(t)$为对称矩阵，且 $\boldsymbol{S}$ 和$\boldsymbol{Q}(t)$为非负定或正定的，$\boldsymbol{R}(t)$则是正定。

观察式(5-25)的性能指标 J，第一项是末值项，对终端状态提出的一个符合需要的要求，即在终端时刻 t_f，系统的状态 $\boldsymbol{X}(t_f)$接近预定终态的程度。如控制大气层外导弹的拦截，飞船的会合，飞船的软着陆，机器人运动轨迹的终点等。

J 的第二项(积分项)为综合指标，积分中的第一项表示在 $t\in[t_0, t_f]$中对状态 $\boldsymbol{X}(t)$的要求，衡量整个控制期间系统的实际状态与给定状态之间的综合误差，类似于经典控制理论中给定参考输入与被控量之间误差的平方积分。这一积分项越小，说明控制效果越好。

积分中的第二项是对控制总能量的控制，如果仅考虑控制误差，则有可能造成控制向量$\boldsymbol{u}(t)$过大，能量消耗太大。因此，两个积分项是相互制约的，状态误差平方积分小，则控制能量大；反之，节省控制能量，则要降低控制性能。所以求解两者之和的极小值时需要折中，并分配权重。如果重视控制的准确性，则需加大加权矩阵 $\boldsymbol{Q}(t)$的各元。反之要加大权矩阵 $\boldsymbol{R}(t)$的各元。如果 $\boldsymbol{Q}(t)$中有些元素为零，则说明对应的 $\boldsymbol{X}(t)$中状态分量没有任何要求。即$\boldsymbol{Q}(t)$是正定或非负定对称矩阵。而 $\boldsymbol{R}(t)$正定是因为计算时需要用到 $\boldsymbol{R}(t)$的逆阵。

二次型性能指标最优控制分为两类，即线性调节器和线性伺服器。其最优控制的特点是线性的控制规律，即反馈控制作用与系统状态的变化成比例，$\boldsymbol{u}(t)=-\boldsymbol{K}\boldsymbol{X}(t)$。

1. 线性调节器问题

施加于控制系统的参考输入不变，当被控对象的状态受到外界干扰或其他因素而偏离给定的平衡状态时，则需要对它加以控制，使其恢复到平衡状态。

2. 线性伺服器问题

对被控对象施加控制，使其状态按照参考输入的变化而变化。这类控制问题属于自动跟踪控制的范畴，例如导弹拦截控制、机器人焊缝跟踪控制等。

5.4.2 终点时间有限的线性调节器问题

设线性系统的状态方程为

$$\dot{\boldsymbol{X}}=\boldsymbol{A}(t)\boldsymbol{X}+\boldsymbol{B}(t)\boldsymbol{u} \tag{5-26}$$

给定初始条件 $\boldsymbol{X}(t_0)=\boldsymbol{X}_0$，终点时间 t_f 固定，终点状态 $\boldsymbol{X}(t_f)$ 自由，寻求最优控制 $\boldsymbol{u}(t)$，使性能指标

$$J=\frac{1}{2}\boldsymbol{X}^{\mathrm{T}}(t_f)\boldsymbol{S}\boldsymbol{X}(t_f)+\frac{1}{2}\int_{t_0}^{t_f}[\boldsymbol{X}^{\mathrm{T}}(t)\boldsymbol{Q}(t)\boldsymbol{X}(t)+\boldsymbol{u}^{\mathrm{T}}(t)\boldsymbol{R}(t)\boldsymbol{u}(t)]\mathrm{d}t$$

达到极小值。

以上最优控制问题可根据变分法求解，具体过程如下[3,4,6]。

1. 建立庞德里亚金方程

构建哈密顿函数

$$H[\boldsymbol{X}(t),\ \boldsymbol{u}(t),\ \boldsymbol{\lambda}(t),\ t]=\frac{1}{2}\boldsymbol{X}^{\mathrm{T}}\boldsymbol{Q}\boldsymbol{X}+\frac{1}{2}\boldsymbol{u}^{\mathrm{T}}\boldsymbol{R}(t)\boldsymbol{u}+\boldsymbol{\lambda}^{\mathrm{T}}\boldsymbol{A}\boldsymbol{X}+\boldsymbol{\lambda}^{\mathrm{T}}\boldsymbol{B}\boldsymbol{u} \tag{5-27}$$

建立控制方程

$$\frac{\partial H}{\partial \boldsymbol{u}}=\boldsymbol{R}(t)\boldsymbol{u}(t)+\boldsymbol{B}^{\mathrm{T}}(t)\boldsymbol{\lambda}(t)=\boldsymbol{0} \tag{5-28}$$

建立伴随方程

$$\frac{\partial H}{\partial \boldsymbol{X}}=-\dot{\boldsymbol{\lambda}}=\boldsymbol{Q}(t)\boldsymbol{X}(t)+\boldsymbol{A}^{\mathrm{T}}(t)\boldsymbol{\lambda}(t) \tag{5-29}$$

建立贯截方程

$$\boldsymbol{\lambda}(t_f)=\frac{\partial\theta}{\partial\boldsymbol{X}(t_f)}=\boldsymbol{S}\boldsymbol{X}(t_f) \tag{5-30}$$

2. 建立闭环控制

使最优控制 $\boldsymbol{u}(t)$ 作为状态 $\boldsymbol{X}(t)$ 的函数，构建闭环控制系统。由式(5-28)可得

$$\boldsymbol{u}(t)=-\boldsymbol{R}^{-1}(t)\boldsymbol{B}^{\mathrm{T}}(t)\boldsymbol{\lambda}(t) \tag{5-31}$$

假定这个控制作用 $\boldsymbol{u}(t)$ 可以用一个闭环控制来代替，且满足伴随方程式(5-29)的条件，则设

$$\boldsymbol{\lambda}(t)=\boldsymbol{P}(t)\boldsymbol{X}(t) \tag{5-32}$$

将其代入式(5-31)得

$$\boldsymbol{u}^*(t)=-\boldsymbol{R}^{-1}(t)\boldsymbol{B}^{\mathrm{T}}(t)\boldsymbol{P}(t)\boldsymbol{X}(t)=-\boldsymbol{K}(t)\boldsymbol{X}(t) \tag{5-33}$$

式中：

$$\boldsymbol{K}(t)=\boldsymbol{R}^{-1}(t)\boldsymbol{B}^{\mathrm{T}}(t)\boldsymbol{P}(t)$$

为反馈增益矩阵。由于$\boldsymbol{R}(t)$和$\boldsymbol{B}(t)$已知，所以求解最优控制$\boldsymbol{u}(t)$归结为求解矩阵$\boldsymbol{P}(t)$。

3. 求解矩阵 $\boldsymbol{P}(t)$

将式(5-33)代入式(5-26)得

$$\dot{\boldsymbol{X}}=\boldsymbol{A}(t)\boldsymbol{X}(t)+\boldsymbol{B}(t)\boldsymbol{u}(t)=\boldsymbol{A}(t)\boldsymbol{X}(t)+\boldsymbol{B}(t)\left[-\boldsymbol{R}^{-1}(t)\boldsymbol{B}^{\mathrm{T}}(t)\boldsymbol{P}(t)\boldsymbol{X}(t)\right] \tag{5-34}$$

由式(5-29)和式(5-32)得

$$\begin{cases}\dot{\boldsymbol{\lambda}}=\dot{\boldsymbol{P}}(t)\boldsymbol{X}(t)+\boldsymbol{P}(t)\dot{\boldsymbol{X}}(t)\\ \dot{\boldsymbol{\lambda}}=-\boldsymbol{Q}(t)\boldsymbol{X}(t)-\boldsymbol{A}^{\mathrm{T}}(t)\boldsymbol{P}(t)\boldsymbol{X}(t)\end{cases} \tag{5-35}$$

将式(5-34)代入式(5-35)得

$$\left[\dot{\boldsymbol{P}}(t)+\boldsymbol{P}(t)\boldsymbol{A}(t)+\boldsymbol{A}^{\mathrm{T}}(t)\boldsymbol{P}(t)-\boldsymbol{P}(t)\boldsymbol{B}(t)\boldsymbol{R}^{-1}(t)\boldsymbol{B}^{\mathrm{T}}(t)\boldsymbol{P}(t)+\boldsymbol{Q}(t)\right]\boldsymbol{X}(t)=\boldsymbol{0}$$

对于上式，由于$\boldsymbol{X}(t)\neq\boldsymbol{0}$，所以有

$$\dot{\boldsymbol{P}}(t)=-\boldsymbol{P}(t)\boldsymbol{A}(t)-\boldsymbol{A}^{\mathrm{T}}(t)\boldsymbol{P}(t)+\boldsymbol{P}(t)\boldsymbol{B}(t)\boldsymbol{R}^{-1}(t)\boldsymbol{B}^{\mathrm{T}}(t)\boldsymbol{P}(t)-\boldsymbol{Q}(t) \tag{5-36}$$

式中：$\boldsymbol{P}(t)$为一个$n\times n$的对称正定矩阵。

式(5-36)称为里卡德(Ricatti)矩阵方程，是一个非线性微分方程，求解该方程需要n个边界条件，可根据式(5-30)和式(5-32)给出的终值条件求得。

$$\boldsymbol{\lambda}(t_f)=\boldsymbol{S}\boldsymbol{X}(t_f)=\boldsymbol{P}(t_f)\boldsymbol{X}(t_f)$$

即$\boldsymbol{P}(t_f)=\boldsymbol{S}$。

由式(5-36)解得满足终端条件的$\boldsymbol{P}(t)$后，将其代入式(5-33)就能将最优控制$\boldsymbol{u}(t)$通过$\boldsymbol{X}(t)$的线性反馈表示出来，如图5.8所示。

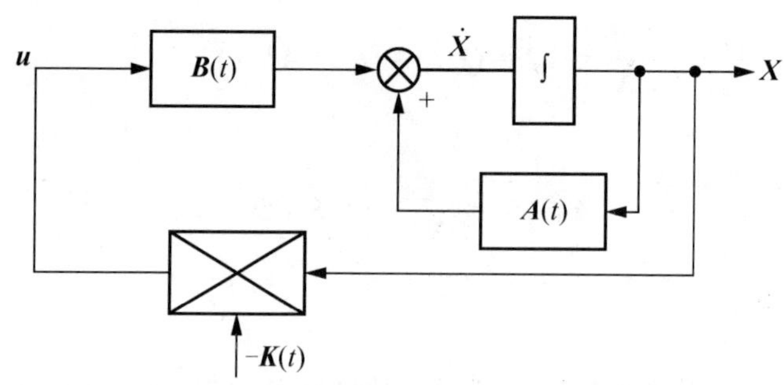

图5.8　线性最优调节器的结构

综上所述，可以归纳出构成线性最优控制调节器的必要条件如下。

(1) 系统的状态必须是完全可观测的。

(2) 反馈矩阵$\boldsymbol{K}$确实可求解，并能够实际实现。

一般情况下，矩阵$\boldsymbol{P}$可由式(5-36)求解，由于里卡德矩阵方程求解较烦琐，因此多数情况下需要采用计算机运算。如果矩阵$\boldsymbol{S}$太大，不易计算，则可利用里卡德逆矩阵微分

方程求解，方法如下。

令
$$\boldsymbol{P}(t)\boldsymbol{P}^{-1}(t)=\boldsymbol{I}$$
微分得
$$\dot{\boldsymbol{P}}(t)\boldsymbol{P}^{-1}(t)+\boldsymbol{P}(t)\dot{\boldsymbol{P}}^{-1}(t)=\boldsymbol{0}$$
由上式可求解里卡德逆矩阵方程。
$$\dot{\boldsymbol{P}}^{-1}(t)=\boldsymbol{A}(t)\boldsymbol{P}^{-1}(t)+\boldsymbol{P}^{-1}(t)\boldsymbol{A}^{\mathrm{T}}(t)-\boldsymbol{B}(t)\boldsymbol{R}^{-1}(t)\boldsymbol{B}^{\mathrm{T}}(t)+\boldsymbol{P}^{-1}(t)\boldsymbol{Q}(t)\boldsymbol{P}^{-1}(t)$$
且
$$\boldsymbol{P}^{-1}(t_f)=\boldsymbol{S}^{-1}$$

为求得线性最优调节器得以实现的充分条件，必须使性能指标 J 的二次变分大于零，即
$$\delta^2 J=\frac{1}{2}\delta\boldsymbol{X}^{\mathrm{T}}(t_f)\boldsymbol{S}\delta\boldsymbol{X}(t_f)+\frac{1}{2}\int_{t_0}^{t_f}[\delta\boldsymbol{X}^{\mathrm{T}}(t)\theta(t)\delta\boldsymbol{X}(t)+\delta\boldsymbol{u}^{\mathrm{T}}(t)\boldsymbol{R}(t)\delta\boldsymbol{u}(t)]\mathrm{d}t$$

要使 $\delta^2 J>0$，则 $\boldsymbol{Q}$，$\boldsymbol{R}$，$\boldsymbol{S}$ 至少为半正定矩阵，矩阵 $\boldsymbol{R}$ 可逆，即正定。

4. 线性调节器的稳定性

下面分析线性调节器的稳定性问题。设系统状态方程为
$$\dot{\boldsymbol{X}}=\boldsymbol{A}(t)\boldsymbol{X}+\boldsymbol{B}(t)\boldsymbol{u}$$
二次型性能指标 J 达最小，控制规律为
$$\boldsymbol{u}(t)=-\boldsymbol{R}^{-1}(t)\boldsymbol{B}^{\mathrm{T}}(t)\boldsymbol{P}(t)\boldsymbol{X}(t)=-\boldsymbol{K}(t)\boldsymbol{X}(t)$$
$$\frac{\mathrm{d}}{\mathrm{d}t}(\boldsymbol{X}^{\mathrm{T}}\boldsymbol{P}\boldsymbol{X})=\dot{\boldsymbol{X}}^{\mathrm{T}}\boldsymbol{P}\boldsymbol{X}+\boldsymbol{X}^{\mathrm{T}}\dot{\boldsymbol{P}}\boldsymbol{X}+\boldsymbol{X}^{\mathrm{T}}\boldsymbol{P}\dot{\boldsymbol{X}}=(\boldsymbol{A}\boldsymbol{X}+\boldsymbol{B}\boldsymbol{u})^{\mathrm{T}}\boldsymbol{P}\boldsymbol{X}+\boldsymbol{X}^{\mathrm{T}}\dot{\boldsymbol{P}}\boldsymbol{X}+\boldsymbol{X}^{\mathrm{T}}\boldsymbol{P}(\boldsymbol{A}\boldsymbol{X}+\boldsymbol{B}\boldsymbol{u})$$
$$=\boldsymbol{X}^{\mathrm{T}}\{\dot{\boldsymbol{P}}+\boldsymbol{A}^{\mathrm{T}}\boldsymbol{P}+\boldsymbol{P}\boldsymbol{A}-2\boldsymbol{P}\boldsymbol{B}\boldsymbol{R}^{-1}\boldsymbol{B}^{\mathrm{T}}\boldsymbol{P}\}\boldsymbol{X}$$
由式(5－36)得
$$\frac{\mathrm{d}}{\mathrm{d}t}(\boldsymbol{X}^{\mathrm{T}}\boldsymbol{P}\boldsymbol{X})=-\boldsymbol{X}^{\mathrm{T}}\boldsymbol{P}\boldsymbol{B}\boldsymbol{R}^{-1}\boldsymbol{B}^{\mathrm{T}}\boldsymbol{P}\boldsymbol{X}-\boldsymbol{X}^{\mathrm{T}}\boldsymbol{Q}\boldsymbol{X}$$
令 $\boldsymbol{z}=\boldsymbol{R}^{-1}\boldsymbol{B}^{\mathrm{T}}\boldsymbol{P}\boldsymbol{X}$，则有
$$\frac{\mathrm{d}}{\mathrm{d}t}(\boldsymbol{X}^{\mathrm{T}}\boldsymbol{P}\boldsymbol{X})=-\boldsymbol{z}^{\mathrm{T}}\boldsymbol{R}\boldsymbol{z}-\boldsymbol{X}^{\mathrm{T}}\boldsymbol{Q}\boldsymbol{X} \tag{5-37}$$

已知 $\boldsymbol{R}$ 正定，$\boldsymbol{Q}$ 半正定，所以式(5－37)右端永远为负，即由里卡德方程求得的矩阵 $\boldsymbol{P}$ 构成$\boldsymbol{X}^{\mathrm{T}}\boldsymbol{P}\boldsymbol{X}$ 作为线性调节器的李亚普诺夫函数。$\boldsymbol{P}$ 为正定，$\frac{\mathrm{d}}{\mathrm{d}t}(\boldsymbol{X}^{\mathrm{T}}\boldsymbol{P}\boldsymbol{X})$为负，所以由线性调节器构成的闭环系统渐进稳定。

5.4.3 终点状态固定的线性调节器问题

以 $\boldsymbol{X}(t_f)=\boldsymbol{0}$ 为例，用函数补偿方法，将本是终点固定问题当作前面所述的终点状态自由问题来处理，这样可应用前面的一些结论[3,4,6]。

系统的性能指标为

$$J=\int_{t_0}^{t_f}[\boldsymbol{X}^{\mathrm{T}}(t)\boldsymbol{Q}(t)\boldsymbol{X}(t)+\boldsymbol{u}^{\mathrm{T}}(t)\boldsymbol{R}(t)\boldsymbol{u}(t)]\mathrm{d}t \tag{5-38}$$

将其改写为

$$J=\boldsymbol{X}^{\mathrm{T}}(t_f)\boldsymbol{S}\boldsymbol{X}(t_f)+\int_{t_0}^{t_f}[\boldsymbol{X}^{\mathrm{T}}(t)\boldsymbol{Q}(t)\boldsymbol{X}(t)+\boldsymbol{u}^{\mathrm{T}}(t)\boldsymbol{R}(t)\boldsymbol{u}(t)]\mathrm{d}t$$

引入的$\boldsymbol{X}^{\mathrm{T}}(t_f)\boldsymbol{S}\boldsymbol{X}(t_f)$称为补偿函数，当$\boldsymbol{S}$值不大时，$\boldsymbol{X}(t_f)$将不严格遵守$\boldsymbol{X}(t_f)=\boldsymbol{0}$终点约束条件。但如果$\boldsymbol{S}$增大时，则$\boldsymbol{X}(t_f)$将减小，当$\boldsymbol{S}\to\infty$时，$\boldsymbol{X}(t_f)=\boldsymbol{0}$，从而使问题转化为前面内容。

里卡德方程为

$$\dot{\boldsymbol{P}}(t)+\boldsymbol{P}(t)\boldsymbol{A}(t)+\boldsymbol{A}^{\mathrm{T}}(t)\boldsymbol{P}(t)-\boldsymbol{P}(t)\boldsymbol{B}(t)\boldsymbol{R}^{-1}(t)\boldsymbol{B}^{\mathrm{T}}(t)\boldsymbol{P}(t)+\boldsymbol{Q}(t)=\boldsymbol{0} \tag{5-39}$$

边界条件

$$\boldsymbol{P}(t_f)=\boldsymbol{S}\to\infty$$

由于$\boldsymbol{P}(t_f)\to\infty$无法进行计算，为此讨论$\boldsymbol{S}$较大的情况。

$$\boldsymbol{P}(t)\boldsymbol{P}^{-1}(t)=\boldsymbol{I}$$

则求导得

$$\dot{\boldsymbol{P}}(t)\boldsymbol{P}^{-1}(t)+\boldsymbol{P}(t)\dot{\boldsymbol{P}}^{-1}(t)=\boldsymbol{0}$$

$$\dot{\boldsymbol{P}}^{-1}(t)=-\boldsymbol{P}^{-1}(t)\dot{\boldsymbol{P}}(t)\boldsymbol{P}^{-1}(t)$$

用$\boldsymbol{P}^{-1}(t)$左右乘以里卡德方程，并利用上式得

$$\dot{\boldsymbol{P}}^{-1}(t)-\boldsymbol{A}(t)\boldsymbol{P}^{-1}(t)-\boldsymbol{P}^{-1}(t)\boldsymbol{A}^{\mathrm{T}}(t)+\boldsymbol{B}(t)\boldsymbol{R}^{-1}(t)\boldsymbol{B}^{\mathrm{T}}(t)-\boldsymbol{P}^{-1}(t)\boldsymbol{Q}(t)\boldsymbol{P}^{-1}(t)=\boldsymbol{0} \tag{5-40}$$

边界条件

$$\boldsymbol{P}^{-1}(t_f)=\boldsymbol{S}^{-1}=\boldsymbol{0} \tag{5-41}$$

称为逆里卡德方程。

5.4.4　终点时间无限的线性调节器问题

这类问题考虑使系统的终态达到某一给定平衡状态，在性能指标中可不包含末值项[3,4,6]。

系统的状态方程为

$$\dot{\boldsymbol{X}}=\boldsymbol{A}(t)\boldsymbol{X}+\boldsymbol{B}(t)\boldsymbol{u}$$

$$\boldsymbol{X}(t_0)=\boldsymbol{X}_0$$

寻求最优控制$\boldsymbol{u}(t)$，使性能指标

$$J=\frac{1}{2}\int_{t_0}^{\infty}[\boldsymbol{X}^{\mathrm{T}}(t)\boldsymbol{Q}(t)\boldsymbol{X}(t)+\boldsymbol{u}^{\mathrm{T}}(t)\boldsymbol{R}(t)\boldsymbol{u}(t)]\mathrm{d}t \tag{5-42}$$

为极小值。

可以看出，该问题的核心问题是必须使式(5 - 38)所示的积分项性能指标存在，为此假定如下。

(1) $\boldsymbol{A}(t)$，$\boldsymbol{B}(t)$在$[t_0,\infty]$区间上分段连接，一致有界，并绝对可积。

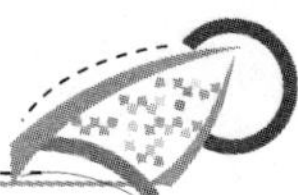

(2) $\boldsymbol{Q}(t)$，$\boldsymbol{R}(t)$在$[t_0, \infty]$区间上分段连接，且为有界对称的正定矩阵。

(3) 系统状态完全可控。

在以上条件下，终端时间无限($t_f \to \infty$)的调节器问题的解存在且唯一。此外，该系统必须可观测，相应的反馈系统必须渐进稳定。

结论：当终端时间 $t_f \to \infty$时，里卡德矩阵方程退化为里卡德矩阵代数方程，即

$$\boldsymbol{P}(t)\boldsymbol{A}(t)+\boldsymbol{A}^{\mathrm{T}}(t)\boldsymbol{P}(t)-\boldsymbol{P}(t)\boldsymbol{B}(t)\boldsymbol{R}^{-1}(t)\boldsymbol{B}^{\mathrm{T}}(t)\boldsymbol{P}(t)+\boldsymbol{Q}(t)=\boldsymbol{0} \tag{5-43}$$

即在 $t \to \infty$时，$\boldsymbol{P}(t)$趋于稳定值，则 $\dot{\boldsymbol{P}}(t)=\boldsymbol{0}$

【例 5.8】系统的状态方程为

$$\begin{bmatrix}\dot{x}_1(t)\\ \dot{x}_2(t)\end{bmatrix}=\begin{bmatrix}1 & 0\\ 0 & 1\end{bmatrix}\begin{bmatrix}x_1(t)\\ x_2(t)\end{bmatrix}+\begin{bmatrix}0\\ 1\end{bmatrix}\boldsymbol{u}(t)$$

$$\begin{bmatrix}x_1(0)\\ x_2(0)\end{bmatrix}=\begin{bmatrix}1\\ 0\end{bmatrix}$$

求最优控制，使下列性能指标

$$J=\frac{1}{2}\int_0^{\infty}[\boldsymbol{X}^{\mathrm{T}}(t)\boldsymbol{Q}(t)\boldsymbol{X}(t)+\boldsymbol{u}^2(t)]\mathrm{d}t \text{ 达极小值。}$$

其中，$\boldsymbol{Q}=\begin{bmatrix}1 & 0\\ 0 & 1\end{bmatrix}$。

解：

$$\text{设对称阵 } \boldsymbol{P}=\begin{bmatrix}P_{11} & P_{12}\\ P_{12} & P_{22}\end{bmatrix}$$

由式(5-43)里卡德代数方程，有

$$\begin{bmatrix}P_{11} & P_{12}\\ P_{12} & P_{22}\end{bmatrix}\begin{bmatrix}1 & \\ & 1\end{bmatrix}+\begin{bmatrix}1 & \\ & 1\end{bmatrix}\begin{bmatrix}P_{11} & P_{12}\\ P_{12} & P_{22}\end{bmatrix}-\begin{bmatrix}P_{11} & P_{12}\\ P_{12} & P_{22}\end{bmatrix}\begin{bmatrix}0\\ 1\end{bmatrix}+[0 \quad 1]\begin{bmatrix}P_{11} & P_{12}\\ P_{12} & P_{22}\end{bmatrix}$$

$$=-\begin{bmatrix}1 & \\ & 1\end{bmatrix}=-\boldsymbol{Q}$$

将上式展开，可以得到下列方程组

$$\begin{cases}2P_{11}-P_{12}^2=-1\\ 2P_{12}-P_{12}P_{22}=0\\ 2P_{22}-P_{22}^2=-1\end{cases}$$

从第二个方程知

$$P_{12}=0,\ P_{22}=2$$

从第三个方程解得 $P_{22}=1\pm 2$

两组方程解矛盾，方程组不相容，无解。

原因是系统不完全能控，因为

$$\mathrm{rank}[\boldsymbol{B} \quad \boldsymbol{AB}]=\mathrm{rank}\begin{bmatrix}0 & 0\\ 1 & 1\end{bmatrix}\neq 2$$

【例 5.9】控制系统如图 5.9 所示。设控制作用 $u=-\boldsymbol{K}\boldsymbol{X}(t)$，试设计最佳反馈增益矩阵 $\boldsymbol{K}$，使性能指标

$$J=\frac{1}{2}\int_0^{\infty}[\boldsymbol{X}^{\mathrm{T}}\boldsymbol{Q}\boldsymbol{X}+u^2]\mathrm{d}t$$

为极小值，并求最优控制 $u(t)$。

其中，$\boldsymbol{Q}=\begin{bmatrix}1 & 0\\ 0 & \mu\end{bmatrix}$，$\mu>0$

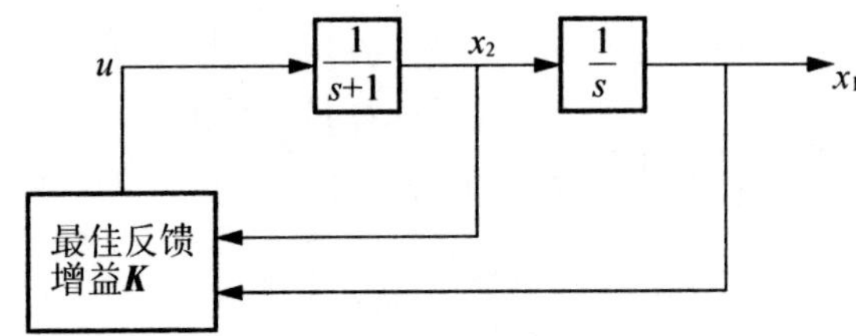

图 5.9　控制系统的结构图

解：由图可得系统的状态方程为

$$\begin{bmatrix}\dot{x}_1(t)\\ \dot{x}_2(t)\end{bmatrix}=\begin{bmatrix}0 & 1\\ 0 & -1\end{bmatrix}\begin{bmatrix}x_1(t)\\ x_2(t)\end{bmatrix}+\begin{bmatrix}0\\ 1\end{bmatrix}u(t)$$

$\mathrm{rank}[\boldsymbol{B}\ \vdots\ \boldsymbol{A}\boldsymbol{B}]=\mathrm{rank}\begin{bmatrix}0 & 1\\ 1 & -1\end{bmatrix}=2\neq 0$，满秩，系统完全能控。

由性能指标 J 的表达式可知 $\boldsymbol{R}=1$，里卡德代数方程为

$$\begin{bmatrix}P_{11} & P_{12}\\ P_{12} & P_{22}\end{bmatrix}\begin{bmatrix}0 & 1\\ 0 & -1\end{bmatrix}+\begin{bmatrix}0 & 0\\ 1 & -1\end{bmatrix}\begin{bmatrix}P_{11} & P_{12}\\ P_{12} & P_{22}\end{bmatrix}-\begin{bmatrix}P_{11} & P_{12}\\ P_{12} & P_{22}\end{bmatrix}\begin{bmatrix}0\\ 1\end{bmatrix}$$

$$[0\ 1]\begin{bmatrix}P_{11} & P_{12}\\ P_{12} & P_{22}\end{bmatrix}=-\begin{bmatrix}1 & 0\\ 0 & \mu\end{bmatrix}$$

经过整理得下列方程组

$$\begin{cases}P_{12}^2=1\\ P_{12}P_{22}-P_{11}+P_{12}=0\\ P_{22}^2+2P_{22}-2=\mu\end{cases}$$

求解上述方程组得 $P_{12}=1$，$P_{22}=\sqrt{3+\mu}-1$，$P_{11}=\sqrt{3+\mu}$

$$\boldsymbol{P}=\begin{bmatrix}P_{11} & P_{12}\\ P_{12} & P_{22}\end{bmatrix}=\begin{bmatrix}\sqrt{3+\mu} & 1\\ 1 & \sqrt{3+\mu}-1\end{bmatrix}$$

反馈增益矩阵为

$$\boldsymbol{K}=\boldsymbol{R}^{-1}\boldsymbol{B}^{\mathrm{T}}\boldsymbol{P}=[0\quad 1]\begin{bmatrix}\sqrt{3+\mu} & 1\\ 1 & \sqrt{3+\mu}-1\end{bmatrix}=[1\quad \sqrt{3+\mu}-1]$$

则最优控制为

$$u^*(t)=-\boldsymbol{KX}(t)=-\begin{bmatrix}1 & \sqrt{3+\mu}-1\end{bmatrix}\begin{bmatrix}x_1(t)\\x_2(t)\end{bmatrix}=-x_1-(\sqrt{3+\mu}-1)x_2$$

5.5 动态规划

动态规划法是解决控制变量受约束的最优控制问题的一种方法。它由贝尔曼(Bellman)在 1950 年左右提出，产生于离散系统的多步决策控制研究[8,9]。

5.5.1 多步决策问题及最优性原理

下面通过一个实例来引出多步决策问题及其最优控制的概念。

【例 5.10】 如图 5.10 所示，A 为出发点，B 为终止点。途中有 3 条河流，每条河上各有两座桥 P_i，Q_i($i=1$，2，3)。各段路程的距离(单位：km)标于图中，求从 A 到 B 的最短路线。

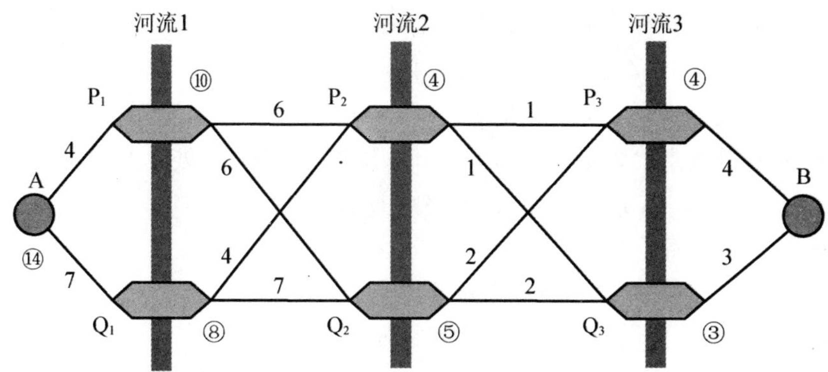

图 5.10 多步决策控制示意图

解：行走路线可分为 4 段。第一段从 A 到第一条河流，走桥 P_1 或 Q_1。第二段是从桥 P_1 或 Q_1 出发，过桥 P_2 或 Q_2。第三段是从桥 P_2 或 Q_2 出发，过桥 P_3 或 Q_3。第四段是从桥 P_3 或 Q_3 出发，最终到 B。显然，这是一个 4 步决策问题。

解决该问题最原始简单的方法就是穷举法，即将所有可能的行走路线都计算出来，然后进行比较，得到最短路径。该例中共有 8 条路径，见表 5-1。

表 5-1 4 步决策问题的列表计算

路线	距离/km	路线	距离/km
$AP_1P_2P_3B$	4+6+1+4=15	$AP_1P_2Q_3B$	4+6+1+3=14
$AP_1Q_2P_3B$	4+6+2+4=16	$AP_1Q_2Q_3B$	4+6+2+3=15
$AQ_1Q_2Q_3B$	7+7+2+3=19	$AQ_1Q_2P_3B$	7+7+2+4=20
$AQ_1P_2P_3B$	7+4+1+4=16	$AQ_1P_2Q_3B$	7+4+1+3=15

从表中的计算结果比较可知，从 A 到 B 的最短路径为 $AP_1P_2Q_3B$，距离为 14km。但也可以看出，穷举法是一种非常机械的方法，计算量很大。本例中每条路线均要相加 3 次，8 条路径总共要进行 24 次相加运算。这仅是一个 4 步决策问题。对于 n 步决策问题，相加次数为$(n-1)\times 2^{n-1}$次。可见随着 n 的增加，计算工作量将急剧增大。

下面以动态规划方法来解决该问题，其核心思想是采用倒推法。

第 1 步：从终点倒推，计算由 B 到桥 P_3、Q_3 的距离。

（1）从桥 P_3 到 B 点距离为 4km。

（2）从桥 Q_3 到 B 点的距离为 3km。

这一段无决策而言，分别在桥 P_3 和桥 Q_3 处标上该处到终点距离④和③。

第 2 步：从桥 P_3 和桥 Q_3，经桥 P_2、Q_2 到终点 B 的距离。

（1）桥 P_2 有 2 条路径可选，即 P_2P_3 和 P_2Q_3。

从桥 P_2 经桥 P_3 到终点 B 的距离为 1+④=5km；

从桥 P_2 经桥 Q_3 到终点 B 的距离为 1+③=4km。

所以从桥 P_2 到终点 B 的最短路径为 4km，可在桥 P_2 处标上④。

（2）桥 Q_2 有 2 条路径可选，即 Q_2P_3、Q_2Q_3。

从桥 Q_2 经桥 P_3 到终点 B 的距离为 2+④=6km；

从桥 Q_2 经桥 Q_3 到终点 B 的距离为 2+③=5km。

所以从桥 Q_2 到终点 B 的最短距离为 5km，所以可在桥 Q_2 处标上⑤。

第 3 步：从桥 P_1、Q_1 经桥 P_2、Q_2 到终点 B 的距离。

（1）桥 P_1 有 2 条路径可选，即 P_1P_2、P_1Q_2。

从桥 P_1 经桥 P_2 到终点 B 的最短距离为 6+④=10km；

从桥 P_1 经 Q_2 到终点 B 的最短距离为 6+⑤=11km。

所以从桥 P_1 到终点 B 的最短距离为 10km，因此可在桥 P_1 处标上⑩。

（2）桥 Q_1 有 2 条路径可走，即 Q_1P_2、Q_1Q_2。

从桥 Q_1 经桥 P_2 到终点 B 的最短距离为 4+④=8km；

从桥 Q_1 经 Q_2 到终点 B 的最短距离为 7+⑤=12km。

所以从桥 Q_1 到终点 B 的最短距离为 8km，因此可在桥 Q_1 处标上⑧。

从上面可看出，不管从河 1 怎样到河 2，河 2 以后的路径最短已确定，即标上含数字的符号○(即④和⑤)的最优路径已确定。

第 4 步：从 A 经桥 P_1、Q_1 到终点 B 的距离。

A 有 2 条路径可选，即 A P_1、AQ_1。

从 A 经桥 P_1 到 B 的最短距离为 4+⑩=14km；

从 A 经桥 Q_1 到 B 的最短距离为 7+⑧=15km。

所以从桥 A 到终点 B 的最短距离为 14km，可在 A 处标上⑭。

可见从 A 到 B 的最短路径为 $AP_1P_2Q_3B$，距离为 14km，与穷举法结果一致。动态规划为倒推法，从结果往前看，如图 5.11 所示。

本例中做了 4 次“二中取一”的决策，共 10 次加法运算。如果为 n 步决策(“二中取一”决策)，则加法次数为 $4\times(n-2)+2$。

当 $n=10$ 时，动态规划的加法次数为 $4\times(10-2)+2=34$ 次。而穷举法的加法次数为 $(10-1)\times2^{10-1}=4608$ 次。两者加法次数的计算量相差极大。

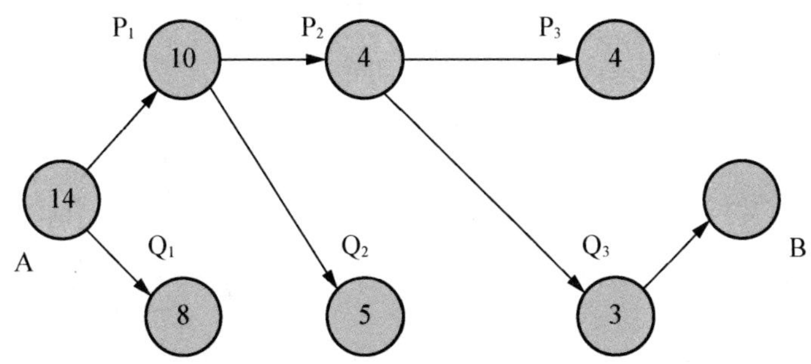

图 5.11 动态规划方法示意图

由上可知，动态规划法将一个多步决策问题转化为多个一步决策问题。动态规划方法的核心思想也即最优性原理，多步决策过程的最优决策序列具有以下性质：无论过程的初始阶段、初始状态和初始决策如何，把前一决策所形成的阶段与状态作为初始条件来考虑，余下的决策对余下的过程而言，必须构成最优决策序列。

5.5.2 线性连续系统状态空间表达式的离散化

当用计算机求解线性连续状态方程，或进行在线控制时，则必然遇到将连续系统的数学模型离散化的问题。计算机运算或控制是等间隔采样时刻 $t=kT(k=0, 1, 2, \cdots, n)$ 上的状态或控制作用，其中 T 为采样周期或采样间隔。离散化即在于导出能在采样时刻 $t=kT(k=0, 1, 2, \cdots, n)$ 上与连续系统状态等价的离散状态方程和等价的量测方程。一般采样是等间隔进行的，且是理想开关加零阶保持器，则控制作用 $u(t)$ 只在采样时刻发生变化，在相邻两采样点 kT 和 $(k+1)T$ 之间，$u(t)=u(kT)=\text{const}$(常数)，从而求出两相邻采样状态之间的关系以及量测量与状态之间的关系[3,8,9]。

线性定常系统的状态空间表达式为

$$\dot{\boldsymbol{X}}(t)=\boldsymbol{AX}(t)+\boldsymbol{Bu}(t)$$
$$\boldsymbol{Y}(t)=\boldsymbol{CX}(t) \tag{5-44}$$

其状态方程的解为

$$\boldsymbol{X}(t)=\mathrm{e}^{\boldsymbol{A}(t-t_0)}\boldsymbol{X}(t_0)+\int_{t_0}^{t}\mathrm{e}^{\boldsymbol{A}(t-\tau)}\boldsymbol{Bu}(\tau)\,\mathrm{d}\tau \tag{5-45}$$

对于计算机离散控制系统，最关心的问题是相邻两采样点之间状态的相互关系，令 $t_0=kT$，$t=(k+1)T$。式(5-45)变为

$$\boldsymbol{X}[(k+1)T]=\mathrm{e}^{\boldsymbol{A}T}\boldsymbol{X}(kT)+\int_{KT}^{(k+1)T}\mathrm{e}^{\boldsymbol{A}[(k+1)T-\tau]}\boldsymbol{Bu}(\tau)\,\mathrm{d}\tau \tag{5-46}$$

作积分变量代换

$$\tau=kT+\xi,\ 0\leqslant\xi\leqslant T$$

同时考虑控制作用在相邻两采样点之间保持常值，即 $u(kT+\xi)=u(kT)$，则式(5-46)改写为

$$\boldsymbol{X}[(k+1)T]=\mathrm{e}^{\boldsymbol{A}T}\boldsymbol{X}(kT)+\int_0^{T}\mathrm{e}^{\boldsymbol{A}(T-\xi)}\boldsymbol{B}\mathrm{d}\xi\cdot\boldsymbol{u}(kT) \tag{5-47}$$

当采样周期 T 取一定值时，上式中 $\boldsymbol{X}(kT)$ 与 $\boldsymbol{u}(kT)$ 前面的量均为常值，且记为

$$\boldsymbol{G}=\mathrm{e}^{\boldsymbol{A}T}$$

$$H=\int_0^{T}\mathrm{e}^{\boldsymbol{A}(T-\xi)}\boldsymbol{B}\mathrm{d}\xi=-\int_T^0\mathrm{e}^{\boldsymbol{A}t}\boldsymbol{B}\mathrm{d}t=\int_0^T\mathrm{e}^{\boldsymbol{A}t}\boldsymbol{B}\mathrm{d}t$$

则式(5-47)变为

$$\boldsymbol{X}[(k+1)T]=\boldsymbol{G}\boldsymbol{X}(kT)+\boldsymbol{H}\cdot\boldsymbol{u}(kT) \tag{5-48}$$

省略采样周期 T，则上式为

$$\boldsymbol{X}(k+1)=\boldsymbol{G}\boldsymbol{X}(k)+\boldsymbol{H}\boldsymbol{u}(k) \tag{5-49}$$

上式即为式(5-44)的离散化状态方程，是一阶差分方程。

量测方程则为

$$\boldsymbol{Y}(kT)=\boldsymbol{C}\boldsymbol{X}(kT)$$

或

$$\boldsymbol{Y}(k)=\boldsymbol{C}\boldsymbol{X}(k) \tag{5-50}$$

5.5.3 离散系统的动态规划法

当使用计算机作为控制器实现自动控制时，需要将连续系统离散化。下面介绍离散系统的动态规划方法[3,8,9]。

设离散系统为

$$\begin{cases}\boldsymbol{X}(k+1)=\boldsymbol{f}\ [\boldsymbol{X}(k),\ \boldsymbol{u}(k)]\\ \boldsymbol{X}(0)=\boldsymbol{X}_0\end{cases} \tag{5-51}$$

现在的任务是选定一个控制序列 $\{\boldsymbol{u}(0),\ \boldsymbol{u}(1),\ \cdots,\ \boldsymbol{u}(N-1)\}$（$N$ 个决策，为简便起见，可设 $\{\boldsymbol{u}(K)\}$ 无约束)，使性能指标

$$J=\theta[\boldsymbol{X}(N)]+\sum_{k=0}^{N-1}\Phi[\boldsymbol{X}(k),\ \boldsymbol{u}(k)] \tag{5-52}$$

为极值。

若已知初始状态 $\boldsymbol{X}(0)$，第一步决策为 $\boldsymbol{u}(0)$，则按式(5-51)可得

$$\boldsymbol{X}(1)=\boldsymbol{f}[\boldsymbol{X}(0),\ \boldsymbol{u}(0)]$$

对 $\boldsymbol{X}(1)$，第二步决策为 $\boldsymbol{u}(1)$，则有

$$\boldsymbol{X}(2)=\boldsymbol{f}[\boldsymbol{X}(1),\ \boldsymbol{u}(1)]$$

对 $\boldsymbol{X}(N-1)$，第 N 步决策为 $\boldsymbol{u}(N-1)$，则有

$$\boldsymbol{X}(N)=\boldsymbol{f}[\boldsymbol{X}(N-1),\ \boldsymbol{u}(N-1)]$$

这个过程为 N 步决策过程，可用图 5.12 表示。

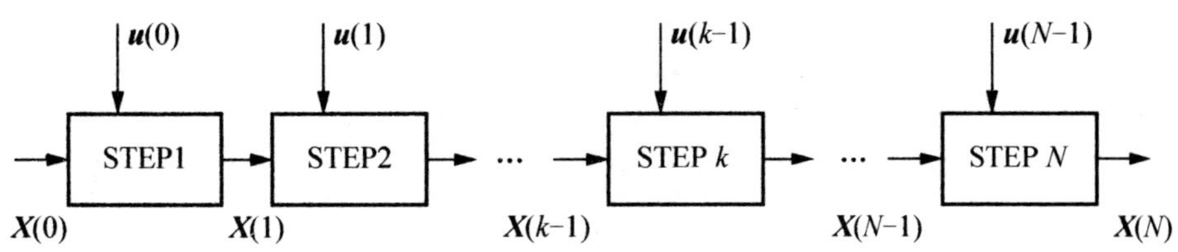

图 5.12　N 步决策过程示意图

由图 5.12 可知，系统的运动规律由 $\boldsymbol{X}(0)$ 及控制策略$\{\boldsymbol{u}(k)\}(k=0, 1, 2, \cdots, N-1)$所决定，所以性能指标 J 也是 $\boldsymbol{X}(0)$ 和$\{\boldsymbol{u}(k)\}$序列的函数。

$$J[\boldsymbol{X}(0), \{\boldsymbol{u}(k)\}]=\theta[\boldsymbol{X}(N)]+\sum_{K=0}^{N-1}\Phi[\boldsymbol{X}(k), \boldsymbol{u}(k)]$$

当决策为最优策略$\{\boldsymbol{u}^*(k)\}$时，则有

$$J[\boldsymbol{X}(0), \{\boldsymbol{u}^*(k)\}]\leqslant J[\boldsymbol{X}(0), \{\boldsymbol{u}(k)\}]$$

对于这个多步决策问题，可以通过动态规划法来求解最优策略$\{\boldsymbol{u}^*(k)\}$。

【例 5.11】 设一阶系统如图 5.13 所示，性能指标为

$$J=\int_0^{t_f}(x^2+ru^2)\mathrm{d}t$$

初始值为 $\boldsymbol{X}(0)=\boldsymbol{X}_0$，终端 $\boldsymbol{X}(t_f)$自由。如果采用离散控制，将时间$[0, t_f]$分 3 段，求 $u(0)$，$u(1)$，$u(2)$，并使性能指标达到极值。

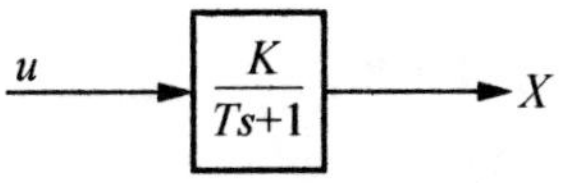

图 5.13　系统控制框图

解：由图 5.13 可得系统的状态方程为

$$\dot{\boldsymbol{X}}=-\frac{1}{T}\boldsymbol{X}+\frac{K}{T}u$$

参考式(5-44)和式(5-49)，可得离散后的状态方程为

$$\boldsymbol{X}(k+1)=g\cdot\boldsymbol{X}(k)+h\cdot\boldsymbol{u}(k)$$

式中：$g=\mathrm{e}^{-\frac{1}{T}\Delta t}$

$$h=\left(\int_0^{\Delta t}\mathrm{e}^{-\frac{\tau}{T}}\mathrm{d}\tau\right)\cdot\frac{k}{T}=k(1-\mathrm{e}^{-\frac{1}{T}\Delta t})$$

Δt 为采样周期。

离散情况下的性能指标为

$$J=\sum_{k=0}^{2}[X^2(k)+ru^2(k)]\Delta t$$

根据动态规划法，可用倒推法从后往前进行决策。

(1) 求第三步的最优控制 $u^*(2)$，在第三步时，将 $\boldsymbol{X}(2)$看作初始状态，如图 5.14 所示。按最优性能原理，此时有

$$\boldsymbol{X}(2)=\boldsymbol{X}^*(2)$$

从 $\boldsymbol{X}(2)$ 出发到终端的性能指标的极小值为

$$J^{*}[\boldsymbol{X}(2)]=\min_{u(2)}[\boldsymbol{X}^{*2}(2)+ru^{2}(2)]\Delta t$$

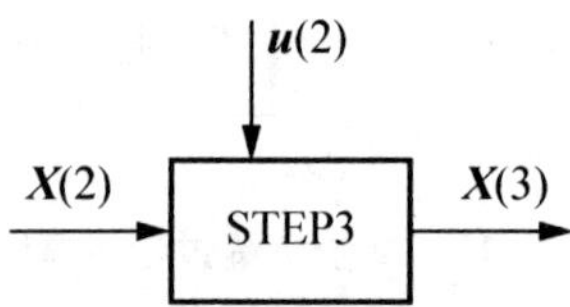

图 5.14　第三步决策示意图

根据$\dfrac{\mathrm{d}J^{*}[\boldsymbol{X}(2)]}{\mathrm{d}u(2)}=0$，有

$$u^{*}(2)=0,\ J^{*}[\boldsymbol{X}(2)]=\boldsymbol{X}^{*2}(2)\Delta t$$

(2) 求第二步的最优控制 $u^{*}(1)$，在第二步时，将 $\boldsymbol{X}(1)$ 看作初始状态，且 $\boldsymbol{X}(1)=\boldsymbol{X}^{*}(1)$，如图 5.15 所示。

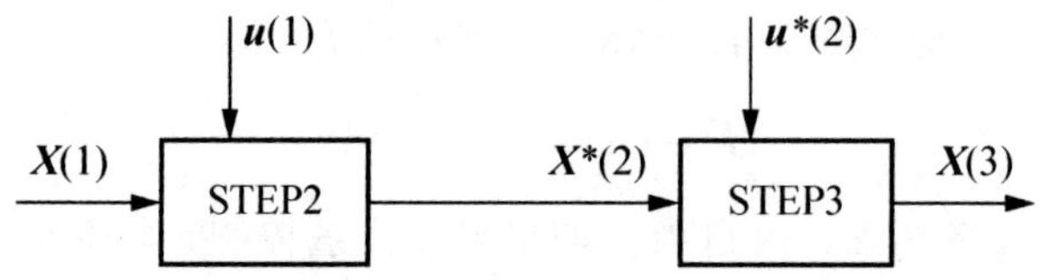

图 5.15　第二步决策示意图

从 $\boldsymbol{X}(1)$ 出发到终端的性能指标极小值为

$$\begin{aligned}J^{*}[\boldsymbol{X}(1)]&=\min_{u(1)}\{[\boldsymbol{X}^{*2}(1)+ru^{2}(1)]\Delta t+J^{*}[\boldsymbol{X}(2)]\}\\&=\min_{u(1)}\{[\boldsymbol{X}^{*2}(1)+ru^{2}(1)+\boldsymbol{X}^{*2}(2)]\Delta t\}\\&=\min_{u(1)}\{[\boldsymbol{X}^{*2}(1)+ru^{2}(1)+(g\boldsymbol{X}^{*}(1)+hu(1))^{2}]\Delta t\}\end{aligned}$$

为取极小值，令

$$\frac{\mathrm{d}J^{*}[\boldsymbol{X}(1)]}{\mathrm{d}u(1)}=2ru(1)+2[g\boldsymbol{X}^{*}(1)+hu(1)]\cdot h=0$$

则有

$$u^{*}(1)=-\frac{gh\boldsymbol{X}^{*}(1)}{r+h^{2}}$$

对应的性能指标为

$$J^{*}[\boldsymbol{X}(1)]=\left(1+\frac{rg^{2}}{r+h^{2}}\right)\boldsymbol{X}^{*2}(1)\Delta t$$

(3) 求第一步的 $u^{*}(0)$，如图 5.16 所示。

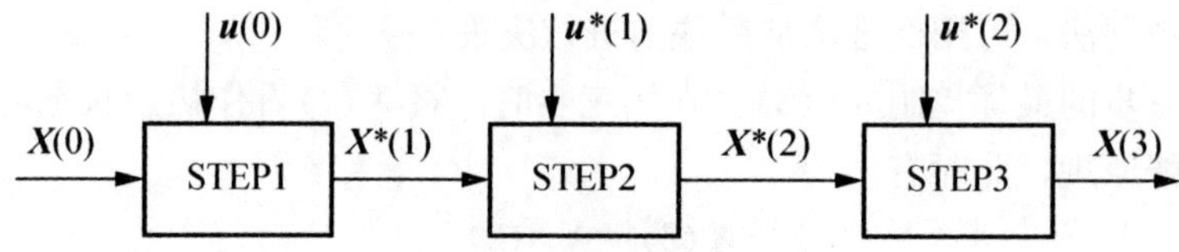

图 5.16　第一步决策示意图

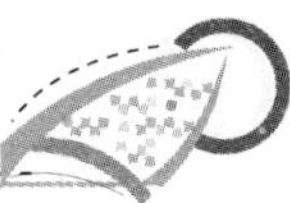

则有

$$J^*[\boldsymbol{X}(0)]=\min_{u(0)}\{[\boldsymbol{X}^{*2}(0)+ru^2(0)]\Delta t+J^*[\boldsymbol{X}(1)]\}$$

$$=\min_{u(0)}\left\{\left[\boldsymbol{X}^{*2}(0)+ru^2(0)+\left(1+\frac{rg^2}{r+h^2}\right)(g\boldsymbol{X}^*(0)+hu^*(0))^2\right]\Delta t\right\}$$

取极小值，令

$$\frac{\mathrm{d}J^*[X(0)]}{\mathrm{d}u(0)}=2ru^*(0)+2h\left(1+\frac{rg^2}{r+h^2}\right)(g\boldsymbol{X}^*(0)+hu^*(0))=0$$

得

$$u^*(0)=-\frac{2gh(r+h^2+rg^2)}{(r+h^2)^2+rg^2h^2}\boldsymbol{X}(0)$$

现已求出最优策略 $u^*(0)$，$u^*(1)$，$u^*(2)$。需要注意的是，虽然用倒推法求控制策略，但真正控制时仍按正向控制进行，且最优控制 $u^*(0)$，$u^*(1)$，$u^*(2)$都是状态变量的函数，因此可用状态反馈来实现。

离散控制系统的动态规划及递推方程的总结如下。

对于由式(5-51)构成的离散系统

$$\begin{cases}\boldsymbol{X}(k+1)=\boldsymbol{f}[\boldsymbol{X}(k),\ \boldsymbol{u}(k)]\\ \boldsymbol{X}(0)=\boldsymbol{X}_0\end{cases}\quad (k=0,\ 1,\ 2,\ \cdots,\ N-1)$$

性能指标为

$$J=\theta[\boldsymbol{X}(N)]+\sum_{k=0}^{N-1}\Phi[\boldsymbol{X}(k),\ \boldsymbol{u}(k)]$$

寻求一个最优控制序列$\{\boldsymbol{u}_K^*\}$ $(k=0,\ 1,\ 2,\ \cdots,\ N-1)$，使性能指标 J 取极值。

求出$\{\boldsymbol{u}_K^*\}(k=0,\ 1,\ 2,\ \cdots,\ N-1)$后，将其代入式(5-51)可求得最优轨迹线$\{\boldsymbol{X}_K^*\}(k=0,\ 1,\ 2,\ \cdots,\ N-1)$，再将$\{\boldsymbol{u}_K^*\}$和$\{\boldsymbol{X}_K^*\}$代入式(5-52)即可求得最优性能指标 $J^*[X_0]=\min J$，显然它只与初始状态 X_0 有关。

离散系统的最优控制问题实际上是一个典型的多段最优策略问题。它要求逐段做出决策，选择最优控制，完成从初始状态 $\boldsymbol{X}_0$ 到终端状态 $\boldsymbol{X}_N$ 的转移，并使性能指标泛函为极小。

根据最优性原理，对于一个 N 段最优决策过程，无论第一段的 $\boldsymbol{u}(0)$ 如何选取，第二段以后的控制序列$\{\boldsymbol{u}_K\}(k=1,\ 2,\ \cdots,\ N-1)$对于由 $\boldsymbol{X}_0$ 和 $\boldsymbol{u}_0$ 所形成的状态 $\boldsymbol{X}(1)=\boldsymbol{f}[\boldsymbol{X}(0),\ \boldsymbol{u}(0)]$而言，一定是$(N-1)$段最优控制序列，它应使式(5-52)性能泛函中第二部分的后 $N-1$ 项与 $\theta[\boldsymbol{X}(N)]$之和为极小，即

$$J_{N-1}^*[\boldsymbol{X}(1)]=\min\cdots\min\left\{\theta[\boldsymbol{X}(N)]+\sum_{k=1}^{N-1}\Phi[\boldsymbol{X}(k),\ \boldsymbol{u}(k)]\right\}$$

对于 N 段最优决策过程，应满足

$$J_N^*[\boldsymbol{X}(0)]=\min_{u(0)}\{\Phi[\boldsymbol{X}(0),\ \boldsymbol{u}(0)]+J_{N-1}^*[\boldsymbol{X}(1)]\}\tag{5-53}$$

$$\boldsymbol{X}(1)=\boldsymbol{f}[\boldsymbol{X}(0),\ \boldsymbol{u}(0)]\tag{5-54}$$

式中：$J_N^*[\boldsymbol{X}(0)]$为 N 段决策过程的最优性能泛函，初始状态为 $\boldsymbol{X}_0$。

$J_{N-1}^*[\boldsymbol{X}(1)]$为后$(N-1)$段子过程的最优性能泛函，初始状态由式(5-54)确定。由式(5-53)就可以确定$\boldsymbol{u}^*(0)$，$K=0$。
同理，

$$J_{N-1}^*[\boldsymbol{X}(1)]=\min_{\boldsymbol{u}(1)}\{\Phi[\boldsymbol{X}(1),\ \boldsymbol{u}(1)]+J_{N-2}^*[\boldsymbol{X}(2)]\} \tag{5-55}$$

$$\boldsymbol{X}(2)=\boldsymbol{f}[\boldsymbol{X}(1),\ \boldsymbol{u}(1)] \tag{5-56}$$

由式(5-55)可确定$\boldsymbol{u}^*(1)$

⋮

$$J_{N-K}^*[\boldsymbol{X}(k)]=\min_{\boldsymbol{u}(K)}\{\Phi[\boldsymbol{X}(K),\ \boldsymbol{u}(K)]+J_{N-(K+1)}^*[\boldsymbol{X}(k+1)]\} \tag{5-57}$$

$$\boldsymbol{X}(K+1)=\boldsymbol{f}[\boldsymbol{X}(K),\ \boldsymbol{u}(K)] \tag{5-58}$$

由式(5-57)可确定$\boldsymbol{u}^*(k)$
类似可得

$$J_2^*[\boldsymbol{X}(N-2)]=\min_{\boldsymbol{u}(N-2)}\{\Phi[\boldsymbol{X}(N-2),\ \boldsymbol{u}(N-2)]+J_1^*[\boldsymbol{X}(N-1)]\} \tag{5-59}$$

$$\boldsymbol{X}(N-1)=\boldsymbol{f}[\boldsymbol{X}(N-2),\ \boldsymbol{u}(N-2)] \tag{5-60}$$

由式(5-59)可确定$\boldsymbol{u}^*(N-2)$。

$$J_1^*[\boldsymbol{X}(N-1)]=\min_{\boldsymbol{u}(N-1)}\{\Phi[\boldsymbol{X}(N-1),\ \boldsymbol{u}(N-1)]+\theta[\boldsymbol{X}(N)]\} \tag{5-61}$$

$$\boldsymbol{X}(N)=\boldsymbol{f}[\boldsymbol{X}(N-1),\ \boldsymbol{u}(N-1)] \tag{5-62}$$

由式(5-61)可确定$\boldsymbol{u}^*(N-1)$。

注意，只有式(5-61)才有性能指标的末端值$\theta[\boldsymbol{X}(N)]$，而前面的性能指标各式均无$\theta[\boldsymbol{X}(N)]$。

综上所述，应用动态规划递推方程式(5-57)求解最优控制序列$\{\boldsymbol{u}_k^*\}(k=0,\ 1,\ 2,\ \cdots,\ N-1)$的过程如图5.17所示。

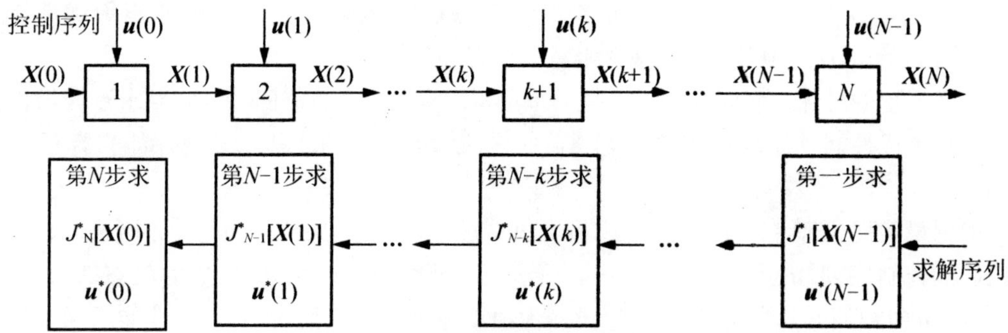

图5.17　动态规划的递推过程

可见，根据动态规划求解最优问题的思想，实际的解题过程是从最后一段开始逆向倒推的，通过求解N个函数方程，可依次求得最优解$\boldsymbol{u}_{N-k}^*(k=1,\ 2,\ \cdots,\ N)$。从图5.17中也容易看出，$J_{N-K}^*[\boldsymbol{X}(k)]$中的$\boldsymbol{X}(k)$对应的是第$(k+1)$步控制问题(从左到右)，对应的最优控制量为$\boldsymbol{u}(k)$，其初始状态为$\boldsymbol{X}(k)$。而$J_{N-k}^*[\boldsymbol{X}(k)]$中的$(N-k)$则对应的是动态规划过程中第$(N-k)$步求解(从右到左)，其目的是求出最优控制量$\boldsymbol{u}(k)$和最小性能指

标 $J_{N-k}^{*}[\boldsymbol{X}(k)]$，而 $J_{N-k}^{*}[\boldsymbol{X}(k)]$是状态 $\boldsymbol{X}(k)$转到最末(右)端 $\boldsymbol{X}(N)$的性能指标极值[8,9]。

【例 5.12】 一阶离散系统为

$$
\begin{aligned}
X(k+1)&=X(k)+u(k)\\
X(0)&=X_0
\end{aligned}
\qquad (k=0,\ 1,\ 2,\ \cdots,\ N-1)
$$

性能指标为

$$J=\frac{1}{2}CX^2(N)+\frac{1}{2}\sum_{K=0}^{N-1}u^2(k)\ ,\qquad \text{其中 } N=2,\ C \text{ 为常数}$$

求最优控制 $u^*(k)$及最优轨线 $X^*(k)$。

解：该例的问题是要确定最优控制 $u^*(0)$，$u^*(1)$，最优轨线 $X^*(1)$，$X^*(2)$以及最优性能指标泛函 $J_2^*[X(0)]$。

如图 5.18 所示，先考虑最后一步，即求 $u^*(1)$，$(K=N-1=2-1=1)$。

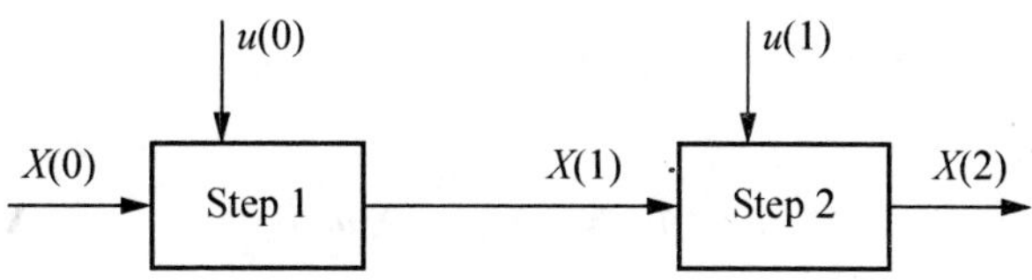

图 5.18 动态规划递推示意图

状态由 $X(1)$转移到 $X(2)$这一步为

$$X(2)=X(1)+u(1)$$

$$J_1[X(1)]=\frac{1}{2}CX^2(2)+\frac{1}{2}u^2(1)=\frac{1}{2}u^2(1)+\frac{1}{2}C\,[X(1)+u(1)]^2$$

注意：只有最后一段才有性能指标泛函的末值项$\frac{1}{2}CX^2(N)$。

最优控制 $u^*(1)$应使 $J_1[X(1)]$为最小，则有

$$\frac{\partial J_1[X(1)]}{\partial u(1)}=u(1)+C[X(1)+u(1)]=0$$

则

$$u^*(1)=-\frac{CX(1)}{1+C}$$

$$J_1^*[X(1)]=\frac{1}{2}C\cdot\frac{X^2(1)}{1+C}$$

$$X^*(2)=\frac{X(1)}{1+C}$$

第二步，求 $u^*(0)$，$(K=0)$。

初始状态 $X(0)$转移到 $X(1)$这一步为

$$X(1)=X(0)+u(0)$$

$$J_2[X(0)]=\frac{1}{2}u^2(0)+J_1^*[X(1)]$$

$$=\frac{1}{2}u^2(0)+\frac{C}{2}\cdot\frac{X^2(1)}{1+C}=\frac{1}{2}u^2(0)+\frac{C}{2(1+C)}[X(0)+u(0)]^2$$

为求 $u^*(0)$，则取极值

$$\frac{\partial J_2[X(0)]}{\partial u(0)}=u(0)+\frac{C}{1+C}[X(0)+u(0)]=0$$

则

$$u^*(0)=-\frac{C}{1+2C}X(0)$$

$$J_2^*[X(0)]=\frac{CX^2(0)}{2(1+2C)}$$

$$X^*(1)=\frac{1+C}{1+2C}X(0)$$

将以上计算结果进行归纳，得

最优控制为

$$u^*(0)=-\frac{C}{1+2C}X(0)$$

$$u^*(1)=-\frac{C}{1+C}X(1)=-\frac{C}{1+2C}X(0)$$

最优轨线为

$$X^*(0)=X(0)$$

$$X^*(1)=\frac{1+C}{1+2C}X(0)$$

$$X^*(2)=\frac{1}{1+C}X(1)=\frac{1}{1+2C}X(0)$$

最优性能泛函为

$$J^*=J_2^*[X(0)]=\frac{CX^2(0)}{2(1+2C)}$$

可见，最优控制、最优轨线和最优性能泛函都是初始状态 $X(0)$ 的函数，最优控制 $\boldsymbol{u}^*(K)$ 可由状态的线性负反馈 $\boldsymbol{X}(K)$ 来实现，即

$$u^*(0)=-\frac{C}{1+2C}X(0)$$

$$u^*(1)=-\frac{C}{1+C}X(1)=-\frac{C}{1+2C}X(0)$$

本 章 小 结

最优控制就是在给定的控制域中，满足使评价系统的性能指标取得极值的控制算法。本章首先介绍了最优控制的基本概念，变分法在最优控制中的应用，极大值原理，其次对

具有二次型性能指标的线性调节器在不同条件下的求解问题进行了分析，最后对动态规划的原理和应用进行了详细的介绍。

习 题

5.1 已知系统的状态方程为：$\dot{x}_1(t)=u(t)$，$\dot{x}_2(t)=u(t)$，

边界条件为：$x_1(0)=x_2(0)=1$，$x_1(3)=x_2(3)=0$。

试求使性能指标 $J=\frac{1}{2}\int_0^3 u^2(t)\mathrm{d}t$ 取得极小值的最优控制 $u^*(t)$以及最优轨线 $\boldsymbol{x}^*(t)$。

5.2 已知系统的状态方程为：$\dot{x}_1(t)=u(t)$，初始条件为：$x(0)=1$。

试确定最优控制使下列性能指标取极小值。

$$J=\int_0^1 (x^2+u^2)\mathrm{e}^{2t}\mathrm{d}t$$

5.3 已知一阶系统的状态方程为：$\dot{x}(t)=-x(t)+u(t)$，边界条件为：$x(0)=3$。

(1) 试确定最优控制 $u^*(t)$，使系统在终端时刻 $t_f=2$ 时终端状态转移到 $x(2)=0$，并使性能泛函 $J=\int_0^2 (1+u^2)\mathrm{d}t$ 取得最小值。

(2) 如果使系统转移到 $x(t_f)=0$ 的终端时间 t_f 自由，问 $u^*(t)$应如何确定？

5.4 设系统的状态方程为：$\dot{x}(t)=u(t)$，初始条件为：$x(0)=1$。

试确定最优控制 $u^*(t)$，使性能指标 $J=t_f+\frac{1}{2}\int_0^{tf} u^2\mathrm{d}t$ 取得极小值，其中终端时间 t_f 未定，终端状态 $x(t_f)=0$。

5.5 设系统状态方程为：$\dot{x}_1(t)=x_2(t)$，$\dot{x}_2(t)=u(t)$，初始条件为：$x_1(0)=2$，$x_2(0)=1$，性能指标为 $J=\frac{1}{2}\int_0^{tf} u^2(t)\mathrm{d}t$，要求终端状态达到 $\boldsymbol{x}(t_f)=\boldsymbol{0}$。

试求：(1)终端时间 $t_f=5$ 时的最优控制 $u^*(t)$；

(2) 终端时间 t_f 自由时的最优控制 $u^*(t)$。

5.6 设二阶系统的状态方程为：$\dot{x}_1(t)=x_2(t)+\frac{1}{4}$，$\dot{x}_2(t)=u(t)$，

系统初始条件为：$x_1(0)=x_2(0)=-\frac{1}{4}$，

控制约束为 $|u(t)|\leqslant\frac{1}{2}$。要求最优控制 $u^*(t)$，使系统在终端时刻 $t=t_f$ 时转移到 $\boldsymbol{x}(t_f)=\boldsymbol{0}$，并使性能指标 $J=\int_0^{tf} u^2(t)\mathrm{d}t$ 取得最小值，其中终端时刻 t_f 自由。

5.7 设二阶系统的状态方程为：$\dot{x}_1(t)=-x_1(t)+\frac{1}{4}$，$\dot{x}_2(t)=x_1(t)$，

系统初始条件为：$x_1(0)=x_2(0)=0$，

控制约束为$|u(t)|\leqslant 1$，当系统终端状态自由时，求最优控制$u^*(t)$，使性能指标$J=2x_1(1)+x_2(1)$取得极小值，并求最优轨线$\boldsymbol{x}^*(t)$。

5.8 设系统的状态方程为：$\dot{x}_1(t)=x_2(t)$，$\dot{x}_2(t)=u(t)$，

系统初始条件为：$x_1(0)=x_{10}$，$x_2(0)=x_{20}$，

性能指标为$J=\dfrac{1}{2}\int_0^\infty(4x_1^2+u^2)\mathrm{d}t$

试用调节器方法确定最优控制$u^*(t)$。

5.9 有10个城市，以城市①为起点城市，城市⑩为终点城市。城市与城市之间称为段，从一个城市到相邻另外一个城市所用的时间(h)写在段上，试问应该如何行走，才能使得从城市①到城市⑩所花的时间最短。

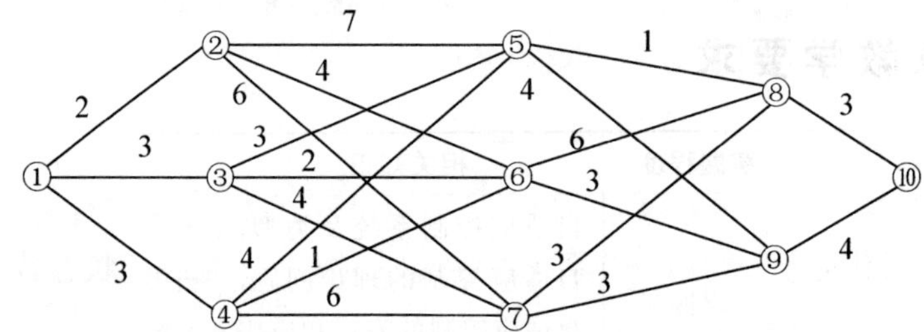

5.10 试运用动态规划方法确定下列系统的最优控制，其中：

系统的状态方程为：$x(t+1)=2x(t)+u(t)(t=0，1，2，3)$，

性能指标为：$J=\sum\limits_{t=0}^{3}[x^2(t)+u^2(t)]$ 。

5.11 给定二阶系统$\dot{x}=\begin{bmatrix}0&1\\0&0\end{bmatrix}x+\begin{bmatrix}0\\1\end{bmatrix}u$，$x(0)=\begin{bmatrix}1\\1\end{bmatrix}$，试确定控制量$u(t)$，在$t=2$时刻将系统转移到零态，并使泛函$J=\dfrac{1}{2}\int_0^2 u^2\mathrm{d}t$取极小值。

5.12 关于线性调节器控制问题，设一阶系统方程$\dot{x}=2x+u$，初始条件$x(t_0)=2$，若性能指标为二次型$J=\int_{t0}^\infty u^2\mathrm{d}t$，试利用里卡德矩阵方程，求解最佳状态反馈控制规律$u(x，t)=-K(t)x$中的$K(t)$，使$J$最小化。

5.13 何谓最优控制？解决最优控制问题一般有哪几种方法？

5.14 什么是动态规划法？简述动态规划法的最优性原理。

第6章

自适应控制系统

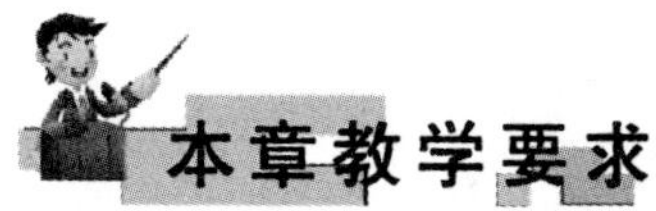

知识要点	掌握程度	相关知识	工程应用方向
自适应控制系统的基本概念	掌握	自适应控制系统及类型，自适应控制的理论问题，自适应控制的发展和应用概况	机器视觉及应用，智能控制系统
模型参考自适应控制	掌握	用局部参数优化理论设计模型参考自适应控制系统，李亚普诺夫稳定性理论设计模型参考自适应系统	先进检测技术，机电系统控制
自校正自适应控制	熟悉	预测模型，最小方差控制，极点配置自校正控制的定义和实例	生产过程综合自动化，智能制造系统
鲁棒控制	掌握	鲁棒控制的基本概念和特点，输出灵敏度峰值极小化与鲁棒性的关系，鲁棒稳定性问题以及灵敏度极小化问题	机电系统控制，机器人技术，车辆节能与排放控制

水下机器人是探测海底资源的重要工具。由于海洋环境的复杂性，使得水下机器人会受到自身和外部环境各种不确定性因素的干扰，主要包括：模型自身扰动，水动力参数的时变以及机械手等作业工具引起的重心变化，海流、海浪干扰。不确定性可归纳为结构不

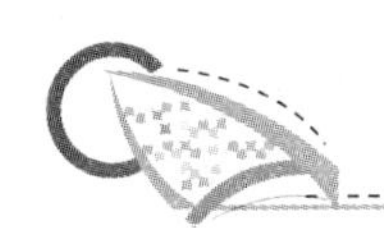

确定性和非结构不确定性。结构不确定性主要是线性参数时变，可以利用自适应控制理论解决，而自适应控制对于非结构不确定性则无能为力，甚至有可能导致自适应控制失去稳定性。由于水声传输速度慢，机器人与操作者之间无法建立实时的联系，这就要求在复杂海洋环境中工作的水下机器人具有一定的自主决策和判断能力。水下机器人在接近海底航行时还可能受到海底障碍物的威胁，所以水下机器人应具有对复杂海底地形的识别能力。所以，为实现复杂海洋环境中水下机器人的自动控制，水下机器人应具备以下技术：在各种不确定的干扰作用下应具有鲁棒性；具有一定的自主决策能力；具有对复杂地形的避碰能力。针对以上相关技术，水下机器人在运动控制方法上可采用以自适应控制和滑模控制为基础的控制方法，利用观测器来估计非结构不确定干扰，形成一种鲁棒的自适应控制方法。图 6.1 所示为水下机器人。

图 6.1　水下机器人

6.1　自适应控制系统的基本概念

针对控制系统自身参数的变化和外界的干扰，自适应控制系统可以自动调整控制策略，从而达到最佳控制效果。其内容主要包括控制系统的类型、自适应控制理论等[4,10,11,13]。

6.1.1　自适应控制系统及类型

自适应控制系统指的是能够修正自身特性以适应对象和扰动特性变化的控制器。自适应控制研究的对象是不确定的系统，即被控对象及其环境的数学模型不是完全确定的，其中包含一些未知的随机因素。例如，导弹、航空航天器在穿越大气层时，会遇到气流、空气温度、空气阻力、地球引力等很多不确定因素。工业机器人各关节运动的摩擦特性、电动机的电磁特性、炉窑的温度特性等都是难以精确确定的因素。对于不确定性，自适应控

制系统通过不断测量系统的输入、状态、输出和性能参数，逐渐了解和掌握对象的变化特征，做出控制决策去更新控制器的结构、参数或控制作用，使控制效果达到最优。

与传统的反馈控制和最优控制相比，自适应控制所依赖的关于模型和扰动的先验知识较少，需要在系统的运行过程中不断提取有关模型的信息，使模型逐渐完善。针对系统的外界环境干扰和系统内部参数变化，通过在线辨识，使模型逐渐精确，从而自动调整控制作用。一个理想的自适应控制系统应该具有：适应环境变化和系统要求的能力；自组织、自学习能力；在变化的环境中能逐渐形成所需要的控制策略和控制参数序列；在控制器内部参数失效时，有较强的恢复能力；良好的鲁棒性。

目前比较成熟的自适应控制系统分为两大类：第一是模型参考自适应控制系统（Model Reference Adaptive System，MRAS）；第二是自校正调节器（Self Tuning Regulator，STR）。

1. 模型参考自适应控制系统

该系统由被控对象、参考模型、反馈控制器和用于调整反馈控制器参数的自适应机构几部分组成，如图 6.2 所示。整个系统包含两个环路，内环是由被控对象和控制器组成的普通反馈控制系统，而外环由自适应机构组成，用于调整控制器的参数。

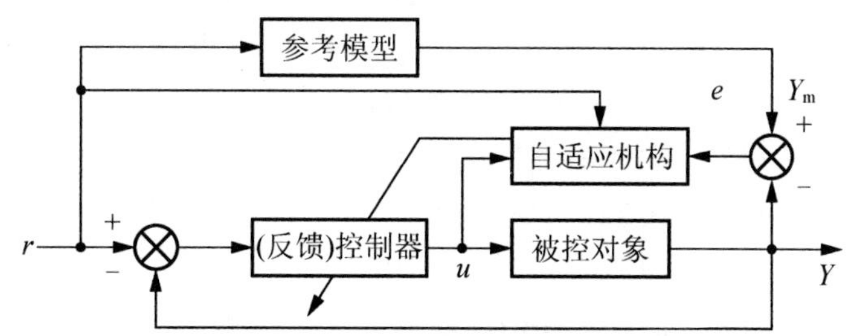

图 6.2　模型参考自适应控制系统

参考模型的输出 Y_m 就是被控对象输出 Y 的期望值，直接表示了对象输出应当如何理想地响应参考输入信号 $r(t)$。当 $r(t)$ 同时加到系统和参考模型的入口时，由于被控对象的初始参数未知，控制器的初始参数不会调整得很好，系统的输出响应 $Y(t)$ 与参考模型的输出 $Y_m(t)$ 不一致，产生偏差信号 $e(t)$，由 $e(t)$ 和 $u(t)$ 共同驱动自适应机构，产生调节作用，改变控制器参数，从而使系统的输出 $Y(t)$ 接近参考模型的输出 $Y_m(t)$，直到误差 $e(t)$ 为零。

设计这种自适应控制系统的核心问题是如何综合自适应调整律，即设计自适应机构应遵循的算法。目前设计方法有两大类，一种是局部参数最优化方法，即利用梯度法或其他递推算法求出一组控制器参数，使某个预定性能指标如 $J=\int e^2(t)\,\mathrm{d}t$ 达到最小。最早的 MIT 自适应律也即该种方法，不足之处是不能保证全局的渐近稳定性。另一种方法是基于稳定性理论的方法，如李亚普诺夫稳定性理论和波波夫（Popov）的超稳定性理论，其基本思想是保证控制器参数的自适应调节过程是稳定的，并且尽量加快收敛过程。

2. 自校正调节器

这种自适应控制系统的一个主要特点是能在线辨识被控对象的数学模型。根据实时的对象模型来设计控制器参数，使性能指标达到最优。系统由对象参数的估计器和调节器参数的设计机构组成，系统结构如图 6.3 所示。

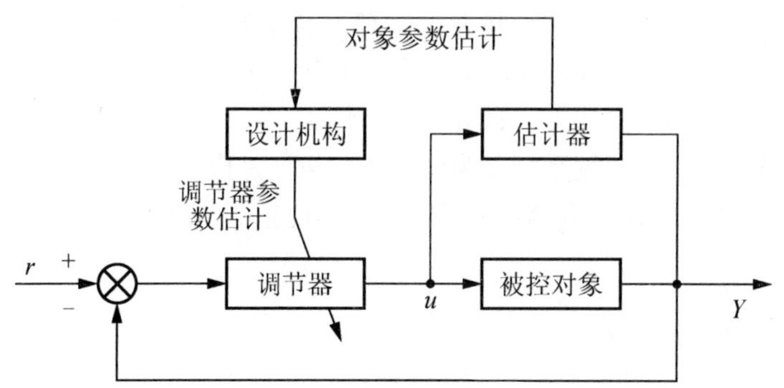

图 6.3　自校正调节器结构

该系统由两个环路组成，内环为被控对象和一个普通的线性反馈控制器，这个控制器(即调节器)的参数由外环调节。外环由一个递推参数估计器和一个设计机构组成。该系统的过程建模和控制器的设计都是自动进行，每个采样周期要更新一次。这种自适应控制器称为自校正调节器，表明它能够根据被控对象环境的变化情况自动校正自身的参数。

当被控对象参数已知时，设计机构对调节器的参数进行在线求解。由于调节器的控制律很多，如 PID 控制、最小方差控制、极点配置、广义预测控制等，而且参数估计的方法也很多，如最小二乘法、极大似然法、人工神经网络法等，因此自校正调节器的方案十分灵活，可以采用各种不同的控制方法和估计方式来搭配组合。

模型参考自适应控制系统和自校正调节器这两类系统都由内外两个环组成。对于模型参考自适应控制系统，调节器的参数是直接更新的。而对于自校正调节器，调节器的参数是经过由参数估计(建模)和控制的设计计算而间接进行更新的。因此，这两种控制方式各有特点。模型参考自适应控制系统更适合于具备一定工程经验的场合，而自校正调节器控制方式更适合于不确定因素较多、被控对象较复杂的场合。

6.1.2　自适应控制的理论问题

自适应控制系统常常兼有随机、非线性和时变等多种特征，内部机理相当复杂，所以分析这类系统通常很困难。目前关于自适应控制的理论问题主要集中在以下 3 个方面。

1. 稳定性

保证全局稳定是自适应控制系统能正常工作的前提条件。但是为了使系统稳定，一般需要附加很强的假设条件，这在实际工程应用过程中有时很难实现。所以建立新的理论体系，逐步放宽对被控对象及其环境的限制条件是当前迫切需要解决的理论问题。

2. 收敛性

一个自适应控制算法具有收敛性是指在给定的初始条件下，算法逐渐地达到预期目标，并在收敛过程中保持系统所有的变量有界。如果一个自适应控制算法一直处于发散状态，则难以完成控制作用。

由于自适应算法的非线性特性，使得建立收敛性理论有很大的困难。目前现有的收敛性结果局限性太大，假设条件限制过严。因此收敛性仍然是普遍关注的理论课题。

3. 鲁棒性

自适应控制系统的鲁棒性，是指存在扰动和未建模动力学特征的条件下，系统保持其稳定性和性能的能力。环境的扰动使系统参数产生严重的漂移，导致系统的不稳定，特别是存在未建模的高频动态特性的条件下，如果指令信号过大或有高频成分，或自适应增益过大都可能使自适应控制系统丧失稳定性。目前虽然有一些克服上述原因引起的不稳定方案，但仍未达到令人满意的程度。所以，如何设计一个鲁棒性强的自适应控制系统是当前十分重要的理论课题。

从以上分析可知，自适应控制理论的研究和应用虽然获得了很大的成功，但仍然有很多问题亟待解决，其发展空间仍然很大。随着计算机技术和相关现代控制理论的飞速发展，自适应控制理论也必将不断产生新的研究成果。

6.1.3　自适应控制的发展和应用概况

在 20 世纪 50 年代末期，由于飞行控制的需要，美国麻省理工学院(MIT)提出了模型参考自适应控制方法。前面已叙述，该方法是局部参数最优化设计方法，主要缺点是不能确保所设计的自适应控制系统的全局渐进稳定性。为此，在 20 世纪 60 年代中期，英国又提出基于李亚普诺夫稳定性理论的设计方法。近年来科学家在稳定性、收敛性和设计方法上做了大量有益的工作，不断涌现新的研究成果。

自校正控制思想源于 1958 年 Kalman 的一篇文章——最优控制系统的设计。到了 1973 年，瑞典科学家提出了最小方差自校正调节器，取得了突破性进展。1976 年，英国科学家又提出了极点配置自校正控制技术，为工程界所接受。近几年又出现了自寻优自适应控制系统，变结构自适应控制系统，模糊自适应控制系统，神经网络自适应控制系统等。

下面简要介绍自适应控制的应用情况。自适应控制技术应用十分广泛，遍及许多领域，如航空、航海、电力、化工、机械、生物、机器人等。

飞行器的控制广泛应用自适应控制技术，飞机的动态特性决定于许多环境参数和结构参数，如动态气压、高度、质量、速度等，这些参数在不同环境下变化极大，采用自适应控制方法是合适的。海洋油轮在采用自适应自动驾驶仪后，在复杂的环境如海浪、潮流、阵风等扰动下，船舶都能准确、稳定地工作。在卫星跟踪望远镜的伺服系统采用模型参考自适应控制后，使跟踪精度提高数十倍。在电加热炉中采用自校正控制，可以显著降低温度误差。

可以预料，随着现代控制理论和计算机技术的不断发展，自适应控制技术的应用会更加广泛，社会和经济效益也会更加显著。

6.2 模型参考自适应控制

6.2.1 局部参数优化型模型参考自适应控制系统

这是在控制界被公认的最早一种模型参考自适应控制的方法，由美国麻省理工学院在1958年提出，对一个可调增益的简单系统提出的著名“MIT”控制方案。下面介绍这种模型参考自适应控制系统的原理[4,10,11,12,13]。

设参考模型的状态方程和传递函数为

$$\begin{cases}\dot{\boldsymbol{X}}_m=\boldsymbol{A}_m\boldsymbol{X}_m+\boldsymbol{B}_m\boldsymbol{r}\\ \boldsymbol{Y}_m=\boldsymbol{C}_m\boldsymbol{X}_m\end{cases} \tag{6-1}$$

$$G_m(s)=\frac{K_mN(s)}{D(s)} \tag{6-2}$$

被控对象的状态方程和传递函数为

$$\begin{cases}\dot{\boldsymbol{X}}_s=\boldsymbol{A}_s(t)\boldsymbol{X}_s+\boldsymbol{B}_s(t)\boldsymbol{r}\\ \boldsymbol{Y}_s=\boldsymbol{C}\boldsymbol{X}_s\end{cases} \tag{6-3}$$

$$G_s(s)=\frac{K_vN(s)}{D(s)} \tag{6-4}$$

式中：$\boldsymbol{X}_m$，$\boldsymbol{X}_s$ 分别为参考模型和系统的 n 维状态向量，$\boldsymbol{r}$ 和 $\boldsymbol{Y}$ 分别为系统的输入和输出量，$\boldsymbol{A}_m$，$\boldsymbol{B}_m$ 为模型定常系数阵，$\boldsymbol{A}_s$，$\boldsymbol{B}_s$ 中有若干元素时变而且可调。

定义输出广义误差为

$$\boldsymbol{e}=\boldsymbol{Y}_m-\boldsymbol{Y}_s \tag{6-5}$$

状态广义误差为

$$\boldsymbol{\varepsilon}=\boldsymbol{X}_m-\boldsymbol{X}_s \tag{6-6}$$

动态品质或参数的广义误差为

$$\boldsymbol{\theta}=\boldsymbol{\theta}_m-\boldsymbol{\theta}_s \tag{6-7}$$

则自适应系统的指标泛函可以用一个与广义误差 e，$\boldsymbol{\varepsilon}$ 或 $\boldsymbol{\theta}$ 有关的指标来表示，即

$$J=\frac{1}{2}\int_{t0}^{t}e^2(\tau)\,\mathrm{d}\tau \tag{6-8}$$

或

$$\lim_{t\to\infty}e(t)=0 \tag{6-9}$$

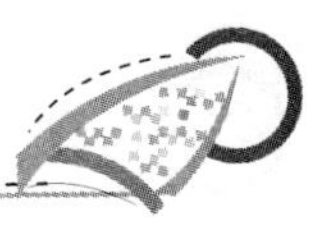

具有可调增益的自适应系统如图 6.4 所示。下面就论述 K_c 的自适应调节规律。

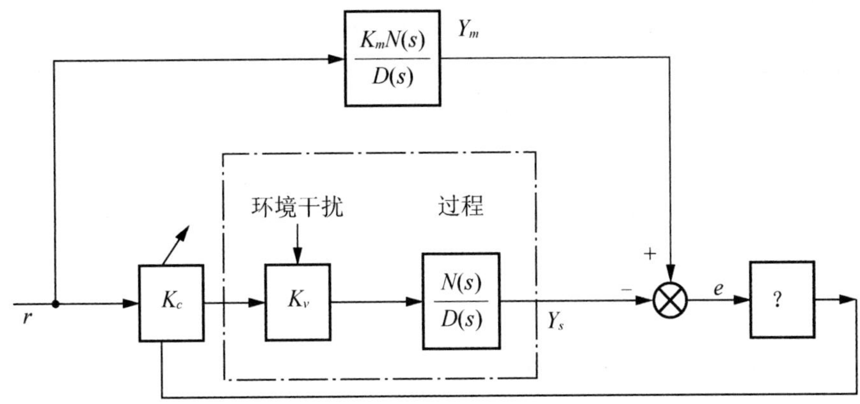

图 6.4　可调增益的自适应系统

要调整 K_c 使得性能指标泛函式(6－8)取极小，可利用梯度法寻优，J 对 K_c 的梯度为

$$\frac{\partial J}{\partial K_c}=\int_{t0}^{t} e\frac{\partial e}{\partial K_c}\mathrm{d}\tau \tag{6-10}$$

由梯度法可知，使 J 下降的方向是负梯度方向，因此 K_c 的修正量为

$$\Delta K_c=-\lambda\cdot\frac{\partial J}{\partial K_c},\qquad \lambda>0 \tag{6-11}$$

式中：λ 为调整步长。调整后的系统新参数为

$$K_c=K_{c0}+\Delta K_c=K_{c0}-\lambda\int_{t0}^{t} e\frac{\partial e}{\partial K_c}\mathrm{d}\tau \tag{6-12}$$

式中：K_{c0}为调整前的初始值。对上式两边对时间 t 求导，得

$$\dot{K}_c=-\lambda e\frac{\partial e}{\partial K_c} \tag{6-13}$$

式(6－13)表明可调增益 K_c 随时间变化的规律，即自适应调整规律。为了求得 $\dot{K}_c$，必须计算$\frac{\partial e}{\partial K_c}$。考虑到 $e=Y_m-Y_s$，且 Y_m 与 K_c 无关，有

$$\dot{K}_c=-\lambda e\left[\frac{\partial Y_m}{\partial K_c}-\frac{\partial Y_s}{\partial K_c}\right]=\lambda e\frac{\partial Y_s}{\partial K_c} \tag{6-14}$$

式中：$\frac{\partial Y_s}{\partial K_c}$称为被控系统对可调参数的敏感度参数。

由于敏感度函数不容易得到，因此要寻找与$\frac{\partial Y_s}{\partial K_c}$等效又容易获得的信息。由图 6.4 可知，系统的广义误差 e 对输入 r 的开环传递函数为

$$\frac{E(s)}{R(s)}=(K_m-K_cK_v)\frac{N(s)}{D(s)} \tag{6-15}$$

将上式转化为微分方程的时域算子形式为

$$D(P)e(t)=(K_m-K_cK_v)N(P)r(t) \tag{6-16}$$

式中：$P=\frac{\mathrm{d}}{\mathrm{d}t}$为微分算子。将上式两边再对 K_c 求偏导得

$$D(P)\frac{\partial e}{\partial K_c}=-K_vN(P)r(t) \tag{6-17}$$

考虑到式(6-13)和式(6-14)的关系，有

$$D(P)\frac{\partial Y_s}{\partial K_c}=K_vN(P)r(t) \tag{6-18}$$

而参考模型的微分方程的时域算子形式为

$$D(P)Y_m(t)=K_mN(P)r(t) \tag{6-19}$$

比较式(6-18)和(6-19)可得

$$\frac{\partial Y_s(t)}{\partial K_c}=\frac{K_v}{K_m}Y_m(t) \tag{6-20}$$

将式(6-20)代入式(6-14)得

$$\dot{K}_c=\lambda\frac{K_v}{K_m}eY_m=\mu eY_m \tag{6-21}$$

式中：$\mu=\lambda\frac{K_v}{K_m}$。式(6-21)即为可调增益 K_c 的调节规律，即自适应规律，又称为 MIT 自适应规律。它由一个乘法器和一个积分器组成。整个系统的结构如图 6.5 所示。

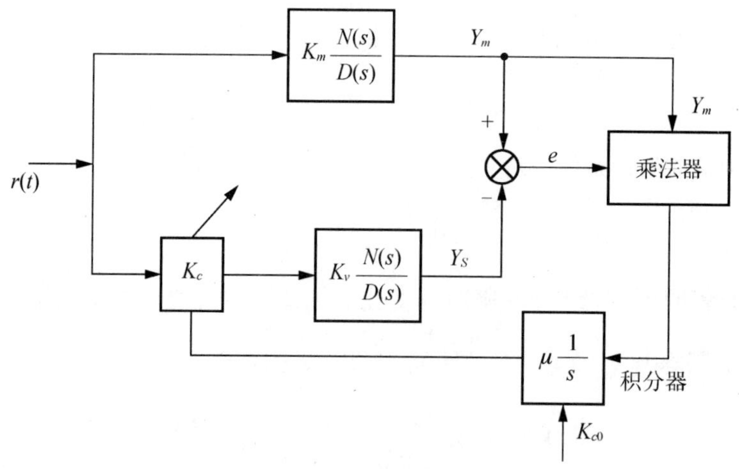

图 6.5　MIT 自适应规律

用 MIT 自适应规则综合出来的自适应系统的数学模型可归纳如下。

$$\begin{cases}D(P)e(t)=(K_m-K_cK_v)N(P)r(t)\\D(P)Y_m(t)=K_mN(P)r(t)\\\dot{K}_c=\mu eY_m\end{cases} \tag{6-22}$$

其中第一式为被控对象的开环广义误差方程，第二式为参考模型方程，第三式为参数调节方程，即自适应律[4,11,12,13]。

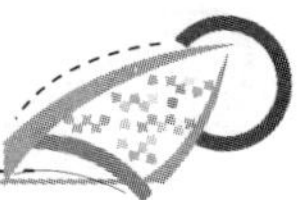

用 MIT 规则设计自适应控制系统的缺陷是未考虑系统的稳定性问题，因此在求出自适应规律后，还需进行稳定性检验，以保证广义误差 $e(t)$ 收敛于零或某一个允许值。

【例 6.1】 设控制对象的传递函数为$\frac{K_v}{Ts+1}$，参考模型的传递函数为$\frac{K_m}{Ts+1}$，试用 MIT 规则设计自适应系统。

解：这是一个较简单的控制问题。根据前面讨论结果，可直接得到系统的自适应规律，如图 6.6 所示。

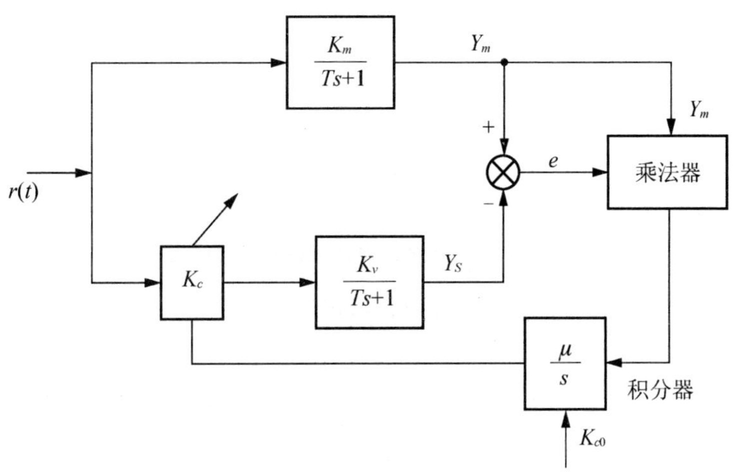

图 6.6　例 6.1 的自适应规律

【例 6.2】 被控对象的微分算子方程为

$$(a_2p^2+a_1p+1)Y_s(t)=K_v\cdot r(t)$$

参考模型的微分算子方程为

$$(a_2p^2+a_1p+1)Y_m(t)=K_m\cdot r(t)$$

试按 MIT 方法规划设计自适应控制系统。

解：按 MIT 规则有

$$p=\frac{\mathrm{d}}{\mathrm{d}t},\qquad \frac{N(s)}{D(s)}=\frac{1}{a_2s^2+a_1s+1}$$

直接套用式(6-22)方程组，得

$$\begin{cases}a_2\ddot{e}(t)+a_1\dot{e}(t)+e(t)=(K_m-K_cK_v)r(t)\\a_2\ddot{Y}_m(t)+a_1\dot{Y}_m(t)+Y_m(t)=K_mr(t)\\\dot{K}_c=\mu e(t)Y_m(t)\end{cases}$$

系统的结构如图 6.7 所示。

为了检验自适应控制系统的稳定性，需要求出闭环自适应回路的广义误差 $e(t)$ 的动态方程。

假如 $r(t)=R$ 为阶跃信号，系统的过渡过程时间较短，K_V 变化缓慢，在 $e(t)$ 的调节过程中，$Y(t)$ 已达到稳定值 Y_m，$\dot{K}_v=0$，$\dot{r}(t)=0$，对下式

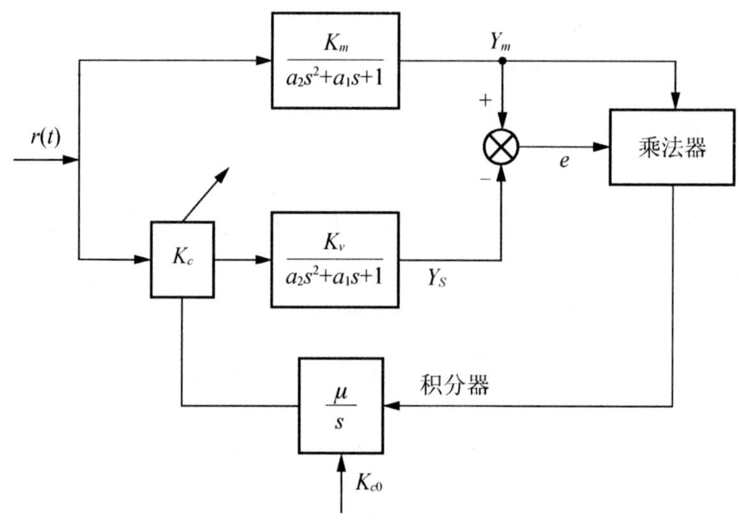

图 6.7　例 6.2 的自适应控制系统结构

$$a_2\ddot{e}(t)+a_1\dot{e}(t)+e(t)=(K_m-K_cK_v)r(t)\text{ 求导，}$$

可得

$$a_2\dddot{e}(t)+a_1\ddot{e}(t)+\dot{e}(t)=-\dot{K}_cK_vr(t)$$

将公式 $\dot{K}_c=\mu e(t)Y_m(t)$代入上式得

$$a_2\dddot{e}(t)+a_1\ddot{e}(t)+\dot{e}(t)=-K_v\mu Y_m(t)e(t)r(t)$$

由于参考模型是稳定的，即当 $t\to\infty$时，$Y_m(t)\to KR$，则上式变为

$$a_2\dddot{e}(t)+a_1\ddot{e}(t)+\dot{e}(t)+K_v\mu KR^2e(t)=0$$

根据古尔维茨稳定性判据，可以得到上述方程稳定的条件是

$$a_1>a_2K_vK\mu R^2$$

因此，如果输入控制的阶跃幅度 R 或自适应增益 μ 太大，都可能使系统不稳定。所以，为了使系统稳定地工作，必须限制输入控制信号的幅度，同时自适应增益不能选得太大，然而其后果则是自适应速度偏低。

对于一个被控对象，当给它施加一个输入控制 $r(t)$时，希望系统的输出 Y 能够按照预期的规律变化。因此需要找一个参考模型，其输出 Y_m 对于$r(t)$的响应是期望值，这也是自适应控制算法的核心思想。

6.2.2　李亚普诺夫稳定性理论设计模型参考自适应系统

设系统的状态方程为

$$\dot{\boldsymbol{X}}_s=\boldsymbol{A}_s(t)\boldsymbol{X}_s+\boldsymbol{B}_s\boldsymbol{u}(t) \tag{6-23}$$

式中：$\boldsymbol{X}_s$ 为 n 维状态向量；$\boldsymbol{u}$ 为 p 维控制向量；$\boldsymbol{A}_s$ 为 $n\times n$ 系数矩阵；$\boldsymbol{B}_s$ 为 $n\times p$ 控制矩阵。

假设被控对象的系统矩阵$\boldsymbol{A}_s$ 和控制矩阵$\boldsymbol{B}_s$ 难以进行调整，则要改变对象的动态特性，

只能用前馈控制和反馈控制。一般而言，通过各种传感器，系统的状态变量可以直接获得，但是被控对象的参数是不能直接调整的。

在实际工程应用中，可考虑利用状态变量实现自适应控制。用状态变量构成的自适应控制律如图 6.8 所示[4,13]。

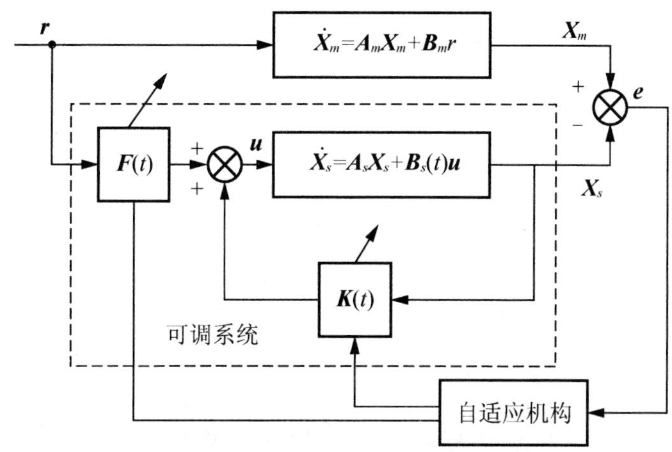

图 6.8 状态变量构成的自适应控制律

控制信号 $\boldsymbol{u}(t)$ 由前馈信号 $\boldsymbol{F}(t)\cdot\boldsymbol{r}(t)$ 和反馈信号 $\boldsymbol{K}(t)\boldsymbol{X}_s(t)$ 所组成，即

$$\boldsymbol{u}(t)=\boldsymbol{F}(t)\boldsymbol{r}(t)+\boldsymbol{K}(t)\boldsymbol{X}_s(t) \tag{6-24}$$

式中：$\boldsymbol{F}(t)$ 为 $p\times p$ 阵，$\boldsymbol{K}(t)$ 为 $p\times n$ 阵，将式(6-24)代入式(6-23)得

$$\begin{aligned}\dot{\boldsymbol{X}}_s&=\boldsymbol{A}_s(t)\boldsymbol{X}_s+\boldsymbol{B}_s(t)\left[\boldsymbol{F}(t)\boldsymbol{r}(t)+\boldsymbol{K}(t)\boldsymbol{X}_s\right]\\&=\left[\boldsymbol{A}_s(t)+\boldsymbol{B}_s(t)\boldsymbol{K}(t)\right]\boldsymbol{X}_s+\boldsymbol{B}_s(t)\boldsymbol{F}(t)\boldsymbol{r}(t)\end{aligned} \tag{6-25}$$

参考模型的状态方程为

$$\dot{\boldsymbol{X}}_m=\boldsymbol{A}_m\boldsymbol{X}_m+\boldsymbol{B}_m\boldsymbol{r} \tag{6-26}$$

式中：$\boldsymbol{X}_m$ 为 n 维状态向量，$\boldsymbol{r}$ 为 p 维输入向量，$\boldsymbol{A}_m$ 为 $n\times n$ 系统矩阵，$\boldsymbol{B}_m$ 为 $n\times p$ 控制矩阵，$\boldsymbol{A}_m$、$\boldsymbol{B}_m$ 均为常数矩阵。

广义状态误差向量的表达式为

$$\boldsymbol{e}=\boldsymbol{X}_m-\boldsymbol{X}_s$$

由式(6-26)和式(6-25)可得

$$\dot{\boldsymbol{e}}=\boldsymbol{A}_m\boldsymbol{e}+(\boldsymbol{A}_m-\boldsymbol{A}_s-\boldsymbol{B}_s\boldsymbol{K})\boldsymbol{X}_s+(\boldsymbol{B}_m-\boldsymbol{B}_s\boldsymbol{F})\boldsymbol{r} \tag{6-27}$$

在理想情况下，式(6-27)右边后二项应等于零，设 $\boldsymbol{F}$ 和 $\boldsymbol{K}$ 的理想值分别为 $\overline{\boldsymbol{F}}$ 和 $\overline{\boldsymbol{K}}$，则当 $\boldsymbol{F}=\overline{\boldsymbol{F}}$，$\boldsymbol{K}=\overline{\boldsymbol{K}}$，且 $|\boldsymbol{K}|\neq 0$ 时，有

$$\boldsymbol{A}_m=\boldsymbol{A}_s+\boldsymbol{B}_s\overline{\boldsymbol{K}},\quad \boldsymbol{B}_m=\boldsymbol{B}_s\overline{\boldsymbol{F}} \tag{6-28}$$

即

$$\begin{aligned}\boldsymbol{A}_m-\boldsymbol{A}_s&=\boldsymbol{B}_s\overline{\boldsymbol{K}}\\\boldsymbol{B}_s&=\boldsymbol{B}_m\overline{\boldsymbol{F}}^{-1}\end{aligned} \tag{6-29}$$

式(6-27)可以写为

$$\begin{aligned}\dot{e} &= A_m e + B_s(\overline{K}-K)X_s + B_s(\overline{F}-F)r \\ &= A_m e + B_m\overline{F}^{-1}(\overline{K}-K)X_s + B_m\overline{F}^{-1}(\overline{F}-F)r \\ &= A_m e + B_m\overline{F}^{-1}\theta X_s + B_m\overline{F}^{-1}\varphi r\end{aligned} \tag{6-30}$$

式中：$\theta=\overline{K}-K$ 为 $p\times n$ 矩阵，$\varphi=\overline{F}-F$ 为 $p\times p$ 矩阵，均为可调参数误差。

将广义误差向量 e、可调参数误差 θ 和 φ 组成一个增广状态空间，并定义一个李亚普诺夫函数

$$V=\frac{1}{2}\left[e^{\mathrm{T}}pe+\mathrm{tr}(\theta^{\mathrm{T}}T_1^{-1}\theta+\varphi^{\mathrm{T}}T_2^{-1}\varphi)\right] \tag{6-31}$$

式中：p、T_1^{-1}、T_2^{-1} 均为正定对称加权阵。

将式(6-31)的两边对时间 t 求导，得

$$\dot{V}=\frac{1}{2}\left[\dot{e}^{\mathrm{T}}pe+e^{\mathrm{T}}p\dot{e}+\mathrm{tr}(\dot{\theta}^{\mathrm{T}}T_1^{-1}\theta+\theta^{\mathrm{T}}T_1^{-1}\dot{\theta}+\dot{\varphi}^{\mathrm{T}}T_2^{-1}\varphi+\varphi^{\mathrm{T}}T_2^{-1}\dot{\varphi})\right]$$

将式(6-30)代入上式得

$$\begin{aligned}\dot{V} &= \frac{1}{2}e^{\mathrm{T}}\left[pA_m+A_m^{\mathrm{T}}p\right]e+e^{\mathrm{T}}pB_m\overline{F}^{-1}\theta X_s+e^{\mathrm{T}}pB_m\overline{F}^{-1}\varphi r \\ &\quad +\mathrm{tr}\left[\dot{\theta}^{\mathrm{T}}T_1^{-1}\theta+\theta^{\mathrm{T}}T_1^{-1}\dot{\theta}+\dot{\varphi}^{\mathrm{T}}T_2^{-1}\varphi+\varphi^{\mathrm{T}}T_2^{-1}\dot{\varphi}\right]\end{aligned} \tag{6-32}$$

在上式中，注意到$e^T pB_m\overline{F}^{-1}\theta$ 为 $1\times n$ 维行向量，X_s 为 $n\times 1$ 维列向量，$e^T pB_m\overline{F}^{-1}\varphi$ 为 $1\times p$ 维行向量，r 为 $p\times 1$ 维列向量，所以有

$$e^T pB_m\overline{F}^{-1}\theta\cdot X_s=\mathrm{tr}(X_s\cdot e^T pB_m\overline{F}^{-1}\theta)$$

$$e^T pB_m\overline{F}^{-1}\varphi\cdot r=\mathrm{tr}(r\cdot e^T pB_m\overline{F}^{-1}\varphi)$$

式中：tr 为矩阵的迹(矩阵的对角元素之和)。

考虑到

$$\mathrm{tr}(\dot{\theta}^{\mathrm{T}}T_1^{-1}\theta)=\mathrm{tr}(\theta^{\mathrm{T}}T_1^{-1}\dot{\theta})$$

$$\mathrm{tr}(\dot{\varphi}^{T}T_2^{-1}\varphi)=\mathrm{tr}(\varphi^{\mathrm{T}}T_2^{-1}\dot{\varphi})$$

该式表明矩阵的迹等于其转置矩阵的迹，则式(6-32)可简化为

$$\begin{aligned}\dot{V} &= \frac{1}{2}e^{\mathrm{T}}(pA_m+A_m^Tp)e+\mathrm{tr}(\dot{\theta}^{\mathrm{T}}T_1^{-1}\theta+X_s e^{\mathrm{T}}pB_m\overline{F}^{-1}\theta)+ \\ &\quad \mathrm{tr}(\dot{\varphi}^{\mathrm{T}}T_2^{-1}\varphi+r\cdot e^{\mathrm{T}}pB_m\overline{F}^{-1}\varphi)\end{aligned} \tag{6-33}$$

考虑到参考模型系统是稳定的，则可选对称正定阵 Q，使得 $pA_m+A_m^Tp=-Q$ 成立。这样，对于任意 $e\neq 0$，式(6-33)右边第一项就是负定的。如果使右边的后两项都为零，则 $\dot{V}$ 是负定的，广义误差 e 的系统就是稳定的，则有

$$\lim_{t\to\infty}e(t)=0$$

为此可选

$$\begin{aligned}\dot{\theta} &= -T_1\left[B_m\overline{F}^{-1}\right]^{\mathrm{T}}pe X_s^{\mathrm{T}} \\ \dot{\varphi} &= -T_2\left[B_m\overline{F}^{-1}\right]^{\mathrm{T}}pe r^{\mathrm{T}}\end{aligned} \tag{6-34}$$

这样可保证式(6-33)右边后两项为零。

当被控对象的$\boldsymbol{A}_s$和$\boldsymbol{B}_s$为常值或缓慢变化时，可设

$$\dot{\overline{\boldsymbol{F}}}=\boldsymbol{0},\quad \dot{\overline{\boldsymbol{K}}}=\boldsymbol{0}$$

自适应规律为

$$\dot{\boldsymbol{K}}=\dot{\overline{\boldsymbol{K}}}-\dot{\boldsymbol{\theta}}=-\dot{\boldsymbol{\theta}}=\boldsymbol{T}_1\left[\boldsymbol{B}_m\overline{\boldsymbol{F}}^{-1}\right]^{\mathrm{T}}\boldsymbol{pe}\boldsymbol{X}_s^{\mathrm{T}} \tag{6-35}$$

$$\boldsymbol{K}(t)=\int_0^t\boldsymbol{T}_1\left[\boldsymbol{B}_m\overline{\boldsymbol{F}}^{-1}\right]^{\mathrm{T}}\boldsymbol{pe}\boldsymbol{X}_s^{T}\boldsymbol{d\tau}+\boldsymbol{K}(0) \tag{6-36}$$

$$\dot{\boldsymbol{F}}=\dot{\overline{\boldsymbol{F}}}-\dot{\boldsymbol{\varphi}}=-\dot{\boldsymbol{\varphi}}=\boldsymbol{T}_2\left[\boldsymbol{B}_m\overline{\boldsymbol{F}}^{-1}\right]^{\mathrm{T}}\boldsymbol{pe}\boldsymbol{r}^{\mathrm{T}} \tag{6-37}$$

$$\boldsymbol{F}(t)=\int_0^t\boldsymbol{T}_2\left[\boldsymbol{B}_m\overline{\boldsymbol{F}}^{-1}\right]^{\mathrm{T}}\boldsymbol{pe}\boldsymbol{r}^{\mathrm{T}}\boldsymbol{d\tau}+\boldsymbol{F}(0) \tag{6-38}$$

式(6-36)和式(6-38)就是$\boldsymbol{K}(t)$和$\boldsymbol{F}(t)$的自适应律，它对任意分段连续输入控制向量$\boldsymbol{r}$能保证模型参考自适应系统是全局稳定的，即有$\boldsymbol{e}(t)=\boldsymbol{0}$，也意味着$\boldsymbol{F}=\overline{\boldsymbol{F}}$，$\boldsymbol{K}=\overline{\boldsymbol{K}}$。由式(6-30)有

$$\boldsymbol{B}_m\overline{\boldsymbol{F}}^{-1}\boldsymbol{\theta}\boldsymbol{X}_s+\boldsymbol{B}_m\overline{\boldsymbol{F}}^{-1}\boldsymbol{\varphi}\boldsymbol{r}=\boldsymbol{0}$$

$$\boldsymbol{\theta}\boldsymbol{X}_s+\boldsymbol{\varphi}\boldsymbol{r}=\boldsymbol{0} \tag{6-39}$$

式(6-39)对任意时间t能够成立的条件如下[4,13]。

(1) $\boldsymbol{X}_s$和$\boldsymbol{r}$为线性相关，并且$\boldsymbol{\theta}$和$\boldsymbol{\varphi}\neq\boldsymbol{0}$。

(2) $\boldsymbol{X}_s$和$\boldsymbol{r}$恒等于零。

(3) $\boldsymbol{X}_s$和$\boldsymbol{r}$线性独立，且$\boldsymbol{\theta}=\boldsymbol{0}$，$\boldsymbol{\varphi}=\boldsymbol{0}$。

以上3个条件中，只有第三种情况能导致参数收敛，即$\boldsymbol{\theta}=\overline{\boldsymbol{K}}-\boldsymbol{k}=\boldsymbol{0}$，$\boldsymbol{\varphi}=\overline{\boldsymbol{F}}-\boldsymbol{F}=\boldsymbol{0}$，因此要求$\boldsymbol{X}_s$与$\boldsymbol{r}$要线性独立。而$\boldsymbol{X}_s$与$\boldsymbol{r}$线性独立的条件是：输入信号$\boldsymbol{r}(t)$采用具有一定频率的方波信号或为$q$个不同频率的正弦信号组成的分段连续信号，其中$q>\frac{n}{2}\left(或\frac{n-1}{2}\right)$，在此时，$\boldsymbol{X}_s$与$\boldsymbol{r}$不恒等于零，且彼此独立，这就保证误差矩阵$\boldsymbol{\theta}(t)$和$\boldsymbol{\varphi}(t)$逐步收敛，即

$$\lim_{t\to\infty}\boldsymbol{\theta}(t)=\boldsymbol{0},\ \lim_{t\to\infty}\boldsymbol{\varphi}(t)=\boldsymbol{0}$$

【例6.3】对于例6.1，系统的状态方程为

$$\dot{\boldsymbol{X}}_s=-\frac{1}{T}\boldsymbol{X}_s+\frac{\boldsymbol{b}_s}{T}\boldsymbol{r}$$

式中$\boldsymbol{b}_s$未知。

参考模型为

$$\dot{\boldsymbol{X}}_m=-\frac{1}{T}\boldsymbol{X}_m+\frac{\boldsymbol{b}_m}{T}\boldsymbol{r}$$

试用李亚普诺夫方法设计自适应控制律。

解：根据李亚普诺夫方法，有

$$\dot{\boldsymbol{e}}=-\frac{1}{T}\boldsymbol{e}+\left(\frac{\boldsymbol{b}_m}{T}-\frac{\boldsymbol{b}_s}{T}\boldsymbol{F}\right)\boldsymbol{r}$$

$$\boldsymbol{B}_m=\boldsymbol{B}_s\overline{\boldsymbol{F}},\overline{\boldsymbol{F}}=\frac{\boldsymbol{b}_m}{\boldsymbol{b}_s},\ \overline{\boldsymbol{F}}^{-1}=\frac{\boldsymbol{b}_s}{\boldsymbol{b}_m}$$

由式(6－34)得

$$\dot{\boldsymbol{\varphi}}=-T_2\left[\frac{\boldsymbol{b}_m}{T}\overline{\boldsymbol{F}}^{-1}\right]^{\mathrm{T}}\boldsymbol{pe}\,\boldsymbol{r}^T=-\boldsymbol{\mu er}$$

式中：$\boldsymbol{\mu}=T_2\left[\frac{\boldsymbol{b}_m}{T}\overline{\boldsymbol{F}}^{-1}\right]^{\mathrm{T}}\boldsymbol{p}$

由式(6－37)有

$$\dot{\boldsymbol{F}}=\dot{\overline{\boldsymbol{F}}}-\dot{\boldsymbol{\varphi}}=-\dot{\boldsymbol{\varphi}}=\boldsymbol{\mu er}$$

$$\boldsymbol{F}(t)=\int_0^t\boldsymbol{\mu er}\mathrm{d}\boldsymbol{\tau}+\boldsymbol{F}_0$$

自适应控制系统的结构如图 6.9 所示，控制系统能保证全局的稳定。

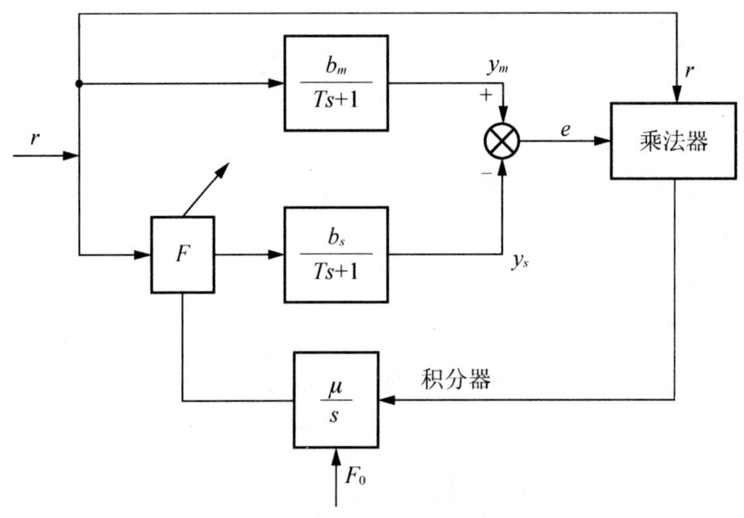

图 6.9　例 6.3 的自适应系统[4]

6.3　自校正自适应控制

自校正自适应控制是目前应用最广泛的一类自适应控制方法，它适用于结构已知但参数未知而恒定的随机系统，也适用于结构已知但参数缓慢变化的随机系统，而这类系统在工业领域中具有一定的代表性。自校正自适应控制的基本思想是将参数估计递推算法与各种不同类型的控制算法相结合，形成一个能自动校正控制器参数的实时计算机控制系统。用得最普遍的是最小方差控制和极点配置控制[4,10,13]。

最小方差控制的目标函数为误差二次型，自校正控制的目的是保证这个目标函数取极小值。顾名思义，这种控制方式可以使系统的控制误差达到最小。极点配置自校正控制性能指标不以目标函数形式给出，而是把预期的闭环系统的行为用一组期望传递函数的零极

点位置加以描述。自校正策略是保证实际的闭环系统的零极点收敛于这一组期望的零极点。本节重点介绍最小方差控制方法[4]。

最小方差自校正调节器是1973年提出的，用递推最小二乘法估计系统参数，以输出方差最小为调节指标。当被估计的参数收敛时，根据估计模型所得到的输出方差的最小调节，将收敛于受控系统参数已知时的输出方差最小调节，并且是渐近最优的。

由于惯性等因素，一般工业对象都存在纯延迟 h，例如温度控制系统、速度控制系统、焊接过程中的熔池形状和熔深控制等都是典型的滞后系统。最小方差控制的基本思想是，对于一个控制系统，当前的控制作用要滞后 h 个采样周期才能影响输出。因此要使输出方差最小，就必须提前 h 步对输出量做出预测，然后根据所得到的预测值来设计所需的控制，这样，通过不断连续地预测和控制，使得稳态的输出方差为最小。显然，实现最小方差控制的关键在于预测。

6.3.1　预测模型

被控对象的差分方程模型为[4]

$$A(q^{-1})y(t)=q^{-d}B(q^{-1})u(t)+C(q^{-1})\varepsilon(t) \tag{6-40}$$

式中：q^{-1}表示单位延迟算子，即 $q^{-1}y(t)=y(t-1)$；t 表示差分方程中的 K，即 $q^{-1}y(K)=y(K-1)$。则有

$$\begin{cases}A(q^{-1})=1+a_1q^{-1}+a_2q^{-2}+\cdots+a_{na}q^{-na}\\B(q^{-1})=b_0+b_1q^{-1}+b_2q^{-2}+\cdots+b_{nb}q^{-nb}\\C(q^{-1})=1+c_1q^{-1}+c_2q^{-2}+\cdots+c_{nc}q^{-nc}\end{cases} \tag{6-41}$$

$y(t)$为被控对象的输出，$u(t)$为输入，$\varepsilon(t)$为零均值白噪声，方差为 σ^2，d 为延迟步数。$B(q^{-1})$和 $C(q^{-1})$多项式的零点都位于 q^{-1}平面的单位圆外，相当于 $B(z^{-1})$和 $C(z^{-1})$的根位于 Z 平面的单位圆内。

则基于到 t 时刻为止的所有输入输出数据对 $t+d$ 时刻的输出预测为 $\hat{y}(t+d\mid t)$，预测误差为 $\tilde{y}(t+d\mid t)=y(t+d)-\hat{y}(t+d\mid t)$。

最优预测定理可描述如下。

使预测误差的方差 $E\left[\tilde{y}^2(t+d\mid t)\right]$ 为最小的 d 步最优预测 $y^*(t+d\mid t)$必满足下列方程。

$$C(q^{-1})y^*(t+d\mid t)=G(q^{-1})y(t)+F(q^{-1})u(t) \tag{6-42}$$

式中：

$$F(q^{-1})=E(q^{-1})B(q^{-1}) \tag{6-43}$$

$$C(q^{-1})=A(q^{-1})E(q^{-1})+q^{-d}G(q^{-1}) \tag{6-44}$$

$$E(q^{-1})=1+e_1q^{-1}+e_2q^{-2}+\cdots+e_{ne}q^{-ne} \tag{6-45}$$

$$G(q^{-1})=g_0+g_1q^{-1}+g_2q^{-2}+\cdots+g_{ng}q^{-ng} \tag{6-46}$$

$$F(q^{-1})=f_0+f_1q^{-1}+f_2q^{-2}+\cdots+f_{nf}q^{-nf} \tag{6-47}$$

$E(q^{-1})$、$G(q^{-1})$和 $F(q^{-1})$的阶次分别为 $d-1$，n_a-1，n_b+d-1。此时的最优预测误差

方差为

$$E\{[\tilde{y}^*(t+d\mid t)]^2\}=[1+\sum_{i=1}^{d-1}e_i^2]\cdot\sigma^2 \tag{6-48}$$

预测模型为

$$y(t+d)=E\ \{\varepsilon(t+d)\}\ +\frac{F}{C}u(t)+\frac{G}{C}y(t) \tag{6-49}$$

方程(6-42)称为最优预测器方程。方程(6-44)称为丢番图(Diophantine)方程。当$A(q^{-1})$、$B(q^{-1})$、$C(q^{-1})$和d已知时，可以通过求解丢番图方程得$E(q^{-1})$和$G(q^{-1})$，进一步求得$F(q^{-1})$。为了求解$E(q^{-1})$和$G(q^{-1})$，可令式(6-44)两边q^{-1}的同次幂系数相等，再求解代数方程组可得$E(q^{-1})$和$G(q^{-1})$的系数[4]。

【例 6.4】 求以下系统的最优预测器并计算最小预测误差的方差。

$$y(t)+a_1y(t-1)=b_0u(t-2)+\varepsilon(t)+c_1\varepsilon(t-1)$$

式中：$\varepsilon(t)$为零均值、方差为σ^2的白噪声。

解：$A(q^{-1})=1+a_1q^{-1}$

$B(q^{-1})=b_0$

$C(q^{-1})=1+c_1q^{-1}$

$d=2$

根据$E(q^{-1})$、$G(q^{-1})$和$F(q^{-1})$的阶次要求，分别为$d-1$，n_a-1，n_b+d-1，则

$$G(q^{-1})=g_0$$
$$E(q^{-1})=1+e_1q^{-1}$$
$$F(q^{-1})=f_0+f_1q^{-1}$$

由丢番图方程可得

$$\begin{aligned}1+c_1q^{-1}&=(1+a_1q^{-1})(1+e_1q^{-1})+q^{-2}g_0\\&=1+(e_1+a_1)q^{-1}+(g_0+a_1e_1)q^{-2}\end{aligned}$$

考虑到同幂次系数相等，则有

$$\begin{cases}e_1+a_1=c_1\\g_0+a_1e_1=0\end{cases}$$

根据式(6-43)计算以上方程，可以求解得

$$e_1=c_1-a_1$$
$$g_0=a_1(a_1-c_1)$$
$$f_0=b_0$$
$$f_1=b_0(c_1-a_1)$$

预测器模型为

$$\begin{aligned}y(t+2)&=E\ \{\varepsilon(t+d)\}\ +\frac{F}{C}u(t)+\frac{G}{C}y(t)\\&=(1+e_1q^{-1})\varepsilon(t+2)+\frac{g_0y(t)+\ [f_0+f_1q^{-1}]\ u(t)}{1+c_1q^{-1}}\end{aligned}$$

最优预测为

$$y^*(t+2\mid t)=\frac{G}{C}y(t)+\frac{F}{C}u(t)=\frac{g_0y(t)+(f_0+f_1q^{-1})u(t)}{1+c_1q^{-1}}$$

最优预测误差的方差为

$$E\ \{[\tilde{y}^*(t+2\mid t)]^2\}\ =(1+e_1^2)\cdot\sigma^2$$

参考式(6-48)，可见预测误差随着预测长度 d 的增加而增加。

6.3.2　最小方差控制

系统的模型如式(6-40)，设 $B(q^{-1})$的特征根在 q^{-1}平面的单位圆外，即过程是最小相位或逆稳定的，则使系统实际输出 $y(t+d)$与希望输出 $y_r(t+d)$之间的误差方差为最小[4,10]，即

$$J=E\ \{[y(t+d)-y_r(t+d)]^2\}\ =\min$$

则称为最小方差控制。

最小方差控制律 $u(t)$应满足如下方程

$$F(q^{-1})u(t)=y_r(t+d)+\ [C(q^{-1})-1]\ y^*(t+d\mid t)-G(q^{-1})y(t)\qquad(6-50)$$

由前面的最优预测定理有

$$y^*(t+d\mid t)=\frac{F(q^{-1})}{C(q^{-1})}u(t)+\frac{G(q^{-1})}{C(q^{-1})}y(t)\qquad(6-51)$$

在$(t+d)$时刻系统的实际输出为

$$y(t+d)=E(q^{-1})\varepsilon(t+d)+y^*(t+d\mid t)\qquad(6-52)$$

所以

$$\begin{aligned}J&=E\ \{[E(q^{-1})\varepsilon(t+d)+y^*(t+d\mid t)-y_r(t+d)]^2\}\\&=E\ \{[E(q^{-1})\varepsilon(t+d)]^2\}\ +E\ \{[y^*(t+d\mid t)-y_r(t+d)]^2\}\end{aligned}\qquad(6-53)$$

上式中考虑了 $\varepsilon(t+d)$是零均值白噪声的过程，它与上式后面项相乘并取期望为零。

在上述公式中要使 J 取最小，由于第一项不可控，所以必须使下式成立

$$y^*(t+d\mid t)=y_r(t+d)$$

再考虑最优预测方程(6-42)，即可得到式(6-50)的最小方差控制律。

对于最优调节器问题，可以设 $y_r(t+d)=0$，则最小方差控制律式(6-50)简化为

$$F(q^{-1})u(t)=-G(q^{-1})y(t)$$

即

$$\begin{aligned}u(t)&=-\frac{G(q^{-1})}{F(q^{-1})}y(t)\\&=-\frac{G(q^{-1})}{E(q^{-1})B(q^{-1})}y(t)\end{aligned}\qquad(6-54)$$

则调节系统的结构如图 6.10 所示[4]。

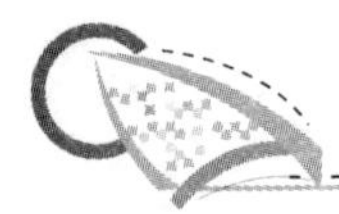

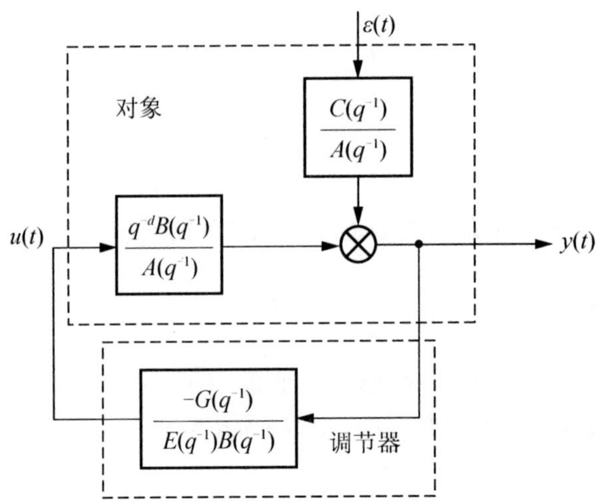

图 6.10 自适应调节系统的结构

由图 6.10 可得闭环系统的方程为

$$\begin{aligned} y(t) &= \frac{CF}{AF+q^{-d}BG}\varepsilon(t) = \frac{CBE}{CB}\varepsilon(t) \\ &= E(q^{-1})\varepsilon(t) \end{aligned} \tag{6-55}$$

$$\begin{aligned} u(t) &= -\frac{CG}{AF+q^{-d}BG}\varepsilon(t) = -\frac{CG}{CB}\varepsilon(t) \\ &= -\frac{G(q^{-1})}{B(q^{-1})}\varepsilon(t) \end{aligned} \tag{6-56}$$

由式(6-55)和式(6-56)可以看出，最小方差控制的实质就是用控制器的极点($F(q^{-1})$的零点)去对消被控对象的零点($B(q^{-1})$的零点)。当 $B(q^{-1})$不稳定时，输出 $y(t)$虽然有界，但输入 $u(t)$增长并达到饱和，导致系统不稳定。所以采用最小方差控制时，要求对象必须是最小相位的[4]。另外，最小方差控制对靠近 Z 平面单位圆的稳定零点非常灵敏，因此在设计该控制器并实际应用时需要关注。

【例 6.5】对于例 6.4，如果 $a_1=-0.9$，$b_0=0.5$，$c_1=0.7$，求最小方差控制和输出方差。

解：根据例 6.4 的计算结果并考虑 $y_r(t+d)=0$

最小方差控制则为

$$\begin{aligned} u(t) &= -\frac{G(q^{-1})}{F(q^{-1})}y(t) \\ &= -\frac{g_0}{f_0+f_1q^{-1}}y(t) \\ &= -\frac{a_1(a_1-c_1)}{b_0+b_0(c_1-a_1)q^{-1}}y(t) \end{aligned}$$

将 a_1、b_0、c_1 数值代入公式，则上式为

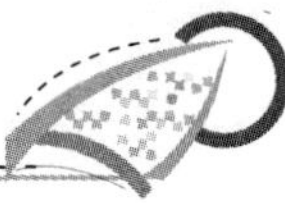

$$u(t)=-\frac{1.44}{0.5+0.8q^{-1}}y(t)$$

输出方差为

$$\begin{aligned}E\{y^2(t)\}&=(1+e_1^2)\sigma^2\\&=[1+(c_1-a_1)^2]\sigma^2\\&=(1+1.6^2)\sigma^2=3.56\sigma^2\end{aligned}$$

此时考虑 $y_r(t)=0$，如果不加控制，根据对象方程可得

$$y(t)=0.9y(t-1)+\varepsilon(t)+0.7\varepsilon(t-1)$$

显然，当 $u(t)=0$ 时，输出方差可计算得

$$E\{y^2(t)\}=14.47\sigma^2$$

从计算结果可以看出，采用最小方差控制可使输出方差减少约$\frac{3}{4}$，对于大型工业过程，输出方差的减小意味着产品质量的提高，可创造显著的经济效益。

6.3.3 极点配置自校正控制

极点配置是一种综合设计方法。对于线性定常系统，不仅系统稳定性取决于极点的分布，而且系统的控制品质，如上升时间、超调量、振荡次数等，在很大程度上也与极点的位置密切相关。因此，只要选择某种控制策略，将闭环极点移到相应的位置上，就可使系统性能满足预定的性能指标。由于预期极点位置是基于瞬态响应的性能要求而设置的，因此具有工程概念直观和易于考虑各种工程约束的优点[10]。

在自校正技术中，极点配置的方法有两大类，一种是状态反馈极点配置法，另一种是输出反馈极点配置法。实际上，前面所介绍的最小方差控制就是一种加权最小方差自校正的极点配置方案。本节对极点配置的自校正控制再做进一步的论述[3,4]。

1. *状态反馈极点配置方法*

状态反馈极点配置方法的设计过程需要基于状态空间模型[3,4,10]。考虑下式所示的系统模型

$$A(q^{-1})y(k)=B(q^{-1})u(k)+C(q^{-1})\xi(k) \tag{6-57}$$

式中：$\begin{cases}A(q^{-1})=1+a_1q^{-1}+\cdots+a_nq^{-n}\\B(q^{-1})=b_1q^{-1}+\cdots+b_nq^{-n}\\C(q^{-1})=1+c_1q^{-1}+\cdots+c_nq^{-n}\end{cases}$

对于该模型，如果过程时延 $d>1$，只需将 $B(q^{-1})$的相应低幂项系数设置为零即可。其对应的控制器为

$$\begin{cases}x(k+1)=A_cx(k)+b_cu(k)+k_c\xi(k)\\y(k)=c_c^Tx(k)+\xi(k)\end{cases} \tag{6-58}$$

式中：$y(k)$为被控对象的输出；$u(k)$为输入；$\xi(k)$为零均值白噪声扰动信号。式(6-57)

与式(6-58)的等价关系如下

$$\boldsymbol{A}_c=\begin{bmatrix}-a_1 & \cdots & -a_{n-1} & -a_n\\ 1 & \cdots & 0 & 0\\ \vdots & & \vdots & \vdots\\ 0 & \cdots & 0 & 0\\ 0 & \cdots & 1 & 0\end{bmatrix},\ \boldsymbol{b}_c=[1\quad 0\quad \cdots\quad 0]^{\mathrm{T}},\ \boldsymbol{c}_c^{\mathrm{T}}=[b_1\quad b_2\quad \cdots\quad b_n]$$

$$\boldsymbol{k}_c=\boldsymbol{T}^{-1}[c_1-a_1\quad c_2-a_2\quad \cdots\quad c_n-a_n]^{\mathrm{T}}$$

$$\boldsymbol{T}=\begin{bmatrix}1 & 0 & 0 & 0\\ a_1 & 1 & 0 & 0\\ \vdots & \vdots & \ddots & 0\\ a_{n-1} & a_{n-2} & \cdots & 1\end{bmatrix}\begin{bmatrix}\boldsymbol{b}_0^{\mathrm{T}}\\ \boldsymbol{b}_0^{\mathrm{T}}\boldsymbol{A}_0^{\mathrm{T}}\\ \vdots\\ \boldsymbol{b}_0^{\mathrm{T}}(\boldsymbol{A}_0^{\mathrm{T}})^{n-1}\end{bmatrix},\ \boldsymbol{A}_0=\begin{bmatrix}-a_1 & 1 & 0 & \cdots & 0\\ -a_2 & 0 & 1 & \cdots & 0\\ \vdots & \vdots & \vdots & \ddots & \vdots\\ -a_{n-1} & 0 & 0 & \cdots & 1\\ -a_n & 0 & 0 & \cdots & 0\end{bmatrix}$$

$$\boldsymbol{b}_0=[b_1\quad b_2\quad \cdots\quad b_n]^{\mathrm{T}}$$

如果希望的闭环特征多项式方程为

$$A_m(z^{-1})=1+\overline{a}_1z^{-1}+\cdots+\overline{a}_nz^{-n} \tag{6-59}$$

则对于模型(6-58)，为实现极点配置，可采用下列状态反馈

$$\boldsymbol{u}(k)=k_r\boldsymbol{y}_r+\boldsymbol{k}_f^{\mathrm{T}}\boldsymbol{x}(k) \tag{6-60}$$

式中：

$$\boldsymbol{k}_f=[\overline{a}_1-a_1\quad \overline{a}_2-a_2\quad \cdots\quad \overline{a}_n-a_n]^{\mathrm{T}}$$

$$k_r=\frac{1+\sum_{i=1}^{n}\overline{a}_i}{\sum_{i=1}^{n}b_i},\quad \sum_{i=1}^{n}b_i\neq 0$$

将式(6-60)代入式(6-58)可以得到

$$\begin{aligned}\boldsymbol{x}(k)&=[q\boldsymbol{I}-\boldsymbol{A}_c+\boldsymbol{b}_c\boldsymbol{k}_f^{\mathrm{T}}]^{-1}\boldsymbol{b}_ck_r\boldsymbol{y}_r(k)+[q\boldsymbol{I}-\boldsymbol{A}_c+\boldsymbol{b}_c\boldsymbol{k}_f^{\mathrm{T}}]^{-1}k_c\boldsymbol{\xi}(k)\\ \boldsymbol{y}(k)&=\boldsymbol{c}_c^{\mathrm{T}}[q\boldsymbol{I}-\boldsymbol{A}_c+\boldsymbol{b}_c\boldsymbol{k}_f^{\mathrm{T}}]^{-1}\boldsymbol{b}_ck_r\boldsymbol{y}_r(k)+\boldsymbol{c}_c^{\mathrm{T}}[q\boldsymbol{I}-\boldsymbol{A}_c+\boldsymbol{b}_c]^{-1}k_c\boldsymbol{\xi}(k)+\boldsymbol{\xi}(k)\end{aligned} \tag{6-61}$$

考虑到

$$\boldsymbol{b}_c\boldsymbol{k}_f^{T}=\begin{bmatrix}\overline{a}_1-a_1 & \cdots & \overline{a}_n-a_n\\ & & \\ & \boldsymbol{0} & \end{bmatrix}$$

所以闭环方程(6-61)的特征多项式为

$$\det(z\boldsymbol{I}-\boldsymbol{A}_c+\boldsymbol{b}_{\mathrm{X}}\boldsymbol{k}_f^{\mathrm{T}})=A_m(z^{-1}) \tag{6-62}$$

在工程应用领域，系统状态通常难以全部直接测量，往往需要用观测器重构状态，即反馈控制规律式(6-60)中的状态将取决于观测器的特性。因此，系统的闭环特性通常不仅与极点多项式 A_m 有关，而且还与观测器的特性有关。

2. 输出反馈极点配置法

输出反馈极点配置法的设计过程需要考虑输入—输出模型的极点配置[3,4,10]。考虑系统过程为

$$A(q^{-1})y(k)=q^{-d}B'(q^{-1})u(k)+C(q^{-1})\xi(k),\ d\geqslant 1 \tag{6-63}$$

式中：$\begin{cases}A(q^{-1})=1+a_1q^{-1}+\cdots+a_{na}q^{-na}\\B'(q^{-1})=b'_0+b'_1q^{-1}+\cdots+b'_{nb}q^{-nb}\\C(q^{-1})=1+c_1q^{-1}+\cdots+c_{nc}q^{-nc}\end{cases}$

在此令

$$B(q^{-1})=q^{-d_m}B'(q^{-1}) \tag{6-64}$$

式中：$B(q^{-1})=b_1q^{-1}+\cdots+b_{nb}q^{-nb}$，$d\leqslant d_m$。　(6-65)

如果 $d<d_m$，则可以将式(6-65)中的有关项设置为零，从而使 $B(q^{-1})$ 与 $q^{-d}B'(q^{-1})$ 等价，这样可以将过程(6-63)重新表示为式(6-57)的形式[3,4,10]。

对于模型(6-57)，设参考输入为 y_r，希望的输出响应为 y_m，并可由以下动态方程描述

$$A_my_m=B_my_r \tag{6-66}$$

则期望的闭环系统的脉冲传递函数为

$$G_m=\frac{B_m}{A_m} \tag{6-67}$$

式中：A_m、B_m 互质。考虑以下反馈控制规律

$$R(z^{-1})u(k)=T(z^{-1})y_r(k)-S(z^{-1})y(k) \tag{6-68}$$

式中：R、S 和 T 是待设计的多项式。

由式(6-57)和式(6-68)消去 u，可得

$$y(k)=\frac{B(q^{-1})T(q^{-1})}{A(q^{-1})R(q^{-1})+B(q^{-1})S(q^{-1})}y_r(k)+\frac{C(q^{-1})R(q^{-1})}{A(q^{-1})R(q^{-1})+B(q^{-1})S(q^{-1})}\xi(k) \tag{6-69}$$

因此，所谓极点配置设计就是选择 R、S 和 T，使得闭环系统(6-69)的脉冲传递函数等于期望的脉冲传递函数，即

$$\frac{B(z^{-1})T(z^{-1})}{A(z^{-1})R(z^{-1})+B(z^{-1})S(z^{-1})}y_r(k)=\frac{B_m(z^{-1})}{A_m(z^{-1})} \tag{6-70}$$

可见，采用状态反馈可以任意配置系统的极点，所以在用输出反馈实现匹配的式(6-70)时，不仅用到了期望闭环脉冲传递函数，而且还用到了 $A_0(z^{-1})$ 规定观测器的动态特性。

6.4　鲁棒控制

6.4.1　基本概念

经典控制和现代控制技术，大部分是建立在已知被控对象数学模型基础上，但在实际

工程应用过程中发现，被控对象往往具有时变性、非线性的特点，其动力学模型存在着严重的不确定性，它们的特性很难用精确数学式来表达，这必然影响到控制效果。事实上，不确定性客观存在，是一切被控对象的共性。只有设法克服不确定性的影响，才能有效地控制相关的系统对象。

在不确定因素存在的情况下，如何设计一个合理的控制器，使系统性能仍然能够保持良好的状态，为此人们提出了“鲁棒性”(Robust Control)的概念。鲁棒性可以描述为，假定对象数学模型属于某一集合，考察反馈系统某些特性，设计一个控制器。如果集合中每一个对象都能保持某些特性，则称该控制器对某些特性是鲁棒的。所以鲁棒性也可理解为一个对象的集合、某些系统特性及一个控制器。

目前这一领域的研究大致在两个方面：一是前面介绍的自适应控制；另一个是鲁棒控制。鲁棒性是指当所得数学模型与实际被控对象出现不一致时，控制器能使系统性能保持在要求的允许范围之内的能力。鲁棒控制理论的内容包括两个方面：第一是鲁棒分析，研究系统在各种不确定性情况下对系统性能的分析；另一个是鲁棒综合，研究采用什么样的鲁棒控制器，使存在不确定性的系统仍能保持良好的性能。当前鲁棒控制的研究存在两个分支：一个是加拿大学者20世纪80年代初提出的 H_∞ 控制理论；另一个是俄国学者提出的多项式鲁棒稳定性理论及美国学者提出的结构奇异值分析方法，即 μ 控制理论。本节主要介绍 H_∞ 控制[3,14]。

6.4.2 H_∞ 鲁棒控制理论

1. H_∞ 鲁棒控制理论的概念

以 H_∞ 控制为代表的鲁棒控制理论和方法在工程上应用最为广泛。H_∞ 方法的基本思想是，以输出灵敏度函数的 H_∞ 范数作为性能指标，即在可能发生极度扰动的情况下，使系统误差在无穷范数意义下达到极小，从而将干扰问题转化为求解闭环系统稳定，并使相应的 H_∞ 范数指标极小化的输出反馈控制器问题。H_∞ 控制理论的重要特点及物理基础是采用范数作为性能指标，而且 H_∞ 范数所具有的自身性质，对研究鲁棒性问题相当重要。这里所说的范数就是表述一个数学抽象“数”的大小，函数、矩阵、向量等都有范数概念。一般来说，向量范数满足以下几点。

(1) 正定性：$\| H \| \geqslant 0$。

(2) 齐次性：$\| CX \| = | C | \cdot \| X \|$。

(3) 三角不等式：$\| X+Y \| \leqslant \| X \| + \| Y \|$。

以上特性就定义了 $\| X \|$ 为向量 X 的范数。可见向量范数是向量的一种具有特殊性质的实值函数。

2. H_∞ 鲁棒控制理论的特点

H_∞ 鲁棒控制的主要特点可归纳如下[3,14]。

(1) H_∞控制理论使鲁棒控制器的设计建立在清晰的理论基础之上。H_∞控制理论尽管涉及了输入和输出模型，但在实际设计时，仍保留了状态空间方法中的计算优点。

(2) 可以将其设计与控制系统闭环频域响应形状(频率特性)联系起来。H_∞控制理论与方法容易为工程技术人员所掌握。

H_∞控制理论尽管有许多优势，但也有其不足。

(1) H_∞设计方法虽然将鲁棒性直接反映在系统的设计指标中，不确定性反映在相应的加权函数上，它是在“最坏情况下”的考虑。但当系统具有已知确定性结构时，其控制必然导致不必要的保守性。

(2) H_∞方法不能保证所得控制器是稳定的，而且阶次越高，调试越困难。H_∞方法计算量较大，对指标函数中的加权矩阵的选取较困难。

6.4.3　H_∞优化与鲁棒控制

1. 灵敏度函数峰值极小化

在单输入单输出控制系统中，干扰对系统的影响如图 6.11 所示。

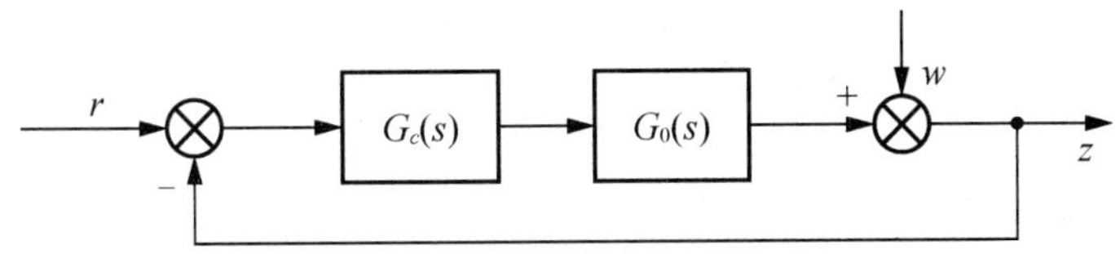

图 6.11　干扰对控制系统的影响

在图 6.11 中，$G_0(s)$为被控对象的传递函数，$G_c(s)$为校正装置(补偿器)的传递函数，w 为干扰信号，z 为系统的输出。

由 w 到 z 的闭环传递函数，称为输出灵敏度函数，即

$$S=\frac{1}{1+G_c(s)G_0(s)} \tag{6-71}$$

上式表示控制系统输出时干扰的灵敏度，理想情况下，$S=0$。

关键问题是如何确定补偿器 $G_c(s)$，使闭环系统稳定，且要求灵敏度函数峰值极小化。定义峰值为，当频率 ω 由零至无穷时，取 $S(\mathrm{j}\bar{\omega})$的峰值，即

$$\|S\|_\infty=\max_{\bar{\omega}\in\mathbf{R}}|S(\mathrm{j}\bar{\omega})|\text{，}\mathbf{R}\text{ 为实数集} \tag{6-72}$$

由于在无限范围内，某些函数的峰值有可能不存在，所以用上确界来代替最大值，则有

$$\|S\|_\infty=\sup_{\bar{\omega}\in\mathbf{R}}|S(\mathrm{j}\bar{\omega})| \tag{6-73}$$

可以看出，$\|S\|_\infty$的极小化，相当于极小化最坏情况下干扰对输出的影响，即能找到补偿器 $G_c(s)$并很好地抑制存在的最坏干扰。如图 6.12 所示，A 是干扰的峰值，但图 6.12(b)就比图 6.12(a)的峰值小。灵敏度函数在低频处的大小，并没有反映到峰值中，但是，这对于控制系统的性能又很重要[3,14]。为此引入频率加权函数 $W(s)$，则

$$\|WS\|_{\infty}=\sup_{\omega\in R}|W(j\tilde{\omega})S(j\tilde{\omega})| \tag{6-74}$$

目标要求最小化，即

$$\|WS\|_{\infty}=\min$$

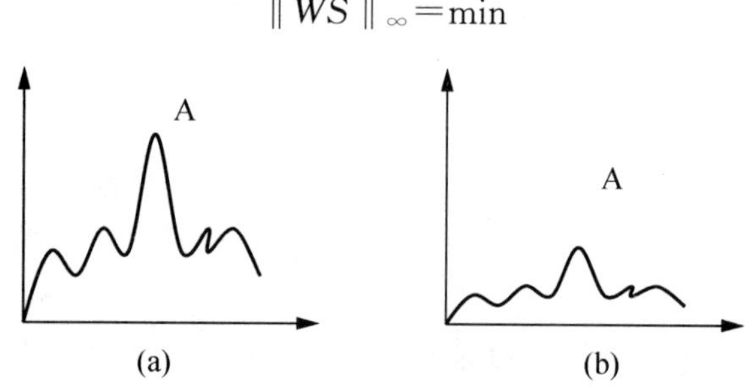

图 6.12　干扰峰值示意图

2. 输出灵敏度峰值极小化与鲁棒性的关系

对于单输入单输出反馈系统，奈氏图(幅相频率特性)如图 6.13 所示。分析当系统受到摄动从 $G_0(j\tilde{\omega})$变化至实际的 $G(j\tilde{\omega})$时，反馈系统是否能够保持稳定[3,14]。

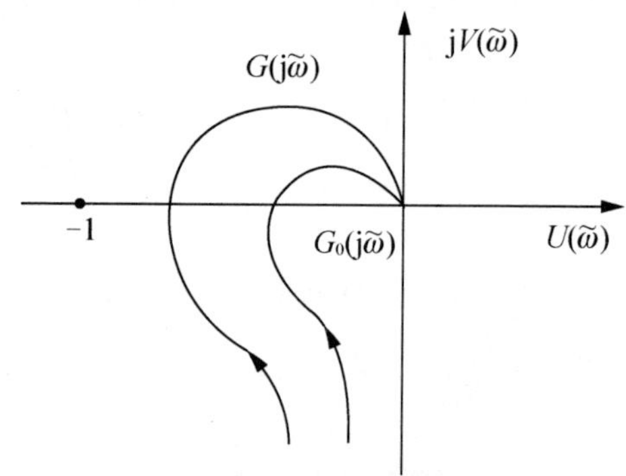

图 6.13　系统的幅相频率特性

根据奈氏定理，如果开环系统稳定，则闭环系统稳定的充要条件是：传递函数 $G_0(j\tilde{\omega})$的奈氏图不包围点$(-1, j_0)$。实际的 $G(j\tilde{\omega})$的奈氏图也不包围点$(-1, j_0)$。因此对于所有的频率 ω，$G(j\tilde{\omega})$与 $G_0(j\tilde{\omega})$的幅频之差，即距离$|G(j\tilde{\omega})-G_0(j\tilde{\omega})|$小于 $G_0(j\tilde{\omega})$与点$(-1, j_0)$之间的距离$|G_0(j\tilde{\omega})+1|$，即

$$|G(j\tilde{\omega})-G_0(j\tilde{\omega})|<|G_0(j\tilde{\omega})+1| \tag{6-75}$$

则有

$$\frac{|G(j\tilde{\omega})-G_0(j\tilde{\omega})|}{|G_0(j\tilde{\omega})|}\cdot\frac{|G_0(j\tilde{\omega})|}{|G_0(j\tilde{\omega})+1|}<1 \tag{6-76}$$

定义闭环系统灵敏度函数为

$$S_0=\frac{1}{1+G_0(s)} \tag{6-77}$$

则闭环系统的补灵敏度函数为

$$\Phi_0(s)=1-S_0=1-\frac{1}{1+G_0(s)}=\frac{G_0(s)}{1+G_0(s)} \tag{6-78}$$

上式则为经典控制理论意义中的输入输出之间的传递函数。因此可以得出

$$\frac{|G(\mathrm{j}\tilde{\omega})-G_0(\mathrm{j}\tilde{\omega})|}{|G_0(\mathrm{j}\tilde{\omega})|}\cdot|\Phi_0(\mathrm{j}\tilde{\omega})|<1 \tag{6-79}$$

如果上式成立，则受摄动的闭环系统稳定。式中的$\frac{|G(\mathrm{j}\tilde{\omega})-G_0(\mathrm{j}\tilde{\omega})|}{|G_0(\mathrm{j}\tilde{\omega})|}$为$G(s)$的相对摄动。

假如相对摄动满足下式

$$\frac{|G(\mathrm{j}\tilde{\omega})-G_0(\mathrm{j}\tilde{\omega})|}{|G_0(\mathrm{j}\tilde{\omega})|}\leqslant W(\mathrm{j}\tilde{\omega}) \tag{6-80}$$

式中：$W(\mathrm{j}\tilde{\omega})$为给定频率函数，即前述的频率加权函数，则有

$$\frac{|G(\mathrm{j}\tilde{\omega})-G_0(\mathrm{j}\tilde{\omega})|}{|G_0(\mathrm{j}\tilde{\omega})|}\cdot|\Phi_0(\mathrm{j}\tilde{\omega})|\leqslant|W_0(\mathrm{j}\tilde{\omega})\cdot\Phi_0(\mathrm{j}\tilde{\omega})|<1 \tag{6-81}$$

式中：$|W_0(\mathrm{j}\tilde{\omega})\Phi_0(\mathrm{j}\tilde{\omega})|<1$，　$\tilde{\omega}\in R$

为满足上述摄动情况下闭环系统稳定的充要条件，采用范数概念，此时上述鲁棒稳定条件可改写为

$$\|W\Phi_0\|_\infty<1 \tag{6-82}$$

可以看出，控制系统H_∞方法的实质是极小化某些闭环频率响应函数的峰值。H_∞范数实际上是频率特性的幅频特性峰值[3,14]。

6.4.4　H_∞标准控制的基本问题

线性系统H_∞控制问题的基本思路是：通过抑制传递函数幅频特性的最大幅值来减小输入信号对描述系统品质的评价信号影响。在实际控制系统中，有许多要求不同的H_∞优化问题都可能转化为同一模式问题，即H_∞标准问题[3,14]。

1. H_∞标准问题

线性定常系统如图6.14所示，$\boldsymbol{G}(s)$表示广义被控对象，它包括实际被控对象和加权函数，$\boldsymbol{K}(s)$表示所有设计的控制器，$\boldsymbol{W}$表示外部输入信号，$\boldsymbol{Z}$表示被控输出信号，$\boldsymbol{Y}$表示测量信号，$\boldsymbol{u}$表示控制信号。

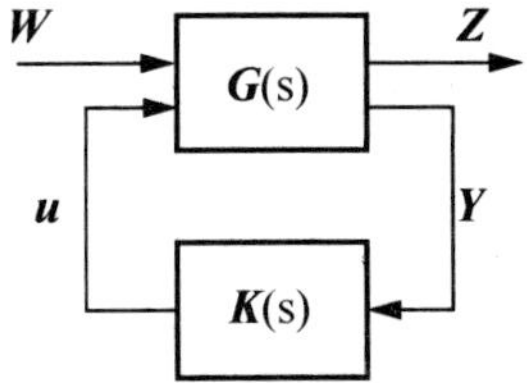

图6.14　线性定常系统

广义对象 $\boldsymbol{G}(s)$ 的状态方程为

$$\dot{\boldsymbol{X}}=\boldsymbol{A}\boldsymbol{x}+\boldsymbol{B}_1\boldsymbol{W}+\boldsymbol{B}_2\boldsymbol{u} \tag{6-83}$$

$$\boldsymbol{Z}=\boldsymbol{C}_1\boldsymbol{x}_1+\boldsymbol{D}_{11}\boldsymbol{W}+\boldsymbol{D}_{12}\boldsymbol{u} \tag{6-84}$$

$$\boldsymbol{Y}=\boldsymbol{C}_2\boldsymbol{x}_2+\boldsymbol{D}_{21}\boldsymbol{W}+\boldsymbol{D}_{22}\boldsymbol{u} \tag{6-85}$$

用状态空间表达传递函数矩阵 $\boldsymbol{G}(s)$ 为

$$\begin{aligned}\boldsymbol{G}(s)&=\begin{bmatrix}\boldsymbol{G}_{11} & \boldsymbol{G}_{12}\\ \boldsymbol{G}_{21} & \boldsymbol{G}_{22}\end{bmatrix}=\begin{bmatrix}\boldsymbol{C}_1\\ \boldsymbol{C}_2\end{bmatrix}(s\boldsymbol{I}-\boldsymbol{A})^{-1}[\boldsymbol{B}_1 \quad \boldsymbol{B}_2]+\begin{bmatrix}\boldsymbol{D}_{11} & \boldsymbol{D}_{12}\\ \boldsymbol{D}_{21} & \boldsymbol{D}_{22}\end{bmatrix}\\ &=\begin{bmatrix}\boldsymbol{A} & \boldsymbol{B}_1 & \boldsymbol{B}_2\\ \boldsymbol{C}_1 & \boldsymbol{D}_{11} & \boldsymbol{D}_{12}\\ \boldsymbol{C}_2 & \boldsymbol{D}_{21} & \boldsymbol{D}_{22}\end{bmatrix}=\begin{bmatrix}\boldsymbol{A} & \boldsymbol{B}\\ \boldsymbol{C} & \boldsymbol{D}\end{bmatrix}\end{aligned} \tag{6-86}$$

输入输出描述为

$$\begin{bmatrix}\boldsymbol{Z}\\ \boldsymbol{Y}\end{bmatrix}=\begin{bmatrix}\boldsymbol{G}_{11} & \boldsymbol{G}_{12}\\ \boldsymbol{G}_{21} & \boldsymbol{G}_{22}\end{bmatrix}\begin{bmatrix}\boldsymbol{W}\\ \boldsymbol{u}\end{bmatrix} \tag{6-87}$$

控制器描述则为

$$\boldsymbol{u}=\boldsymbol{K}\boldsymbol{Y} \tag{6-88}$$

将式中(6-87)和(6-88)中的 $\boldsymbol{Y}$ 联解，可得 $\boldsymbol{W}$ 到 $\boldsymbol{Z}$ 的闭环传递函数阵为

$$\boldsymbol{\Phi}(\boldsymbol{G},\boldsymbol{K})=\boldsymbol{G}_{11}+\boldsymbol{G}_{12}\boldsymbol{K}(\boldsymbol{I}-\boldsymbol{K}\boldsymbol{G}_{22})^{-1}\boldsymbol{G}_{21} \tag{6-89}$$

根据上述推导，可以了解 H_∞ 控制问题的基本概念。对于 H_∞ 标准控制问题，定义如下。

(1) H_∞ 最优控制问题。求取控制器 $\boldsymbol{K}$，使系统闭环内稳定，且使闭环传递函数阵 $\boldsymbol{\Phi}(\boldsymbol{G},\boldsymbol{K})$ 的 H_∞ 范数极小，即有

$$H_\infty=\|\boldsymbol{\Phi}(\boldsymbol{G},\boldsymbol{K})\|_\infty=\min \tag{6-90}$$

(2) 次最优控制问题。若给定 $\lambda>0$，求取控制器 $\boldsymbol{K}$，使闭环传递函数阵的 H_∞ 范数小于 λ，即

$$H_\infty=\|\boldsymbol{\Phi}(\boldsymbol{G},\boldsymbol{K})\|_\infty<\lambda \tag{6-91}$$

(3) 若将上述的 H_∞ 范数改为 H_2 范数，即

$$\|\boldsymbol{\Phi}(\boldsymbol{G},\boldsymbol{K})\|_2=\min \quad 或 \quad \|\boldsymbol{\Phi}(\boldsymbol{G},\boldsymbol{K})\|_2<\lambda \tag{6-92}$$

则该控制问题转化为典型的 LQG(线性二次型最优控制)控制问题。

2. 鲁棒稳定性问题

具有加性不确定的闭环系统如图 6.15 所示，图中 $\boldsymbol{G}_0(s)$ 为标称系统[3]，加性摄动(Pertubation)$\Delta\boldsymbol{G}(s)$ 满足如下限制

$$\|\Delta\boldsymbol{G}(\mathrm{j}\bar{\omega})\|_\infty<|\boldsymbol{R}(\mathrm{j}\bar{\omega})| \tag{6-93}$$

鲁棒稳定性问题为设计控制器 $\boldsymbol{K}$，使被控对象 $\boldsymbol{G}_0(s)+\Delta\boldsymbol{G}(s)$ 稳定。有理控制阵 $\boldsymbol{K}$，使 $\boldsymbol{G}_0(s)+\Delta\boldsymbol{G}(s)$ 稳定的充要条件是，$\boldsymbol{K}$ 使 $\boldsymbol{G}_0(s)$ 稳定，且满足

$$\|\boldsymbol{R}\boldsymbol{K}(\boldsymbol{I}-\boldsymbol{G}\boldsymbol{K})^{-1}\|_\infty\leqslant 1$$

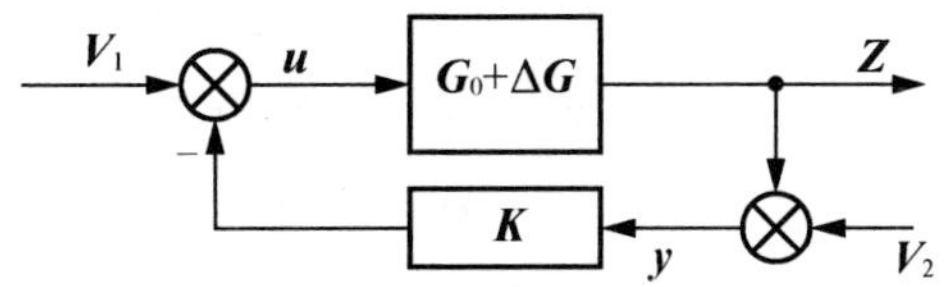

图 6.15 具有加性不确定的闭环系统

将广义被控对象 $\boldsymbol{G}$ 定义为 $\boldsymbol{G}=\begin{bmatrix}0 & \boldsymbol{RI}\\ \boldsymbol{I} & \boldsymbol{G}_0\end{bmatrix}$，$\boldsymbol{K}(s)$ 使 $\boldsymbol{G}_0(0)$ 稳定，且使从 $\boldsymbol{W}$ 到 $\boldsymbol{Z}$ 的传递函数阵

$$\boldsymbol{\Phi}(\boldsymbol{R},\ \boldsymbol{K})=\boldsymbol{RK}\,(\boldsymbol{I}-\boldsymbol{G}_0\boldsymbol{K})^{-1} \tag{6-94}$$

的 H_∞ 范数满足

$$\|\boldsymbol{RK}\,(\boldsymbol{I}-\boldsymbol{G}_0\boldsymbol{K})^{-1}\|_\infty\leqslant 1 \tag{6-95}$$

则等价系统如图 6.16 所示。

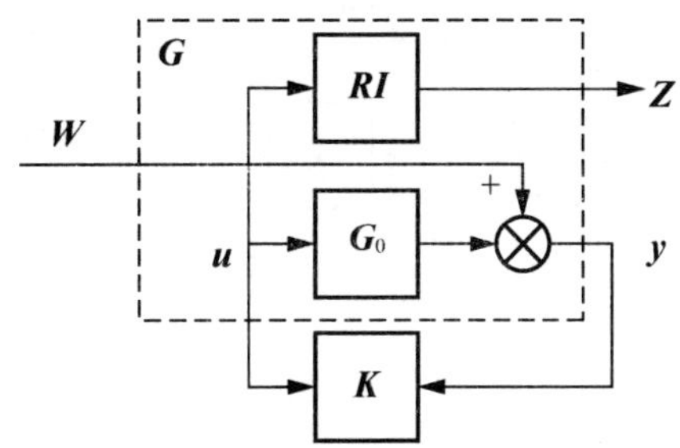

图 6.16 具有加性不确定的闭环系统的等价系统

3. 灵敏度极小化问题[3,14]

控制系统如图 6.17 所示，要求设计控制器 $\boldsymbol{K}(s)$，使得闭环系统稳定，且要求干扰 $\boldsymbol{W}$ 对输出 $\boldsymbol{Z}$ 的影响最小[3,14]。

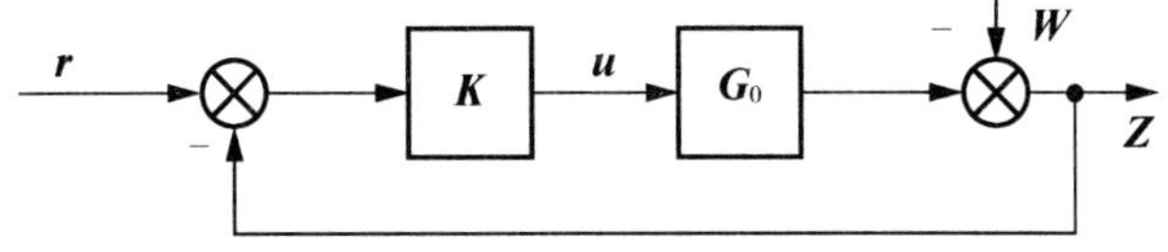

图 6.17 被控系统的结构

由 $\boldsymbol{W}$ 到 $\boldsymbol{Z}$ 的传递函数(灵敏度函数)$\boldsymbol{S}$ 为

$$\boldsymbol{S}=(\boldsymbol{I}+\boldsymbol{KG}_0)^{-1} \tag{6-96}$$

考虑到加权函数 $\boldsymbol{W}$，则灵敏度极小化问题为

$$\min\|\boldsymbol{WS}\|_\infty \tag{6-97}$$

将其转化为 H_∞ 标准控制问题，令 $\boldsymbol{\Phi}(\boldsymbol{G}_0,\ \boldsymbol{K})=\boldsymbol{WS}$，则

$$\boldsymbol{\Phi}(\boldsymbol{G}_0,\ \boldsymbol{K})=\boldsymbol{W}\,(\boldsymbol{I}+\boldsymbol{KG}_0)^{-1} \tag{6-98}$$

将 $(\boldsymbol{I}+\boldsymbol{KG}_0)^{-1}=\boldsymbol{I}-\boldsymbol{K}\,(\boldsymbol{I}+\boldsymbol{G}_0\boldsymbol{K})^{-1}\boldsymbol{G}_0$ 代入式(6-98)可得

$$\boldsymbol{\Phi}(\boldsymbol{G}_0, \boldsymbol{K})=\boldsymbol{W}(\boldsymbol{I}+\boldsymbol{K}\boldsymbol{G}_0)^{-1}=\boldsymbol{W}-\boldsymbol{W}\boldsymbol{K}(\boldsymbol{I}+\boldsymbol{G}_0\boldsymbol{K})^{-1}\boldsymbol{G}_0 \tag{6-99}$$

令 $\boldsymbol{G}_{11}=\boldsymbol{W}$，$\boldsymbol{G}_{12}=-\boldsymbol{W}$，$\boldsymbol{G}_{21}=\boldsymbol{G}_0$，$\boldsymbol{G}_{22}=-\boldsymbol{G}_0$

则相应的广义被控对象为

$$\boldsymbol{G}=\begin{bmatrix}\boldsymbol{W} & -\boldsymbol{W}\\ \boldsymbol{G}_0 & -\boldsymbol{G}_0\end{bmatrix} \tag{6-100}$$

上式中，$\boldsymbol{K}$ 为控制器，转化后的等价系统如图 6.18 所示。

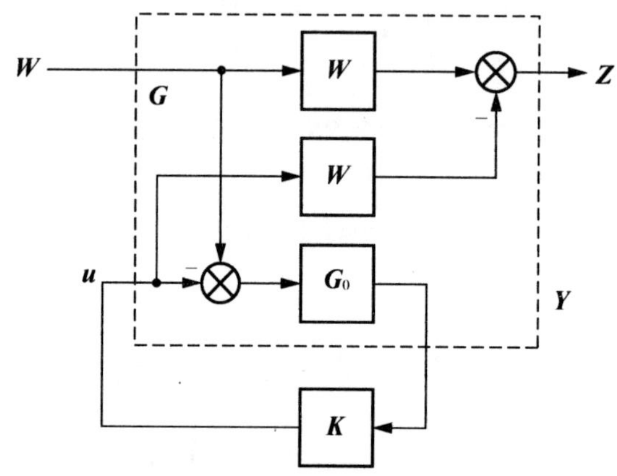

图 6.18　转化后的等价系统

本 章 小 结

本章涉及自适应控制系统的基本概念、类型、自适应控制的理论问题、自适应控制的发展和应用概况。重点阐述了目前比较成熟的自适应控制系统，即模型参考自适应系统(用局部参数优化理论设计模型参考自适应控制系统和李亚普诺夫稳定性理论设计模型参考自适应系统)和自校正自适应控制系统。同时也论述了鲁棒控制的基本概念和特点、鲁棒稳定性问题以及灵敏度极小化问题。

习　　题

6.1 简述自适应控制系统应该具有哪些特征？

6.2 已知被控过程为

$$y(k)=\frac{C(q^{-1})}{A(q^{-1})}u(k-m)+\frac{C(q^{-1})}{A(q^{-1})}e(k)$$

其中

$$A(q^{-1})=1-1.7q^{-1}+0.7q^{-2}$$

$$B(q^{-1})=1+0.5q^{-1}$$

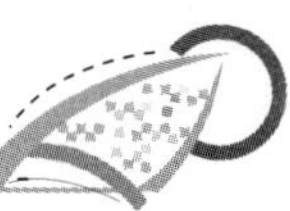

$$C(q^{-1})=1+1.5q^{-1}+0.9q^{-2}$$

已知 $n=2$，$m=2$，给定值 $y_r=0$，求最小方差控制规律及分析误差。

6.3 设控制对象的状态方程为

$$\dot{\boldsymbol{X}}_s=\boldsymbol{A}_s\boldsymbol{X}_s+\boldsymbol{B}_s u$$

式中：$\boldsymbol{X}_s=\begin{bmatrix}X_{s1}\\X_{s2}\end{bmatrix}$；$\boldsymbol{A}_s=\begin{bmatrix}0 & 1\\-6 & -7\end{bmatrix}$；$\boldsymbol{B}_s=\begin{bmatrix}0\\4\end{bmatrix}$；$\boldsymbol{K}=\begin{bmatrix}k_1\\k_2\end{bmatrix}$

参考模型的方程为

$$\dot{\boldsymbol{X}}_m=\boldsymbol{A}_m\boldsymbol{X}_m+\boldsymbol{B}_m\cdot\boldsymbol{r}$$

式中：

$$\boldsymbol{X}_m=\begin{bmatrix}X_{m1}\\X_{m2}\end{bmatrix},\ \boldsymbol{A}_m=\begin{bmatrix}0 & 1\\-10 & -5\end{bmatrix},\ \boldsymbol{B}_m=\begin{bmatrix}0\\2\end{bmatrix}$$

用李亚普诺夫方法设计自适应控制率。

6.4 已知被控过程为

$$y(k)=1.5y(k-1)-0.7y(k-2)+u(k-1)+0.5u(k-2)+e(k)-0.5e(k-1)$$

性能指标为

$$J=E\{[y(k+1)-y_r(K+1)]^2+0.5u^2(k)\}$$

给出辅助系统输出

$$\Phi(k)=y(k)-y_r(k)+0.5u(k-1)$$

由上述各式可知

$$A(z^{-1})=1-1.5z^{-1}+0.72-2\qquad B(z^{-1})=1+0.5z^{-1}$$

$$C(z^{-1})=1-1.5z^{-1}\qquad D(z^{-1})=1,\ m=1$$

$$R(z^{-1})=1\qquad P(z^{-1})=1\qquad Q(z^{-1})=0.5$$

求控制作用 $u(k)$，使性能指标 J 极小。

6.5 简述鲁棒控制的基本概念。

6.6 H_∞ 鲁棒控制理论的特点是什么?

6.7 鲁棒控制理论有何不足之处?

6.8 已知被控对象为

$$\dot{\boldsymbol{X}}=\boldsymbol{A}\boldsymbol{x}+\boldsymbol{B}\boldsymbol{w}+\boldsymbol{B}_2\boldsymbol{u}$$

$$\boldsymbol{z}=\boldsymbol{C}_1\boldsymbol{x}+\boldsymbol{D}_{12}\boldsymbol{u}$$

式中：$\boldsymbol{A}=\begin{bmatrix}0 & 1\\-5 & 6\end{bmatrix}$，$\boldsymbol{B}_1=\begin{bmatrix}0 & 0.1\\0.1 & 0\end{bmatrix}$，$\boldsymbol{B}_2=\begin{bmatrix}0\\1\end{bmatrix}$

$\boldsymbol{C}_1=\begin{bmatrix}0 & 0\\1 & 1\end{bmatrix}$，$\boldsymbol{D}_{12}=\begin{bmatrix}0\\1\end{bmatrix}$

要求闭环系统稳定，且 $\|\varphi_{zw}\|_\infty<1$。试设计状态反馈控制器，并确定 H_∞ 鲁棒性能区域。

第7章

最优估计

本章教学要求

知识要点	掌握程度	相关知识	工程应用方向
信号与估计的基本概念	掌握	确定性信号与随机信号的基本概念，信号估计的定义及特点	计算机测控与网络技术，机电系统控制，故障诊断
最小二乘估计的基本概念与特点	熟悉	最小二乘估计的概念、特点及应用	自动化装备与集成技术，汽车现代设计方法与技术
卡尔曼滤波基本概念与特点	掌握	卡尔曼滤波的基本概念、特点及其在工程中的应用方法	智能控制与信息处理技术，精密检测技术，目标跟踪技术

引例

为实现雷达的精确制导功能，需要精确的跟踪和测量动目标的各项运动参数。而在跟踪测量过程中，控制系统会遇到大量的噪声干扰，则需要在噪声环境中提取出有用的测量数据。信噪比是影响跟踪测量精度的重要因素，在同样的信噪比下，为了进一步提高目标跟踪测量精度，需要根据目标运动特性采取有效的滤波算法。根据卡尔曼滤波的原理和特点，在动目标跟踪测量中选择合适的参数，可有效改善跟踪测量精度性能。图7.1所示为具有卡尔曼滤波跟踪功能的防空导弹与战机。

图7.1 防空导弹与战机

7.1 概　述

对于控制系统而言，信号是传递和运载信息的时间或空间函数，可分为确定性信号和随机信号。确定性信号的变化规律是确定的，如无线电的载波信号、阶跃信号、脉宽固定的矩形脉冲信号等，它们都具有确定的频谱。而随机信号没有既定的变化规律，在相同的初始条件和环境条件下，信号的每次实现都不一样。如陀螺漂移，GPS误差，飞机飞越不同地域时无线电高度表的输出等，它们没有确定的频谱。

确定性信号有确定的频谱，所以可以根据信号频带的不同，设置具有特定频率特性的滤波器，使有用信号无衰减地通过，而干扰信号受到抑制。这类滤波器可以用模拟电子滤波器的物理方法实现，也可以用数字滤波器的软件方法来实现。例如在大功率激光焊接过程中，熔池和等离子体是激光焊接的重要现象，它们包含了激光焊接质量的丰富信息。通过观察和分析熔池和等离子体特征可以判断当前的激光焊接质量。然而直接通过肉眼和普通摄像机却难以观察熔池和等离子体，因为激光焊接过程中伴随着强烈的辐射信号，这些辐射足以致盲人的肉眼或使普通摄像机饱和。熔池的辐射主要分布在近红外波段，等离子体辐射主要分布在紫外波段。因此，可采用具有特定频率波段的近红外摄像机和紫外摄像机，分别捕捉熔池和等离子体图像，而其他波段的干扰信号则无法进入摄像机。

随机信号没有确定频谱，无法用常规滤波器提取或抑制信号，但随机信号也具有某些确定的特征，例如功率谱、相关函数、概率密度等是确定的。所以可根据这些确定的特征对随机信号做抑制或者选通处理，也可以在一定指标意义下对随机信号做估计，例如极大似然估计、贝叶斯估计、线性最小方差估计。工程上应用较多的是卡尔曼滤波和最小二乘法估计。卡尔曼滤波是具有递推形式的线性最小方差估计，从测量值中通过一定的算法估计出所需信号，将干扰信号的影响减少到最小程度。

所谓估计，就是从量测值中通过一定的算法求解得到所需要的信号[3,4,11]。例如通过传感器能够获得的测量值为$\boldsymbol{Z}(t)$，其可以写为如下表达式

$$\boldsymbol{Z}(t)=\boldsymbol{H}\boldsymbol{X}(t)+\boldsymbol{V}(t)$$

式中：$\boldsymbol{V}(t)$为量测误差。估计就是从量测值$\boldsymbol{Z}(t)$中解算出状态实际值$\boldsymbol{X}(t)$的计算值$\hat{\boldsymbol{X}}(t)$。为方便起见，书中有的地方省略了时间t的符号。$\hat{\boldsymbol{X}}$称为$\boldsymbol{X}$的状态估计，$\boldsymbol{Z}$称为状态$\boldsymbol{X}$的量测。因为$\hat{\boldsymbol{X}}(t)$是根据$\boldsymbol{Z}(t)$确定的，所以$\hat{\boldsymbol{X}}$是$\boldsymbol{Z}$的函数。如果$\hat{\boldsymbol{X}}$是$\boldsymbol{Z}$的线性函数，则$\hat{\boldsymbol{X}}$称为$\boldsymbol{X}$的线性估计。由于量测误差是随机量，所以$\boldsymbol{X}$是无法根据函数关系来确定的。

可以看出，在工程实际领域，通过各种传感器只能够获得相应物理量的测量值，一般无法得到实际值(真实值)。测量值通常包含了物理量的实际值和测量噪声。人们只能够通过某种算法来推算出物理量的估计值，而这个估计值应该尽量接近实际值。

设在时间段$[t_0, t_1]$内的量测为$\boldsymbol{Z}$，对应的估计值为$\hat{\boldsymbol{X}}$，则有

当 $t=t_1$ 时，$\hat{\boldsymbol{X}}(t)$ 为 $\boldsymbol{X}(t)$ 的估计或滤波；

当 $t>t_1$ 时，$\hat{\boldsymbol{X}}(t)$ 为 $\boldsymbol{X}(t)$ 的预测；

当 $t<t_1$ 时，$\hat{\boldsymbol{X}}(t)$ 为 $\boldsymbol{X}(t)$ 的平滑。

最优估计是指某一指标函数达到极值时的估计。

如果以量测估计 $\hat{\boldsymbol{Z}}$ 的均方误差集平均和达到极小值为指标，即

$$\boldsymbol{E}\{(\boldsymbol{Z}-\hat{\boldsymbol{Z}})^{\mathrm{T}}(\boldsymbol{Z}-\hat{\boldsymbol{Z}})\}=\min$$

则称所得估计 $\hat{\boldsymbol{X}}$ 为 $\boldsymbol{X}$ 的最小二乘估计。

如果以状态估计 $\hat{\boldsymbol{X}}$ 的均方误差集平均和达到极小值为指标，即

$$\boldsymbol{E}\{(\boldsymbol{X}-\hat{\boldsymbol{X}})^{\mathrm{T}}(\boldsymbol{X}-\hat{\boldsymbol{X}})\}=\min$$

则称所得估计 $\hat{\boldsymbol{X}}$ 是 $\boldsymbol{X}$ 的最小方差估计。若 $\hat{\boldsymbol{X}}$ 又是 $\boldsymbol{X}$ 的线性估计，则 $\hat{\boldsymbol{X}}$ 是 $\boldsymbol{X}$ 的线性最小方差估计。

7.2 最小二乘估计

最小二乘估计(Least Square)是高斯(Gauss)于 1795 年为测定行星轨道而提出的参数估计算法。其特点是简单可行，不要求必须知道与被估计量及量测量有关的任何统计信息，至今仍在工程各领域广泛应用。

首先回顾一下随机变量的统计特性的基本概念[3,4,11,15]。设 x 为随机变量，其概率密度函数为 $p(x)$，则该随机变量有如下定义。

均值为：$\mu=E\{x\}=\int_{-\infty}^{\infty}xp(x)\mathrm{d}x$

方差为：$\sigma^2=E\{(x-\mu)^2\}=\int_{-\infty}^{\infty}(x-\mu)^2p(x)\mathrm{d}x$

二阶矩阵：$E\{x^2\}=\int_{-\infty}^{\infty}x^2p(x)\mathrm{d}x$

其中 $E\{\ \}$ 表示取数学期望，并有

$$\sigma^2=E\{x^2\}-\mu^2$$

设 $\boldsymbol{X}$ 为 n 维向量，一般情况下只能测量到 $\boldsymbol{X}$ 各分量的线性组合，记第 i 次测量为

$$\boldsymbol{Z}_i=\boldsymbol{H}_i\boldsymbol{X}+\boldsymbol{V}_i \tag{7-1}$$

式中：$\boldsymbol{Z}_i$ 为 m_i 维向量；$\boldsymbol{H}_i$ 和$\boldsymbol{V}_i$ 分别为第 i 次测量的量测矩阵和随机量测噪声。

若共测量 r 次，则有

$$\begin{cases}\boldsymbol{Z}_1=\boldsymbol{H}_1\boldsymbol{X}+\boldsymbol{V}_1\\\boldsymbol{Z}_2=\boldsymbol{H}_2\boldsymbol{X}+\boldsymbol{V}_2\\\vdots\\\boldsymbol{Z}_r=\boldsymbol{H}_r\boldsymbol{X}+\boldsymbol{V}_r\end{cases} \tag{7-2}$$

由上述算式可得到描述 r 次量测的量测方程

$$Z=HX+V \tag{7-3}$$

式中：$\boldsymbol{Z}$ 和 $\boldsymbol{V}$ 为 $\sum_{i=1}^{r} m_i = m$ 维向量；$\boldsymbol{H}$ 为 $m \times n$ 矩阵。

如果 $\boldsymbol{H}$ 具有最大秩 n，即 $\boldsymbol{H}^{\mathrm{T}}\boldsymbol{H}$ 正定，且 $m>n$，则 $\boldsymbol{X}$ 的最小二乘估计为

$$\hat{X}=(H^{\mathrm{T}}H)^{-1}H^{\mathrm{T}}Z \tag{7-4}$$

由式(7-3)得到式(7-4)的详细推导过程可参考其他关于最小二乘估计的文献。最小二乘估计是一种线性估计。如果量测噪声 $\boldsymbol{V}$ 是均值为零、方差为 $\boldsymbol{R}$ 的随机向量，则有以下结论。

(1) 最小二乘估计是无偏估计，即

$$E\{\hat{X}\}=X \tag{7-5}$$

或

$$E\{\tilde{X}\}=0 \tag{7-6}$$

式中：$\tilde{\boldsymbol{X}}=\boldsymbol{X}-\hat{\boldsymbol{X}}$ 为状态 $\hat{\boldsymbol{X}}$ 的估计误差。

(2) 最小二乘估计均方误差阵为

$$p=E\{\tilde{X}\tilde{X}^{\mathrm{T}}\}=(H^{\mathrm{T}}H)^{-1}H^{\mathrm{T}}RH(H^{\mathrm{T}}H)^{-1} \tag{7-7}$$

在式(7-4)中，最小二乘算法未考虑量测噪声 $\boldsymbol{V}$ 的影响，因而该公式的描述方式影响了其估计精度。若要考虑量测值精度质量的优劣，则须采用加权最小二乘算法，即

$$\hat{X}=(H^{\mathrm{T}}WH)^{-1}H^{\mathrm{T}}WZ \tag{7-8}$$

式中：$\boldsymbol{W}$ 为加权阵。相应的估计的均方误差阵为

$$\begin{aligned} p &= E\{\tilde{X}\tilde{X}^{\mathrm{T}}\} \\ &= (H^{\mathrm{T}}WH)^{-1}H^{\mathrm{T}}WRWH(H^{\mathrm{T}}WH)^{-1} \end{aligned} \tag{7-9}$$

如果取

$$W=R^{-1}$$

则加权最小二乘估计为

$$\hat{X}=(H^{\mathrm{T}}R^{-1}H)^{-1}H^{\mathrm{T}}R^{-1}Z \tag{7-10}$$

式(7-10)称为马尔可夫估计。

马尔可夫估计的均方误差为

$$p=(H^{\mathrm{T}}R^{-1}H)^{-1} \tag{7-11}$$

最小二乘估计的最优准则是使量测值的估计误差达到最小，即所得到的估计值最接近实际值。估计量以量测信息作为基准，量测值的精度高低直接影响估计的准确度。马尔可夫估计考虑了量测量的精度质量因素，所以是最小二乘估计算法中的最优者。

【例 7.1】 用两台仪器对未知标量 X 各直接测量一次，量测值分别为 Z_1 和 Z_2。仪器的测量误差是均值为零、方差分别为 r 和 $4r$ 的随机量。求 X 的最小二乘估计，并计算估计的均方误差。

解：这是一个比较简单的实际问题。由题意可得量测方程为

$$Z=HX+V$$

式中：$\boldsymbol{Z}=\begin{bmatrix}Z_1\\Z_2\end{bmatrix}$；$\boldsymbol{H}=\begin{bmatrix}1\\1\end{bmatrix}$；$\boldsymbol{R}=\begin{bmatrix}r & 0\\0 & 4r\end{bmatrix}$。

由式(7-4)可得 X 的最小二乘估计为

$$\hat{X}=\left(\begin{bmatrix}1 & 1\end{bmatrix}\begin{bmatrix}1\\1\end{bmatrix}\right)^{-1}\begin{bmatrix}1 & 1\end{bmatrix}\begin{bmatrix}Z_1\\Z_2\end{bmatrix}=\frac{1}{2}(Z_1+Z_2)$$

由式(7-7)得估计的均方误差为

$$p=\frac{1}{2}\begin{bmatrix}1 & 1\end{bmatrix}\begin{bmatrix}r & 0\\0 & 4r\end{bmatrix}\begin{bmatrix}1\\1\end{bmatrix}\frac{1}{2}=\frac{5}{4}r$$

【例 7.2】对于例 7.1，试采用马尔可夫估计方法，并求估计的均方误差。

解：由式(7-10)可以得到 X 的最小二乘估计为

$$\hat{X}=\left(\begin{bmatrix}1 & 1\end{bmatrix}\begin{bmatrix}\frac{1}{r} & 0\\0 & \frac{1}{4r}\end{bmatrix}\begin{bmatrix}1\\1\end{bmatrix}\right)^{-1}\begin{bmatrix}1 & 1\end{bmatrix}\begin{bmatrix}\frac{1}{r} & 0\\0 & \frac{1}{4r}\end{bmatrix}\begin{bmatrix}Z_1\\Z_2\end{bmatrix}=\frac{4}{5}Z_1+\frac{1}{5}Z_2$$

由式(7-11)可以得到估计的均方误差为

$$p=\left(\begin{bmatrix}1 & 1\end{bmatrix}\begin{bmatrix}\frac{1}{r} & 0\\0 & \frac{1}{4r}\end{bmatrix}\begin{bmatrix}1\\1\end{bmatrix}\right)^{-1}=\frac{4}{5}r$$

从例 7.1 可以看出，一般的最小二乘估计对所有量测值进行了常规平均，并无考虑各个量测值的精度问题。因此该例中采用两台仪器量测信息后的估计效果实际上还不如仅使用一台精度高的仪器的效果好。从例 7.2 可看出，马尔可夫估计根据量测量精度质量的高低，对诸量测量作不同权重的利用，因而提高了估计精度。

式(7-4)、式(7-8)和式(7-10)所示的最小二乘估计都必须在获得所有量测后才能使用，这种算法也称为批处理算法。如果量测值数目非常大，则批处理算法的计算量也相当巨大。为此可采用递推最小二乘法，即从每次获得的量测值中提取出被估计量的信息，用于修正上一步所得的估计。获得的量测次数越多，修正的次数也越多，估计的精度也就越高。这种思想与增量型 PID 控制算法在某些地方类似。

递推最小二乘算法为

$$\hat{\boldsymbol{X}}_{k+1}=\hat{\boldsymbol{X}}_k+\boldsymbol{p}_{k+1}\boldsymbol{H}_{k+1}^{\mathrm{T}}\boldsymbol{W}_{k+1}(\boldsymbol{Z}_{k+1}-\boldsymbol{H}_{k+1}\hat{\boldsymbol{X}}_k) \tag{7-12}$$

$$\boldsymbol{p}_{k+1}=\boldsymbol{p}_k-\boldsymbol{p}_k\boldsymbol{H}_{k+1}^{\mathrm{T}}(\boldsymbol{W}^{-1}{}_{k+1}+\boldsymbol{H}_{k+1}\boldsymbol{p}_k\boldsymbol{H}_{k+1}^{\mathrm{T}})^{-1}\boldsymbol{H}_{k+1}\boldsymbol{p}_k \tag{7-13}$$

在递推算法中，初值$\hat{\boldsymbol{X}}_0$和$\boldsymbol{p}_0$可以任选，一般可取$\hat{\boldsymbol{X}}_0=\boldsymbol{0}$，$\boldsymbol{p}_0=\rho\boldsymbol{I}$，其中 ρ 为很大的正数。由于初值的选取比较盲目，所以在递推的开始过程中，估计误差一般都很大。但随着量测次数的增加，初值影响会逐渐消失，估计值也会迅速趋于稳定而逼近被估计量。

7.3 卡尔曼滤波

7.3.1 基本概念

美国控制论创始人 Wiener 等人在 1940 年左右提出了维纳滤波理论，苏联学者科尔莫郭洛夫也同时提出了离散平稳序列的预测和外推问题。维纳滤波和科尔莫郭洛夫滤波方法各自开创了应用统计估计方法研究随机控制问题的新领域，但是要求信号是平稳随机过程，并且需要存储全部的历史数据，计算量和存储量很大，另外，其滤波方法是非递推的，难以实时应用，限制了其适用范围。卡尔曼(R. E. Kalman)于 1960 年提出了最优线性递推滤波算法，即著名的卡尔曼滤波(Kalman filtering)理论，克服了维纳滤波在工程应用上的不足。卡尔曼滤波采用状态方程和观测方程组成线性随机系统状态空间模型来描述滤波器，并利用状态方程的递推性，按线性无偏最小均方差估计准则，采用递推算法对滤波器的状态变量做最佳估计，从而可以得到有用信号的最佳估计，并且受噪声的影响最小。

由于卡尔曼滤波不要求计算机存储所有以往历史数据，只需要根据新的观测数据和前一时刻的估计值，按递推方程即可计算出新的状态估计值，因而大大减少了计算机的存储量和计算量，降低了对计算机的要求，非常适于数据的实时处理。卡尔曼滤波首先在航天工业得到成功应用，如宇宙飞船和导弹等尖端科技项目，一般都采用了卡尔曼滤波作为关键技术。而后卡尔曼滤波在多传感器信息融合应用领域也得到迅速发展。当前，卡尔曼滤波作为一种重要的最优估计理论被广泛应用于各种组合导航、目标跟踪控制、设备状态预测等领域。

卡尔曼滤波涉及随机估计理论，随机估计理论研究的对象是随机信号现象。一个被控系统的运动轨迹是与系统的初始状态及其控制作用的性质、大小有关。但对于大多数实际系统，一般仅了解控制信号的作用，而对其他信号则并不完全了解。例如经常有一些外界的杂散信号对系统起干扰作用，这些杂散信号一般是随机信号，如在雷达跟踪系统接收的信号中，存在很大一部分随机信号。导弹在飞行过程中，由于气流、温度、空气阻力等环境条件的改变而受到随机信号的影响，这一类信号通常被称为噪声。因此，在设计自动控制系统时，除了考虑控制作用外，还必须了解干扰噪声的性质和大小，这样才能够通过适当的控制系统结构，抑制或滤掉噪声对系统的影响。显然，只有对系统的状态做到充分精确的估计，才可以保证系统按照最佳的方式运行。当系统中有随机噪声和干扰时，系统的综合就必须同时应用概率和数理统计的方法来处理，也就是在系统的数学模型已建立的基础上，通过对系统输入和输出数据的测量，利用统计方法对系统本来的状态进行估计，也即滤波问题。例如，在导弹拦截目标的控制过程中，需要根据被拦截目标的当前位置、速度、加速度等信息，预测其未来的位置、速度、加速度等，这样才能够计算出超前控制量，控制导弹提前到达预期坐标点，实现目标的拦截。再例如，对于机器人焊缝跟踪系

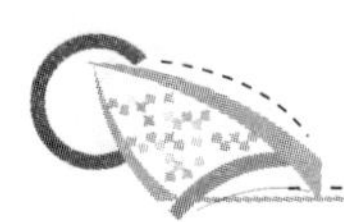

统，需要控制电弧或激光束实时对准焊缝并以一定的焊接速度沿着焊缝中心轨迹运动，这样才能够准确地熔化焊缝，将两块材料完好地焊接在一起。为此，就需要通过传感器获取焊缝位置。由于被焊接的金属在高温的作用下往往产生热变形，焊缝中心轨迹会偏离原来位置。所以要对传感器采集的焊缝位置信号进行处理，预测焊缝的偏离状态，计算出超前控制量，提前控制电弧或激光束的运动以达到预期轨迹坐标，从而实现精确的焊缝跟踪控制，保证焊接质量。

卡尔曼滤波状态估计方法已在许多领域被推广应用，特别是在航空、航天、航海事业及控制和通信中应用较早。卡尔曼滤波状态估计理论所要解决的主要问题，就是要从受到各种干扰的信号观测结果中尽可能地滤除干扰的影响，获取有用的信息。用各种传感器获得的测量数据均含有测量噪声，也即测量值与实际值相比，都有测量误差。卡尔曼滤波的主要作用就是通过处理含有误差的测量数据，计算出隐含于其中的被测量的估计值，并且估计值应该与实际值(真实值)十分接近。由于干扰和信号都可能具有随机性质，卡尔曼滤波状态估计只有采用统计学的方法才能够有效解决。

对于随机过程的状态估计问题中，有用信号和噪声干扰往往都是随机过程，二者在频谱上可能有相当的重叠部分。显然，如果仍按照处理确定性的周期信号的传统滤波技术，则难以从随机信号中滤除随机干扰。后来产生了维纳滤波理论，根据有用信号和干扰信号的功率谱，可导出滤波器的最佳冲激响应或传递函数，即维纳滤波器。在现代随机最优控制和随机信号处理技术中，信号和噪声往往是多维非平稳随机过程。因其时变特性，功率谱不固定，维纳滤波理论的适用范围受到了限制。到了20世纪60年代初，随着空间技术、电子技术及计算机的飞速发展，要求处理复杂的多变量系统、时变系统及非平稳随机过程，并且希望采用实时、快速的最优滤波器。在这种背景下，卡尔曼(R. E. Kalman)提出了从观测量中通过算法估计出所需要信号的一种滤波算法。该算法把状态空间的概念引入到随机估计理论中，把信号过程作为白噪声作用下的一个线性系统的输出，用状态方程来描述这种输入和输出的关系。卡尔曼在系统状态估计过程中利用系统状态方程、观测方程和白噪声的统计特性形成了一种滤波算法。

卡尔曼滤波实际上是一种由计算机实现的实时递推算法，它所处理的对象是随机信号。与常规的滤波方法不同，它是一种最优状态的估计方法。卡尔曼滤波把状态空间方法引入到随机估计理论中，非常适合处理多变量系统，也非常适合处理信号估计问题。从前几章的内容可知，状态空间方法的基本特征是：利用状态方程描写动态系统，利用观测方程提供对状态的观测信息。卡尔曼滤波是一种时域的方法，它是现代控制理论的重要分支。目前，卡尔曼滤波理论作为一种最重要的最优估计理论应用于各种领域，特别是应用于随机最优控制问题、目标跟踪和故障诊断等应用领域。

7.3.2 卡尔曼滤波递推算法

设 t_K 时刻的被估计状态$\boldsymbol{X}_k$ 受系统噪声序列$\boldsymbol{W}_{k-1}$驱动，系统的状态方程为[3,11,16]

$$\boldsymbol{X}_k = \boldsymbol{\Phi}_{k,k-1}\boldsymbol{X}_{k-1} + \boldsymbol{\Gamma}_{k-1}\boldsymbol{W}_{k-1} \tag{7-14}$$

对$\boldsymbol{X}_k$ 的量测满足线性关系，量测方程为

$$\boldsymbol{Z}_k=\boldsymbol{H}_k\boldsymbol{X}_k+\boldsymbol{V}_k \tag{7-15}$$

式中：$\boldsymbol{\Phi}_{k,k-1}$为 t_{k-1} 到 t_k 时刻的一步转移阵；$\boldsymbol{\Gamma}_{k-1}$ 为系统噪声驱动阵；$\boldsymbol{H}_k$ 为量测阵；$\boldsymbol{V}_k$ 为量测噪声。

噪声随机向量$\boldsymbol{W}_k$ 和$\boldsymbol{V}_k$ 为互不相关的均值为零的高斯白噪声，其自协方差矩阵分别为$\boldsymbol{Q}_k$ 和$\boldsymbol{R}_k$（白噪声即为平稳随机序列，它在各个时刻的取值相互独立且具有相同的概率密度函数。但噪声序列的功率谱密度是常数，是工程上最简单但最常用的随机量），满足

$$\begin{cases}\boldsymbol{E}\ \{\boldsymbol{W}_k\}\ =\boldsymbol{0}，\mathrm{Cov}\ \{\boldsymbol{W}_k，\boldsymbol{W}_j\}\ =\boldsymbol{E}\ \{\boldsymbol{W}_k\boldsymbol{W}_j^{\mathrm{T}}\}\ =\boldsymbol{Q}_k\delta_{kj}\\ \boldsymbol{E}\ \{\boldsymbol{V}_k\}\ =\boldsymbol{0}，\mathrm{Cov}\ \{\boldsymbol{V}_k，\boldsymbol{V}_j\}\ =\boldsymbol{E}\ \{\boldsymbol{V}_k\boldsymbol{V}_j^{\mathrm{T}}\}\ =\boldsymbol{R}_k\delta_{kj}\\ \mathrm{Cov}\ \{\boldsymbol{W}_k，\boldsymbol{V}_j\}\ =\boldsymbol{E}\ \{\boldsymbol{W}_k\boldsymbol{V}_j^{\mathrm{T}}\}\ =\boldsymbol{0}\end{cases} \tag{7-16}$$

式中：δ_{kj} 为单位脉冲函数；$\boldsymbol{Q}_k$ 为系统噪声序列的方差阵，设为非负定阵；$\boldsymbol{R}_k$ 为量测噪声序列的方差阵，设为正定阵；$\boldsymbol{E}$ 为数学期望符号；Cov 为协方差符号。

则状态$\boldsymbol{X}_k$ 的线性最小方差估计$\hat{\boldsymbol{X}}_k$ 的递推方程(即卡尔曼滤波方程)为

状态一步预测：

$$\hat{\boldsymbol{X}}_{k/k-1}=\boldsymbol{\Phi}_{k,k-1}\hat{\boldsymbol{X}}_{k-1} \tag{7-17}$$

状态估计：

$$\hat{\boldsymbol{X}}_k=\hat{\boldsymbol{X}}_{k/k-1}+\boldsymbol{k}_k(\boldsymbol{Z}_k-\boldsymbol{H}_k\hat{\boldsymbol{X}}_{k/k-1}) \tag{7-18}$$

滤波增益阵：

$$\boldsymbol{k}_k=\boldsymbol{P}_{k/k-1}\boldsymbol{H}_k^{\mathrm{T}}\ (\boldsymbol{H}_k\boldsymbol{P}_{k/k-1}\boldsymbol{H}_k^{\mathrm{T}}+\boldsymbol{R}_k)^{-1} \tag{7-19}$$

或

$$\boldsymbol{k}_k=\boldsymbol{P}_k\boldsymbol{H}_k^{\mathrm{T}}\boldsymbol{R}^{-1}{}_k \tag{7-20}$$

一步预测均方误差阵：

$$\boldsymbol{P}_{k/k-1}=\boldsymbol{\Phi}_{k,k-1}\boldsymbol{P}_{k-1}\boldsymbol{\Phi}_{k,k-1}^{\mathrm{T}}+\boldsymbol{\Gamma}_{k-1}\boldsymbol{Q}_{k-1}\boldsymbol{\Gamma}_{k-1}^{\mathrm{T}} \tag{7-21}$$

估计均方误差阵：

$$\boldsymbol{P}_k=(\boldsymbol{I}-\boldsymbol{k}_k\boldsymbol{H}_k)\boldsymbol{P}_{k/k-1} \tag{7-22}$$

初始条件：

$$\hat{\boldsymbol{X}}_0=\boldsymbol{E}\{\boldsymbol{X}_0\}，(\text{估计值})，\boldsymbol{P}_0=\mathrm{var}\{\boldsymbol{X}_0\}，(\text{误差协方差阵}) \tag{7-23}$$

式(7-14)～式(7-23)即为离散型卡尔曼滤波基本方程。只要给定初值$\hat{\boldsymbol{X}}_0$ 和$\boldsymbol{p}_0$，根据k 时刻的量测值$\boldsymbol{Z}_k$，就可递推计算得k 时刻的状态估计$\hat{\boldsymbol{X}}_k$($k=1$，2，……)。图 7.2 所示为卡尔曼滤波的示意图。卡尔曼滤波有时也称为卡尔曼滤波器，通常它指的是一套递推软件算法，并非硬件。

从图 7.2 中可以看出，卡尔曼滤波包含有两个计算回路，即增益计算回路和滤波计算回路。其中增益计算回路与量测值没有关系，属于独立回路，可事先计算好并存入计算机，从而能够有效地提高实时计算速度。而滤波计算回路依赖于量测值及增益计算回路的结果 $\boldsymbol{k}_k$。

在一个滤波周期内，从卡尔曼滤波器使用系统信息和量测信息的先后次序来看，卡尔

曼滤波有两个明显的信息更新过程，即时间更新和量测更新。式(7－17)说明了根据(k－1)时刻的状态估计预测 k 时刻状态估计的方法。式(7－21)对这种预测的质量优劣做了定量描述。两个公式仅使用了与系统动态特性有关的信息，如一步转移阵，噪声驱动阵，驱动噪声的方差阵。从时间的推移过程来看，两式将时间(k－1)时刻推进到 k 时刻，所以描述了卡尔曼滤波的时间更新过程。

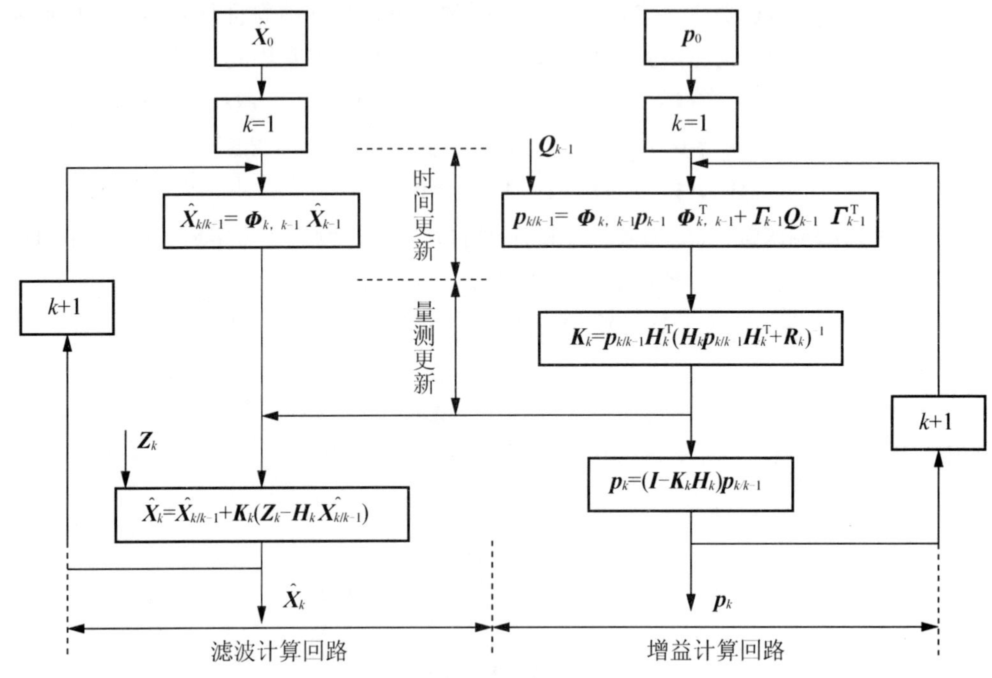

图 7.2　卡尔曼滤波示意图

而卡尔曼滤波的其他公式用来计算对时间更新值的修正量，该修正量由时间更新的质量优劣($\boldsymbol{p}_{k/k-1}$)、量测信息的质量优劣($\boldsymbol{k}_k$)，由一步预测确定的对量测的预测$\boldsymbol{H}_k\hat{\boldsymbol{X}}_{k/k-1}$偏离真实量测值$\boldsymbol{Z}_k$ 的残差$\boldsymbol{Z}_k-\boldsymbol{H}_k\hat{\boldsymbol{X}}_{k/k-1}$所确定，这些公式都围绕一个目的，即正确合理地利用量测值$\boldsymbol{Z}_k$。这一过程描述了卡尔曼滤波的量测更新过程。

离散型卡尔曼滤波的显著优点可归纳为三点，①卡尔曼滤波算法是一种递推过程，不必储存所有时刻的量测值，计算量小，能够实时处理被估计状态的信息。这个特点十分有利于工业现场的实时控制。②不必了解被估计量和量测量在不同时刻的一、二阶矩，只需知道驱动噪声的统计特性、系统状态方程及量测噪声的统计特性。驱动噪声和量测噪声均为白噪声并为平稳过程，统计特性不随时间而变。系统的状态方程又是准确已知的，所以卡尔曼滤波能够广泛应用于系统的状态估计。③滤波增益根据系统噪声和量测噪声的变化而改变，从而自主调整对信息的利用程度。当系统噪声协方差阵增大时，先验估计的协方差阵增大，滤波增益增大，从而增大信息利用程度。当量测噪声协方差阵增大时，滤波增益会减小，信息的利用程度也会减小。这种对系统噪声和量测噪声的均衡处理使得卡尔曼滤波具有非常高的估计精度。

【例 7.3】下面讨论 $\alpha-\beta-\gamma$ 滤波问题。设运动体沿直线运动，t_k 时刻的位移、速度、加速度、加加速度分别为 S_k，V_k，a_k，j_k，只对运动体的位置做测量，测量值为 $Z_k=S_k+V_k$，如果

$$E\{j_k\}=0,\ E\{j_k j_L\}=q\delta_{kL}$$
$$E\{V_k\}=0,\ E\{V_k V_L\}=r\delta_{kL}$$

量测量的采样周期为 T，试求对 S_k，V_k，a_k 的估计。

解：

$$S_k=S_{k-1}+V_{k-1}T+a_{k-1}\frac{T^2}{2}$$
$$V_k=V_{k-1}+a_{k-1}T$$
$$a_k=a_{k-1}+j_{k-1}T$$

式中：j_k 为加加速度，对运动体的跟踪者而言，j_k 是随机量，此处用白噪声描述。

取状态变量为

$$\boldsymbol{X}_k=\begin{bmatrix} S_k \\ V_k \\ a_k \end{bmatrix}$$

则状态方程为

$$\boldsymbol{X}_k=\boldsymbol{\Phi}\boldsymbol{X}_{k-1}+\boldsymbol{\Gamma}j_{k-1}$$

式中：$\boldsymbol{\Phi}=\begin{bmatrix} 1 & T & \frac{T^2}{2} \\ 0 & 1 & T \\ 0 & 0 & 1 \end{bmatrix}$；$\boldsymbol{\Gamma}=\begin{bmatrix} 0 \\ 0 \\ T \end{bmatrix}$。

量测方程为

$$\boldsymbol{Z}_k=\boldsymbol{S}_k+\boldsymbol{v}_k$$

则 $\boldsymbol{H}=[1\quad 0\quad 0]$

这是一个定常系统的滤波问题。应用卡尔曼滤波方程，有

$$\hat{\boldsymbol{X}}_k=\boldsymbol{\Phi}\hat{\boldsymbol{X}}_{k-1}+\boldsymbol{k}_k(\boldsymbol{Z}_k-\boldsymbol{H}_k\boldsymbol{\Phi}\hat{\boldsymbol{X}}_{k-1}) \qquad ①$$
$$\boldsymbol{p}_{k/k-1}=\boldsymbol{\Phi}\boldsymbol{p}_{k-1}\boldsymbol{\Phi}^{\mathrm{T}}+\boldsymbol{\Gamma}\boldsymbol{Q}\boldsymbol{\Gamma}^{\mathrm{T}} \qquad ②$$
$$\boldsymbol{p}_k=(\boldsymbol{I}-\boldsymbol{k}_k\boldsymbol{H}_k)\boldsymbol{p}_{k/k-1} \qquad ③$$
$$\boldsymbol{k}_k=\boldsymbol{p}_k\boldsymbol{H}_k^{\mathrm{T}}\boldsymbol{R}^{-1} \qquad ④$$

式中：$\boldsymbol{Q}=\boldsymbol{q}$；$\boldsymbol{R}=\boldsymbol{r}$；$\boldsymbol{H}_k=\boldsymbol{H}$。

当滤波达到稳态时，$\boldsymbol{p}_k=\boldsymbol{p}$ 为定值，由式②、③、④得

$$\boldsymbol{p}=(\boldsymbol{I}-\boldsymbol{p}\boldsymbol{H}^{\mathrm{T}}\boldsymbol{r}^{-1}\boldsymbol{H})(\boldsymbol{\Phi}\boldsymbol{p}\boldsymbol{\Phi}^{\mathrm{T}}+\boldsymbol{\Gamma}\boldsymbol{q}\boldsymbol{\Gamma}^{\mathrm{T}})$$

上式是关于 $\boldsymbol{p}$ 的矩阵代数方程，从中可解得 $\boldsymbol{p}$，设解为

$$\boldsymbol{p}=\begin{bmatrix} p_{11} & p_{12} & p_{13} \\ p_{21} & p_{22} & p_{23} \\ p_{31} & p_{32} & p_{33} \end{bmatrix}$$

代入式④得

$$K = p\,H^{\mathrm{T}} r^{-1} = \begin{bmatrix} p_{11} & p_{12} & p_{13} \\ p_{21} & p_{22} & p_{23} \\ p_{31} & p_{32} & p_{33} \end{bmatrix} \begin{bmatrix} 1 \\ 0 \\ 0 \end{bmatrix} \frac{1}{r} = \begin{bmatrix} \alpha \\ \beta \\ \gamma \end{bmatrix}$$

式中：$\alpha=\frac{p_{11}}{r}$；$\beta=\frac{p_{21}}{r}$；$\gamma=\frac{p_{31}}{r}$。

所以

$$\hat{X}_k = \Phi \hat{X}_{k-1} + \begin{bmatrix} \alpha \\ \beta \\ \gamma \end{bmatrix} (Z_k - H\Phi \hat{X}_{k-1})$$

即为 $\hat{S}_k$，$\hat{V}_k$ 和 $\hat{a}_k$。

该例中，被估计量为 S_k，V_k，a_k，相应的稳态增益为 α，β，γ，称此种滤波为 $\alpha-\beta-\gamma$ 滤波。如果被估计量是 S_k，V_k，则相应的稳态滤波为 $\alpha-\beta$ 滤波[3,11,16]。

目前，解决随机信号最优滤波问题主要有 3 种方法，即维纳滤波方法、卡尔曼滤波方法和现代时间序列分析方法。维纳滤波由于其自身的局限性，越来越难以满足现代科技发展的需要。而卡尔曼滤波理论由于其自身优点，在工程中得到了广泛应用。但是卡尔曼滤波也并非完美无缺，它也有许多其自身固有的缺陷。例如，卡尔曼滤波方法对系统要求较苛刻，即处理的对象必须是线性系统，并且要求观测方程也必须是线性的。卡尔曼滤波也存在明显的误差问题，当滤波所应用的系统模型精确时，且在系统完全可控与完全可观测的条件下，卡尔曼滤波的稳态增益以及稳态误差与滤波初值的选取无关。但是在实际工程应用领域，由于对系统的认识往往具有未知性，通常会得到一个认识不全面的系统，此时所采用的确定模型与实际往往不相符，而且很难得到干扰噪声的先验统计特性，因此，就会产生状态估计误差的现象。所以对卡尔曼滤波的误差分析非常有必要。卡尔曼滤波在理想的情况下是无偏的．但是在实际工程应用中，无偏常常很难做到并且估计误差的方差也可能很大，这种发散现象也需要做进一步的研究。

对于卡尔曼滤波发散这一现象，众多学者进行了大量的研究。初步分析后对发散现象提出了一些解释，其基本原因有两种。一种原因是滤波所用计算机的字长不够，导致了计算中的截尾、舍入误差较大，产生发散。要防止这种发散现象就要设法尽量减小方差计算过程中的误差。另一种原因是滤波所用系统模型不准确，从而引起的各种误差较大，而克服这种原因引起的发散现象就要适当限制滤波增益阵，使得信息能够始终不断地保持其修正作用，以保持估计值对真值的跟踪能力。在实际工程应用过程，多数遇到的是模型误差的情况，因此往往需要用到扩展卡尔曼滤波、带有各种补偿器的卡尔曼滤波算法等。

卡尔曼滤波算法将被估计的信号看作在白噪声作用下的一个随机线性系统的输出，其输入和输出关系是由状态方程和输出方程在时域内给出的，因此 卡尔曼滤波方法不仅适用于平稳序列也适用于非平稳序列。卡尔曼滤波的计算过程是一个不断地“预测和修正”的过程，它不要求存储大量的数据，非常便于实时处理信息。卡尔曼滤波器的增益矩阵与

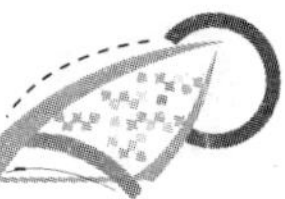

观测无关，在计算增益矩阵时只需求解一个矩阵的逆，因此计算很容易。由滤波的基本方程可以看出，当观测噪声方差阵增大时，增益矩阵就变小，这是因为观测噪声增大，信息里的误差比较大，滤波增益应取小一些，以便减弱观测噪声对滤波值的影响。如果初始方差变小，系统噪声方差也变小，则增益矩阵也会变小，这是因为初始方差变小表示初始估计较好。系统噪声方差变小则表示系统噪声变小，于是增益矩阵也应变小以便完成较小的修正。

随着科技的不断发展，卡尔曼滤波理论也在不断完善，出现了功能不断增加的滤波算法。例如，针对色噪声的扩展卡尔曼滤波算法；针对模型不确定性和干扰信号统计特性不完全已知的鲁棒卡尔曼滤波理论；用于信息融合的卡尔曼滤波算法；可解决模式识别问题的用于网络权值调节的神经网络卡尔曼滤波算法等。可以肯定，卡尔曼滤波理论将不断发展和完善，相应的研究成果也会越来越多，应用领域将更加广泛。

本章小结

所谓估计就是从测量值中通过一定算法解得所需信号。最优估计是指某一指标函数达到极值时的估计。本章首先介绍信号的基本概念和分类，其次是估计的概念和原理，并讨论了最小二乘估计的特点及应用，最后阐述了卡尔曼滤波的特点及其在工程中的应用。

习　题

7.1 最小二乘估计的特点是什么？最优准则是什么？

7.2 离散型卡尔曼滤波优点有哪些？

7.3 卡尔曼滤波的含义及原理是什么？

7.4 试举出一个卡尔曼滤波具体应用的例子。

7.5 设有标量的随机过程 $\{X(t),\ t\geqslant 0\}$ 是由微分方程 $X(t)=-2X(t)+w(t)$ 所定义。其中 $\{w(t),\ t\geqslant 0\}$ 为白噪声过程。已知 $Ew(t)=\overline{w}(t)=1$，$\mathrm{cov}[w(t_1),\ w(t_2)]=\delta(t_1-t_2))$。随机初始状态的统计特性为 $EX(0)=\overline{X_0}=0$，$VarX(0)=P_{x0}=0$。试求 $EX(t)$ 和 $VarX(t)$。

7.6 一个目标沿 x 轴做匀速直线运动，过程噪声为速度噪声，试写出该目标的状态方程。

7.7 一个在二维空间中做匀速直线运动的目标，其过程噪声为加速度噪声，试写出该目标的状态方程。

7.8 一个沿 x 轴做匀加速运动的目标，过程噪声为加速度噪声，试写出该目标的状态方程。

7.9 一个在三维空间中做匀加速运动的目标，过程噪声为加速度噪声，试写出目标的状态方程。

7.10 对二维空间做匀速直线运动的目标进行观测时，观测值为目标的位置加上观测噪声，试写出目标的观测方程。

7.11 对三维空间作匀速直线运动的目标进行观测时，观测值为目标的位置加上观测噪声，试写出目标的观测方程。

7.12 设目标沿 x 轴匀速直线运动，目标的状态可表示为 $\boldsymbol{X}=[x \quad \dot{x}]^{\mathrm{T}}$，在 t_0 时刻的 x 观测值为 $z(0)$，在 t_1 时刻的 x 观测值为 $z(1)$，采样间隔为 $T=t_1-t_0$，求目标的初始状态和初始协方差。

第 8 章

系统辨识

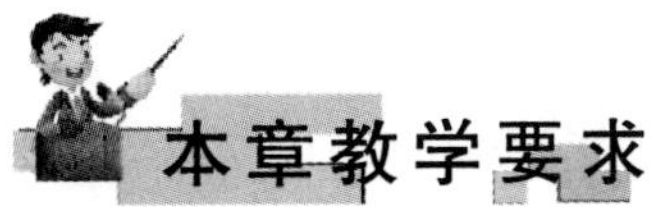

知识要点	掌握程度	相关知识	工程应用方向
系统辨识的基本概念	掌握	系统辨识的基本概念和三要素，系统数学模型建立的主要方法和系统辨识的发展概况	复杂系统建模与控制，机器人技术，设备故障诊断
系统辨识的基本方法	掌握	系统辨识的基本方法和特点	先进检测技术，非线性控制技术，设备故障诊断
模式识别的基本概念	掌握	模式识别的基本概念和特点	机器智能与模式识别，机器人技术，车辆辅助自动驾驶技术
模式识别(分类)代表性方法	熟悉	贝叶斯决策和支持向量机分类方法	机器智能与模式识别，机器人自动焊接技术

引例

系统辨识主要由两大部分组成，一个是系统模型的辨识，即针对系统的模型不确定或完全未知的情况下，系统模型辨识主要解决如何根据系统对特定输入的响应来得到一个数学模型，并用此模型代替真实系统；另一个是参数辨识，它主要解决当系统模型结构已知的条件下，确定模型中的一些未知参数的问题。参数辨识方法目前已经被用于飞行器气动参数辨识。在飞行试验测试手段日益发展的今天，从传感器信号调节、数据采集，到数据记录和处理，都已经具备了精度高、速度快的特点。用参数辨识的方法可准确、迅速地将真实的飞机气动特性从繁多的试验数据结果中分离出来，确定飞机的气动模型，缩短数据处理时间和减少飞行试验周期，具有显著的应用价值。这是系统辨识在飞机飞行试验中的典型应用。图 8.1 所示为测试中的飞机实物图。

图 8.1　测试中的飞机

8.1　概　　述

8.1.1　系统辨识的概念

图 8.2 所示为一个被控系统的示意图，其中输入控制 u，输出 y 和系统 M 是控制理论研究的 3 个基本要素。根据此 3 个要素，可将控制领域中所研究的问题划分为三大类，见表 8-1。

图 8.2　受控系统及输入输出信号示意图

表 8-1　控制领域研究问题分类

序号	已知条件	求解量	控制系统问题类型
1	系统 M 的模型，输入控制信号 u	输出 y	仿真、分析不同控制信号作用下的输出； 系统分析和设计，如控制器设计； 性能分析预测，如预报天气、人口、能源、流量等
2	系统 M 模型，输出 y	输入 u	最优控制，如轨道控制，燃料控制，目标跟踪 决策，如经济改革的制定； 信号检测，如地震的震源检测等
3	输入控制信号 u，输出 y	系统 M 的模型	系统辨识，系统数学模型的建立； 模式识别，一种模型分类的方法(包括系统不同状态的判别及故障诊断)

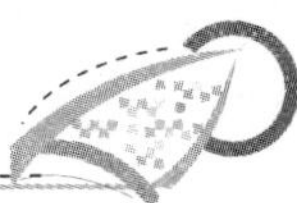

从表 8－1 可看出，系统辨识是研究如何利用系统的输入、输出信号来建立系统的数学模型，而数学模型是系统输入、输出及相关变量之间的数学关系式，它描述了系统控制输入、系统输出以及相关变量间相互影响和变化的规律性。

对于工程实际问题，要实现最佳控制，需要将问题归纳、抽象并上升到理论高度，用相应的控制理论来分析解决，这样可以得到系统的本质和机理，减少控制过程的盲目性。为此，则必须建立实际对象的数学模型。系统辨识是建立系统数学模型(简称建模)的重要手段。建模方法主要有两大类。

(1) 机理分析法。系统内部工作机理清晰，各变量之间的关系完全可以利用有关定律(如守恒定律、力学公式、电学定律、物理定律、化学反应定律等)得到，该系统的建模问题又称“白箱”建模。例如一些较简单的控制电路，都可以采用这种方法建立系统的模型。

(2) 辨识法(试验法)。系统内部工作机理有所了解，但不足以精确描述各变量之间的关系，或者对系统内部工作机理根本就不清楚。这种求解模型的问题又称为“灰箱”或“黑箱”建模。对于复杂的控制系统，通常都要用辨识方法来建立系统的模型。

图 8.3 所示的自适应控制系统，系统参数随工作状态、环境而变化，从而影响系统的性能。为此，将系统的输入、输出信号及环境参数引入辨识环节，对系统进行实时辨识，调节器对控制器参数进行调节，给出最优控制律，保证系统的优良品质。

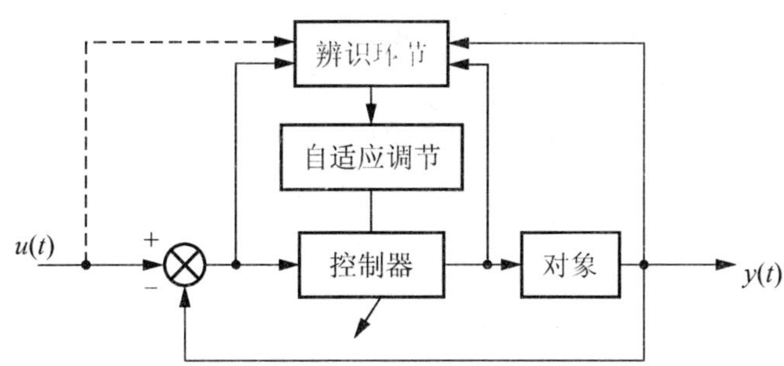

图 8.3　自适应控制系统

图 8.4 所示为故障诊断系统，辨识环节对系统参数进行实时估计，当系统出现故障时，导致辨识出的模型参数与系统正常时的模型参数产生偏差，而诊断环节根据模型参数偏差进行分析、诊断和报警。例如，对于一个电动机的调速系统，系统的输入控制量为电压，系统的输出量为电动机的转速。正常情况下，输入电压与电动机转速之间具有一定的对应关系，即存在一个数学模型。当控制系统出现异常时，输入量和输出量之间的对应关系将发生变化，根据输入和输出量进行辨识而得到的模型(参数)将不同于原有模型。据此，则可以有效判断控制系统出现的故障。再例如，对于一个电弧焊接的熔透控制系统，系统的输出量为熔透，输入控制量为焊接速度、焊接电流、保护气量。正常情况下，输出量熔透的大小与各输入控制量之间有一定的对应关系，存在一个熔透控制模型。当焊接过程出现异常时，如焊缝间隙的变化、材料的变化等，虽然各输入量保持恒定，但熔透量会

发生变化。通过传感器检测熔透控制系统的输入和输出量，则会发现反映输入量和输出量之间的关系不同于原有数学模型，因而可以及时发现焊接缺陷，从而采取有效措施，减小经济损失。

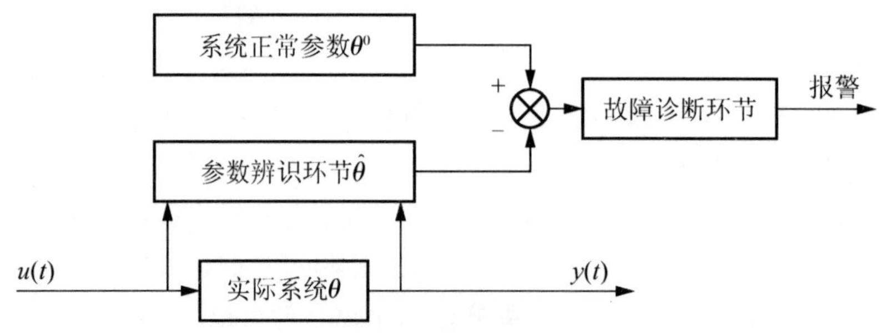

图 8.4 故障诊断系统

系统辨识有 3 个要素，即数据、模型类和准则。系统辨识就是按照一个准则在一组模型类中选择一个数据拟合得最好的模型。

(1) 数据。即被辨识系统的输入和输出信号的测量，系统的本质特性都包含在数据信息之中。一些信号数据具有明显的变化规律，但多数信号数据难以直接观察到其变化规律，所以需要用到信号处理的各种技术，将数据信号的变化规律从数据的表面现象中挖掘出来。

(2) 模型类。是描述系统输入、输出变量之间关系的数学表达形式，如微分方程、差分方程、状态方程、传递函数等。

(3) 准则。用以表征模型与实际系统之间逼近程度的指标函数。例如用最小二乘法指标 $J(\theta)$描述模型输出 $\hat{y}(k)$与系统实际输出 $y(k)$间的逼近程度，如图 8.5 所示。

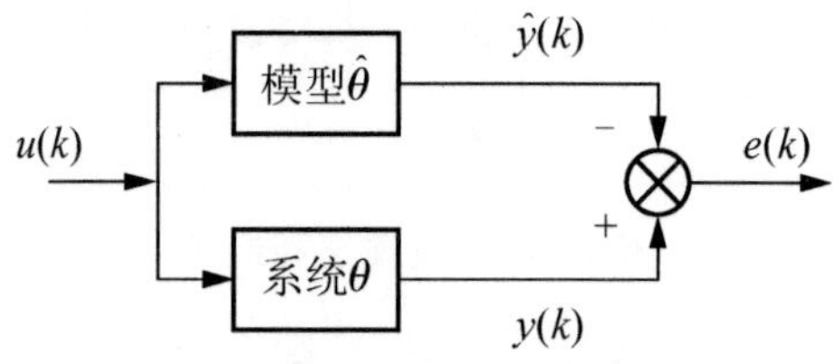

图 8.5 最小二乘法准则

在图 8.5 中，有

$$e(k)=y(k)-\hat{y}(k)$$

$$J(\theta)=\frac{1}{N}\sum_{K=1}^{N}e^2(k)$$

式中：$e(k)$为第 k 时刻的误差；N 为采样总数。

参数估计是系统辨识的关键环节，它是在确立模型类与结构参数后，根据输入、输出数据，采用适当的算法，估计出系统的模型参数，使准则函数达到极值。参数估计的数据处理有两种方式，第一是整批数据处理，所有数据全部实时存储，多用于离线辨识。这种

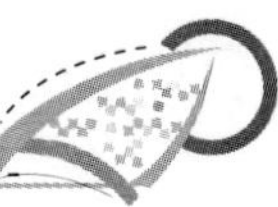

情况往往是被控对象的状态变化太快，计算机难以实时处理所检测的信号。例如高速铁路车辆(高铁)状态的检测，由于高铁速度极快，设置在铁道旁边的检测系统只能先将高铁的测量信号存储在计算机内，然后离线辨识；第二是递推方法，每采样一次新观察数据，就对过去所得参数进行修正，多用于在线辨识，不必存储所有数据，节省计算机空间。

8.1.2 系统辨识的发展概况

系统辨识理论与控制理论是相互依存同步发展的。早期的系统辨识技术大量应用傅里叶变换、拉氏变换等频域分析方法，通过施加阶跃信号或不同频率的正弦信号，测定系统的阶跃响应或频率响应等动态曲线。这种方法为离线方式，对生产带来不便，一般不考虑随机误差。20 世纪 60 年代后系统辨识技术飞速发展，得益于现代控制理论技术的进步。系统建模技术广泛应用于制造业、气象预报、水资源系统、交通运输、生物医学等。目前有遗传算法、人工神经网络、模糊理论、变结构等辨识方法。可以预测，针对多变量系统及考虑噪声背景情况下的各种系统辨识的理论仍将不断涌现。

8.2 系统辨识的基本方法

为便于理解且又不失一般性，本节涉及的系统辨识方法属于线性定常单输入单输出离散系统的辨识，它们是系统辨识的最基本方法，也是其他系统辨识方法的基础[11,12]。

8.2.1 线性定常单输入单输出离散系统数学模型

如图 8.6 所示，系统的脉冲传递函数为

$$G(z)=\frac{Y^*(z)}{U(z)}=\frac{b_1z^{-1}+b_2z^{-2}+\cdots+b_nz^{-n}}{1-a_1z^{-1}-a_2z^{-2}-\cdots-a_nz^{-n}} \tag{8-1}$$

式中：n 为系统阶数，a_i，$b_i(i=1，2，\cdots，n)$为系统参数。

$\xi(k)$

$u(k)$ → $G(z)$ → $y^*(k)$ → ⊗ → $y(k)$

图 8.6 线性定常单输入单输出离散系统

其中，Y 和 U 分别为系统的输出和输入信号。相应的系统差分方程为

$$\begin{aligned}y^*(k)&=a_1y^*(k-1)+a_2y^*(k-2)+\cdots+a_ny^*(k-n)\\&\quad+b_1u(k-1)+b_2u(k-2)+\cdots+b_nu(k-n)\\&=\sum_{i=1}^{n}a_iy^*(k-i)+\sum_{i=1}^{n}b_iu(k-i)\end{aligned} \tag{8-2}$$

系统的观测方程为

$$y(k)=y^*(k)+\xi(k)=\sum_{i=1}^{n}a_i y^*(k-i)+\sum_{i=1}^{n}b_i u(k-i)+\xi(k)$$
$$=\boldsymbol{\Psi}_k^{\mathrm{T}}\boldsymbol{\theta}+\xi(k) \tag{8-3}$$

式中：$\boldsymbol{\Psi}_k^{\mathrm{T}}=[y^*(k-1),\ y^*(k-2),\ \cdots,\ y^*(k-n),\ u(k-1),\ u(k-2),\ \cdots,\ u(k-n)]$；$\xi(k)$为噪声扰动信号。

参数向量

$$\boldsymbol{\theta}=[a_1,\ a_2,\ \cdots,\ a_n,\ b_1,\ b_2,\ \cdots,\ b_n]^{\mathrm{T}}$$

观测方程的误差为

$$e(k)=\xi(k)-\sum_{i=1}^{n}a_i\xi(k-i) \tag{8-4}$$

当系统参数取估计量 $\hat{\boldsymbol{\theta}}$ 时，有

$$y(k)=\boldsymbol{\Psi}_k^{\mathrm{T}}\hat{\boldsymbol{\theta}}+e(k)=\sum_{i=1}^{n}\hat{a}_i y(k-i)+\sum_{i=1}^{n}\hat{b}_i u(k-i)+e(k) \tag{8-5}$$

式中：$\hat{\boldsymbol{\theta}}=[\hat{a}_1,\ \hat{a}_2,\ \cdots,\ \hat{a}_n,\ \hat{b}_1,\ \hat{b}_2,\ \cdots,\ \hat{b}_n]^T$；$e$ 为误差项或残差。上式为系统模型的最小二乘格式。

8.2.2 脉冲响应法

利用系统输入和输出信息(不考虑噪声)，通过导出系统脉冲响应得到系统的数学模型(传递函数)，该方法简单，适合于确定性系统的建模[11,12]。

(1) 由系统的输入 $u(t)$、输出 $y(t)$求脉冲响应 $g(t)$，

根据卷积公式有

$$y(t)=\int_0^t u(\tau)g(t-\tau)\mathrm{d}\tau=\int_0^t u(t-\tau)g(\tau)\mathrm{d}\tau \tag{8-6}$$

式中：$g(t)$为系统传递函数 $G(s)$的拉氏逆变换。

当采样周期 T 足够小时，进行离散化得

$$Y(kT)=T\sum_{i=0}^{k-1}g(iT)u(kT-iT-T)$$

令 $k=1,\ 2,\ 3,\ \cdots,\ N$，并记

$$\boldsymbol{Y}=\begin{bmatrix}y(T)\\y(2T)\\\vdots\\y(NT)\end{bmatrix},\ \boldsymbol{G}=\begin{bmatrix}g(0)\\g(1)\\\vdots\\g(kT-T)\end{bmatrix},\ \boldsymbol{U}=\begin{bmatrix}u(0)&0&\cdots&0\\u(T)&u(0)&\cdots&0\\\vdots&\vdots&\ddots&\vdots\\u(kT-T)&u(kT-2T)&\cdots&u(0)\end{bmatrix}$$

则有

$$\boldsymbol{Y}=T\boldsymbol{U}\boldsymbol{G}$$

如果U^{-1}存在，则

$$G=\frac{1}{T}\boldsymbol{U}^{-1}\boldsymbol{Y}$$

(2) 由$g(kT)$，($k=0$，1，…，N)求系统脉冲传递函数$G(z)$

设系统的脉冲传递函数为

$$G(z)=\frac{b_0+b_1z^{-1}+\cdots+b_nz^{-n}}{1+a_1z^{-1}+\cdots+a_nz^{-n}}=g(0)+g(T)z^{-1}+g(2T)z^{-2}+\cdots \tag{8-7}$$

记$g_i=g(iT)$，由式(8-7)可得

$$\begin{aligned}b_0+b_1z^{-1}+\cdots+b_nz^{-n}&=g_0+(g_1+a_1g_0)z^{-1}+\cdots\\&+(g_n+\sum_{i=1}^{n}a_ig_{n-i})z^{-n}+\sum_{m=n+1}^{\infty}[(g_m+\sum_{i=1}^{n}a_ig_{m-i})z^{-m}]\end{aligned} \tag{8-8}$$

比较上式各系数，可得

$$\begin{bmatrix}b_0\\b_1\\\vdots\\b_n\end{bmatrix}=\begin{bmatrix}1&0&0&\cdots&0\\a_1&1&0&\cdots&0\\a_2&a_1&1&\ddots&\vdots\\\vdots&\vdots&\ddots&\ddots&0\\a_n&a_{n-1}&\cdots&a_1&1\end{bmatrix}\begin{bmatrix}g_0\\g_1\\\vdots\\g_n\end{bmatrix} \tag{8-9}$$

$$\begin{bmatrix}g_1&g_2&\cdots&g_n\\g_2&g_3&\cdots&g_{n+1}\\\vdots&\vdots&\ddots&\vdots\\g_n&g_{n+1}&\cdots&g_{2n-1}\end{bmatrix}\begin{bmatrix}a_n\\a_{n-1}\\\vdots\\a_1\end{bmatrix}=\begin{bmatrix}-g_{n+1}\\-g_{n+2}\\\vdots\\-g_{2n}\end{bmatrix} \tag{8-10}$$

利用脉冲响应序列g_i，由式(8-10)求出a_i参数，代入式(8-9)可得b_i，最终可确定$G(z)$，经z反变换，即可得到系统的传递函数$G(s)$。

8.2.3 最小二乘法(LS)

最小二乘法原理在系统辨识中应用广泛，简单实用，不要求掌握数据噪声统计知识。注意，这里的系统辨识与最小二乘法的最优估计(第7章)不完全相同，第7章只是应用最小二乘法对量测值进行估计，在噪声环境下得到输出值的最优估计。本章则是应用最小二乘法研究输入与输出之间的关系，得到系统的数学模型[11,12]。

由式(8-5)对系统进行N次观测，得到

$$y(k)=a_1y(k-1)+\cdots+a_ny(k-n)+b_1u(k-1)+\cdots+b_nu(k-n)+e(k)$$

$k=0$，1，…，n，…，N　　$(N>2n)$

列出矩阵方程

$$\begin{bmatrix} y(n) \\ y(n+1) \\ \vdots \\ y(N) \end{bmatrix} = \begin{bmatrix} y(n-1) & y(n-2) & \cdots & y(0) & u(n-1) & u(n-2) & \cdots & u(0) \\ y(n) & y(n-1) & & y(1) & u(n) & u(n-1) & \cdots & u(1) \\ \vdots & \vdots & & \vdots & \vdots & \vdots & \vdots & \vdots \\ y(N-1) & y(N-2) & & y(N-n) & u(N-1) & u(N-2) & \cdots & u(N-n) \end{bmatrix} \begin{bmatrix} a_1 \\ a_2 \\ \vdots \\ a_n \\ b_1 \\ b_2 \\ \vdots \\ b_n \end{bmatrix} + \begin{bmatrix} e(n) \\ e(n+1) \\ \vdots \\ e(N) \end{bmatrix}$$

记

$$\boldsymbol{Y}(N)=\boldsymbol{\Psi}(N)\boldsymbol{\theta}+\boldsymbol{\varepsilon}(N,\ \theta) \tag{8-11}$$

误差向量

$$\boldsymbol{\varepsilon}=\boldsymbol{Y}(N)-\boldsymbol{\Psi}(N)\cdot\boldsymbol{\theta}$$

选择 $\boldsymbol{\theta}$，有以下准则

$$J(\boldsymbol{\theta})=\sum_{i=n}^{N}\boldsymbol{e}^2(i)=\boldsymbol{\varepsilon}^{\mathrm{T}}\cdot\boldsymbol{\varepsilon}\rightarrow\min$$

则

$$\begin{aligned} J(\boldsymbol{\theta}) &= (\boldsymbol{Y}-\boldsymbol{\Psi\theta})^{\mathrm{T}}(\boldsymbol{Y}-\boldsymbol{\Psi\theta}) \\ &= \boldsymbol{Y}^{\mathrm{T}}\boldsymbol{Y}-\boldsymbol{\theta}^{\mathrm{T}}\boldsymbol{\Psi}^{\mathrm{T}}\boldsymbol{Y}-\boldsymbol{Y}^{\mathrm{T}}\boldsymbol{\Psi\theta}+\boldsymbol{\theta}^{\mathrm{T}}\boldsymbol{\Psi}^{\mathrm{T}}\boldsymbol{\Psi\theta} \end{aligned}$$

令

$$\left.\frac{\partial J}{\partial\boldsymbol{\theta}}\right|_{\boldsymbol{\theta}=\hat{\boldsymbol{\theta}}_{LS}}=-2\boldsymbol{\Psi}^{\mathrm{T}}\boldsymbol{Y}+2\boldsymbol{\Psi}^{\mathrm{T}}\boldsymbol{\Psi}\hat{\boldsymbol{\theta}}_{LS}=0$$

有

$$\boldsymbol{\Psi}^{\mathrm{T}}\boldsymbol{\Psi}\hat{\boldsymbol{\theta}}_{LS}=\boldsymbol{\Psi}^{\mathrm{T}}\boldsymbol{Y}$$

可解得

$$\hat{\boldsymbol{\theta}}_{LS}=(\boldsymbol{\Psi}^{\mathrm{T}}\boldsymbol{\Psi})^{-1}\boldsymbol{\Psi}^{\mathrm{T}}\boldsymbol{Y} \tag{8-12}$$

称 $\hat{\boldsymbol{\theta}}_{LS}$ 为 $\boldsymbol{\theta}$ 的最小二乘估计量。设 $\boldsymbol{W}$ 是误差加权阵，相应的准则可修改为

$$J_W(\boldsymbol{\theta})=\boldsymbol{\varepsilon}^{\mathrm{T}}\boldsymbol{W}\boldsymbol{\varepsilon}=(\boldsymbol{Y}-\boldsymbol{\Psi\theta})^{\mathrm{T}}\boldsymbol{W}(\boldsymbol{Y}-\boldsymbol{\Psi\theta})$$

最小二乘估计为(加权)

$$\hat{\boldsymbol{\theta}}_{WLS}=(\boldsymbol{\Psi}^{\mathrm{T}}\boldsymbol{W}\boldsymbol{\Psi})^{-1}\boldsymbol{\Psi}\boldsymbol{W}\boldsymbol{Y} \tag{8-13}$$

显然，当 $\boldsymbol{W}=\boldsymbol{I}$(单位阵)时，$\hat{\boldsymbol{\theta}}_{WLS}$退化为$\hat{\boldsymbol{\theta}}_{LS}$。

如果是在线辨识，则可用递推最小二乘法。另外，还有其他辨识方法，如极大似然法，随机逼近法等。

8.3　模式识别

从前面的内容可以得知，系统辨识技术是根据输入和输出信号，通过一定的算法，建立输入与输出之间的关系，即得到系统的数学模型。在工程实际应用过程中，系统的输出信号一般都由各种传感器获得，然后由计算机对信号进行分析。根据信号的特征，可以将系统的模型或状态进行分类，这种分类方法也称为系统的模式识别。例如当系统正常时，系统的输入和输出存在一种关系，计算机可以得到一类模型或状态。而当系统异常时，系统的输入和输出之间又会存在另外一种关系，计算机又可以得到模型或状态的另外一种形式。可见，系统的模式识别技术可以将系统模型或状态进行分类，可以识别系统的某些特征。从判断系统的状态以及设备故障诊断技术的角度来看，系统辨识与模式识别不可分割，它们存在共同之处。早在20世纪30年代前后就有人尝试用当时的技术来解决现在看来应该属于模式识别范畴的若干问题。模式识别(Pattern Recognition)是一个典型的交叉学科，它与控制理论、人工智能、计算机视觉等许多学科之间存在密切的关系。截至目前，有关模式识别的研究已取得了丰硕的成果，形成了相关的理论和技术。但是，仍然还有很多问题没有得到圆满的解决。因此，模式识别是一门仍然处在不断发展中的学科。模式识别是人工智能最早的研究领域之一，它的最初研究目标是为计算机配置各种传感器，以便直接接受外界的各种信息，如气味识别、声音识别、图像识别、语言识别等。后来其研究目标又包括对于许多复杂事物的分类，如设备故障诊断、气象分型等。但模式识别又不是简单的分类学，它包括对于系统的描述、理解与综合，是通过大量信息对复杂过程进行学习、判断和寻找规律的过程。显然，系统的模式识别与系统辨识有着千丝万缕的关系。

8.3.1　基本概念

模式可以看作是对象的组成成分，或者是各因素间存在确定性或随机性规律的对象、过程的集合。模式识别就是对模式的区分和认识，根据其特征把对象归到若干类别中的一类。所谓模式识别，就是根据样本的特征并用某种计算方法将样本划分到一定的类别中。一般认为，作为模式识别研究对象的模式应该具有以下特征[17,18]。

(1) 可观测性。即采用传感装置可以获取待处理模式。传感装置可以将各种物理量(如图像、流量、位移、温度、速度、压力等)转换为计算机可接受的电信号，它可以是基于某种物理效应的传感器，也可以是基于某种化学效应或生物效应的传感器。

(2) 可区分性。不同模式类的观测样本之间应该具有可区分的各自特征。例如对于一幅含有人与其他动物的图像，对图像进行识别时，就应该充分利用人与动物的各自特征，而且他们各自的特征有明显的区别。

(3) 相似性。对于同一模式类别，其观测样本之间应该具有相似的特征。例如一幅图

像，含有男人、女人、成年人、儿童等影像，虽然他们在身高、胖瘦、面部特征等均不同，但他们还是具有人类外貌的共同特征。在模式识别过程中，还是应该将其归为一类，以区别于其他动物或物体。如果要在人类影像中再加以区分，这时可根据男、女、成年人、儿童各自的特征对其进一步的分类。

如果所采用的模式表达方式不同，则相应的识别和分类方法也不同。按照所采用的模式表达方式，一般可以将模式识别方法分为以下几类[17,18]。

一种是统计模式识别方法。当采用特征向量作为输入模式的表达方式时，相应的识别主要在特征空间中进行。采用的模式识别方法主要基于数学统计学知识，根据观测样本在特征空间中的分布情况将特征空间划分为与类别数相等的若干个区域，而每个区域对应一个类别。另外，根据是直接还是间接利用观测样本在特征空间的分布，又可将统计模式识别细分为以下两类：统计模式识别中的几何方法和统计模式识别中的概率方法。其中，几何方法直接根据观测样本在特征空间中的分布建立相应的分类器。所谓分类器，是指在某种准则之下利用判别函数确定不同类别的观测样本在特征空间的一种自动分类算法。当采用的判别函数为线性函数时，相应的分类器称为线性分类器，当采用的判别函数为非线性函数时，相应的分类器又称为非线性分类器。判别函数主要用来判别待识别对象与某个模版之间的差异。与统计模式识别的几何方法不同，统计模式识别的概率方法不是直接根据观测样本在特征空间中的分布来建立相应的分类器，而是利用观测样本在特征空间中的分布情况，首先估计观测样本在特征空间中的概率分布，得到相应的概率密度函数，然后利用所得到的概率密度函数，根据统计学中的相关理论和方法来建立相应的分类器。

当采用树或图等具有一定结构的表达方式时，相应的识别主要通过分析被测对象的结构信息完成，所以另外一种模式识别方法称为结构模式识别方法。由于模式的结构与语言的结构相类似，因此，可以借助于形式语言中的理论对被测对象的类别做出判断。结构模式识别方法也称为句法模式识别方法，简称为句法结构法。该方法不仅给出模式的分类结果，而且还同时给出模式的结构信息。

除了上述按照模式的表达方式对模式识别方法进行分类之外，也可以根据用于分类的观测样本的类别属性是否已知，而将相应的方法称为有监督模式分类方法和无监督模式分类方法。有监督模式分类方法有时也称为有教师模式分类方法。无监督模式分类方法也称为无教师模式分类方法。常见的各种聚类算法是无监督模式分类方法的重要组成部分。

8.3.2 模式识别(分类)代表性方法

模式识别的代表性方法主要有贝叶斯决策和支持向量机分类方法[17,18]。

1. 贝叶斯(Bayes)决策

统计决策法以概率论和数理统计为基础，包括参数方法和非参数方法。参数方法主要以 Bayes 决策准则为指导。其中最小错误率和最小风险贝叶斯决策是最常用的两种决策方法。根据最小错误率的要求，利用概率论中的贝叶斯公式，可以得出使错误率最小的分类决策，也即为最小错误率贝叶斯决策。

最小错误率就是求解一种决策规则，即

$$\min \boldsymbol{P}(e)=\int \boldsymbol{P}(e|\boldsymbol{x})\boldsymbol{p}(\boldsymbol{x})\mathrm{d}\boldsymbol{x} \tag{8-14}$$

假设模式特征 $\boldsymbol{x}$ 是一个连续的随机变量，当观察到的 $\boldsymbol{x}$ 值不同时，后验概率则不同，分类错误率也不同。$\boldsymbol{P}(e)$为平均错误率，$\boldsymbol{P}(\boldsymbol{x})$为 $\boldsymbol{x}$ 值出现的概率，$\boldsymbol{P}(e|\boldsymbol{x})$是观测值为 $\boldsymbol{x}$ 时的条件错误概率，而积分运算则表示在整个特征空间上的总和。由于对所有 $\boldsymbol{x}$，$\boldsymbol{P}(e|\boldsymbol{x})\geqslant 0$，$\boldsymbol{p}(\boldsymbol{x})\geqslant 0$，所以公式(8－14)等价于对所有 $\boldsymbol{x}$ 最小化 $\boldsymbol{P}(e|\boldsymbol{x})$。使错误率最小的决策就是使后验概率最大的决策，因此，对于两类问题，可得到如下决策规则。

如果 $\boldsymbol{P}(\boldsymbol{w}_1|\boldsymbol{x})>\boldsymbol{P}(\boldsymbol{w}_2|\boldsymbol{x})$，则 $\boldsymbol{x}\in\boldsymbol{w}_1$；反之，则 $\boldsymbol{x}\in\boldsymbol{w}_2$。其中 $\boldsymbol{P}$ 为先验概率，$\boldsymbol{x}$ 为样本数据。

以上就是最小错误率贝叶斯决策。一般情况下，贝叶斯决策通常指的是最小错误率贝叶斯决策。其中，后验概率用贝叶斯公式求得

$$\boldsymbol{P}(\boldsymbol{w}_i|\boldsymbol{x})=\frac{\boldsymbol{p}(\boldsymbol{x}|\boldsymbol{w}_i)\boldsymbol{P}(\boldsymbol{w}_i)}{\boldsymbol{p}(\boldsymbol{x})}=\frac{\boldsymbol{p}(\boldsymbol{x}|\boldsymbol{w}_i)\boldsymbol{P}(\boldsymbol{w}_i)}{\sum_{j=1}^{2}\boldsymbol{p}(\boldsymbol{x}|\boldsymbol{w}_j)\boldsymbol{P}(\boldsymbol{w}_j)},\ i=1,\ 2 \tag{8-15}$$

在式(8－15)中，先验概率 $\boldsymbol{P}(\boldsymbol{w}_i)$和类条件密度均已知，$\boldsymbol{w}_i$为类别。

2. 支持向量机

支持向量机就是采用引入特征变换将原空间中的非线性问题转化为新空间中的线性问题。但是支持向量机并没有直接计算这种复杂的非线性变换，而是采用了一种巧妙的方法来间接实现这种变换[17,18]。传统的统计学研究的是渐进理论，就是当样本数目趋向于无穷大时的极限特性，但是在工程实际应用中这一前提一般不能满足，因此许多成熟的理论在实际中难以真正推广应用。与传统的统计学不同，Vapnik 等人在 20 世纪 90 年代初期提出了一个较为完善的基于有限样本的理论体系，即所谓的统计学习理论（Statistical Learning Theory），而支持向量机（Support Vector Machine，SVM）就是建立在统计学习理论的基础上的一种分类方法。

支持向量机的算法将实际问题通过非线性变换转换到高维的特征空间，在高维空间中构造线性判别函数来代替原空间中的非线性判别函数，使其能保证拥有较好的范化能力，同时很好地解决了维数问题，使得其算法的复杂度与样本维数无关[19,20]。支持向量机以其优越的性能，已广泛应用在众多模式识别领域中，如手写体与数字识别、语音识别、面部检测与识别、医疗诊断等。

1）最优分类超平面

最优分类超平面是支持向量机算法的基础，支持向量机是从线性可分的分类问题中的最优分类超平面演化而来。假设训练样本输入为 x_i，$i=1$，…，l，$x_i\in R^d$，对应的期望输出为 $y_i\in\{+1,\ -1\}$，其中＋1 和－1 表示两类的类别标识。那么 d 维空间中线性判别函数的一般形式可表示为[20]

$$g(x)=\boldsymbol{w}\cdot\boldsymbol{x}+b \tag{8-16}$$

假定分类超平面为

$$\boldsymbol{w}\cdot\boldsymbol{x}+b=0 \tag{8-17}$$

将判别函数进行归一化处理，使得两类所有的样本都满足 $|g(x)|\geqslant 1$，即满足如下约束：

$$\begin{cases}\boldsymbol{x}_i\cdot\boldsymbol{w}+b\geqslant +1\\ \boldsymbol{x}_i\cdot\boldsymbol{w}+b\leqslant -1\end{cases} \tag{8-18}$$

分类间隔可用下式表示：

$$\min_{\{x_i \mid y_i=1\}}\frac{\boldsymbol{w}\cdot\boldsymbol{x}_i+b}{\|\boldsymbol{w}\|}-\max_{\{x_i \mid y_i=-1\}}\frac{\boldsymbol{w}\cdot\boldsymbol{x}_i+b}{\|\boldsymbol{w}\|}=\frac{2}{\|\boldsymbol{w}\|} \tag{8-19}$$

可以通过最小化 $\|\boldsymbol{w}\|^2$ 来实现最大化分类间隔 $2/\|\boldsymbol{w}\|$ 的目的，因此，求解最优超平面的问题就转化为计算如下函数的最小值问题。

$$\boldsymbol{\Phi}(\boldsymbol{w})=\frac{1}{2}\|\boldsymbol{w}\|^2=\frac{1}{2}(\boldsymbol{w}\cdot\boldsymbol{w}) \tag{8-20}$$

可以看出，支持向量则是满足公式(8-18)中等号成立的那部分样本。对于计算机学习和训练而言，支持向量是训练的关键元素，它们离决策边界最近。显然，分类问题最终归结为一个求解最优化的问题。

为此，引入 Lagrange 函数来解决这个最优化问题[20]。

$$L=\frac{1}{2}\|\boldsymbol{w}\|^2-\sum_{i=1}^{l}\alpha_i y_i(\boldsymbol{x}_i\cdot\boldsymbol{w}+b)+\sum_{i=1}^{l}\alpha_i \tag{8-21}$$

其中，$\alpha_i>0$，为 Lagrange 系数。对于公式(8-21)，分别对 $\boldsymbol{w}$ 和 b 求偏微分，并令其为 0，则可得到约束条件：

$$\sum_{i=1}^{l}\alpha_i y_i=0 \tag{8-22}$$

其中，$\alpha_i\geqslant 0$，$i=1, 2, \cdots, l$。

对 α_i 求解下列函数的最大值：

$$W(\alpha)=\sum_{i=1}^{l}\alpha_i-\frac{1}{2}\sum_{i,j=1}^{l}\alpha_i\alpha_j y_i y_j(\boldsymbol{x}_i\cdot\boldsymbol{x}_j) \tag{8-23}$$

如果 α_i^* 是最优解，则有

$$\boldsymbol{w}^*=\sum_{i=1}^{l}\alpha_i^* y_i\boldsymbol{x}_i \tag{8-24}$$

以上是二次函数求解极值的问题，存在着唯一解。根据最优性条件—Karush-Kühn-Tucker 条件，该最优化问题应该满足下式：

$$f(\boldsymbol{x})=\mathrm{Sgn}\{\sum_{i=1}^{l}y_i\alpha_i^*(\boldsymbol{x}_i\cdot\boldsymbol{x})+b^*\} \tag{8-25}$$

其中，b^* 是分类的阈值，在满足公式(8-18)的等号情况下，可以通过任意一个支持向量来计算，或者通过两类中任意一对支持向量取中值计算。

2）支持向量机的算法

支持向量机理论最初来自于对数据分类问题的处理。对于线性可分数据的二值分类问题，它的机理是系统随机生成一个超平面，通过移动该超平面最终使得属于不同类别的点被划分在该分类超平面的不同侧面。但是这种机理不能保证得到的分割平面正好在两个类别的中心位置。支持向量机方法则可以解决这个问题，其机理是寻找一个满足分类要求的最优分类超平面，使得该分类超平面在保证分类精度的前提下，能够使分类超平面两侧的空白区域最大化[20]。

对于输入空间中构造最优分类面的方法，当样本集是线性可分时才能使经验风险等于零。但是在工程实际应用中的问题基本上都是线性不可分的，因此用这种方法求得的解往往由于经验风险过大而失去实际意义。为此，支持向量机的方法是将输入向量映射到一个高维的特征向量空间，在高维的特征向量空间中构造最优分类面。只要选择了合理的映射函数，那么在大多数输入空间的线性不可分问题，就可以在高维特征空间中转化为线性可分的问题，这样就能够应用较成熟的线性理论来解决分类问题。然而，在低维输入空间向高维特征空间映射过程中，空间的维数增长比较快，使得最佳分类平面在大多数情况下很难直接在特征空间中计算。支持向量机则是通过定义核函数 K(Kernel Function)，将其转化到输入空间来解决此类计算问题[20]。

假设训练样本输入空间维数用 d 表示，从输入空间到高维特征空间的一个非线性变换的集合用$\{\varphi_j(\boldsymbol{x})\}_{j=1}^{m}$表示，特征空间的维数用 m 表示，即定义了一个超平面，它在特征空间中充当决策面[17-21]，表达式如下所示：

$$\sum_{j=1}^{m} w_j \varphi_j(\boldsymbol{x}) + b = 0 \tag{8-26}$$

令 $\boldsymbol{w}=[b,\ w_1,\ w_2,\ \cdots,\ w_m]^{\mathrm{T}}$，$\boldsymbol{\Phi}(\boldsymbol{x})=[1,\ \varphi_1(\boldsymbol{x}),\ \varphi_2(\boldsymbol{x}),\ \cdots,\ \varphi_m(\boldsymbol{x})]^{\mathrm{T}}$，那么式(8-26)可以简化为

$$\boldsymbol{w}^{\mathrm{T}} \boldsymbol{\Phi}(\boldsymbol{x}) = 0 \tag{8-27}$$

此时，式(8-23)可变为

$$W(\alpha) = \sum_{i=1}^{l} \alpha_i - \frac{1}{2} \sum_{i,\ j=1}^{l} \alpha_i \alpha_j y_i y_j K(\boldsymbol{x}_i \cdot \boldsymbol{x}_j) \tag{8-28}$$

如果 α_i^* 是最优解，则有

$$\boldsymbol{w}^* = \sum_{i=1}^{l} \alpha_i^* y_i \boldsymbol{\Phi}(\boldsymbol{x}_i) \tag{8-29}$$

相应的决策函数转变为如下所示：

$$f(\boldsymbol{x}) = \mathrm{Sgn}\left\{ \sum_{i=1}^{l} y_i \alpha_i^* K(\boldsymbol{x}_i \cdot \boldsymbol{x}) + b^* \right\} \tag{8-30}$$

由于最终的判别函数中只包含于支持向量的内积以及求和，因此计算的复杂度仅仅取决于支持向量的个数。支持向量机是一种比较新的机器智能学习方法，下面介绍几种常见的支持向量机核函数[17-21]。

线性核函数为

$$K(\boldsymbol{x}_i, \boldsymbol{x}_j)=\boldsymbol{x}_i \cdot \boldsymbol{x}_j \tag{8-31}$$

多项式核函数为

$$K(\boldsymbol{x}_i, \boldsymbol{x}_j)=[(\boldsymbol{x}_i \cdot \boldsymbol{x}_j)+1]^q \tag{8-32}$$

高斯(Gauss)核函数为

$$K(\boldsymbol{x}_i, \boldsymbol{x}_j)=\exp\left\{-\frac{\|\boldsymbol{x}_i-\boldsymbol{x}_j\|}{2\sigma^2}\right\} \tag{8-33}$$

Sigmoid 核函数为

$$K(\boldsymbol{x}_i, \boldsymbol{x}_j)=\tanh(v(\boldsymbol{x}_i \cdot \boldsymbol{x}_j)+c) \tag{8-34}$$

3）构造支持向量机的分类方法

构造支持向量机学习算法的关键是在支持向量 $\boldsymbol{x}_i$ 和输入空间抽取的向量 $\boldsymbol{x}$ 之间的内积核。支持向量机是通过算法从训练数据中抽取的小子集构成，其体系结构如图 8.7 所示[20,21]。

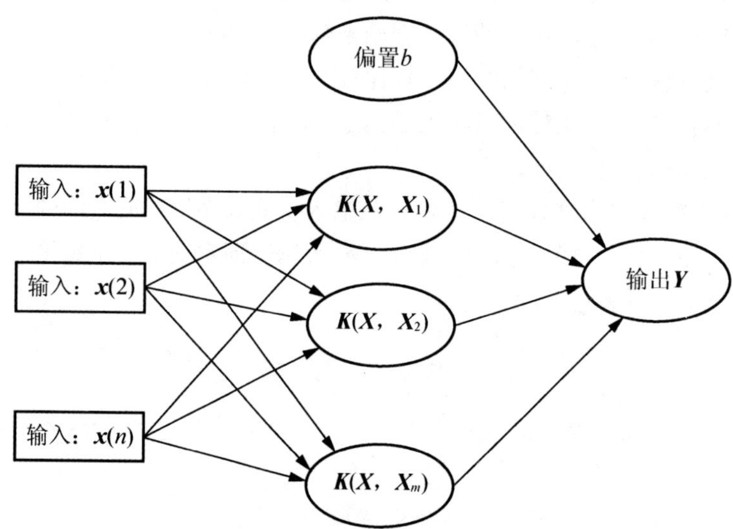

图 8.7　支持向量机的体系结构

建立支持向量机分类器的常见步骤如下[19,20]。

(1) 给出一组输入样本 $\boldsymbol{x}_i$，$i=1, 2, \cdots, l$ 和相应的输出 $\boldsymbol{y}_i \in \{+1, -1\}$。

(2) 选择合适的核函数 $K(\boldsymbol{x}_i \cdot \boldsymbol{x}_j)=\Phi(\boldsymbol{x}_i) \cdot \Phi(\boldsymbol{x}_j)$ 和相关参数。

(3) 在满足约束条件 $\sum_{i=1}^{l}\alpha_i y_i=0$，$0 \leqslant \alpha_i \leqslant C$，$i=1, 2, \cdots, l$ 的前提下，求解 $W(\alpha)=\sum_{i=1}^{l}\alpha_i-\frac{1}{2}\sum_{i,j=1}^{l}\alpha_i\alpha_j y_i y_j K(\boldsymbol{x}_i \cdot \boldsymbol{x}_j)$ 的最大值，并计算出最优值 α_i^*。

(4) 计算 $\boldsymbol{w}^*=\sum_{i=1}^{l}\alpha_i^* y_i \Phi(\boldsymbol{x}_i)$，$\boldsymbol{w}^*$ 的第一分量表示最优偏置 b^*。最优决策平面则可表示为 $(\boldsymbol{w}^*)^T\Phi(\boldsymbol{x})=0$。

(5) 对于待分类向量 $\boldsymbol{x}$，计算 $f(\boldsymbol{x})=\mathrm{Sgn}\left\{\sum_{i=1}^{l}y_i\alpha_i^* K(\boldsymbol{x}_i \cdot \boldsymbol{x})+b^*\right\}$ 的值，并根据计

算的值是+1或者是−1，决定分类向量 $\boldsymbol{x}$ 属于哪一类。

在上述算法中涉及的二次规划问题是一个凸函数的优化问题，因此所有的训练样本都满足下式：

$$\begin{cases}\alpha_i=0\Rightarrow y_i f(\boldsymbol{x}_i)\geqslant 1\text{ 且 }\xi_i=0\\ 0<\alpha_i<C\Rightarrow y_i f(\boldsymbol{x}_i)=1\text{ 且 }\xi_i=0\\ \alpha_i=C\Rightarrow y_i f(\boldsymbol{x}_i)\leqslant 1\text{ 且 }\xi_i\geqslant 0\end{cases}\tag{8-35}$$

其中，$f(\boldsymbol{x}_i)$为SVM决策函数第 i 个样本的输出。如果 $\alpha_i>0$，样本 $\boldsymbol{x}_i$称为支持向量。如果 $0<\alpha_i<C$，$\boldsymbol{x}_i$称为非有界支持向量。如果 $\alpha_i=C$，$\boldsymbol{x}_i$称为有界支持向量。如果 $\alpha_i=0$，样本 $\boldsymbol{x}_i$称为非支持向量。

除了传统的支持向量机算法之外，目前又涌现出许多与支持向量机相关的扩展算法，如V-SVM算法、One-class算法、LS-SVM算法等。这些算法一般是通过增加函数项和变量等方法产生扩展的公式，得到相应的算法。此外还有模糊支持向量机、概率支持向量机、粗糙支持向量机和广义支持向量机等算法。

在采用径向基核函数时，支持向量机能够实现一个径向基函数神经网络的功能。径向基函数神经网络通常需要靠启发的经验或规则来选择径向基的个数、每个径向基的中心位置、径向基函数的宽度等，只有权系数是通过学习算法获得。支持向量机通过选择不同的核函数可以实现不同形式的非线性分类器。通常核函数参数的选择并不是很困难，往往手工尝试即能找出比较合适的参数。按一般的工程经验，应该首先尝试简单的选择，譬如首先尝试线性核，当结果不满意时再考虑非线性核。如果选择径向基核函数，则首先应该选用宽度比较大的核，宽度越大越接近线性，然后再尝试减小宽度，增加非线性程度。在选择核函数时，还要考虑工程实际应用环境的因素。

支持向量机的基本思想可以概括为，首先通过非线性变换将输入空间变换到一个高维空间，然后在这个新空间中求最优分类面即最大间隔分类面，而这种非线性变换时通过定义适当的内积核函数实现的。支持向量机求得的分类函数，在形式上类似于一个神经网络，其输出是若干中间层节点的线性组合，而每一个中间层节点对应于输入样本与一个支持向量的内积。关于神经网络的内容，在第9章有比较详细的介绍。支持向量机的决策过程也可以看作是一种相似性的比较，模板样本就是训练过程中决定的支持向量，而采用的相似度量就是核函数。样本与各支持向量比较后的得分进行加权求和，权值就是训练时得到的各支持向量的系数与类别标号的乘积。最后根据加权求和值的大小来进行决策。当训练结束时，权值也随即确定。

支持向量机通过采用核函数作为内积，间接地实现了对特征的非线性变换，因此避开了在高维空间进行计算。然而，即使不直接地进行非线性变换，核函数的作用仍然是把样本的特征映射到高维空间，如果采用径向基核函数，映射后的空间实际是无穷维。本节介绍了支持向量机的一些基本概念和工作原理。关于支持向量机的其他详细内容，可以参考有关文献。

本章小结

系统辨识是研究如何利用系统的输入和输出信号来建立系统的数学模型。而数学模型是系统输入、输出及相关变量之间的数学关系式，它描述了系统控制输入、系统输出以及相关变量间相互影响和变化的规律性。本章介绍了系统辨识的基本概念和三要素，论述了系统数学模型建立的主要方法和系统辨识的发展概况，另外还介绍了模式识别的基本概念和模式识别(分类)的代表性方法。

习　　题

8.1 试说明根据系统辨识建立数学模型的方法。

8.2 试说明系统辨识的三要素。

8.3 试说明系统辨识的工作原理和基本方法。

8.4 试说明参数估计在系统辨识中的作用。

8.5 已知被辨识系统为三阶，即 $n=3$，取步长为 0.05s，$2n=6$ 拍的脉冲响应采样值见表 8-2。

表 8-2　脉冲响应采样值

时间 t/s	0	0.05	0.1	0.15	0.2	0.25	0.3
脉冲响应 $g(t)$	0	7.157 039	9.491 077	8.563 889	5.930 972	2.845 972	0.144 611

试求系统的传递函数。

第9章

智能控制

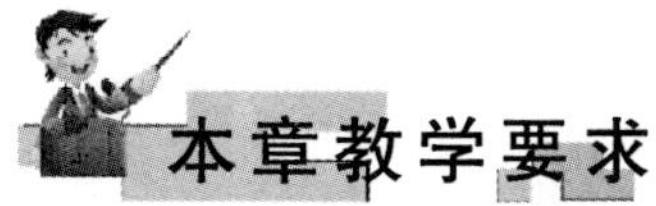

知识要点	掌握程度	相关知识	工程应用方向
智能控制的基本概念	掌握	智能控制的基本定义及特点	机器人技术，智能控制与信息处理技术
模糊控制系统	熟悉	模糊控制系统的组成和模糊控制器的工作原理	机器智能与模式识别，交通系统控制与决策，机电控制
人工神经网络控制	熟悉	人工神经网络模型和控制原理	复杂系统建模与控制，智能控制与信息处理技术，机器人
专家控制系统	熟悉	直接专家控制系统和间接专家控制系统的基本结构和原理	智能控制与信息处理技术，机器人技术，机电控制

案例一

智能控制算法可解决交通问题。现代城市道路错综复杂，而交通流量合理分配是智能交通控制的一个重要环节。如何分配各道路流量？从若干条互相关联的道路出发，把它们看成一个整体，通过建立优化模型来计算出各条道路的最大平均流量。图 9.1 所示为城市交通实景。

案例二

在列车的自动驾驶过程中，为了不超过站间的限制速度，又能准确地将列车停止在站台的指定位置线上，列车控制器可实现列车的自动加速及制动。日本仙台市地铁从 1987 年开始使用列车自动驾驶预测模糊控制系统，并取得了显著的社会效益和经济效益。图 9.2 所示为自动驾驶的列车。

图 9.1　城市交通实景

图 9.2　自动驾驶列车

随着科学技术的发展，控制理论也取得了很大的进步，尤其是自动化技术、计算机技术、人工智能技术、人体科学、仿生学等学科的迅速发展，不同领域相互交叉渗透，都对自动控制理论的更新换代起到了积极的推动作用。智能控制就是人工智能与自动控制的融合。事实上，目前各学科之间的界限越来越模糊，学科之间的技术相互渗透和交叉。智能控制理论与现代控制理论并没有明显的界限，它们均属于自动控制技术的范畴[22,23]。

9.1　智能控制的基本概念

经典控制理论和一般的现代控制理论都是建立在被控对象精确模型基础上的控制技术。实际上，许多工业被控对象或过程都具有非线性、时变性、变结构、多层次、多因素以及各种不确定性，难以建立精确的数学模型。即使对一些复杂系统能够建立其数学模型，但模型也会过于复杂，不利于设计和控制。自适应和自校正控制理论可以对缺乏数学模型的被控对象进行在线辨识，但这种递推算法很复杂，实时性相对一般，应用范围在很多情况下受到限制。

特别是在近代，随着科技的迅速发展，被控对象越来越复杂，但人们对其控制精度的要求却越来越高，因此产生了复杂性和精确性的尖锐矛盾。传统的控制理论对于解决这样的矛盾似乎显得无能为力。因此人们思考，对于传统控制理论的半纯数学解析结构难于表达和处理有关被控对象的不确定信息，应该利用人的经验知识、直觉推理和技巧，来解决复杂的被控问题。

在浩瀚的宇宙中，地球是一个含有高度文明的靓丽的蓝色星球。人类自从诞生以来，一直是地球上智力最发达的生物。随着人类对周围环境适应能力的不断提高以及自身的学习和知识的不断积累，人类对周围事物已经具备非常敏锐的识别、判断和处理能力。对于一些被控对象，人们借助于发达的大脑，可以迅速地制定出控制算法，准确地采取一些控制措施。随着生物学、医学等学科的发展，人们对自身大脑机理的认识不断提高。在1972年，科学家Sardis提出了分级递阶智能控制思想，把学习、识别和控制相结合，从最低级控制级到协调级，再到组织级，对智能要求逐步提高。这种思想来源于人的中枢神经系统按分级递阶结构组织。

目前，智能控制技术大致可包括三个方面，即专家控制系统、模糊控制系统和人工神经网络控制系统。

9.1.1　专家控制系统

专家控制系统(Expert Control System)是基于人类控制专家的专业知识和熟练操作技术人员的实践经验而设计的控制系统，具有运行可靠等特点。例如工程上的各种应用手册(如焊接手册)就是一种专家控制系统的形式，它可以告诉人们在何种情况下应该采取何种控制策略。在控制理论的实践中，人们逐渐认识到，对于许多实际问题，由于过程的非线性、耦合、复杂性等不确定因素，难以采用数学解析方法来进行系统的建模、分析和综合。但是，如果采用直观的过程行为知识即启发式知识来进行控制，往往是行之有效的。专家控制系统的基本思想是把专家的经验、技巧和操作思想知识化，模仿专家的行为实现对系统的控制[22,23]。由于人们知识水平的限制，有很多问题还暂时无法从理论上解释，但是人们凭借工程经验，知道应该采取何种措施可以达到较好的控制效果。专家控制系统能够根据过程的特性变化自动选择合适的控制规律，调整控制器的参数，有效地对复杂系统进行控制。

9.1.2　模糊控制

数学家扎德于1965年创建了模糊集合论，使得模糊数学迅速发展，形成了一系列基础理论，如模糊集合、模糊变换、模糊图论、模糊语言，模糊逻辑等。由于人们的高级智能如学习、识别、分类、推理、诊断和控制等都具有一定的模糊性，因而模糊数学自然成了研究智能科学的有力工具[22,23]。基于模糊数学的模糊控制(Fuzzy Control)技术也应运而生。当前模糊控制技术已在很多领域得到了成功应用。

模糊控制策略主要来自过程操作员的经验，并将其归结为一系列的模糊规则，利用模糊关系和模糊推理获得控制决策。例如，对于洗衣机的控制，人们对于衣物是否已经洗干净并无一个精确的标准，那么可根据控制专家的经验来设计模糊控制算法，可以使得洗衣机的控制达到最佳效果。

9.1.3 人工神经网络控制系统

人工神经网络控制系统(Artificial Neural Network Control System)得益于人们对自身大脑结构和功能的了解，从微观上模拟人脑的结构和功能，即从研究和模拟人的神经元网络结构、功能和传递、处理和控制信息的机理出发而设计的控制系统。美国科学家Hopfield于1980年首先提出了人工神经网络ANN(Artificial Neural Network)的概念，在研究大脑神经特征和结构基础上，给出了神经网络模型和能量函数[22,23]。尽管神经网络技术还在探索研究阶段，其控制能力还比较有限，但ANN具有学习能力、记忆能力、并行处理能力、容错能力，已在自动控制、模式识别、图像处理、故障诊断和优化计算等领域得到了应用，并且具有广泛的应用前景。

神经网络控制是研究和利用人脑的某些结构机理以及人的知识和经验对系统的控制。神经网络理论突破了以传统的线性处理为基础的数字计算机的局限。它是一个非线性动力系统，并以分布式存储和并行协同处理为特色。它具有较好的智能性和较强的鲁棒性，能处理高维、非线性、强耦合、不确定的复杂工业生产过程的控制问题。由于人们对神经网络这一极其复杂的非线性动力学系统的认识还处于初步阶段，因而还有许多难题有待于突破。但是，将神经网络已有的成果应用于各种信息系统已经成为现实，而且很可能由此开辟出一条崭新的途径。

以上所述的智能控制的3个分支，其控制器不再是单一的解析型，而是包括有数学解析和知觉推理的知识型。随着智能控制研究的不断深入，上述的各个分支已开始相互渗透和结合，如模糊控制与神经网络的结合，专家系统与神经网络的结合，以及模糊专家控制系统的应用等。普遍认为，将专家系统作为自适应单元，将模糊计算作为决策单元和将神经网络作为补偿单元是目前智能控制发展的有潜力的方法。三者的结合使得控制系统具有更强的自适应、自学习、自组织能力和具有更好的控制品质。

9.2 模糊控制系统(Fuzzy Control System)

经典控制理论和现代控制理论都要求事先知道被控对象的数学模型，然后根据性能指标，选择适当的控制规律，进行控制系统的设计。然而有些对象却难以用一般的物理和化学规律来描述，无法建立精确的数学模型，如工业机器人、水泥窑、玻璃窑、焊接成形过程、化工生产中的过程反应、造纸过程、食品加工发酵过程、炼钢炉的冶炼过程、退火炉温控过程和工业锅炉的燃烧过程等。这类被控对象用常规方法难以实现精确的自动控制。

但是，以上对象对于有经验的操作人员而言，利用手动控制往往就可以达到令人满意

的效果。例如一个高级焊工，通过眼睛获取焊接信息，再通过大脑迅速分析和判断当前的焊接状态，并生成相应的控制策略，然后由大脑控制自身的手来改变焊接速度、焊接电流、焊炬方向等参数，使得焊缝成形达到最佳。因此，人们又重新研究和考虑人的控制行为有什么特点，能否对于无法构造数学模型的对象让计算机模拟人的思维方式，进行控制决策[22,23]。

扎德曾经举例一个停车问题。将车停在两辆车之间的一个空隙处。对于该问题，从事控制理论研究者的解决方法如下。

令 ω 为车的一个固定参考点，θ 为车的方位，建立以下状态方程。

$$x=(\omega,\theta) \qquad \text{车的状态变量}$$

$$\dot{x}=f(x,\boldsymbol{u}) \qquad \text{车的运动方程(状态方程)}$$

式中：$\boldsymbol{u}$ 为一个有约束的控制向量，其两个向量分别为前轮的角度 u_1 和车速 u_2。邻近两辆车定义为 x 执行中的约束，可用集合 Ω 表示。两辆停放的车之间的空隙定义为允许的终端状态集合 Γ。停车问题转化为寻找一个控制量 $\boldsymbol{u}(t)$，使其在满足各种约束条件下把初始状态转移到终端状态 Γ 中去。

如果采用精确最优控制方法求解上述问题，由于约束条件过多，求解过程相当复杂，计算机难以胜任。虽然有些车辆已具备该控制功能，例如奔驰公司的某些型号车辆通过自身安装的雷达或视觉传感器，自动控制车辆泊位，但这种自动控制局限于停车场地比较规范的情况。对于这种复杂的自动控制问题，有经验的司机却可以轻易地完成，将车辆准确地泊位，控制误差很小。可以看出，人们通过感官感知周围世界，在大脑神经系统中调整信息，经过适当的存储、分析、归纳和选择，控制指挥手足和肢体运动，准确地达到某种目标。

9.2.1 模糊控制系统的组成

模糊控制系统的结构如图 9.3 所示，主要包括 4 个组成部分。

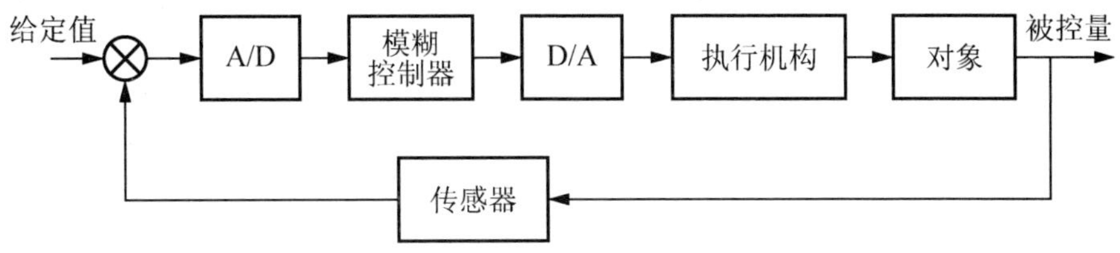

图 9.3 模糊控制系统结构

(1) 模糊控制器。即微型控制计算机，可选工业控制计算机或单片机等。

(2) 输入/输出接口装置。模糊控制器通过输入/输出接口 I/O 从被控对象获取信号，并将模糊控制器的决策输出，送给执行机构。在 I/O 接口中，包括模数 A/D、数模 D/A 和电平转换电路等。

(3) 对象。包括被控对象及执行机构，被控对象可以是线性或非线性、定常或时变的，也可以是单变量或多变量、时滞或无时滞的，以及有强干扰的多种情况。被控对象可缺乏数学模型或具备数学模型。

(4) 传感器。将被控量(通常为物理量)转换为电信号(数字或模拟信号)，并将信号传输给控制计算机。

9.2.2 模糊控制器的工作原理

模糊控制的基本原理也即一步模糊控制器法，如图 9.4 所示。其核心部分为模糊控制器，如图中虚线框中部分。模糊控制规律用计算机的程序来实现。

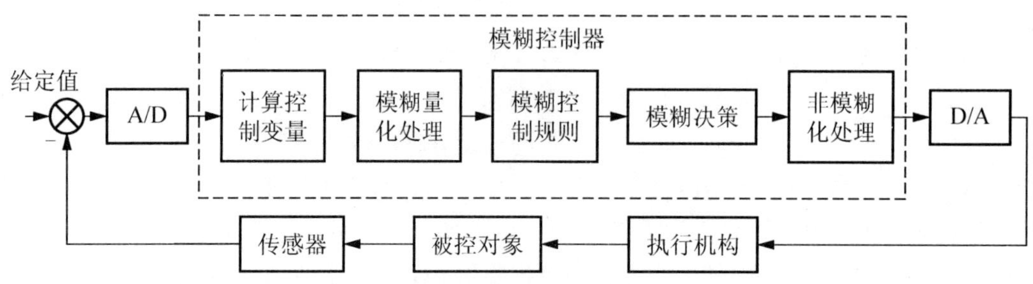

图 9.4 模糊控制的基本原理

计算机经过传感器获取被控量，与给定值比较得到误差信号 E，然后把误差信号 E (或 E 的变化)的精确量进行模糊量化变为模糊量，误差 E 的模糊量可用相应的模糊语言(很大，大，稍大，小，很小，极小等)表示，这样就可以得到误差 E 的模糊语言集合的一个子集 e(也即一个模糊向量)。再由 e 和模糊控制规则 R(模糊关系)根据推理的合成规则进行模糊决策，得到模糊控制量 u。模糊控制量 u 可表达如下：

$$u=e\cdot R$$

式中：u 为一个模糊量。

经过上述步骤后，再经过非模糊化处理(解模糊)将 u 转换为精确量，经 D/A 送给执行机构，对被控对象进行进一步控制。以此循环，实现模糊控制。

例如模糊控制器的输入为 e 和 ec(e 的变化值)，输出为 u，则根据 e 和 ec 先进行模糊化，形成诸如 $\{PB, PM, PS, P0, N0, NS, NM, NB\}$ 的形式，其含义为正大、正中、正小、正零、负零、负小、负中、负大(隶属函数)，并量化等级(0，±1，±2，…)。然后确定控制规则，如 IF e=PB 或 PM 与 ec=PB，则 u=NB，…，建立控制规则表。最后根据模糊推理，得到模糊控制表。

为了对被控对象施加精确控制，再根据一定的规则对 u 进行解模糊，得到数字控制量 U。详细内容请参考模糊控制的文献，在第 10 章也有模糊控制技术应用的详细实例。

9.3 人工神经网络控制

9.3.1 人工神经网络模型

人工神经网络模型由神经元与权重构成。由神经元组成的神经网络用以模拟人脑神经

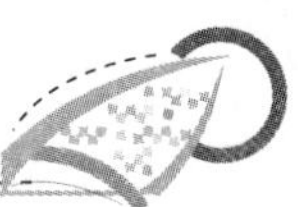

网络的特性，图 9.5 所示为一个典型的两层(又称三层)连接模型。

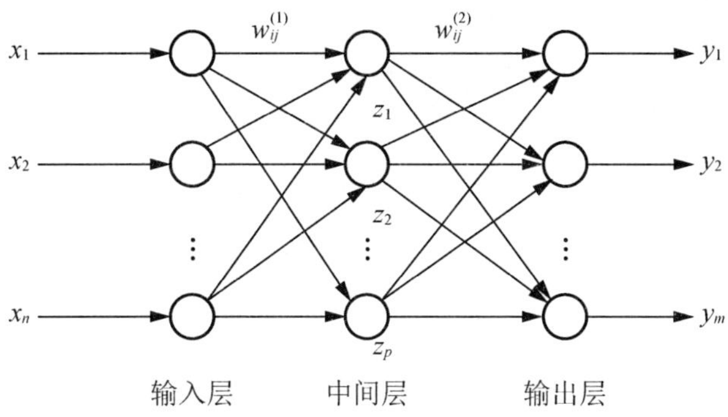

图 9.5 两层神经网络

图中 x_1，x_2，…，x_n 为输入神经元，y_1，y_2，…，y_m 为输出神经元，z_1，z_2，…，z_p 为中间层的神经元，w_{ij} 为权值(连接强度或记忆强度)。每一个神经元计算的输出，又是其下一层所有神经元的输入，再用于计算它们的输出。图 9.6 所示为一个神经元及它的计算公式。x_i 既代表该神经元的输入，也代表其输出值[22,23]。神经网络算法用来描述学习过程，即用于训练，生成相应的连接权值，从而生成相应的人工神经网络模型。

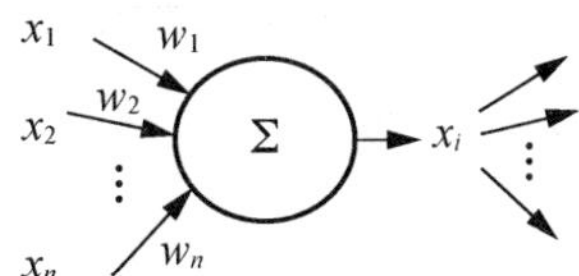

图 9.6 神经元及计算公式

神经元的计算公式为

$$X_i = \sum_{j=1}^{n} w_j x_j$$

9.3.2 人工神经网络的基本工作原理

神经元是人工神经网络的基本计算单元，一般为多个输入，一个输出的非线性单元，可以有一个内部反馈和阈值[22,23]。图 9.7 所示为一个典型的神经元，与图 9.6 相比多了一个内部反馈信息 S_i 和一个阈值 θ_i，以及表示神经元活动的特征函数 F。

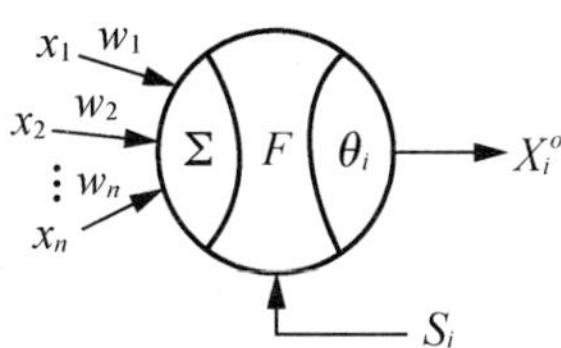

图 9.7 具有反馈信息和阈值的神经元

输入的加权和为

$$X_i = \sum w_i x_j + S_i$$

根据输入输出特性不同，可采用不同的特性函数。

(1) 线性特性函数

$$X_i^o = F(X_i) = KX_i$$

式中：K 为常数。

(2) 阈值特性函数

$$X_i^o = F(X_i) = \begin{cases} 1 & X_i \geqslant \theta_i \\ 0 & X_i < \theta_i \end{cases}$$

这是最早提出的离散型二值函数。

感知器(Perception)神经网络即使用的是该种特性函数，如图 9.8 所示。

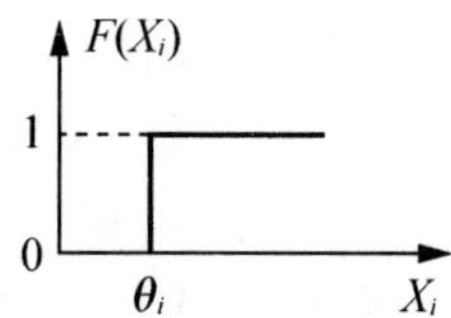

图 9.8 感知器人工神经网络

(3) S 型特性函数

计算公式为

$$X_i^o = F(X_i) = \frac{1}{1+e^{-X_i}}$$

这类特性函数表示输入输出的 S 形曲线关系，反映神经元“压缩”或“饱和”特性，把神经元定义为具有非线性增益的电子系统，如图 9.9 所示。电子元器件一般都有饱和特性，即在一定输入下，输出值达到饱和，即使再增加输入量，输出值也不会再增加。

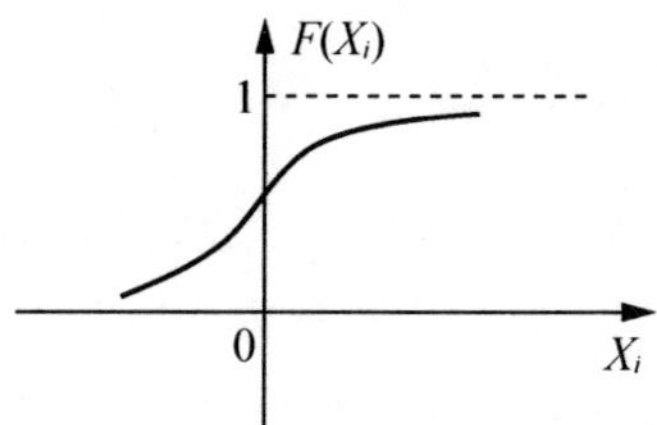

图 9.9 神经元 S 型特性函数

9.3.3 学习算法

学习也称为训练，其目的是能用一组输入向量产生一组希望的输出向量，通过预先确定的过程(算法)调整网络的权值来实现，在训练过程中，网络的权值是慢慢地变更的。当权值趋于稳定，训练误差小于某一规定值，则训练结束，神经网络模型也随之确定。训练分为监督和无监督两类。

监督训练，使用训练范例的输入向量，计算网络的输出向量，再与训练范例的目标向量比较，如果存在差异，用算法向差错减小的方向改变网络权值，直至差错达到可接受的程度为止。

无监督训练，训练过程是抽取训练范例集的统计特性，把类似向量聚成一类，使用特定类的任一向量作为输入向量，产生该类特定的输出向量。在训练之后，把输出转换为一个通用表示，建立起输入与输出的关系。

反向传播是较常用的一种神经网络，即 BP(Back Propagation)网络。BP 神经网络结构主要包含输入层、隐含层以及输出层。隐含层可为一层或多层。每层的神经元称为节点或单元。输入单元的活性代表输入该网络的原始信息。输入单元的活性及该输入单元与隐含单元之间的联结权值决定每个隐含层单元的活性。同时，隐含单元的活性及隐含单元与输出单元之间的权值决定输出单元的行为。BP 网络的信息传播是由输入单元传到隐含单元，最后传到输出单元。这种含有隐含层的向前网络有一个重要特征，即隐含单元可以任意构成它们自身的输入表示，输入单元与隐含单元之间的权值决定了每个隐含单元何时是活性的。BP 神经网络是将信息存储于网络的权重中，网络训练主要是调整网络的权值，调整权值的方法采用的是误差反向传播算法。为了使 BP 网络在实际应用中解决实际问题，必须对它进行训练，训练的实质就是从试验中选取样本数据，通过调整权值，直到获得合适的输入/输出关系为止。样本数据应覆盖整个试验过程的各种情况，才能得到较高的控制精度。

9.4 专家系统控制

专家系统控制主要分为直接专家系统控制和间接专家系统控制。

9.4.1 直接专家系统控制

具有专家控制器的系统称为直接专家控制系统。控制器是根据控制工程师和操作人员的启发式知识进行设计的。专家控制器通过对系统过程变量和控制变量的观测进行分析，根据已具有的工程知识给出控制信号[22,23]。

直接专家控制系统的基本结构如图 9.10 所示。

知识库、推理机和数据库是直接专家控制系统的基本组成部分。推理机在每个采样周期内，根据当前数据库的内容及知识库中的知识进行推理，改变数据库内容并最终产生控制信号。与传统控制器相比，专家控制器的输入不仅限于系统偏差和偏差的(变化)导数，还包括其他信号例如控制变量等，对各种信息进行分析处理和特征识别后再用于系统的推理，推理的输出再经过控制决策转换为控制信号。

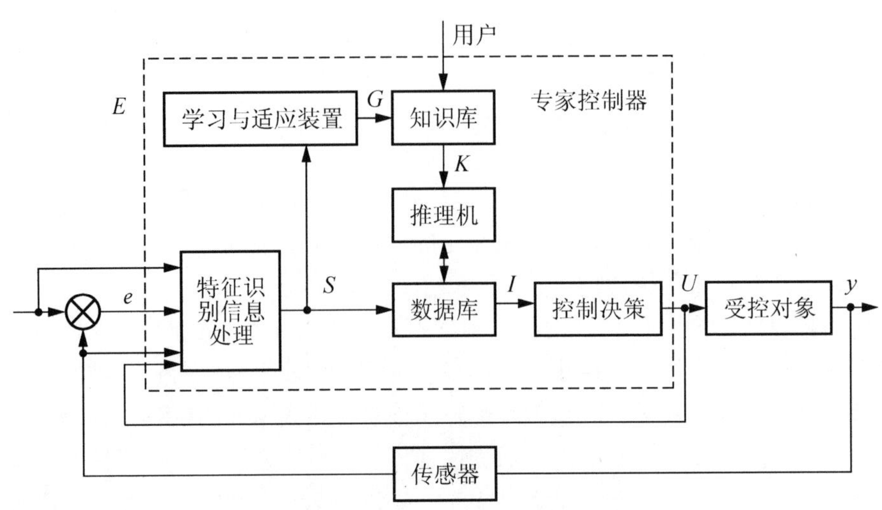

图 9.10　直接专家控制系统的基本结构

9.4.2　间接专家系统控制

前面所述的直接控制系统，是指专家系统作为控制器(又称专家控制器)。而间接专家控制系统是专家系统间接对被控对象起到控制作用。基于知识的控制系统包含有算法知识，也可以同时包含逻辑知识。常见的控制算法有 PID、PID 校正、最小二乘递推、极点配置自校正、模型参考自适应等。逻辑知识主要有控制专家的经验知识和有关的逻辑判断知识。采用算法与逻辑分离的结构，基本控制作用由算法实现，控制专家的经验知识由专家系统实现。专家系统具有多种算法知识和工程经验的控制系统，可根据现场过程响应和环境条件，运用专家经验，决定何时采用何种参数，启动何种算法，使控制效果达到最优。具有代表性的间接专家控制系统是专家整定 PID 控制系统，其结构示意图如图 9.11 所示。PID 控制结构简单，适合大多数对象特性的控制要求[22,23]。

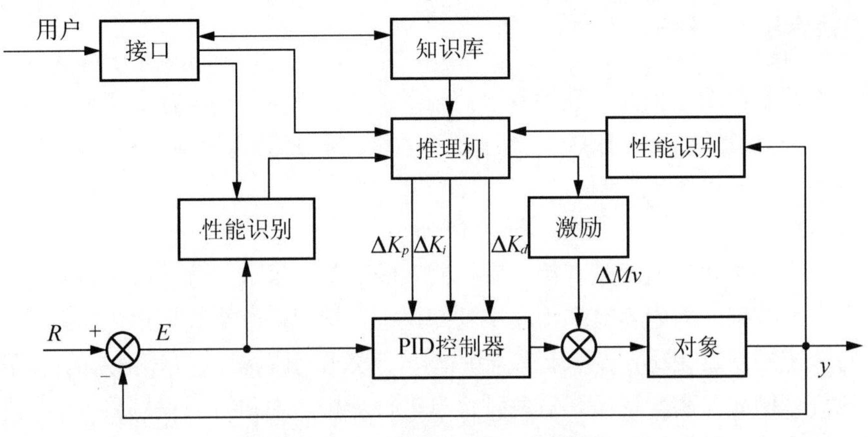

图 9.11　专家整定 PID 控制系统

普通 PID 算法为

$$U(t)=K_p\left[E(t)+\frac{1}{K_i}\int_0^t E(t)\mathrm{d}t+K_d\frac{\mathrm{d}}{\mathrm{d}t}E(t)\right]$$

数字 PID 控制算法为

$$U(n)=K_p\left\{E(n)+\frac{T}{K_i}\sum_{i=1}^{n}E(k_i)+\frac{K_d}{T}[E(n)-E(n-1)]\right\}$$

式中：K_p、K_i、K_d 分别为 PID 控制参数；T 为采样周期。

根据专家知识，可以调整 K_p、K_i、K_d 参数，使系统性能得以改善。

目前专家整定 PID 控制技术已成功应用于工业机器人的运动控制。专家整定 PID 控制系统中，参数的整定由专家系统实现，而控制信号仍由 PID 控制器给出。如图 9.11 所示，被控量经过传感器变为测量值 y 反馈到输入端与设定值 R 比较得到偏差 E，加到 PID 控制器上。控制器的输出用于控制被控对象。专家系统对 PID 参数的整定过程包括对系统性能的识别、过程响应特征识别、参数调整量确定和参数修改等。

1. 性能识别

根据被控对象和控制性能的要求，通常可选择表 9-1 中的 4 种综合指标判别系统性能。

表 9-1 系统性能综合指标函数

序号	指标函数	权衡重点	系统特性
1	误差平方积分函数 $J=\int_0^{\infty}e^2(t)\mathrm{d}t$	大的偏差	响应速度快，有振荡，超调量大，稳定性较差
2	时间乘以误差平方的积分函数 $J=\int_0^{\infty}te^2(t)\mathrm{d}t$	响应后期出现的偏差	系统快速性好，精度高
3	绝对误差积分函数 $J=\int_0^{\infty}\mid e(t)\mid\mathrm{d}t$	整体偏差效应	输出响应较快，超调量略大
4	时间乘绝对误差的积分函数 $J=\int_0^{\infty}t\mid e^2(t)\mid\mathrm{d}t$	响应后期的偏差	超调量小，阻尼较大

2. 特征识别

当控制输入、系统参数和环境发生变化时，系统的输出也会发生变化。响应的形式有振荡发散、振荡收敛、等幅振荡、非周期收敛等。响应的特性可以用超调量 δ、峰值时间 t_{p}、衰减比 μ、调节时间 t_{s}、振荡次数 N、稳态误差 E_{ss} 去描述。专家系统根据实际情况可以在线识别响应的特征，获取系统响应特征参数。

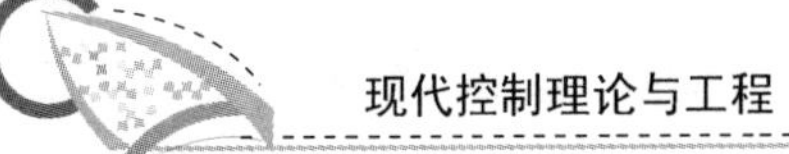

3. 知识获取

整定专家在实践中总结出来的参数调整规划(即整定知识)可以用产生式规则表示。根据响应曲线的特征描述，对 PID 参数进行调整。图 9.12 为 4 个调整规程的实例。

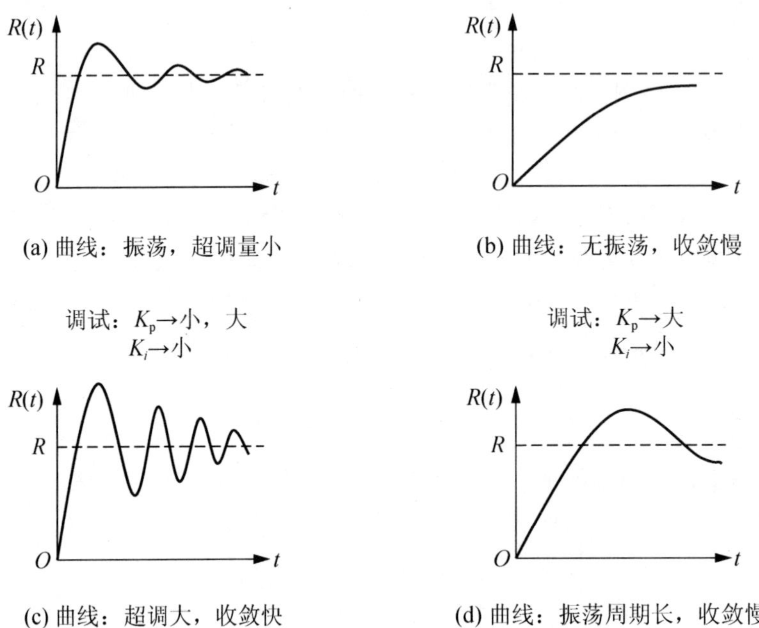

图 9.12　PID 控制算法调整规程示意图

专家系统的推理机根据响应曲线的特征描述，选择合适的规则并执行相应的操作，确定 PID 参数，逐步改善当前系统的控制性能。在缺乏整定专家的情况下，可以借助控制系统的仿真，获取调试规程知识。可见，将成熟的 PID 控制与专家经验相结合，可以充分发挥各种控制算法的优越性。

4. 推理机及推理过程

推理机采用数据驱动的前向推理方式，专家系统首先根据用户指定的性能指标函数来计算系统的性能，如果不满足要求时，则启动推理过程，对 PID 参数进行自动整定。推理过程为，首先启动特征识别程序，获得控制系统当前状态的描述。其次进行推理求解，根据系统的状态描述，运用知识库中的调试规程确定 PID 参数的调整方向和调整量。最后进行整定，推理得出 PID 的控制参数，并改变 PID 控制器的原有参数，使控制器用新的参数进行控制。当控制性能满足要求时，结束参数整定过程，否则重新进入整定推理过程。

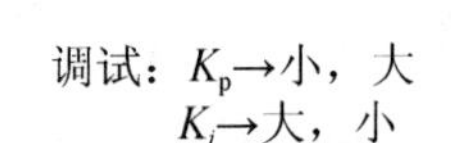

本章小结

所谓智能控制就是人工智能与自动控制的融合。智能控制技术大致可包括 3 个方面，即专家控制系统、模糊控制系统和人工神经网络控制系统。本章首先介绍智能控制的基本概念和分类，其次是模糊控制系统的组成和原理，然后讨论人工神经网络模型及其基本工作原理，最后阐述了专家控制系统的分类及其在工程中的应用。

习　　题

9.1 试叙述智能控制的基本概念和智能控制技术的主要内容。

9.2 试分析模糊控制系统的组成。

9.3 模糊控制器的基本工作原理是什么?

9.4 试论述人工神经网络训练学习算法的分类。

9.5 试论述专家控制系统的分类。

9.6 专家控制系统对 PID 的整定过程都包括哪些主要内容?

第10章 自动控制技术应用实例

知识要点	掌握程度	相关知识	工程应用方向
模糊 PID 控制	熟悉	模糊 PID 控制技术在焊缝自动跟踪中的应用	生产过程自动化，智能控制与信息处理技术
系统辨识技术	熟悉	系统辨识在激光焊接过程飞溅特征分析中的应用	复杂系统建模与控制
模式识别技术	熟悉	模式识别在铁路车辆闸瓦检测中的应用	先进制造技术，机器智能与模式识别
卡尔曼滤波	熟悉	卡尔曼滤波在激光自动焊目标跟踪控制中的应用	运动控制技术，非线性控制技术

现代控制理论已成功运用到工业生产、军事、生物医学和人类生活等领域，例如洗衣机的水流自动控制、进排水系统故障诊断功能等都属于现代控制理论应用的范畴。洗衣机如果没有在规定的时间内达到进排水标准，自动控制系统据此认为洗衣过程有问题，则洗衣机的控制系统通过报警信号提示使用者。图 10.1 所示为自动洗衣机。

随着科技的发展，现代控制理论已在工程领域得到了广泛应用，对实现生产过程的自动化起到了积极的推动作用，创造了巨大的经济和社会效益。本章给出了 4 个现代控制理论在机电工程领域的应用实例，通过这些实例，读者可以了解现代控制理论在实际工程中的具体应用方法。

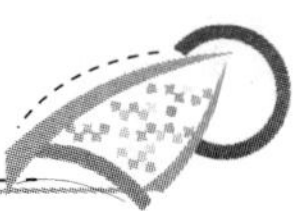

图 10.1　自动洗衣机

10.1　模糊 PID 控制技术在焊缝跟踪中的应用[24-26]

10.1.1　焊缝跟踪技术在工程中的应用

焊接技术在国民经济生产中占有重要的地位，它具有工作条件恶劣、工程量大及质量要求高等特点。可以毫不夸张地说，一个国家的制造业已无法离开焊接工程。诸如汽车、飞机、船舶、桥梁、管道、建筑、机床、电子、电力、3D 打印等制造领域都必须用到焊接技术。所谓焊接，指的是将两个被焊工件(同种或异种材质)，通过加热或加压或两者并用，使用或不用填充材料，使被焊工件的材质达到原子间的结合而形成永久性连接的工艺过程。金属的焊接主要有熔焊，压焊和钎焊三大类。熔焊主要包括电弧焊、激光焊、电渣焊、等离子体焊等；压焊主要包括电阻焊、摩擦焊、超声波焊、高频焊等；钎焊主要包括火焰钎焊、烙铁钎焊、盐浴钎焊等。另外常见的焊接工艺还有爆炸焊、螺柱焊、激光电弧复合焊、埋弧焊等。

电弧焊是焊接工业中最常用的工艺方法，在焊接过程中通过电弧将两个工件之间的焊缝接口迅速加热至熔化状态，形成熔池。熔池随着热源向前移动，在惰性保护气体覆盖冷却下形成连续焊缝，从而将两个工件连接成为一体。以电弧为被控对象实行自动控制是焊接自动化的一个重要方面，其中，精确的焊缝跟踪是保证焊接质量的首要关键。所谓焊缝跟踪，即以焊炬为被控对象，电弧(焊炬)相对于焊缝中心位置的偏差作为被调量，通过机械、电磁、激光、视觉等多种传感测量手段，控制焊炬使其在整个焊接过程中始终与焊缝对准。如果电弧与焊缝中心的偏离过大，则两个工件不能牢固连接，严重影响焊接质量和埋下工程事故隐患，甚至导致焊接失败和被焊工件报废，生产损失巨大。

由于焊接过程是一个复杂的热加工工艺，工件在焊接过程中要产生热变形，加上强烈的弧光、烟尘、飞溅等干扰，使得弧焊过程中实现焊缝的精确跟踪相当困难。国内外许多

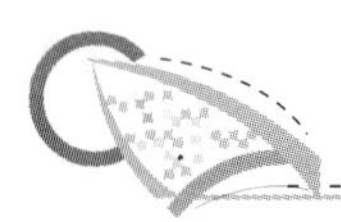

专家学者都在致力于研制对环境和工作条件都具有一定适应能力的焊缝跟踪控制器。由于焊接工程本身的特点，其最早为工业界应用机器人的领域之一，用于焊接工程的机器人占整个工业机器人的数量约46%。国外发达国家对焊缝跟踪技术的研究大多也集中在弧焊机器人上，使机器人能自动寻找焊缝的起始点，实现对接Butt、搭接Lap和角焊Fillet等多种形式的自动焊接。图10.2所示为电弧焊接机器人的工作实物图，该机器人为6关节弧焊机器人，采用悬挂安装方式。焊件为大型机床的机身体，由不同厚度的钢板焊接而成。由于焊缝形状大多为直线焊缝和角焊缝，所以特别适于采用机器人电弧跟踪焊缝的方法。所谓机器人电弧跟踪方法，即在焊接过程中，机器人控制焊炬(焊枪)沿着焊缝轨迹运动并熔化焊缝，同时控制焊炬沿焊缝中心左右摆动，并采用电弧传感器测量电弧电压和电流。当电弧偏离焊缝中心时，电弧电压和电流会发生变化。机器人控制器根据变化的电弧电压和电流，计算出电弧与焊缝中心的偏差量，并控制焊炬运动实现纠偏。事实上，焊接机器人大多采用电弧跟踪方法，对于角焊缝和开坡口的对接焊缝，可以实现焊缝的自动跟踪。

图10.2　弧焊机器人工作图

由于焊接过程中的不均匀加热，工件的热变形，加之一般现场焊接中难以保证很高的装配精度，使得焊缝坡口偏离预定轨迹。虽然使用电弧跟踪方法可以在一定范围内实现焊缝的自动跟踪，但由于焊炬运动伺服装置模型的复杂性，因而大多数控制系统都采用简单的模型，忽略了机械部件之间的耦合，跟踪精度受到限制。例如，对于在弧焊过程中广泛应用的多关节工业机器人而言，其动力学不但具有非线性、强耦合和时变的特点，还存在着许多不确定的因素。从数学建模的角度看，它们可归纳为建模误差(包括机器人运动学参数和动力学参数的不确定性)和未建模误差(包括未知负载、摩擦和传动机构的非线性等)两大类。最常用的机器人控制方法——计算力矩法在实际应用中往往因不能准确地知道模型参数而满足不了对机械手高速度、高精度的动态控制要求。为了改善机器人动态控制性能，开发高智能控制器，国内外众多学者提出了离线整定、在线补偿的思想，更多地试图采用现代控制理论的各种方法，如机器人非线性动态控制、最优控制、自适应控制、变结构滑模控制、鲁棒控制，以及多工作站协调控制等。

近年来，随着人工智能特别是模糊控制和人工神经网络的迅速发展，将它们应用于焊缝跟踪过程的控制越来越受到人们的注目。模糊控制和人工神经网络控制的共同特点是不一定必须有精确的数学模型，仅通过被控对象的输入及输出变量的检测，进行一系列有针对性的各种状态的推理和判断，做出相应的最优化控制。智能控制是针对系统的复杂性、非线性、不确定性而提出来的，因而特别适用于多变量、强耦合、非线性的焊接系统。毫无疑问，智能控制将是实现高精度焊缝自动跟踪的巨大动力，其应用必将得到日益普及。下面介绍钨极气体保护电弧焊 GTAW (Gas Tungsten Arc Welding)焊缝跟踪的智能控制方法，并以电弧焊接作为被控对象，重点研究计算机视觉和模糊控制技术在焊缝跟踪中的应用。

10.1.2　焊缝跟踪控制系统的结构

焊缝跟踪控制系统的结构如图 10.3 所示，该系统用以模拟一个直角坐标式机器人本体，焊炬达到空间位置的 3 个运动(X，Y，Z)由直线运动构成(其中 Z 为人工调节)，它的 2 个移动关节(X，Y)由两台步进电机驱动，各关节轴线相互垂直。该装置运动模型简单，3 个运动方向相互独立，没有耦合，无奇异状态，控制精度较高，但工作空间较小，是一种专用的平面焊接设备。焊接工艺采用 TIG(Tungsten Inert Gas Welding)焊接方式，TIG 即钨极惰性气体保护电弧焊，是在惰性气体的保护下，利用钨电极与焊件间产生的电弧热熔化焊件的一种焊接方法。在焊接过程中可填充焊丝也可不用焊丝。这里惰性气体采用氩气，因此也称为钨极氩弧焊。焊接时氩气从焊炬的喷嘴中连续喷出，形成保护层将电弧与空气隔绝，防止对熔池、钨极和邻近热影响区的有害影响，以获得优质的焊缝。TIG 焊具

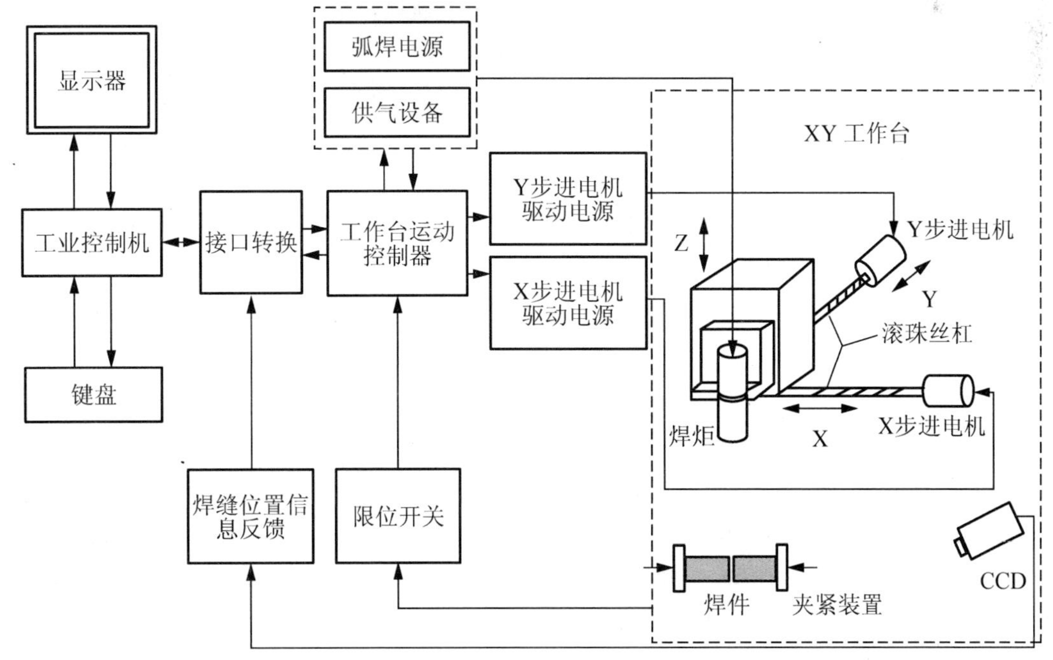

图 10.3　焊缝跟踪控制系统结构图

有以下优点：钨极电弧稳定，即使在很小的电流下也能稳定燃烧；氩气不与金属反应，能有效地隔绝周围空气；填充焊丝不经过电弧，因而飞溅较少；送丝与热源分别控制，热输入容易调节。TIG焊不足之处主要是熔深浅，焊接电流较小。

根据TIG焊较适于薄板材料焊接的特性，采用2mm钢板焊接，不必填充焊丝。本系统图像处理装置主要包括CCD(Charge Coupled Device)摄像机和图像处理卡。CCD将采集到的焊缝图像信息以视频信号形式输入至图像处理卡，卡上的A/D转换电路将视频模拟信号转换成8位数字信号。0对应黑色，255对应白色，共有256个灰度表示。工业控制机对电弧区图像处理后得到焊缝位置，经过相关控制算法运算后输出控制信号，驱动步进电机运动使焊炬始终对准焊缝。

限位开关是为了保护工作台机构所设。系统的X，Y移动关节采用高性能步进电机驱动，X方向为110BF003步进电机，Y方向为0BF003步进电机。两台电机具有快速正反向起动、起动力矩大、控制精度高以及抗干扰能力强等特点，并且便于用微机进行控制。两台步进电机的主要性能参数见表10-1。

表10-1　步进电机的主要性能参数

电机型号	电压/V	电流/A	电阻/Ω	相数	分配方式	最大静转矩/N·m	步距角/度	直径/mm	重量/kg
70BF003	27	3	0.82	3	三相六拍	0.788	1.5	70	1.2
110BF003	80	6	0.94	3	三相六拍	8.163	0.75	110	2.7

焊缝跟踪操作系统的所有功能都在一个主窗口实现，系统的各个功能模块由主窗口内的一个多级菜单控制，它们分别在主窗口下的若干子窗口上进行。窗口中有中、英文菜单和命令按钮，软件的各项功能的接通与关闭由此来控制，用户与系统之间的信息交互由各种对话框来完成。主窗口可以任意调用子窗口，管理其位置、状态并负责系统与外界的联系，如打印输出结果、系统帮助和退出等。系统采用多文本窗口技术实现程序，从而确保所有窗口在屏幕上有一定的位置并提高了系统的管理性能。整个软件的设计体现了美观实用的用户界面和易操作性。系统应用Microsoft Visual C++语言并基于Windows开发了两个主窗口界面，一个用于焊缝的实时跟踪，另一个用于演示焊缝的图像处理，现分别介绍如下。

1. 焊缝实时跟踪窗口界面设计

该窗口界面主要用于焊缝实时跟踪，如图10.4所示，包括File、Edit、Video、Trace和Help几项菜单，其功能见表10-2。初始化Initialize又包括以下功能：Weldingspeed(设定焊接速度)，Torchposition(调节焊炬位置)，Pidparameter(设置PID控制器参数)。图10.4所示为设定焊接速度时的画面，图10.5所示为调节焊炬(钨极)时的画面。焊缝跟踪过程结束后，可用Getimage功能在屏幕上显示焊炬在焊缝跟踪过程中的运动轨迹，如图10.6所示。按F12键可显示焊缝跟踪偏差。

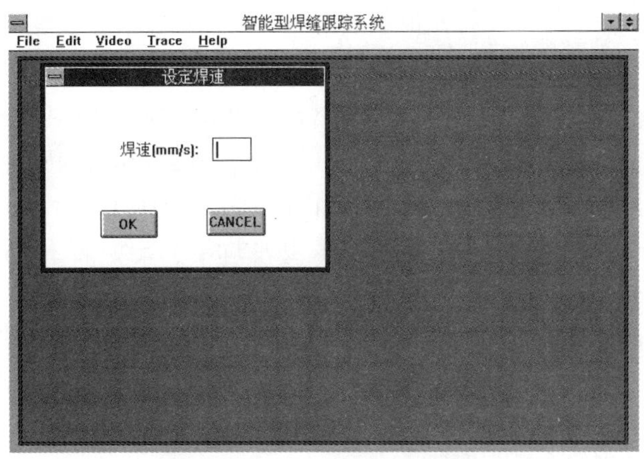

图 10.4 焊缝跟踪系统用户界面

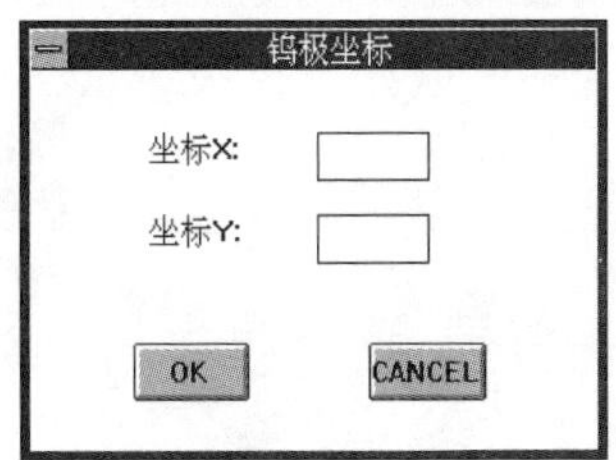

图 10.5 焊炬钨极坐标设置界面

表 10-2 焊缝实时跟踪窗口界面菜单功能

菜单名称	File	Edit	Video	Trace	Help
功能	Save：图像保存 Open：打开图像 Print：打印图像 Exit：退出程序	Copy：复制图像 Paste：粘贴图像 Pan：平移图像 Zoom：放大图像	Clear：清除视频 Unclear：恢复视频 Videoform：选择视频制式 Freeze：冻结视频	Initialize：初始化 Getimage：焊炬轨迹 Ptrace：比例调节 Pidtrace：PID 调节 Ftrace：模糊调节	程序帮助信息

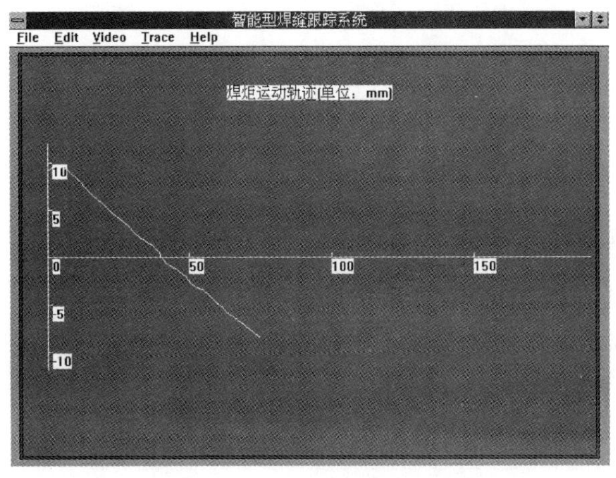

图 10.6 焊炬在焊缝跟踪过程中的运动轨迹

2. 焊缝跟踪图像处理演示窗口界面设计

该窗口界面主要用于焊缝跟踪图像处理各种方法的演示，如图 10.7 所示，包括 File、Edit、Video、Imageprocessing、Arcimage 和 Help 几项菜单，其功能见表 10-3。图像滤波 Filter 又包括以下功能：Mediafilter(图像中值滤波)，Averfilter(图像平均滤波)，Historgram(绘制图像灰度直方图)。图 10.7 左下角为弧焊区图像(左上角)所对应的灰度直方图。Edge 包括焊缝图像 Lapacian 算子寻边，差分(Diff)算子寻边、Sobel 算子寻边和神经网络(Neur)寻边功能。Thresholding 包括图像阈值二值化(Binaf)和图像阈值三值化(Hanbet)功能。Arcimage 中的 Method1 和 Method2 分别为采用图像分割和基于灰度变化特征来计算焊缝位置的方法。应用 Displaygray 功能可以显示图像的像素灰度值，图 10.7 上半部为弧焊区图像所对应的像素灰度值。

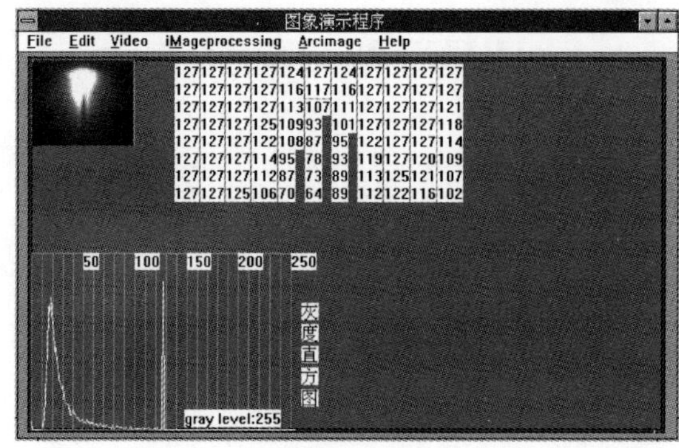

图 10.7 焊缝跟踪图像处理窗口

以上介绍了在 Windows 环境下，应用程序设计语言 Microsoft Visual C++研究开发的焊缝跟踪智能控制系统。该系统内容新颖完整，操作简单易学，人机界面良好，并具有丰富的功能，包括实时焊缝跟踪和图像处理演示系统。焊缝跟踪系统的智能化、多功能化和实用化是广大焊接工作者所追求的目标。系统使用了 Windows 风格的用户界面，并设计了焊炬模糊控制及焊缝图像神经网络智能算法，增强了软件的可读性和自学习功能，对研制智能焊缝跟踪系统具有积极的作用。

表 10-3 图像处理演示窗口界面菜单功能

菜单名称	File	Edit	Video	Imageprocessing	Arcimage	Help
功能	Save：图像保存 Open：打开图像 Print：打印图像 Exit：退出程序	Copy：复制图像 Paste：粘贴图像 Pan：平移图像 Zoom：放大图像	Clear：清除视频 Unclear：恢复视频 Videoform：选择视频制式(PAL，NTSC) Freeze：冻结视频 Unfreeze：解冻视频	Filter：图像滤波 Edge：算子焊缝寻边 Thresholding：设置图像阈值 Pointnoisefilter：点噪声滤波 Profile：图像轮廓	Method1：焊缝图像分割法 Method2：焊缝图像灰度法 Displaygray：显示像素灰度值 Captureimage：显示区域灰度值	程序帮助信息

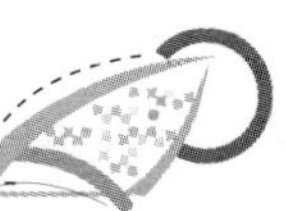

10.1.3　焊缝跟踪控制系统的步进电机驱动装置

焊缝跟踪工作台上焊炬的位置由 X、Y 两个移动关节的运动来决定，每个关节各用一台步进电机驱动。步进电机的驱动系统直接影响着整个焊缝跟踪系统的控制性能。下面对步进电机的驱动系统做一简要分析。工作台的 Y 关节 70BF003 步进电机的控制采用 BQDI－T 型步进电机驱动电源，其主要性能指标见表 10－4。电源的分配器由 CMOS 单片电路 LCB052 和振荡器电路 T065(四反相器)构成。功放部分由中功率管 3DX203 和大功率管 3DD15D 组成。当输入控制信号(CP 脉冲)时，分配器按指定的相序产生对 CP 脉冲 6 分频、占空比为 1∶1 的矩形波，然后经二级电流放大后推动功放管，产生电机绕组所需的脉冲电流。

表 10－4　BQDI－T 型步进电机驱动电源技术指标

外接输入信号	矩形脉冲
	高电平 $V_H \geqslant 3.5$V
	低电平 $V_L \leqslant 0.3$V
	脉宽＞5μs
	脉冲前后沿＜5%脉宽
主电源	驱动电压＋27V 最大输出电流 5A
分配方式	三相六拍
调频范围	0～4kHz

工作台的 X 关节 110BF003 步进电机的控制采用 BQGHI－3060 型步进电机驱动电源，该电源采用电流斩波驱动方式，即波顶补偿方式。这种驱动方式可以改善输出转矩特性，使电机激磁绕组中的电流恒定在额定值附近，具有高频特性好，输出转矩大等优点。电源的主要技术参数见表 10－5。

表 10－5　BQGHI－3060 型步进电机驱动电源技术参数

外接输入信号	矩形脉冲
	高电平 $V_H \geqslant 3.5$V
	低电平 $V_L \leqslant 0.3$V
机内直流电源	$E_1 = 5$V
	$E_2 = 5$V
	$E_3 = 5$V
相电流	5～7A 可调
分配方式	三相六拍
自检频率	0～20kHz

工业控制机与两台步进电机驱动电源的接口电路主要是一光电隔离型多路定时计数中断板 ZN－6C101，它为 X、Y 两个方向的电机提供矩形波脉冲控制信号。ZN－6C101 是一块采用光电隔离的可编程计数/定时器模板，其工作原理如图 10.8 所示。板上三片 8253 可编程定时器芯片可提供 9 个独立的 16 位计数器/定时器，其中 8253A 的 #0 计数器作为时钟分频器，其余 8 个可供使用。集成芯片 8255A 口定义为输出通道，B 口定义为输入通道。C 口为位控操作，作为内部门控信号，用于控制 8253 可编程定时器。因此共有 8 路数字输出和 8 路数字输入可供使用。8259A 的 8 级中断信号输入端分别接 8 个计数器的输出，处理 8253 的中断请求。8259A 采用查询工作方式，通过中断代码识别中断源。板上所有 I/O 通道均采用了光电耦合器件，可承受几千伏的高压，阻断了现场信号地与计算机系统地之间的环流通路，大大提高了系统的稳定性和可靠性。

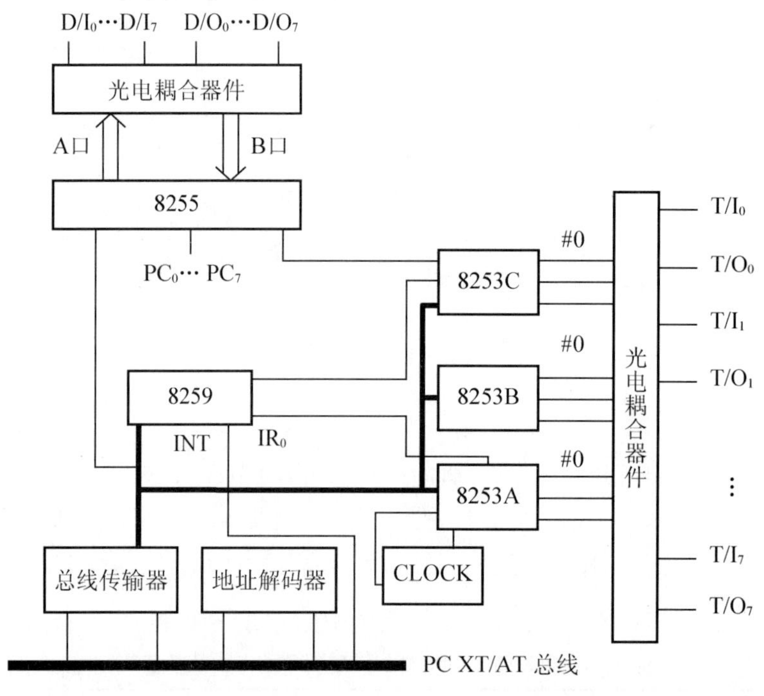

图 10.8　ZN－6C101 中断板工作原理图

两台步进电机的旋转速度由上述程序产生的脉冲频率来决定。X 关节滚珠丝杠螺距为 4mm，X 步进电机(110BF003)的步距角为 0.75°，则 X 步进电机的脉冲当量为 0.75×4/360=0.025/3=0.0083mm。因此，X 关节移动速度由公式(10－1)来计算。

$$V_x=\frac{0.025}{3}f_x(\text{mm/s}) \tag{10-1}$$

式中：f_x 为控制 X 步进电机的脉冲频率。

工作台的 Y 关节滚珠丝杠螺距为 3mm，Y 步进电机(70BF003)的步距角为 1.5°，则

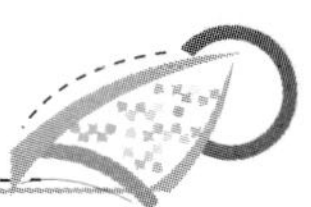

Y 步进电机的脉冲当量为 1.5×3/360=0.15/12=0.0125mm。因此，Y 关节移动速度计算公式为

$$V_y = 0.0125 f_y (\text{mm/s}) \tag{10-2}$$

式中：f_y为控制 Y 步进电机的脉冲频率。由于这里 ZN-6C101 的内部时钟选为 2MHz，则控制电机的脉冲频率 f 和打入 8253A 计数器的数值 N_{HL}应满足$N_{HL} \times f = 2 \times 10^6$。

焊缝跟踪控制系统的外围设备主要有焊接电源及供气设备，另外还有定位装置和夹具。焊接试验的整个过程均采用钨极惰性气体保护焊(TIG)，电源选用 H-160 逆变式氩弧焊机，最大焊接电流为 160A，空载电压为 75V。该电源采用高频引弧方式，并具有检气及安全保护装置。焊缝跟踪装置的控制系统除了驱动步进电机、控制焊炬的位置外，还需控制外围设备的动作，如引弧、熄弧等。为了防止高频引弧时的强烈干扰，在计算机与焊接电源间采取了电隔离环节，信号线采用屏蔽电缆，计算机外围亦采用了光电耦合等屏蔽措施。

10.1.4　自调整 PID 模糊控制器的设计

针对焊缝跟踪系统并在图像处理提取焊缝位置的基础上，设计参数自调整模糊控制器。以焊缝中心与焊炬中心位置之间的偏差作为模糊变量，通过控制参数的在线调整，实现焊缝的精确跟踪。

1. 提高焊缝跟踪精度的途径

焊缝跟踪控制系统的两个关节由两台步进电机作为驱动装置，常规的步进驱动控制系统难以达到高精度跟踪焊缝的要求，关键原因在于焊缝跟踪控制系统是一种包含多重非线性的系统。形成这种非线性的因素主要为：①系统传动链中的丝杠螺母副存在间隙或失动量，使得运动部件的位移与脉冲指令间出现多值非线性关系。②由于传动件的加工精度和磨损，使得传动链存在传动误差，它是一种随位移非线性变化的误差。③当驱动装置加速度较大时容易出现失控现象。从原理上讲，系统中的 CCD 摄像机使焊缝跟踪控制系统成为一个闭环控制系统，应使步进驱动系统的精度和可靠性得到保证。然而，直接根据常规控制理论来设计控制器在实际中往往难于实现，因为用常规控制理论设计闭环控制器必须知道被控对象的数学模型，而焊缝跟踪控制系统步进驱动系统由于其复杂的非线性关系，难于用数学关系式准确表达，因此很难建立步进驱动控制系统的准确模型。

为解决这一问题，应用模糊控制原理构造步进驱动控制器，它是基于模糊知识表示和规则推理的语言型智能控制器，其基本思想是设计出一种知识表达方法和推理机制，通过理论和试验分析，并根据实际输入和焊缝跟踪反馈信息应用有关控制规则进行推理，产生控制步进驱动系统的信息，实现焊缝跟踪的实时控制。

2. 自调整 PID 模糊控制器结构研究

图 10.9 所示为焊缝跟踪系统自调整 PID 模糊控制器的结构图。e 为焊炬与焊缝之间

偏差，ec 为 e 的变化，u 为步进电机的脉冲频率控制量。所设计的模糊控制器包含一个常规二维模糊控制器和一个积分控制器。常规二维模糊控制器具有 PD 控制器的作用，可以获得良好的动态特性，但是无法消除静态误差。为了消除误差，控制系统中引入了积分分量。积分控制器输出为 $u_i = k_I \sum_i e_i$，它与二维模糊控制器输出控制量 u 叠加，并作为模糊 PID 控制器的总输出，即 $u_f = u + u_i$。这种控制器不仅可以消除极限环振荡，而且可完全消除系统余差。

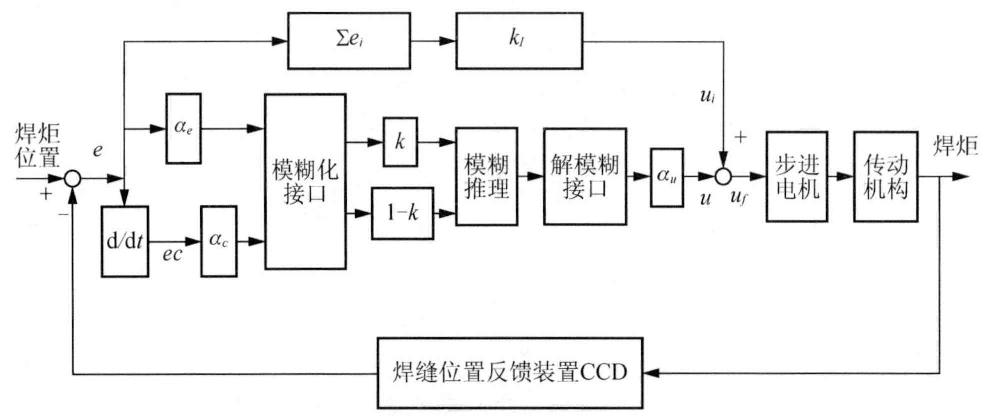

图 10.9　自调整 PID 模糊控制系统示意图

参数 α_e 和 α_c 为误差和误差变化的比例因子，α_u 为控制量的比例因子。它们与变量的基本论域和模糊集论域有关。α_e，α_c 和 α_u 对模糊控制系统的动静态性能有较大的影响。α_e 越大，稳态误差越小，系统响应越快，但超调量也越大。α_c 越大，系统快速性降低，超调量减小。α_c 越小，系统快速性提高，但容易产生大的超调。在上升阶段，α_u 取得越大，上升越快，但易引起超调。α_u 越小，则系统反应较慢。在稳定阶段，α_u 过大会引起振荡。结合本试验实际情况，取 $\alpha_e = 2.5$，$\alpha_c = 10.0$，$\alpha_u = 0.02$。图中 k 为权重系数，它是一个可调因子。常规模糊控制器的控制规则可表示为 $U = -0.5(E + EC)$，误差 E 和误差变化 EC 的权重系数均为 0.5。实际上，当焊缝跟踪误差较大时，控制系统主要目的是尽快消除误差，这时希望误差的权重系数取大一些；而当跟踪误差较小时，为防止超调，保持系统稳定，则希望误差变化的权重系数取大一些。在试验中，取模糊控制规则为

$$U = -[kE + (1-k)EC], \quad k = 0.06|E| + 0.5 \tag{10-3}$$

这种规则可以按误差大小自动在线调整权重系数 k。试验证明，所设计的自调整 PID 模糊控制器适合焊缝跟踪系统的控制过程。

取 E、EC 和 U 的论域为[−5，5]，即

$$E = EC = U = [-5, -4, -3, -2, -1, 0, +1, +2, +3, +4, +5]$$

各个论域 E、EC 和 U 的语言变量为

$$E = EC = U = \{\text{PB}, \text{PM}, \text{PS}, \text{ZO}, \text{NS}, \text{NM}, \text{NB}\}$$

各模糊子集的隶属度分别见表 10-6～表 10-8。

表 10-6　模糊变量 E 的隶属度

e_i / μ_{E_i} / E	−5	−4	−3	−2	−1	0	+1	+2	+3	+4	+5
PB									0.35	0.8	1.0
PM							0.2	0.65	1.0	0.65	
PS						0.6	1.0	0.6	0.2		
ZO					0.5	1.0	0.5				
NS			0.2	0.6	1.0	0.6					
NM		0.65	1.0	0.65	0.2						
NB	1.0	0.8	0.35								

表 10-7　模糊变量 EC 的隶属度

ec_i / μ_{EC_i} / EC_i	−5	−4	−3	−2	−1	0	+1	+2	+3	+4	+5
PB									0.35	0.8	1.0
PM							0.2	0.7	1.0	0.7	
PS						0.6	1.0	0.6	0.25		
ZO					0.5	1.0	0.5				
NS			0.25	0.6	1.0	0.6					
NM		0.7	1.0	0.7	0.2						
NB	1.0	0.8	0.35								

表 10-8　模糊变量 U 的隶属度

u_i / μ_{Ui} / U	−5	−4	−3	−2	−1	0	+1	+2	+3	+4	+5
PB									0.3	0.8	1.0
PM							0.2	0.7	1.0	0.7	0.2
PS						0.6	1.0	0.6	0.2		
ZO					0.65	1.0	0.65				
NS			0.2	0.6	1.0	0.6					
NM	0.2	0.7	1.0	0.7	0.2						
NB	1.0	0.8	0.3								

总结实际经验并经过离线模糊推理，可以得到模糊控制规则表，见表 10-9。

表 10－9　模糊控制规则表

U_i \ E_i / EC_i	NB	NM	NS	ZO	PS	PM	PB
NB	PB	PB	PB	PM	PS	ZO	ZO
NM	PB	PB	PM	PM	PS	ZO	NS
NS	PB	PM	PM	PS	ZO	NS	NM
ZO	PB	PM	PS	ZO	NS	NM	NM
PS	PM	PS	ZO	NS	NM	NM	NB
PM	PS	ZO	NS	NS	NM	NB	NB
PB	ZO	ZO	NS	NM	NB	NB	NB

如果用 $A_i(i=1,2,\cdots,7)$表示 E 的模糊子集，$B_j(j=1,2,\cdots,7)$表示 EC 的模糊子集，$C_k(k=1,2,\cdots,7)$表示 U 的模糊子集，则有下列模糊关系

$$R_1=A_7\times C_1\cap(\bigcup_{j=4}^{7}B_j\times C_1)$$
$$R_2=A_7\times C_2\cap B_3\times C_2$$
$$R_3=A_7\times C_3\cap B_2\times C_3$$
$$R_4=A_7\times C_4\cap B_1\times C_4$$
$$R_5=A_6\times C_1\cap(\bigcup_{j=6}^{7}B_j\times C_1)$$
$$R_6=A_6\times C_2\cap(\bigcup_{j=4}^{5}B_j\times C_2)$$
$$R_7=A_6\times C_3\cap B_3\times C_3$$
$$R_8=A_6\times C_4\cap(\bigcup_{j=1}^{2}B_j\times C_4)$$
$$R_9=A_5\times C_1\cap B_7\times C_1$$
$$R_{10}=A_5\times C_2\cap(\bigcup_{j=5}^{6}B_j\times C_2)$$
$$R_{11}=A_5\times C_3\cap B_4\times C_3$$
$$R_{12}=A_5\times C_4\cap B_3\times C_4$$
$$R_{13}=A_5\times C_5\cap(\bigcup_{j=1}^{2}B_j\times C_5)$$
$$R_{14}=A_4\times C_2\cap(\bigcup_{j=6}^{7}B_j\times C_2)$$
$$R_{15}=A_4\times C_3\cap B_3\times C_3$$
$$R_{16}=A_4\times C_4\cap B_4\times C_4$$
$$R_{17}=A_4\times C_5\cap(\bigcup_{j=2}^{3}B_j\times C_5)$$
$$R_{18}=A_4\times C_6\cap B_1\times C_6$$
$$R_{19}=A_3\times C_3\cap(\bigcup_{j=6}^{7}B_j\times C_3)$$
$$R_{20}=A_3\times C_4\cap B_5\times C_4$$
$$R_{21}=A_3\times C_5\cap B_4\times C_5$$

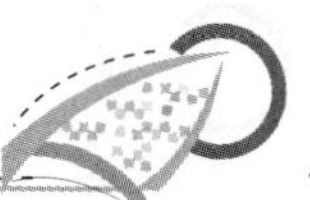

$$R_{22}=A_3\times C_6\cap(\bigcup_{j=2}^{3}B_j\times C_6)$$
$$R_{23}=A_3\times C_7\cap B_1\times C_7$$
$$R_{24}=A_2\times C_4\cap(\bigcup_{j=6}^{7}B_j\times C_4)$$
$$R_{25}=A_2\times C_5\cap B_5\times C_5$$
$$R_{26}=A_2\times C_6\cap(\bigcup_{j=3}^{4}B_j\times C_6)$$
$$R_{27}=A_2\times C_7\cap(\bigcup_{j=1}^{2}B_j\times C_7)$$
$$R_{28}=A_1\times C_4\cap B_7\times C_4$$
$$R_{29}=A_1\times C_5\cap B_6\times C_5$$
$$R_{30}=A_1\times C_6\cap(\bigcup_{j=4}^{5}B_j\times C_6)$$
$$R_{31}=A_1\times C_7\cap(\bigcup_{j=1}^{3}B_j\times C_7)$$

将上述模糊关系写成通式 $R_l=R_{Al}\cap R_{Bl}$，根据偏差与偏差变化的模糊值 e、ec 和规则模糊关系进行合成推理运算可以得到相应的输出控制量模糊值

$$U_l=e\bigcirc R_{Al}\cap ec\bigcirc R_{Bl}\quad(l=1,2,\cdots,31)\tag{10-4}$$

式中：算符○代表 sup—min 合成推理。应用上式计算时需结合式(10-3)来进行。模糊控制器总的输出控制量(模糊值)为

$$U=\bigcup_{l=1}^{31}U_l=\bigvee_{l=1}^{31}U_l$$

因为本系统已有积分控制器，则将上式解模糊时采用最大隶属度模糊决策，可以得到模糊控制查询表，见表 10-10。

表 10-10　模糊控制查询表

E \ U \ EC	−5	−4	−3	−2	−1	0	1	2	3	4	5
−5	5	5	5	4	4	4	3	3	2	1	0
−4	5	5	5	4	4	4	3	2	1	0	−1
−3	5	5	4	4	3	3	2	1	0	−1	−1
−2	4	4	3	3	2	2	1	0	−1	−1	−2
−1	4	3	3	2	2	1	0	−1	−2	−2	−3
0	3	3	2	2	1	0	−1	−2	−2	−3	−3
1	3	2	2	1	0	−1	−2	−2	−3	−3	−4
2	2	1	1	0	−1	−2	−2	−3	−3	−4	−4
3	1	1	0	−1	−2	−2	−3	−4	−4	−5	−5
4	1	0	−1	−2	−3	−4	−4	−4	−5	−5	−5
5	0	−1	−2	−3	−3	−4	−4	−4	−5	−5	−5

10.1.5 焊缝跟踪试验及结果分析

通过焊缝跟踪装置进行焊接工艺试验，来验证所设计的自调整 PID 模糊控制器的控制性能。试验中，图像处理采用梯度算法，并通过跟踪不同轨迹形状的焊缝来测试控制器的跟踪精度和鲁棒性。为了与常规控制法进行对比，本节先讨论应用常规步进驱动控制法进行试验的结果。

1. 常规控制跟踪法试验及结果分析

为了使所设计的焊缝跟踪系统方便实用，采用 Microsoft C 语言开发设计了一个 Windows 程序，通过人机对话菜单，可设定图像处理区域、钨极位置和焊接速度等初始化参数，也可监测外围设备的状况，一旦发现操作错误，立即以信息框的形式给予提示。通过屏幕还可实时观测焊缝跟踪情况。另外该系统还有演示图像处理效果的功能。在试验过程中，焊缝跟踪装置工作台的关节运动根据需要可选用常规控制法或自调整模糊 PID 模糊控制方法进行控制。下面给出控制系统流程图，由于篇幅所限，这里只列出主程序框图，如图 10.10 所示。

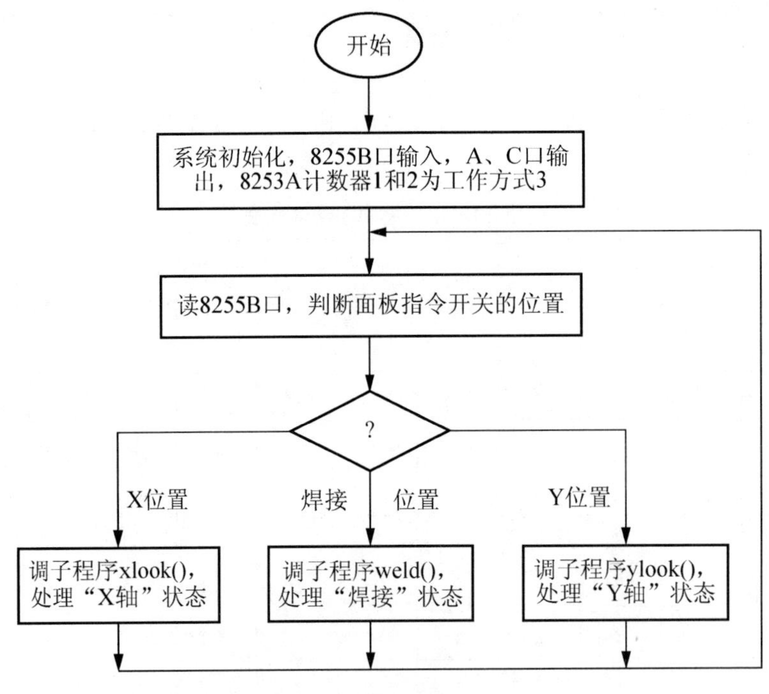

(a) 系统的初始化

图 10.10 控制系统主流程框图

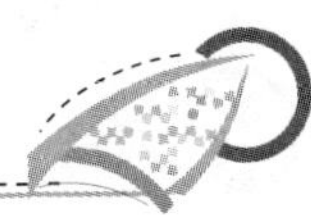

子程序weld()

读8255B口，判断面板顺逆开关状态

?

“顺”压下

“逆”压下

调子程序tracing()，并使110电机正向旋转

调子程序stop110()，110电机停止旋转

调子程序bk110()，110电机反向旋转

END

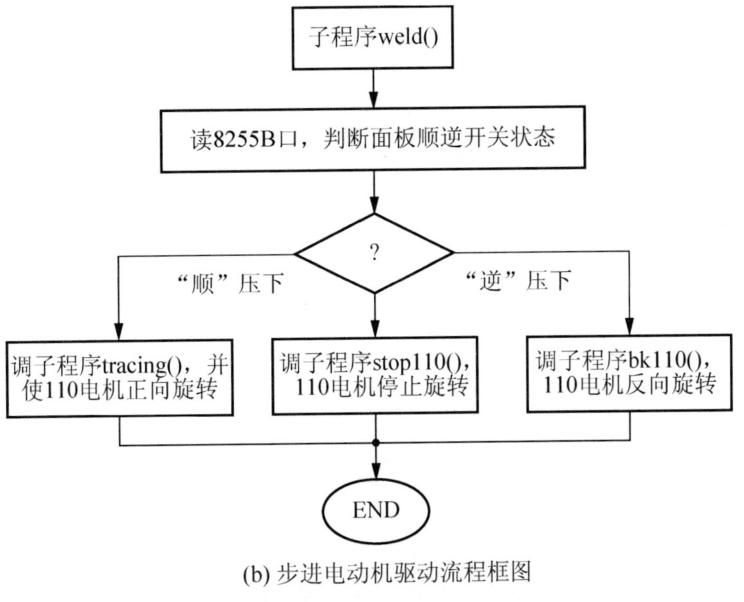

(b) 步进电动机驱动流程框图

焊缝扫描及偏差修正子程序tracing()

调子程序ccd()和display()，判断焊缝位置并显示误差

?

模糊控制

常规控制

模糊控制算法

常规控制算法

?

焊缝偏左

焊缝偏右

70电机正转，缩小焊缝偏差

调子程序stop70x()，70电机停转

70电机反转，缩小焊缝偏差

END

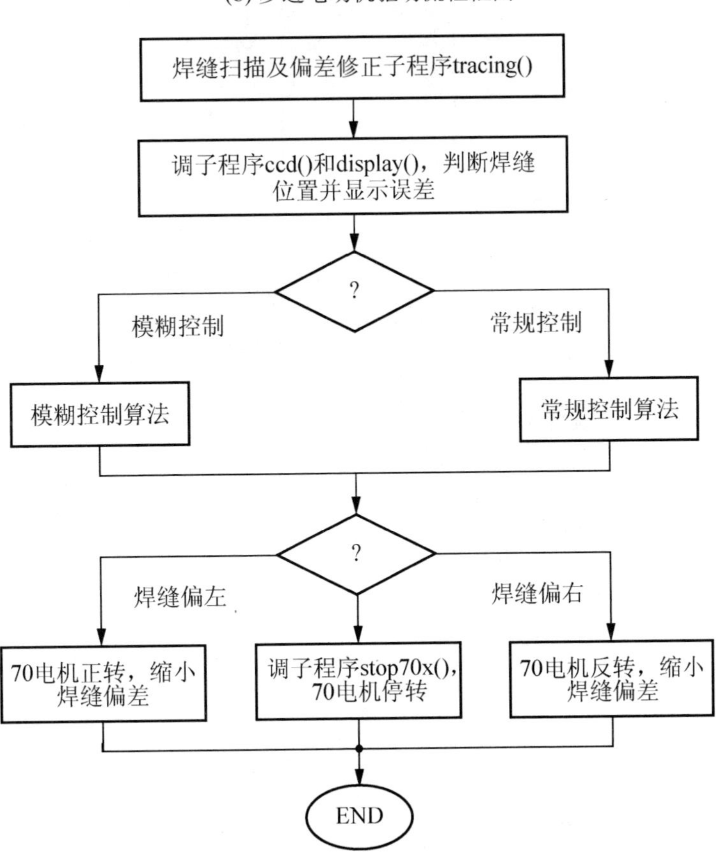

(c) 模糊控制与常规控制流程图

图 10.10　控制系统主流程框图(续)

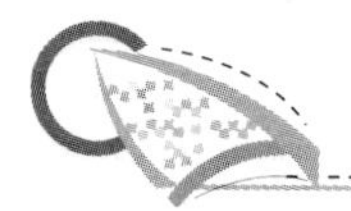

试验采用钨极氩弧焊接(TIG)方法，母材选用低碳薄钢板，对接接头，I型坡口，坡口间隙小于0.3mm，钨极直径为2.0mm。焊缝形状为“斜线”、“折线”、“弧线”和“S曲线”，如图10.11所示。表10-11列出了8个试验的焊接规范，主要为了测试在不同焊接条件下焊缝跟踪的情况。

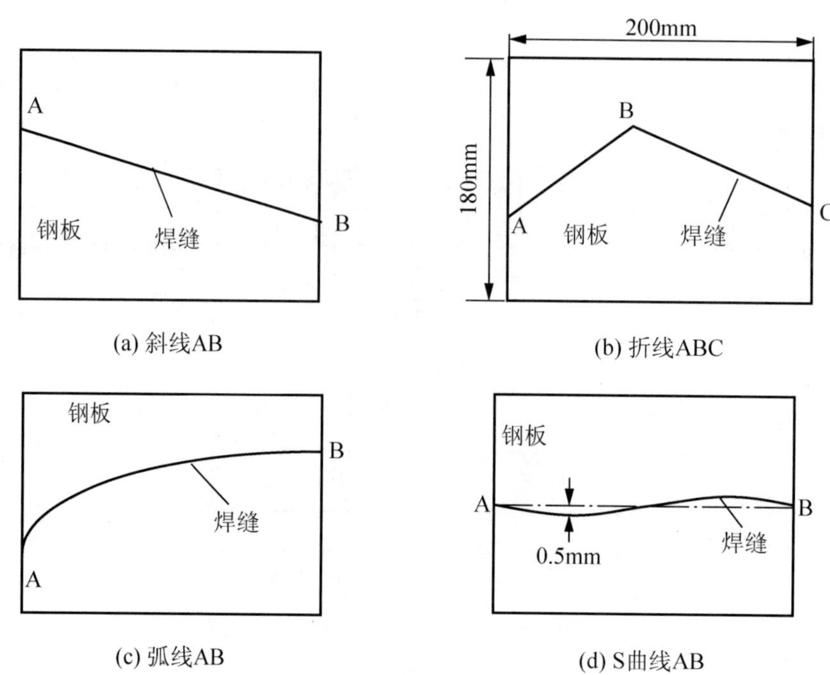

图10.11 焊缝轨迹示意图

表10-11 低碳钢薄板TIG焊接条件及结果

试验序号	板厚δ/mm	焊接电流/A	氩气流量/(L/min)	焊接速度/(mm/s)	焊缝形状	焊缝跟踪效果
1	2.0	80	7	3.0	斜线	较好
2	2.0	95	7	4.0	斜线	较好
3	2.0	80	7	3.0	折线	一般
4	2.0	95	7	4.0	折线	一般
5	2.0	80	7	3.0	弧线	一般
6	2.0	95	7	4.0	弧线	一般
7	2.0	80	7	3.0	S曲线	一般
8	2.0	95	7	4.0	S曲线	一般

焊接速度为V=3.0mm/s，焊缝为“斜线”时，应用常规控制法也能获得较好的结果。根据公式(10-5)可计算出焊缝的平均跟踪误差。

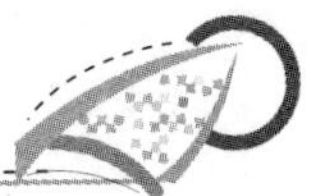

$$\overline{E}=\frac{\sum_{i=1}^{P}|E_i|}{P},\qquad i=1,\ 2,\ \cdots \tag{10-5}$$

式中：$\overline{E}$ 为焊缝跟踪误差平均值；E_i 为每个采样周期的焊缝跟踪误差；P 为采样数。

2. 模糊控制跟踪法试验及结果分析

控制系统的主程序框图如图 10.10 所示，但这里采用的是模糊控制算法。表 10-12 列出了试验条件。为了与常规控制方法相比较，每次试验的焊接条件均与上一节的相同。

表 10-12　低碳钢薄板 TIG 焊接条件及结果

试验序号	板厚 δ/mm	焊接电流/A	氩气流量/(L/min)	焊接速度/(mm/s)	焊缝形状	焊缝跟踪效果
1	2.0	80	7	3.0	斜线	较好
2	2.0	95	7	4.0	斜线	较好
3	2.0	80	7	3.0	折线	较好
4	2.0	95	7	4.0	折线	较好
5	2.0	80	7	3.0	弧线	较好
6	2.0	95	7	4.0	弧线	较好
7	2.0	80	7	3.0	S 曲线	较好
8	2.0	95	7	4.0	S 曲线	较好

为了对上述两种控制方法做一清晰的对比，下面列出两种不同控制方法的跟踪误差，见表 10-13。可以看出，在相同的试验条件下，与常规控制方法相比，应用模糊控制方法可使焊缝跟踪误差大幅度减小。这也说明，所设计的自调整 PID 模糊控制器是比较成功的，它可在焊接过程中根据偏差的状况，不断完成模糊控制规则的自调整，达到最佳的动态控制性能，从而提高了多种轨迹焊缝跟踪精度。

表 10-13　焊缝跟踪误差表(单位：mm)

试验序号 / 控制方法	试验 1		试验 2		试验 3		试验 4		试验 5		试验 6		试验 7		试验 8	
	E_{max}	$\overline{E}$	E_{max}	$\overline{E}$	E_{max}	$\overline{E}$	E_{max}	$\overline{E}$	E_{max}	$\overline{E}$	E_{max}	$\overline{E}$	E_{max}	$\overline{E}$	E_{max}	$\overline{E}$
常规控制	0.44	0.32	0.46	0.33	0.50	0.36	0.53	0.38	0.54	0.35	0.55	0.42	0.47	0.41	0.51	0.43
模糊控制	0.37	0.30	0.39	0.32	0.39	0.31	0.41	0.33	0.40	0.29	0.41	0.32	0.38	0.32	0.40	0.34

10.2　模式识别在铁路车辆闸瓦检测中的应用[27-29]

模式识别技术可以对被测目标的种类和特征进行识别，而图像识别是模式识别的一个重要组成部分。相对其他信息载体而言，图像包含有更丰富的信息，可以借助于二维、三维图像以及图像处理等技术对目标进行识别、跟踪等。而各种视觉传感器是获取图像目标的主要装置，机器视觉又是包括视觉传感器硬件和图像识别软件的一门新技术。

10.2.1 机器视觉及铁路车辆闸瓦

作为现代的无损检测技术，机器视觉检测技术具有非接触、速度快、高精度、应用灵活和抗干扰能力强等优点。

典型的机器视觉系统包括硬件和软件部分，硬件一般由照明系统、图像采集卡、CCD或CMOS摄像机、计算机、监视器、通信输入/输出单元等几部分组成，如图10.12所示。而软件主要是针对具体待测对象的图像采集、处理算法，或者包括系统的辅助控制程序。

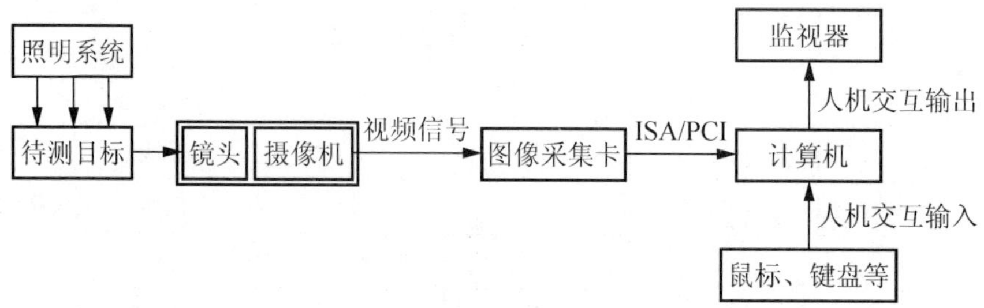

图 10.12 机器视觉系统基本硬件组成示意图

闸瓦是铁路车辆的制动装置，同时也是目前铁路车辆上普遍使用的一种踏面制动方式，其工作原理是：通过压缩空气将闸瓦压紧于车轮踏面，使轮对与闸瓦间发生摩擦，将列车大部分的动能变为热能，并转移到车轮与闸瓦，再逸散于大气。图10.13所示为铁路车辆的闸瓦上半部分实物图。

图 10.13 铁路车辆闸瓦局部图

铁路车辆的闸瓦磨损率相当高，同时该制动方式还存在以下的问题。

1. 闸瓦抱死

当铁路车辆的刹车系统施行缓解时，闸瓦未能离开车轮踏面，这一故障称为闸瓦抱死。闸瓦抱死时由于闸瓦与轮箍间的剧烈摩擦，导致大量发热，致使轮箍温度升高、膨胀，严重的还使轮箍错位，因而闸瓦抱死对行车安全构成严重威胁。

2. 闸瓦脱落

由于列车在高速运行过程中频繁制动，闸瓦所受的冲击力非常大，容易使闸瓦松动，造成闸瓦脱落，严重影响行车安全。

3. 闸瓦偏磨

闸瓦偏磨将减小闸瓦与车轮踏面的接触面积，使得闸瓦的制动能力下降。甚至由于制动过程中产生闸瓦受力不均，从而导致局部断裂。

由于各个闸瓦的磨耗不同，如果被更换的闸瓦厚度还未达到报废值，则造成资源浪费。当闸瓦厚度低于报废值而未及时更换，则可能造成车辆制动不可靠，甚至不安全。为了保证安全节约，铁道部门以人工方法进行检查，并决定是否更换。然而全国列车数量众多，需要大量人力、财力，而且人为因素影响多，检测精度和效率低。检测时需要列车停车，影响列车运行效率，因此迫切需要研制高效的自动检测装置。闸瓦自动检测系统采用机器视觉检测方法，通过灵活变换图像采集系统的角度，采集运行中的货车闸瓦图像信息，应用图像处理分析技术实现闸瓦的在线检测。

10.2.2　闸瓦在线检测系统

闸瓦在线检测系统主要是针对进站前的铁路货车进行闸瓦厚度在线测量。系统主要由4部分组成，分别是前端触发信号单元、图像采集单元、图像处理单元和数据管理单元，其系统的组成如图10.14所示。

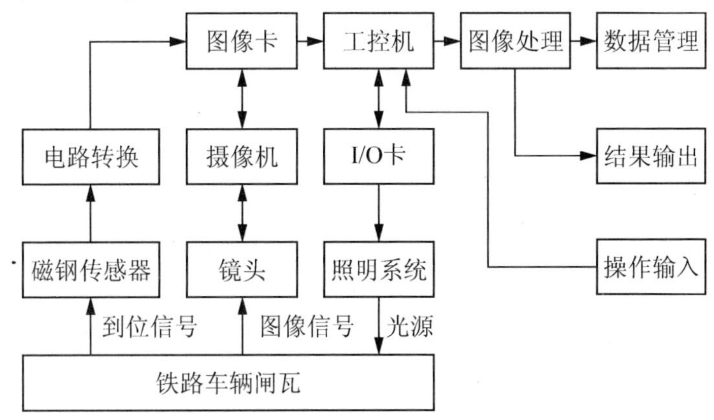

图10.14　闸瓦自动检测系统的框图

1. 系统的硬件组成

系统的硬件部分主要是检测列车的到位信号和各个车轮的到位信号，以触发 CCD 摄像机实时抓拍各个闸瓦的图像信息，并将图像存储、处理。其主要包括前端触发信号单元、图像采集单元，如图 10.15 所示。

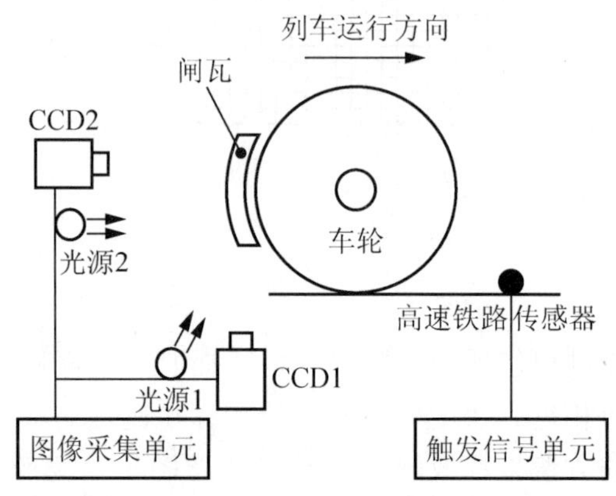

图 10.15　闸瓦检测系统的传感器安装结构图

2. 系统的软件组成

系统的开发平台选用了 Windows 2000，系统的开发工具选用 Visual C＋＋6.0。系统软件程序主要完成信号采集的控制以及闸瓦图像处理识别，主要分为以下两个模块。

1）图像采集模块

图像采集模块主要根据前端传感器的信号实时采集经过检测点的铁路车辆的闸瓦图像，并先将图像存储到图像采集卡的扩展内存以保证足够的时间采集多幅连续图像，然后再保存到硬盘上(由于铁路车辆的闸瓦数据相当大，存储到内存将减少存储时间，解决了列车速度快和图像存储需要时间的矛盾)。

2）图像处理模块

图像采集模块完成了闸瓦图像的获取功能，而图像处理模块要通过对图像的处理和分析，得到实际的闸瓦参数，并把计算结果存入数据库。图像处理完毕后输出测量结果，系统自动进入待检测状态。

3. 系统的标定

根据铁路现场环境，采用相对简单但又能满足要求的网格标定过程，标定过程采用了简单的方形平面网格作为标定块，如图 10.16，其中每格大小为 10mm×10mm。标定过程中，使用了 T 形支撑架，使底部卡在钢轨上，并可在钢轨方向上游动直立的滑尺。根据闸瓦的实际高度，把标定图卡在滑尺上，并把位置调整到闸瓦的实际高度所在的位置，这样可保证标定范围在闸瓦的图像范围。经多次采样计算，得到系统的物面分辨率为 0.15mm/pixel，即一个像素对应的物面实际宽度为 0.15mm×0.15mm。

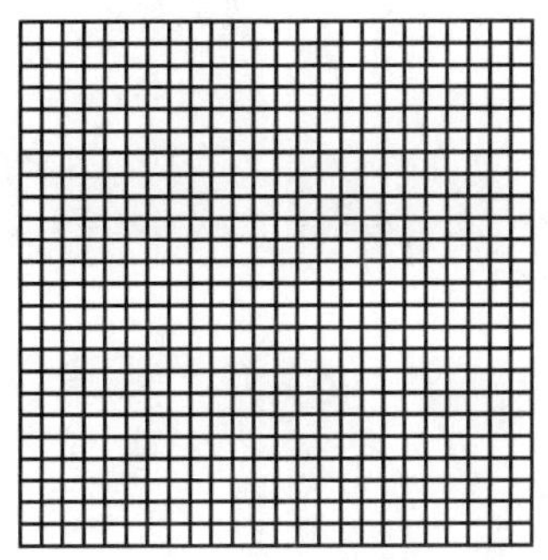

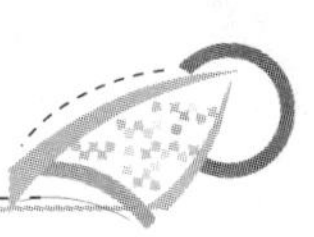

图 10.16　闸瓦标定网格模板图

10.2.3　闸瓦的图像识别

图像模式识别的一般过程包括图像分割、特征提取以及模板匹配与推理。针对闸瓦图像存在表面特征与轮对相近、灰度分布不均匀和存在遮挡的特点，提出以边缘不变矩匹配及主动轮廓线分割的方法来提取闸瓦轮廓。选用图 10.17 所示的闸瓦边缘模板图，对图 10.18 所示的各子图进行匹配识别。为了进行边缘不变矩匹配，需对图 10.18 所示的各子图进行边缘检测，边缘检测结果如图 10.19 所示。在特征匹配过程中，采用 10 像素/步的步进速度，计算窗口内的图像不变矩与模板图像不变矩的欧氏距离，绘制步长和欧氏距离的关系如图 10.20 所示。观察发现，一些欧氏距离数值比较接近，原因为匹配窗口移动到闸瓦目标附近。其中曲线大致呈现 3 个波谷的形状，是因为本行扫描结束，下行扫描到闸瓦附近的结果。图 10.20(d)、图 10.20(e)、图 10.20(f)有 3 个较突出的极小值，对应了闸瓦最近似的位置，一般来说，它们在前 N 个最小值的范围之中，然而，如图 10.20(a)、图 10.20(b)、图 10.20(c)所示，波谷部分比较宽，是因为有干扰曲线的影响。对这些值对应的候选位置进行二次匹配，图 10.21 所示为算法最终提取的结果(方框区域)。

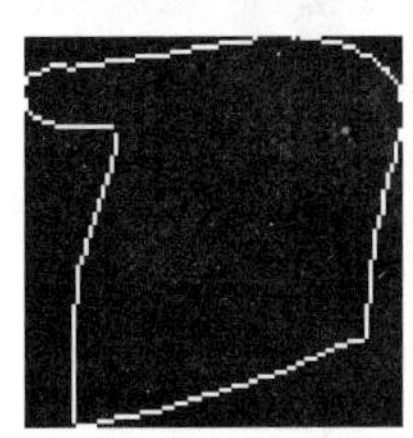

图 10.17　给定闸瓦边缘模板

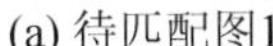

(a) 待匹配图1

(b) 待匹配图2

图 10.18　待匹配闸瓦图像

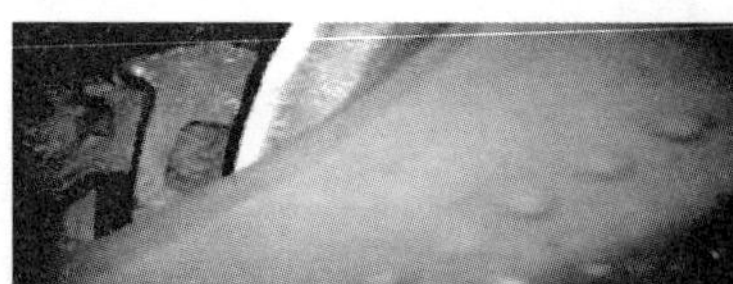

(c) 待匹配图3

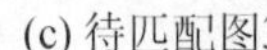

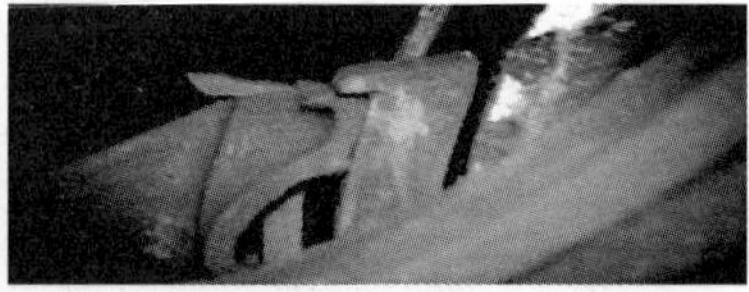

(d) 待匹配图4

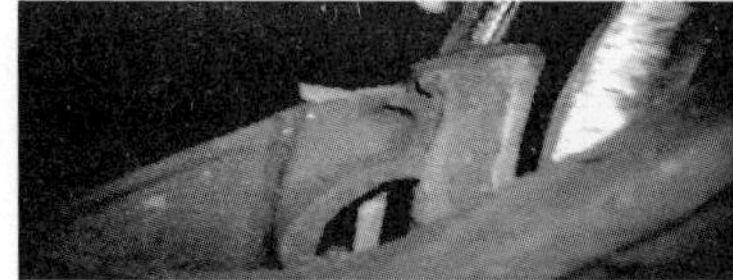

(e) 待匹配图5

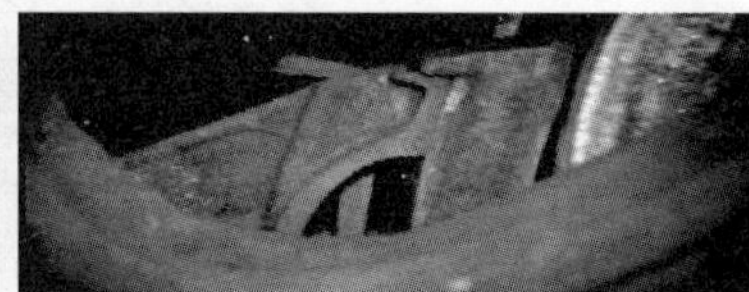

(f) 待匹配图6

图 10.18 待匹配闸瓦图像(续)

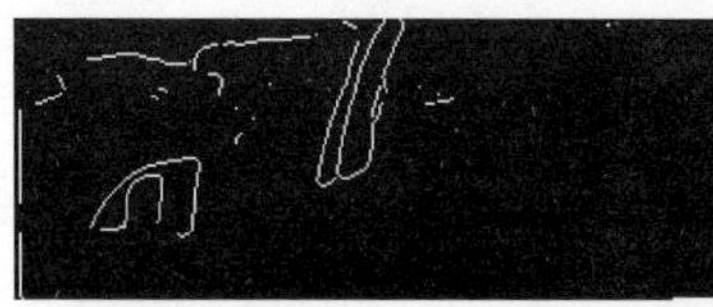

(a) 待匹配图1边缘

(b) 待匹配图2边缘

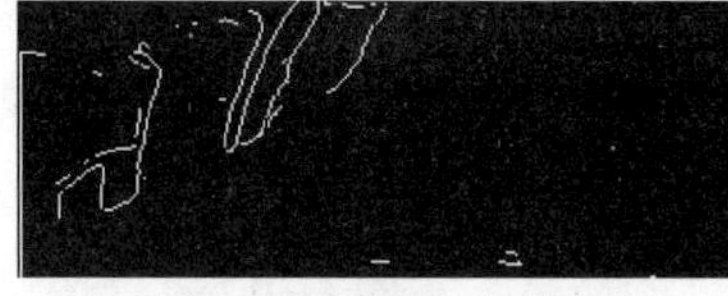

(c) 待匹配图3边缘

(d) 待匹配图4边缘

(e) 待匹配图5边缘

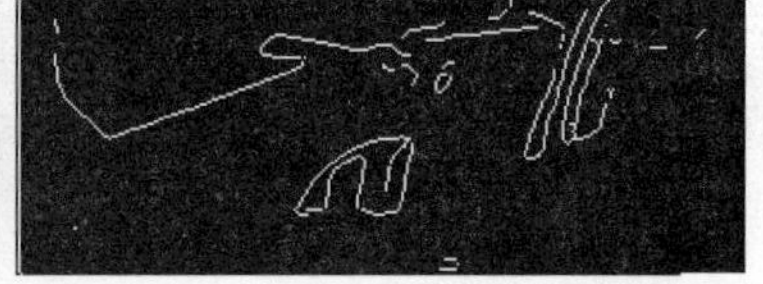

(f) 待匹配图6边缘

图 10.19 待匹配闸瓦图像的边缘检测

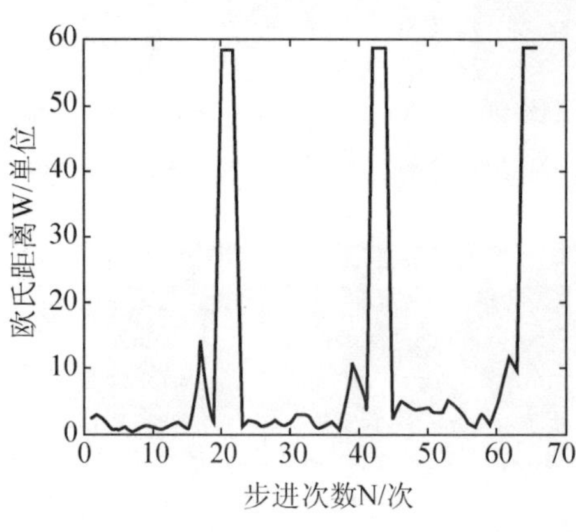

(a) 待匹配图1

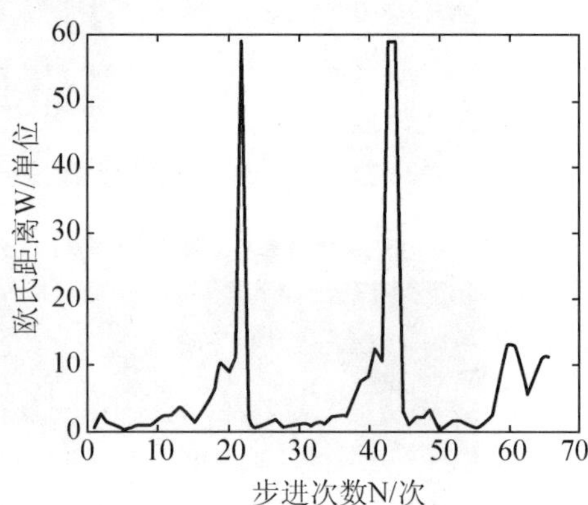

(b) 待匹配图2

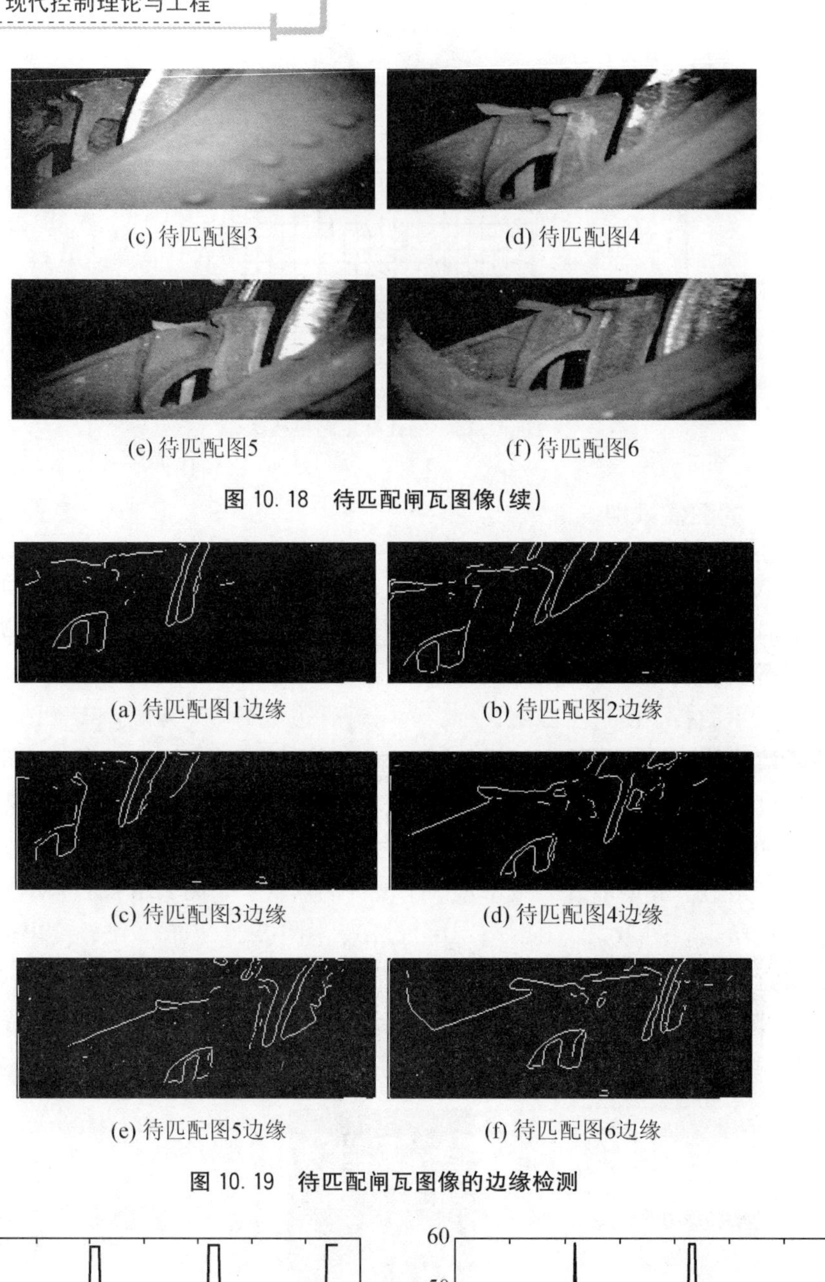

图 10.20 闸瓦图像步进匹配时的欧氏距离

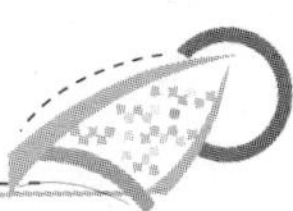

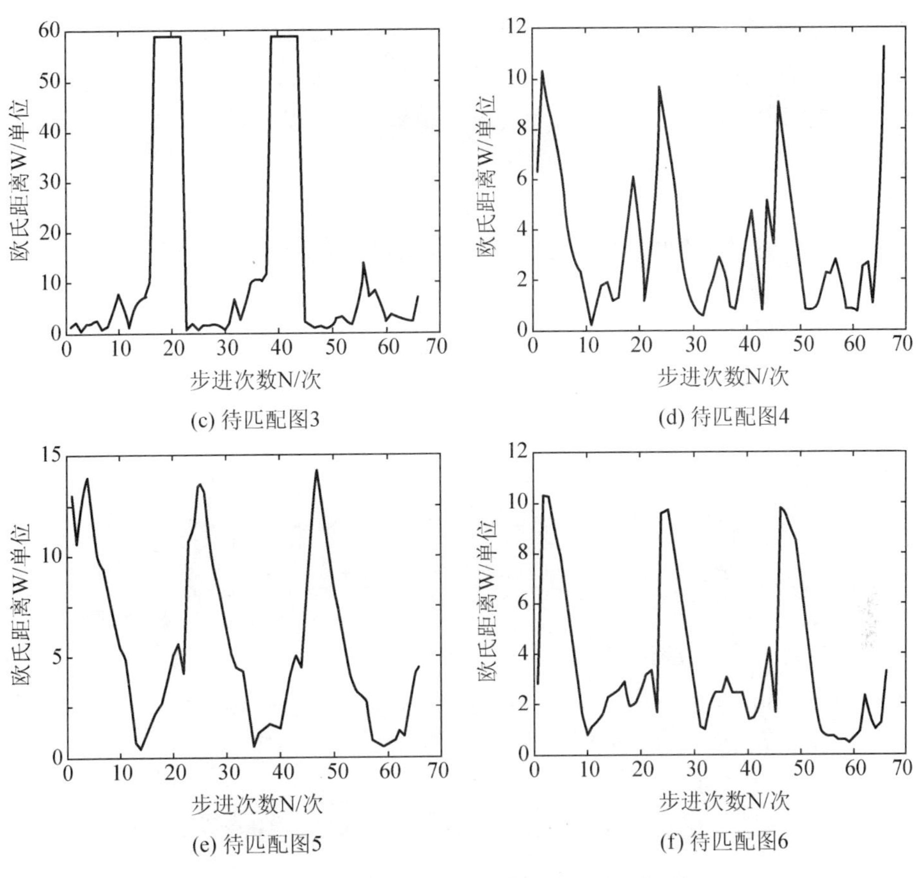

图 10.20　闸瓦图像步进匹配时的欧氏距离(续)

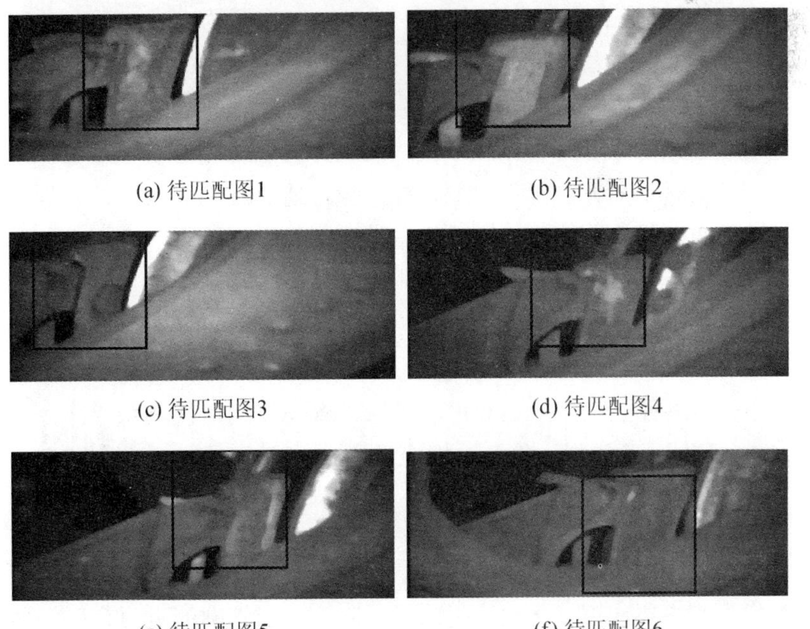

图 10.21　改进边缘不变矩方法的闸瓦匹配结果分析

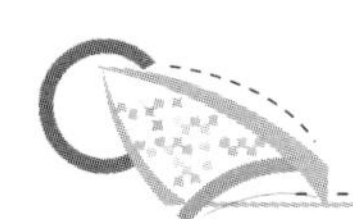

观察图 10.17 所示的模板图及图 10.19 所示的待匹配边缘图，发现后者比前者缺少一定的特征点，但总体轮廓相近。可见该算法利用一定量的特征点即可提取形状特征作为相似性判断。理论上欧氏距离最小的时候是正确匹配的结果，但误差的影响使得结果需要修正。该算法也会存在匹配错误的情况，主要原因是闸瓦边缘特征不明显，导致算法不能很好地把闸瓦边缘和背景干扰曲线区分开来。试验表明，当采集的图像具有较好的边缘质量时，对于解决闸瓦灰度与轮对相近、灰度分布不均匀和存在遮挡的问题，该方法具有其可行性。

10.2.4 闸瓦图像的分割

前面所述为闸瓦图像的定位识别，当确定了闸瓦图像的位置后，应该对其进行分割提取。常见的分割方法有边缘检测、门限处理、区域生长、分水岭法等，然而这些方法对于闸瓦轮廓提取效果并不理想，主要原因为车轮、转向架及复杂背景边缘干扰，闸瓦灰度与背景灰度相近。在此选用主动轮廓算法进行闸瓦图像的分割。

1. 主动轮廓模型及改进

主动轮廓模型(或活动轮廓模型)又称 Snake 模型，其本质是一个能量表达公式，此能量公式是根据 Snake 曲线上的点在物体边界时该公式取得最小值而建立的，因此定位物体的边界问题转化为对此能量公式求最小值的问题。用参量表示轮廓线 $v(s)=(x(s),\ y(s))$，s 为轮廓弧长，其能量公式为

$$E_{\text{snake}}=\int_0^1 E_{\text{snake}}(v(s))\mathrm{d}s=\int_0^1[E_{\text{int}}(v(s))+E_{\text{image}}(v(s))+E_{\text{con}}(v(s))] \quad (10-6)$$

式中：E_{int}表示主动轮廓线的内部能量，也称内部力；E_{image}表示图像作用力产生的能量，也称为图像力；E_{con}表示外部限制作用力产生的能量，也即约束力。后两项和称为外部能量 $E_{\text{ext}}=E_{\text{image}}+E_{\text{con}}$，内部力起到平滑轮廓、保持轮廓连续性的作用；图像力表示轮廓点与图像局部特征吻合的情况；约束力是各种人为定义的约束条件。

理论上主动轮廓跟踪最后将得到一个优化的边界，但跟踪过程中会受噪声和虚假边缘影响，并收敛于该处，从而无法正确获取目标边缘，造成分割和跟踪的失误。同时轮廓跟踪的停止条件一般人为设定，而由于人难以估计迭代的最后结果，应用 Snake 算法往往需要进行多次的交互工作。针对上述问题，应用闸瓦模板的特点，引入边缘不变矩加入到能量函数中，对轮廓曲线进行形状约束。具体为：跟踪曲线每次迭代演化时，计算其边缘不变矩并与模板边缘不变矩进行比较，将其相似性测度加入到原始主动轮廓模型中的约束力能量函数 E_{con}中，从而使之忽略噪声和虚假边缘，以及控制迭代的结果。令不变矩形状约束函数为 E_{shape}，又称为匹配力，把 E_{shape}替代为 E_{con}，则公式(10-6)转换为

$$E_{\text{snake}}=\int_0^1 E_{\text{snake}}(v(s))\mathrm{d}s=\int_0^1[E_{\text{int}}(v(s))+E_{\text{image}}(v(s))+E_{\text{shape}}(v(s))] \quad (10-7)$$

闸瓦图像的主动轮廓跟踪的过程为：当主动轮廓曲线没有到达目标边缘附近时，匹配力较小，而图像力起主要作用，将轮廓引向目标附近；当轮廓靠近目标时，匹配力较大而图像力较小，将轮廓引向精确的目标边缘。

2. 算法实现

实现算法采用基于 Mumford-Shah 模型的水平集图像分割方法。对于水平集方法，传统的水平集分割方法中存在计算量大和初始化复杂的问题，为此选用较简单的局部水平集窄带算法。首先通过距离函数模板来生成距离函数，模板中任意一点的值为该点到中心的欧氏距离。计算符号距离函数时，除了确定当前位置到零水平曲线的最短距离，还要确定该距离的符号(曲线内小于 0，曲线外大于 0)。选用矩形边缘曲线作为最初的初始轮廓，以曲线上的点为模板中心，与模板中其他点相对应的图像中点标记为窄带点，让模板遍历整个曲线以形成窄带，同时将模板中对应距离记录为当前点到曲线的最短距离，记录模板中心处的点为该点到曲线上的距离最近的点，若模板中的点已经在窄带中，将当前距离值与之已经记录的距离值进行比较，取最小者及其对应的曲线上的点，则曲线到该点的最小距离为 $D_{min}=\min(d', d_{min})$，$d'$ 和 d_{min} 分别为当前模板中对应的距离和已经记录的最短距离。另外，要先对闸瓦场景图像进行滤波，选用既具有明显边缘保护特性又有较强去噪能力的中值滤波器。一般中值滤波窗口越大，去噪能力也就越强，但过大的窗口会增加计算复杂性。通过试验选择了 5×5 的窗口进行中值滤波，以便在滤除噪声的同时尽量保持图像边缘的清晰度。

3. 试验结果及分析

用粗匹配方法定位闸瓦中心后，以此中心绘制合适边长的正方形边线初始化轮廓线起始位置(正方形面积应较小，且尽量在闸瓦图像内部，以防止主动轮廓线在闸瓦外部演化扩散)。选用迭代次数为 250 次，主动轮廓跟踪过程中，跟踪曲线将向着闸瓦轮廓边缘演化，并在轮廓边缘处收敛，如图 10.22 所示。当跟踪结束时，再根据符号函数分割图像，最终分割得出的闸瓦轮廓如图 10.23 所示。

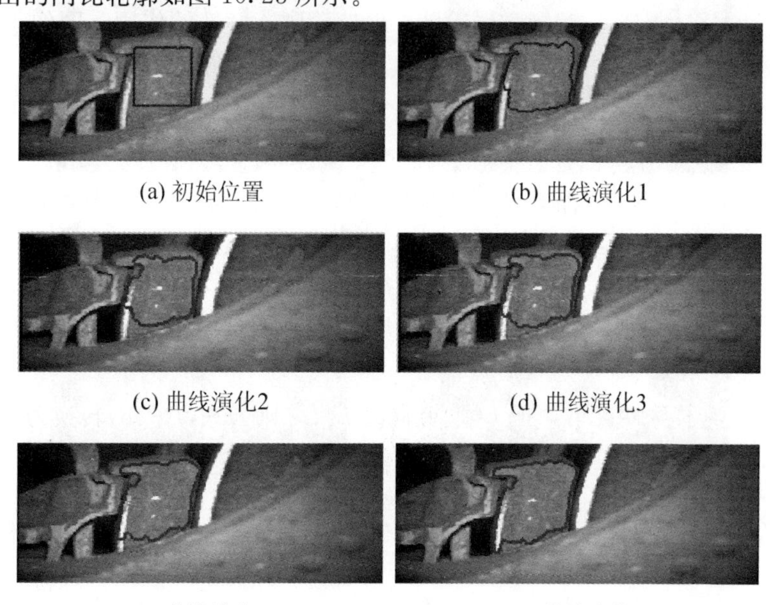

(a) 初始位置　(b) 曲线演化1

(c) 曲线演化2　(d) 曲线演化3

(e) 曲线演化4　(f) 曲线演化5

图 10.22　主动轮廓跟踪闸瓦的过程

10.2.5 闸瓦测量与分析

至此已经完成了闸瓦轮廓的分割，可以对分割的闸瓦进行计算处理，其中通过计算闸瓦的两条边缘曲线之间的距离来实现厚度的测量。对闸瓦图像上的坐标进行坐标插值，以实现图像的场、帧模式转换。这里，闸瓦图像的拍摄格式是 768×288 像素，场帧模式转换后图像格式为 768×576 像素，如图 10.24 所示。

图 10.23　轮廓线收敛的闸瓦分割结果

图 10.24　闸瓦图像场帧模式转换(768×576)像素

由于分割闸瓦图像时，收敛到边缘时没有得到很好地平滑处理，使得边缘部分不够平滑。可以采用形态学对其进行操作，具体使用圆盘式结构元素，对闸瓦图像进行膨胀和腐蚀组合操作。其中先膨胀再腐蚀操作，与先腐蚀再膨胀操作的效果不同，如图 10.25(c)、图 10.25(d)所示。一般而言，先对闸瓦图像进行膨胀操作，再进行腐蚀操作，其操作结果如图 10.25(c)所示，可以看到，组合操作后的闸瓦图像与图 10.24 相比得到了很好的平滑处理。

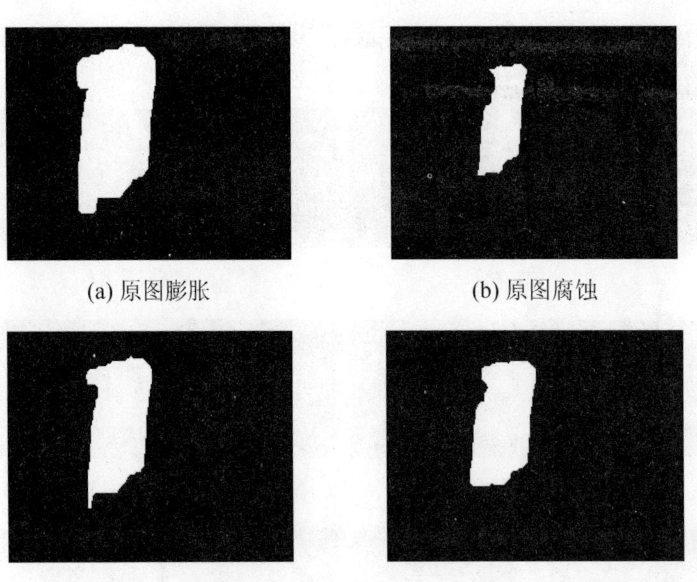

(a) 原图膨胀
(b) 原图腐蚀
(c) 先膨胀后腐蚀
(d) 先腐蚀后膨胀

图 10.25　闸瓦图像的膨胀和腐蚀

闸瓦目标边缘曲线提取主要实现对感兴趣的闸瓦边缘曲线的提取。对于图 10.25 中的

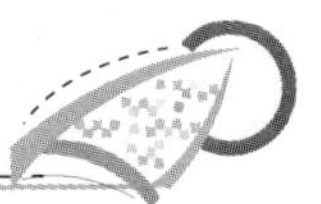

(c)闸瓦分割图，垂直方向的两条边缘才是感兴趣的目标。要实现垂直方向边缘的提取，选定 Prewitt 边缘检测算子中的垂直分量构造如下两个边缘提取算子，如图 10.26 所示。利用该对算子提取闸瓦垂直方向曲线，如图 10.27(a)和图 10.27(b)所示，对曲线进行细化并去除短线后得到图 10.27(c)和图 10.27(d)。

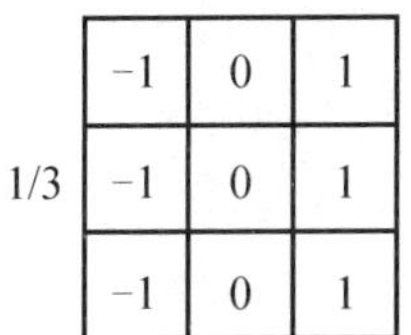

1/3

-1	0	1
-1	0	1
-1	0	1

(a) 左边缘提取算子

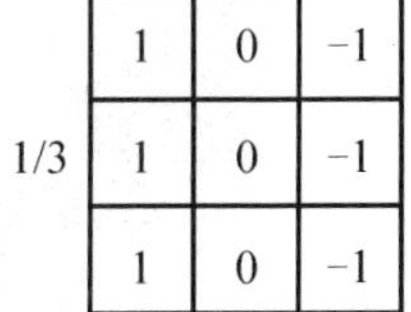

1/3

1	0	-1
1	0	-1
1	0	-1

(b) 右边缘提取算子

图 10.26 垂直边缘提取算子

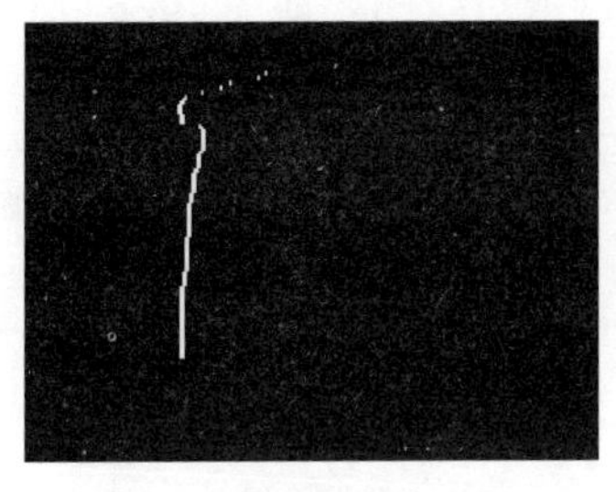

(a) 左边缘曲线

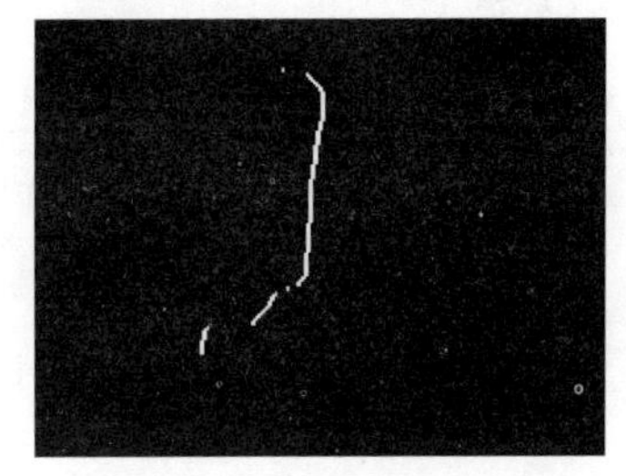

(b) 右边缘曲线

(c) 左边缘细化并滤除短线

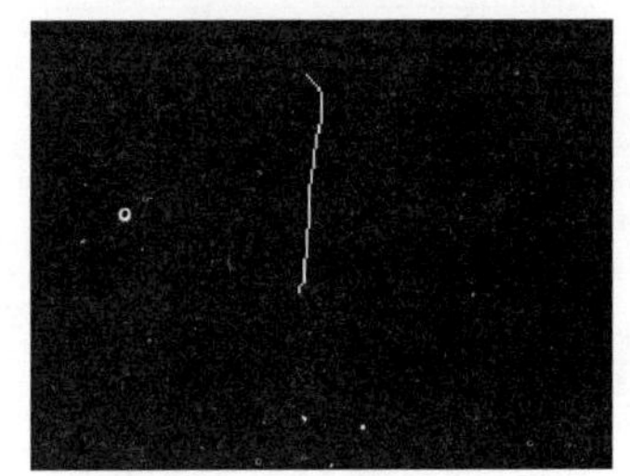

(d) 右边缘细化并滤除短线

图 10.27 闸瓦目标边缘曲线提取

闸瓦检测系统的目标是动态测量闸瓦的厚度并判断厚度最薄的位置。前面阐述的各种图像处理方法只是完成了图像的处理、闸瓦轮廓的分割和闸瓦目标曲线的提取，这里将介绍根据前面图像处理分割出来的闸瓦曲线进行尺寸测量，计算被测闸瓦的实际厚度，并做出最小厚度的判断。将闸瓦左右边缘曲线上各取一点，计算它们的欧氏距离，并记录点所对应的坐标位置，当循环结束，求取最短的欧氏距离即为闸瓦厚度。图 10.28 所示为把两曲线叠在同一幅图中，小方框为计算机标示的最短距离所对应的点的位置。最短距离计算结果为 135.7940pixel，而手工方式计算的最短距离为 139.0213pixel。则误差为 139.0213－135.7940＝3.2273pixel，误差率为 $\varepsilon=\dfrac{3.2273}{139.0213}\times 100\%=2.32\%$。由标定所得的物面分辨率为 0.15mm/pixel，则实际误差为 3.2273×0.1546＝0.48mm。

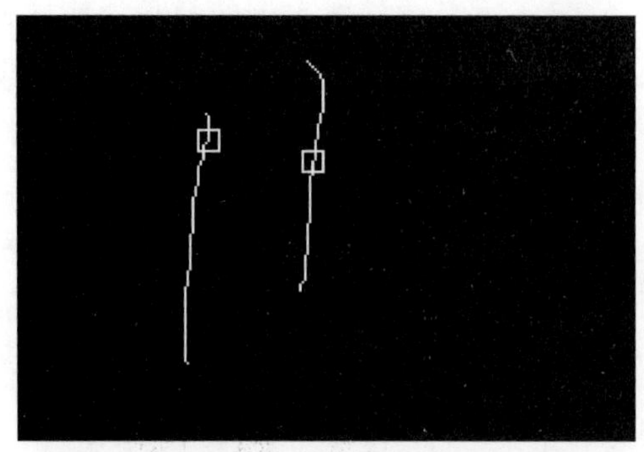

图 10.28　闸瓦两曲线段最短距离示意图

为了观察测量的总体精度，对分割出的闸瓦图像进行厚度测量，得出的 10 组数据与手工测量结果，见表 10－14，把误差及误差率绘制成折线图，如图 10.29 所示。

表 10－14　测量闸瓦的 10 次试验结果(像素)

测量图序	系统测量(pixel)	手工测量(pixel)	误差(pixel)	误差率(%)
1	145.8624	150.3330	4.470	2.97
2	121.8072	125.0160	3.208	2.57
3	104.1393	106.5243	2.385	2.24
4	123.0041	125.9040	2.899	2.30
5	135.6535	131.0038	4.649	3.55
6	142.6709	144.0563	1.385	0.96
7	126.2692	123.7942	2.475	2.0
8	81.8553	84.0773	2.222	2.64
9	82.3893	84.1565	1.767	2.10
10	93.9042	96.8947	2.990	3.09

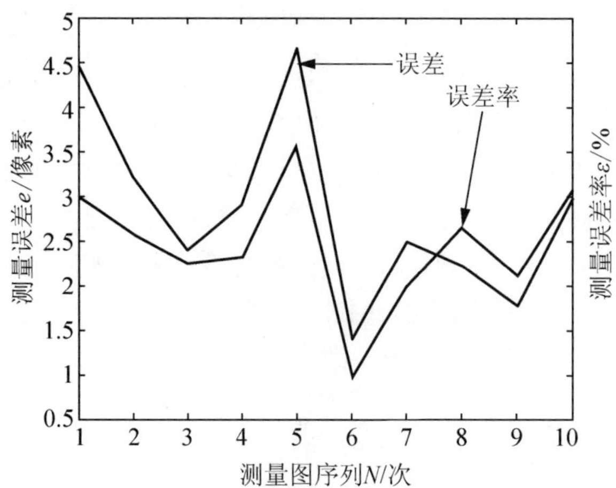

图 10.29　闸瓦测量误差及误差率折线图

按照闸瓦与轮对之间的相对距离，闸瓦图像可以分为 3 种情况：第一种情况是闸瓦存在，与轮对存在一定间隙，所拍摄的闸瓦图像主要是这种情况；第二种情况是闸瓦存在，但与轮对处于抱紧状态；第三种情况是闸瓦已经丢失。实际上，前面在介绍图像处理步骤时已详细描述了第一种情况的处理结果。在第一种情况下，也即闸瓦与轮对呈松开状态的情况，图像相对容易处理与测量。尽管第一种情况占了所有图像的绝大部分，但是第二种情况和第三种情况的存在还是有可能的。对于第二种情况，可通过测量闸瓦与车轮的间隙来解决。对于第三种闸瓦不存在的情况，在用边缘不变矩提取闸瓦轮廓图像时，设定欧氏距离相似性阈值，当匹配全图后，最小欧氏距离仍高于该阈值时，认为闸瓦不存在。

软件算法引起的误差主要是闸瓦识别定位、闸瓦轮廓提取和测量过程中产生的误差。下面具体分析其产生的根源和影响。①闸瓦识别定位误差。对于复杂背景下的目标识别，目前还没一种完全有效的识别方法。闸瓦图像可能存在遮挡、表面灰度不均、灰度与车轮相近、干扰曲线多、厚度不一等现象，使得闸瓦的识别尤为困难，无论是采用阈值分割、边缘检测或模板匹配的方法，都难以取得较好的效果。这里所讨论的方法，在闸瓦边缘特征比较明显时，能较好地提取闸瓦轮廓并完成后续处理，但在背景干扰比较严重时，识别率降低。②闸瓦轮廓提取误差。由于图像轮廓提取采用了大量的图像处理算法，每种算法都带来一定的计算误差，其中采用主动轮廓方法，当噪声过大，真实边缘不明显时，分割线有时并不完全收敛在真实边缘位置。这里采用高精度摄像机，并采用较合适图像处理及修正算法，可以获得较好的边缘图像，闸瓦检测误差在系统允许的范围。③测量过程误差。系统中闸瓦厚度的测量是根据闸瓦左右边缘曲线段计算，在边缘曲线段的提取过程中忽略了一些因素，导致真实厚度与测量结果存在一定的误差，但是能够满足闸瓦的测量要求。

10.3　卡尔曼滤波在自动激光焊目标跟踪控制中的应用[30－33]

激光深熔焊的特点是焊接速度快，光密度能量集中，对焊接焊缝偏离敏感，使得准确识别焊缝位置信息并且始终控制激光束对准焊缝十分困难。采用红外视觉传感器摄取焊接熔池区域动态热像序列，以熔池区域焊缝特征参数及其变化率构成状态向量，建立基于 Kalman 滤波的焊缝路径预测跟踪模型。考虑系统过程噪声和焊缝位置测量噪声为色噪声，推导色噪声条件下 Kalman 滤波算法，构建色噪声 Kalman 滤波的焊缝最优状态估计器。通过对系统状态的预测，实现对焊缝位置观测序列的滤波，消除噪声影响，为实现激光紧密对接焊焊缝路径跟踪提供新的理论和方法。

本节主要介绍以下内容：对熔池红外图像序列进行分析，研究激光束偏离焊缝的程度与红外成像熔池形态存在的密切联系，采用有效的图像处理算法从熔池图像中提取出了能够体现焊缝偏差的熔池特征参数，实验验证通过熔池特征参数检测实际焊缝偏差的有效性。以熔池特征参数及其变化率构成状态向量，建立焊接系统状态方程与焊缝位置测量方程，以此为基础研究 Kalman 滤波算法实现对系统状态的预测，达到对焊缝偏差测量值的滤波，试验证明了所建立的状态方程与测量方程的有效性及 Kalman 滤波能够消除过程噪声与测量噪声的影响，并能够预测焊缝偏移量和偏移速度。在激光焊接有色噪声环境下，研究色噪声 Kalman 滤波焊缝跟踪算法，分别建立了过程色噪声 Kalman 滤波算法与测量色噪声 Kalman 滤波算法，试验研究了两种滤波算法的优越性，确定了最大抑制噪声和提高焊缝跟踪精度的方法。

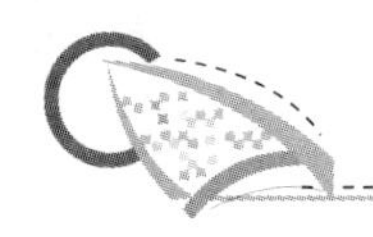

10.3.1 激光焊接试验系统及焊缝特征参数提取

焊接工艺试验结合红外热像传感技术，利用高速摄像机采集熔池热辐射红外图像，通过研究熔池图像特征的变化规律，应用相关图像处理算法，提取能够反映焊缝偏差变化规律的特征参数。焊接工艺试验采用 10kW 光纤激光对接焊为实验方案，高速摄像机采用 1000 帧每秒的拍摄速度，为了保证图像质量，尺寸选取 512pixel×512pixel。依据工业现场的实际焊接情况，采用激光束斜偏焊缝路径为试验方案。实验焊接材料选用厚为 10mm，大小为 150mm×100mm 的 304 不锈钢板，焊接方式为对接焊，焊缝间隙 0.2mm。斜偏焊接轨迹的延长线交于焊件两端，且对称与中心线左右偏离各 1mm，起点位置与焊接顶端距离 13mm，终点位置与焊件末端距离 17mm，焊接过程控制激光束按指定的焊接路径匀速焊接，焊接路径以及焊接实物如图 10.30 所示。

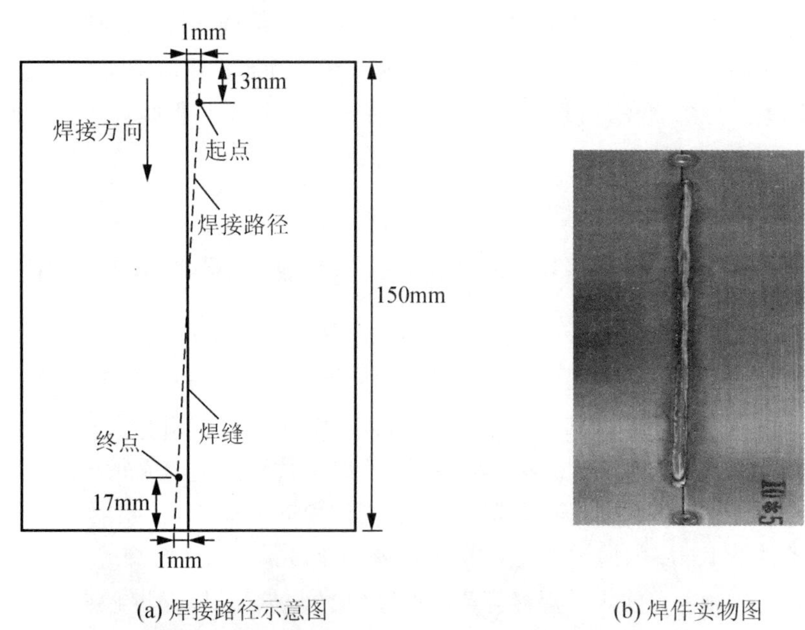

图 10.30 激光焊接试验方案及结果

在激光焊接试验中，高速摄像机实时采集熔池红外图像，共采集 2890 幅，这组试验图像贯穿了激光束与焊缝中心线右偏离、对中及左偏离过程，3 种情况下采集到的熔池图像包含了熔池动态信息、匙孔形变信息以及图像中包含的焊缝偏差信息。其他相同的焊接

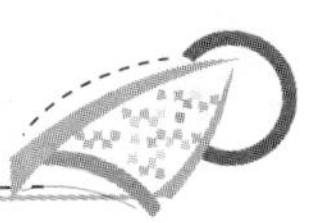

条件下，当焊缝间隙大于 0.1mm 时，对连续熔池图像序列分析发现熔池前端存在模糊的尖角焊缝信息，如图 10.31 所示。形成这一尖角特征是由于熔池液态金属通过焊缝间隙向未熔化的焊缝区域渗透所产生的热辐射信息，液态金属在匙孔能量的巨大膨胀压力下，向周围扩展，部分熔融金属便流向未焊接区，于是流向未焊接区域的液态金属和未熔化的金属，形成很大的热辐射差异并被高速摄像机所提取。

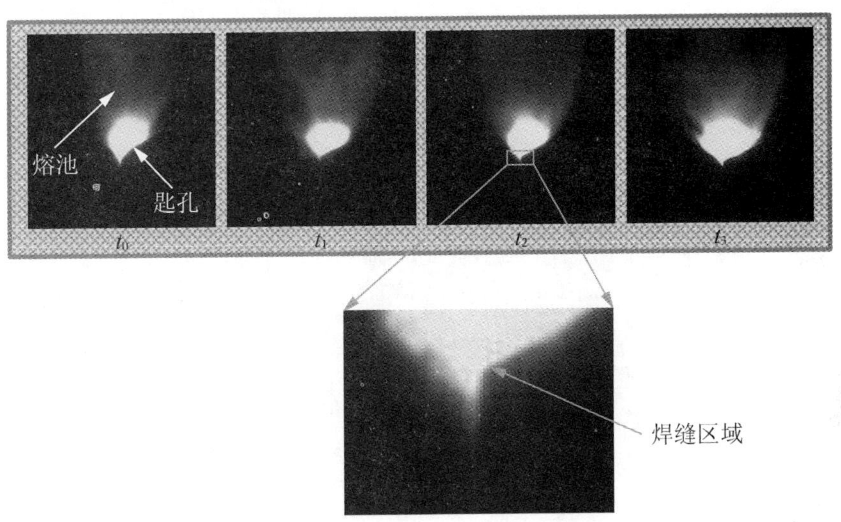

图 10.31 熔池红外图像中的焊缝位置信息

由于熔池前端模糊的尖角即为焊缝位置，首先对熔池图像进行非线性中值滤波预处理，去除图像本身存在的少量噪声点，试验表明中值滤波不但能够有效去噪，而且较好地保留了熔池图像上的模糊信息。其次，利用图像增强技术进一步显化图像焊缝位置的特征信息，对图像分析得到所要提取的熔池前端特征所处的灰度等级在 45～50，因此可以采用灰度拉伸算法，对整幅图像进行灰度等级的拉伸，从而达到锐化特征的目的。具体做法是将灰度值 35～55 的区域进行拉伸，使其快速扩展到 160 的灰度等级，这样便能显化灰度值在 35～55 区域的图像特征，另外，保持灰度值 35 以下的灰度等级，从而避免多余信息的暴露，提高显化特征与背景的对比度，实际拉伸结果如图 10.32 所示。

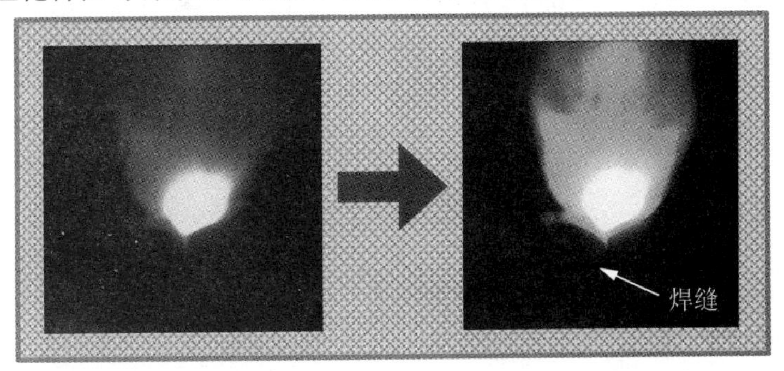

(a) 原始图像　　(b) 灰度拉伸后的图像

图 10.32 熔池红外图像的灰度变换

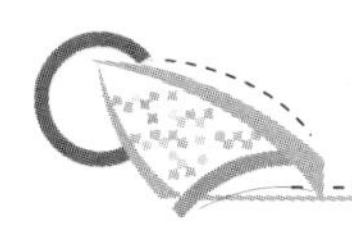

从图中可以明显看出熔池红外图像的灰度等级被明显放大，使得熔池前端的焊缝位置特征区域得以显现，在拉伸函数的作用下，匙孔与熔池的区分被掩盖掉，但不影响焊缝位置的提取。比较拉伸前后图像可以明显看出灰度变换后该区域焊缝信息十分明显，通过提取拉伸后熔池图像最前端点所在行像素点的灰度值，提取结果如图 10.33 所示，可以清楚地看出焊缝位置处的灰度等级最大。

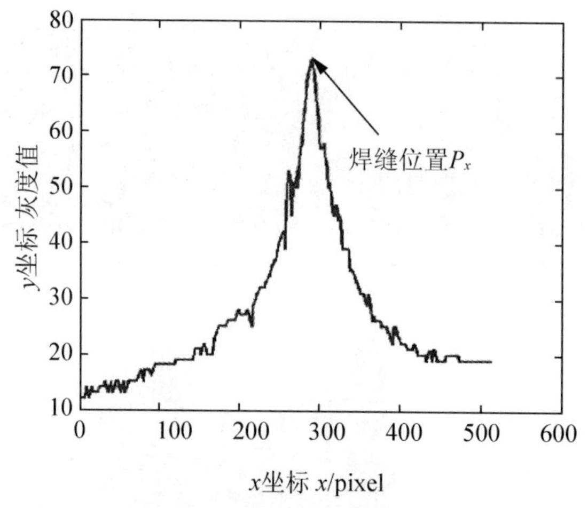

图 10.33　熔池前端的灰度分布

将图 10.33 中焊缝位置 P 点的横坐标 P_x 定义为焊缝位置参数，从熔池图像中提取焊缝位置参数便可达到焊缝位置检测的目的，图中焊缝位置参数 $P_x=312$。焊接工艺试验通过高速摄像相机采集熔池红外图像，用上述方法对熔池图像进行处理，并提取焊缝位置参数。试验结果表明，焊缝位置参数随着焊缝位置的线性变化，呈现出同样规律的变化趋势，其识别焊缝的可行性得到充分的证明。这一方法通过提取图像中某一特征点来定量描述焊缝的具体位置，而这一特征值正是对应焊缝的实际位置。

10.3.2　卡尔曼滤波焊缝预测跟踪建模与试验研究

卡尔曼(R. E. Kalman)于 1960 年提出最优线性递推滤波算法，采用状态方程和观测方程组成线性随机系统状态空间模型来描述滤波器，并利用状态方程的递推性，按线性无偏最小均方差估计准则，采用递推算法对滤波器的状态变量做最佳估计，从而求得滤掉噪声实现有用信号的最佳估计。

1. 基于最优估计的 Kalman 滤波焊缝跟踪模型

Kalman 滤波算法不仅能够实现滤波功能，还能实现状态预报功能。通过对系统状态的预测，实现对焊缝位置观测序列的滤波，能够消除过程噪声与测量噪声的影响，因此 Kalman 滤波适合于焊接质量检测与焊缝路径预测跟踪。Kalman 滤波焊缝路径跟踪的实现，就是在已知焊缝位置观测序列 $\boldsymbol{Z}(k)$ 的情况下，获取系统状态 $\boldsymbol{X}(k)$ 的最小线性方差估

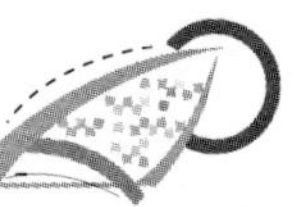

计 $\hat{\boldsymbol{X}}(k)$，最终实现焊缝偏差的最优预测估计，算法主要包括 3 个模型：系统状态转移模型，焊缝位置测量模型和滤波模型，加上相应的系统动态噪声和传感器测量噪声。

状态方程就是对系统状态转移的描述，即

$$\boldsymbol{X}(k+1)=\boldsymbol{\phi}(k+1,\ k)\boldsymbol{X}(k)+\boldsymbol{\Gamma}(k+1,\ k)\boldsymbol{W}(k) \tag{10-8}$$

式中：$\boldsymbol{X}(k)$为系统状态向量；$\boldsymbol{W}(k)$为系统摄动引起的随机过程噪声；$\boldsymbol{\phi}(k+1,\ k)$为状态转移矩阵；$\boldsymbol{\Gamma}(k+1,\ k)$为噪声驱动矩阵。

测量方程可以现实焊缝位置以及位置变化量的测量功能，即

$$\boldsymbol{Z}(k)=\boldsymbol{H}(k)\boldsymbol{X}(k)+\boldsymbol{V}(k) \tag{10-9}$$

式中：$\boldsymbol{Z}(k)$为焊缝测量信息，包括焊缝位置以及位置变化量；$\boldsymbol{V}(k)$为传感器引入的测量噪声；$\boldsymbol{H}(k)$是测量矩阵。

焊缝跟踪控制用到的卡尔曼滤波算法论述如下。

1） 状态预测

$$\hat{\boldsymbol{X}}(k+1/k)=\boldsymbol{\phi}(k+1/k)\hat{\boldsymbol{X}}(k/k) \tag{10-10}$$

在已知 k 时刻系统状态估计值$\hat{\boldsymbol{X}}(k/k)$条件下，由状态转移矩阵乘以状态估计值得到由 k 时刻对 $k+1$ 时刻状态的预测，由于状态向量包含了焊缝偏差信息，即实现了对 $k+1$ 时刻焊缝偏差的预测，但此时的预测值已经带入了系统过程噪声，预测误差方差为

$$\boldsymbol{P}(k+1/k)=\boldsymbol{\phi}(k+1/k)\boldsymbol{P}(k/k)\boldsymbol{\phi}^{\mathrm{T}}(k+1/k)+\boldsymbol{\Gamma}(k+1/k)\boldsymbol{Q}\boldsymbol{\Gamma}^{\mathrm{T}}(k+1/k) \tag{10-11}$$

2）预测修正

$$\widetilde{\boldsymbol{Z}}(k+1)=\boldsymbol{Z}(k+1)-\boldsymbol{H}(k)\hat{\boldsymbol{X}}(k+1/k) \tag{10-12}$$

用量测矩阵 $\boldsymbol{H}(k)$乘以状态预测值，得到在 k 时刻对 $k+1$ 时刻焊缝位置测量值的预测值，再用焊缝位置实测值减去预测值得到偏差新息值，然后利用滤波增益矩阵 $\boldsymbol{K}(k+1)$乘以新息值得到 $k+1$ 时刻滤波修正量。

3）滤波处理消除噪声影响

$$\hat{\boldsymbol{X}}(k+1/k+1)=\hat{\boldsymbol{X}}(k+1/k)+\boldsymbol{K}(k+1)\widetilde{\boldsymbol{Z}}(k+1) \tag{10-13}$$

将状态预测值 $\hat{\boldsymbol{X}}(k+1/k)$加上修正量，得到对状态向量 $k+1$ 时刻的滤波值，消除噪声影响，此时更新滤波误差方差：

$$\boldsymbol{P}(k+1/k+1)=[\boldsymbol{I}-\boldsymbol{K}(k+1)\boldsymbol{H}(k)]\boldsymbol{P}(k+1/k) \tag{10-14}$$

在给定初始值 $\hat{\boldsymbol{X}}(0/0_-)$，$\boldsymbol{P}(0/0_-)$条件下，上述递推过程是无偏的。

2. 建立系统状态方程与焊缝位置测量方程

Kalman 滤波跟踪算法是建立在系统状态方程与焊缝位置测量方程的基础上，所以必须建立系统状态方程和焊缝位置测量方程。焊接过程中焊件夹持在工作台上，相对于激光束在 X－Y 平面上运动，假设 k 时刻焊缝位置坐标值为 $\boldsymbol{P}=(x(k),\ y(k))$，$k+1$ 时刻

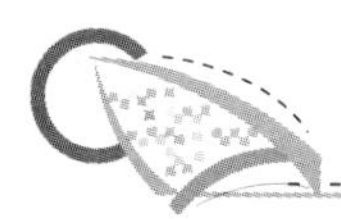

焊缝位置为 $\boldsymbol{P}=(x(k+1),\ y(k+1))$，采样时间为 t，焊接过程干扰相当于随机加速度 $w_x(k)$和 $w_y(k)$的影响，因此焊缝位置相邻时刻动态变化满足

$$\begin{cases} x(k+1)=x(k)+t\dot{x}(k)+\dfrac{1}{2}t^2w_x(k) \\ y(k+1)=y(k)+t\dot{y}(k)+\dfrac{1}{2}t^2w_y(k) \end{cases} \tag{10-15}$$

式中：$\dot{x}(k)$和 $\dot{y}(k)$分别为焊缝位置参数在 X、Y 方向上的运动速度，由于焊缝偏差主要体现在 X 方向，因此只考虑 X 方向情况。

以焊缝位置参数当前值，当前变化量及前一时刻焊缝位置参数值构成状态向量，即

$$\boldsymbol{X}(k)=\begin{bmatrix} x_1(k) \\ x_2(k) \\ x_3(k) \end{bmatrix} \quad 其中\begin{cases} x_1(k)=x(k) \\ x_2(k)=\dot{x}(k) \\ x_3(k)=x(k-1) \end{cases} \tag{10-16}$$

代入公式(10-15)，得到系统状态方程

$$\boldsymbol{X}(k+1)=\begin{bmatrix} 1 & t & 0 \\ 0 & 1 & 0 \\ 1 & 0 & 0 \end{bmatrix}\begin{bmatrix} x_1(k) \\ x_2(k) \\ x_3(k) \end{bmatrix}+\begin{bmatrix} 0.5t^2 \\ t \\ 0 \end{bmatrix}w_x(k) \tag{10-17}$$

令 $\boldsymbol{\phi}(k+1,\ k)=\begin{bmatrix} 1 & t & 0 \\ 0 & 1 & 0 \\ 1 & 0 & 0 \end{bmatrix}$，$\boldsymbol{\Gamma}(k+1,\ k)=\begin{bmatrix} 0.5t^2 \\ t \\ 0 \end{bmatrix}$，其中 $\boldsymbol{\phi}(k+1,\ k)$为焊接系统状态转移矩阵，$\boldsymbol{\Gamma}(k+1,\ k)$为系统动态噪声驱动矩阵，$w_x(k)$为系统动态噪声，用于表述系统的动态不稳定性带来的影响。

熔池红外图像由视觉传感器获取，所以焊缝位置测量信息包括焊缝位置参数及其焊缝位置位移量，即

$$\boldsymbol{Z}(k)=\begin{bmatrix} x_p(k) \\ \Delta x(k) \end{bmatrix} \tag{10-18}$$

式中：$x_p(k)$为 k 时刻焊缝位置参数测量值；$\Delta x(k)$为其位移测量值。则焊缝位置及其位移测量方程为

$$\boldsymbol{Z}(k)=\begin{bmatrix} 1 & 0 & 0 \\ 1 & 0 & -1 \end{bmatrix}\begin{bmatrix} x_1(k) \\ x_2(k) \\ x_3(k) \end{bmatrix}+\begin{bmatrix} v_{xp}(k) \\ v_{\Delta x}(k) \end{bmatrix} \tag{10-19}$$

式中：$v_{xp}(k)$为焊缝位置参数测量噪声；$v_{\triangle x}(k)$为焊缝位置参数位移测量噪声。令 $\boldsymbol{H}(k)=\begin{bmatrix} 1 & 0 & 0 \\ 1 & 0 & -1 \end{bmatrix}$，$\boldsymbol{V}(k)=\begin{bmatrix} v_{xp}(k) \\ v_{\Delta x}(k) \end{bmatrix}$，其中 $\boldsymbol{H}(k)$为测量矩阵，$\boldsymbol{V}(k)$为测量噪声矩阵，用于表述外界噪声和传感器测量噪声带来的对测量值的影响。

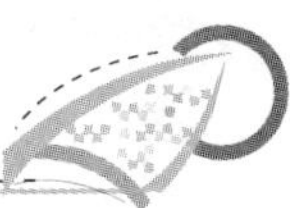

3. Kalman 滤波焊缝跟踪试验研究

焊接试验以大功率光纤激光对接焊 10mm 厚 304 不锈钢，焊缝间隙 0.2mm，焊接试验采用斜偏焊缝路径，即激光束斜跨焊缝，焊接方案与焊接实物如图 10.30 所示。由已知的激光束运动轨迹，可计算出每个采样时刻的焊缝偏差实际值，式(10-20)用于焊缝偏差实际值的计算。

$$\begin{cases} y_x=\dfrac{0.556}{n}x-0.278 \qquad 0\leqslant x\leqslant n \\ z=0 \end{cases} \tag{10-20}$$

式中：n 为总的采样次数；x 为采样次数。根据上式可以计算出每一时刻焊缝偏差真实值 y_x，当 $x<n/2$ 时表示激光束左偏焊缝，当 $x>n/2$ 时表示激光束右偏焊缝。

焊接试验中焊件夹持在工作台上做匀速运动，而高速红外摄像机和激光头固定在焊接机器人手臂上，它们之间没有相对的位移，因此激光光斑坐标在图像中的位置是固定已知的，根据光斑坐标与动态变化的焊缝位置参数之间的偏差即可得到焊缝偏差测量值，它们之间的关系满足

$$E_x=b\times(P_x-c),\qquad x=1,\ 2,\ \cdots,\ n \tag{10-21}$$

式中：E_x 为焊缝偏差测量值；b =1mm/114pixel 为视觉传感器标定值；P_x 为各采样时刻从熔池图像中提取的焊缝位置参数；c 为激光束在图像中的位置坐标。

由测量理论可知，熔池红外图像的采集，及焊缝位置参数提取都已经受到视觉传感器测量噪声的影响，试验采用 Kalman 滤波对焊缝位置状态进行最优估计，实现消除噪声的影响，滤波算法流程如图 10.34 所示。

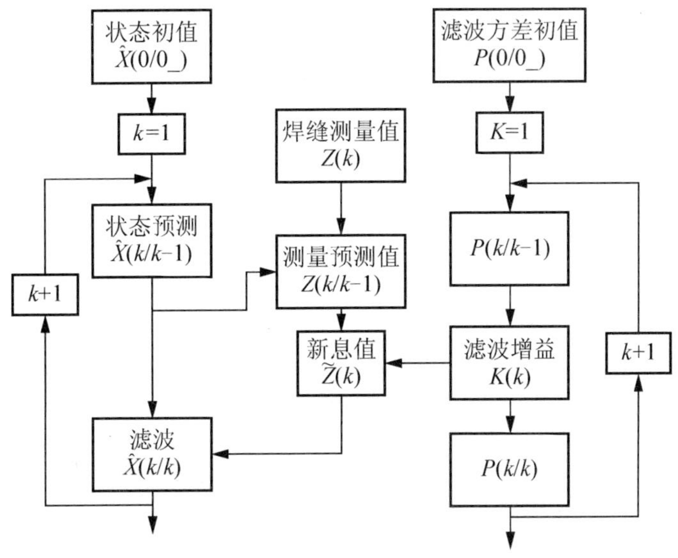

图 10.34　Kalman 滤波焊缝预测跟踪算法流程

滤波算法首先应确定滤波状态初始值，以起始时刻相邻两帧图像的焊缝位置参数作为状态初值，并计算位移初值。图 10.35 所示 t_0 时刻焊缝位置参数为 238，t_1 时刻为 239，相邻时刻焊缝位置变化量为 1，所以滤波状态初始值 $\hat{\boldsymbol{X}}(0/0_-)=\begin{bmatrix}239\\1\\238\end{bmatrix}$，此时刻对状态的估计是准确的，所以滤波协方差初值 $\boldsymbol{P}(0/0_-)=\begin{bmatrix}0&0&0\\0&0&0\\0&0&0\end{bmatrix}$。

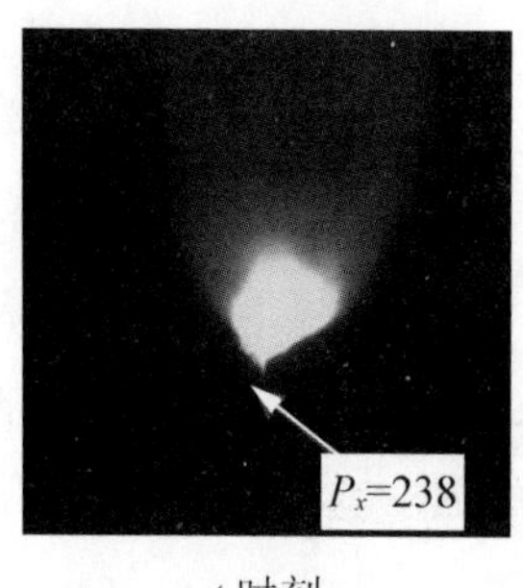

t_0时刻

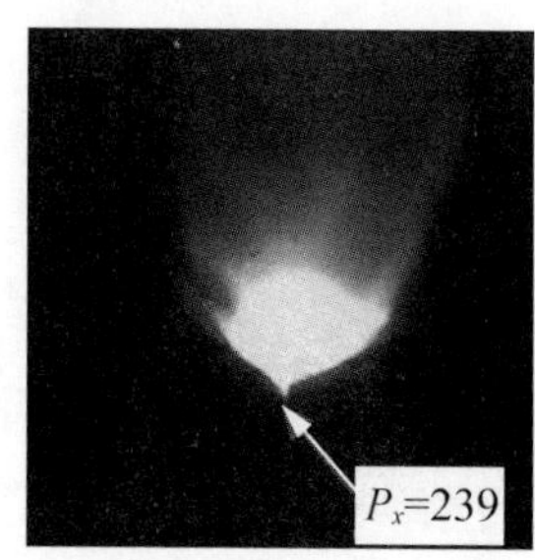

t_1时刻

图 10.35　初始状态焊缝位置参数

假定过程噪声方差 $Q=1\times10^{-6}$，测量噪声方差 $\boldsymbol{R}=\begin{bmatrix}5&0\\0&5\end{bmatrix}$，Kalman 滤波方程首先对 $k=1$ 时刻的状态进行一步预测，得到 $\hat{\boldsymbol{X}}(1/0)=\begin{bmatrix}242.5\\6\\239\end{bmatrix}$，由视觉传感器得到 $k=1$ 时刻焊缝位置测量信息为 $\boldsymbol{Z}(1)=\begin{bmatrix}239\\0\end{bmatrix}$，Kalman 滤波算法再对 $k=1$ 时刻焊缝位置测量信息进行预测估计，得到焊缝位置测量值的预测值 $\hat{\boldsymbol{Z}}(1/0)=\begin{bmatrix}242.5\\3.5\end{bmatrix}$，最后滤波算法对状态预测值进行修正，得到最佳状态滤波值 $\hat{\boldsymbol{X}}(1/1)=\begin{bmatrix}239.45\\4.6364\\237.18\end{bmatrix}$，此时完成一次滤波，然后依次递推完成所有试验数据的滤波计算。Kalman 滤波算法通过对焊缝位置参数的预测估计可以实现对焊缝偏差的滤波，滤波试验结果如图 10.36 与图 10.37 所示，可以看出与焊缝偏差测量值相比，偏差滤波值更接近实际值，说明 Kalman 滤波很好地消除了过程噪声与测量噪声的影响，有利于提高焊缝路径跟踪精度。

焊缝偏差测量平均误差为 0.0231，误差协方差为 7.523×10^{-4}，滤波后误差均值为 0.0133，误差协方差为 3.1542×10^{-4}，说明滤波后误差减小，且波动小，Kalman 滤波能够有效消除噪声影响，提高测量精度。可以看出，焊缝偏差测量值能够吻合实际焊缝偏差值，说明采取的测量方法是有效的，即从熔池图像中提取焊缝位置参数能够识别焊缝位置。由试验结果来看，所选取的状态向量是合适的，建立的系统状态方程与测量方程能够体现焊缝位置的实际变化情况。从 Kalman 滤波结果可以看出，对于所选取的滤波初值与噪声方差，焊缝偏差滤波值能够很好地贴近实际值，说明滤波器起到了很好的平滑作用。试验证明 Kalman 滤波能够消除过程噪声与测量噪声的影响，提高焊缝跟踪精度。

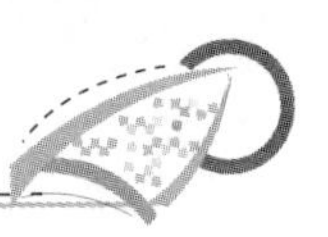

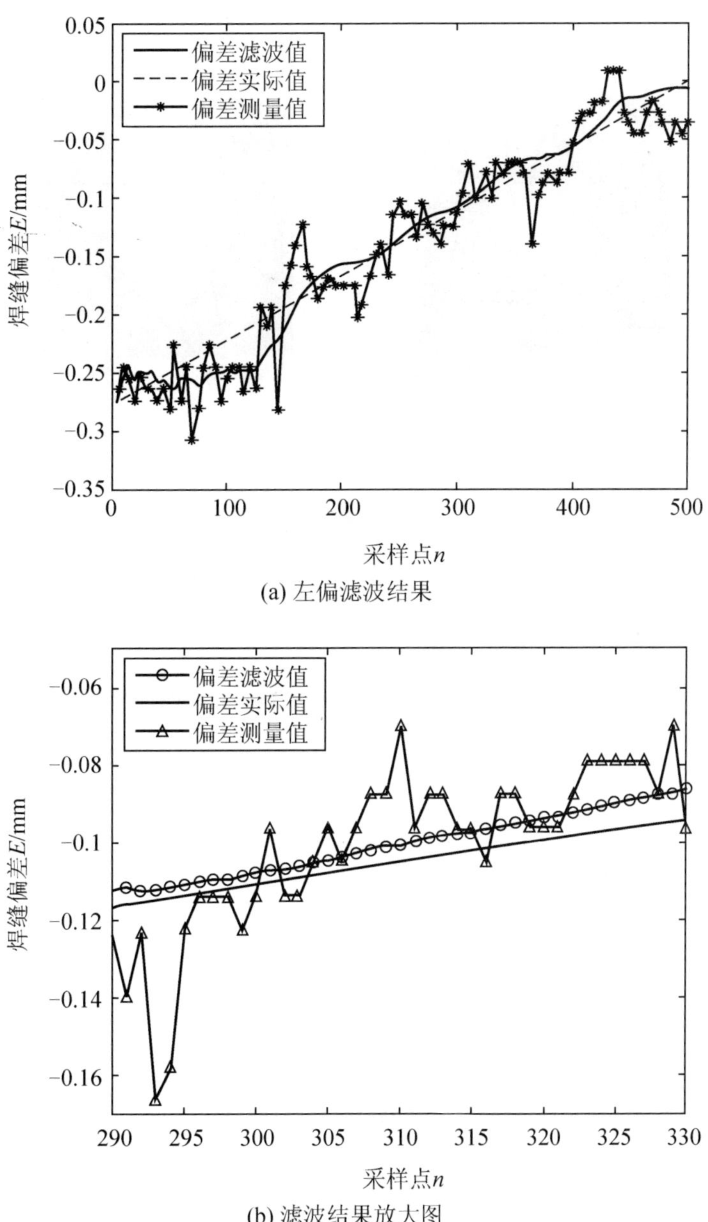

(a) 左偏滤波结果

(b) 滤波结果放大图

图 10.36　左偏焊缝偏差滤波结果

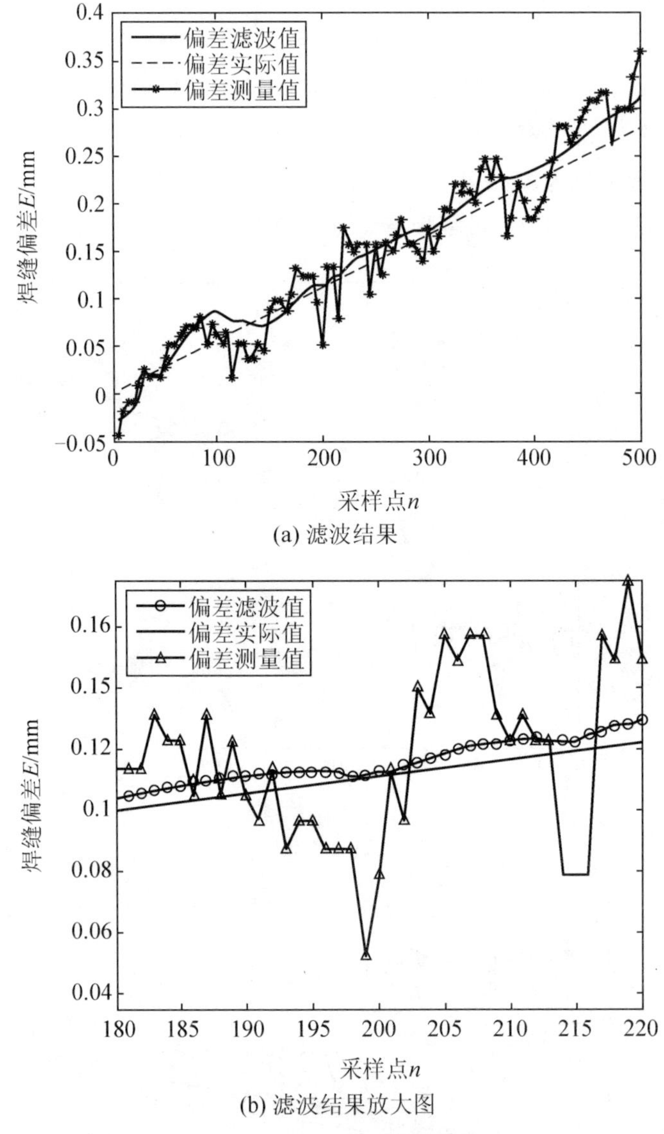

(a) 滤波结果

(b) 滤波结果放大图

图 10.37 右偏焊缝偏差滤波结果

10.3.3 色噪声卡尔曼滤波焊缝预测跟踪算法

白噪声是一种理想的随机过程，传统 Kalman 滤波对系统过程噪声与观测噪声都假定是不相关的白噪声，而绝大多数情况下系统过程噪声和测量噪声为色噪声。假如随机过程 $w(t)$，$t<T$ $\{\cdots -1\ 0\ 1\ \cdots\}$，统计特性满足

$$\begin{cases} E\left[w(t)\right]=0 \\ E\left[w(t)w^{\mathrm{T}}(t)\right]=q\delta(t-\tau) \end{cases} \quad 其中\ \delta(t-\tau)=\begin{cases} 1, & t=\tau \\ 0, & t\neq\tau \end{cases} \tag{10-22}$$

则称 $w(t)$ 为白噪声序列，白噪声的均值及自相关函数与时间间隔有关，而与时间起

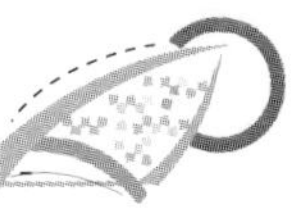

点无关，属于平稳随机过程，其功率谱在整个频率段内相等，为一常数。

焊接系统过程噪声和测量噪声的功率谱随频率而变化，是典型的色噪声，用时间序列分析法把平稳的色噪声看成是各时刻相关的序列和各时刻出现的白噪声所组成的，即 k 时刻有色噪声 $N(k)$可以表示为

$$\begin{aligned} N(k)=&\alpha_1 N(k-1)+\alpha_2 N(k-2)+\cdots+\alpha_p N(k-p)+W(k) \\ &-\theta_1 W(k-1)-\theta_2 W(k-2)-\cdots-\theta_q W(k-q) \end{aligned} \tag{10-23}$$

式中：$\alpha_i<1(i=1，2，\cdots，p)$为自回归系数；$\alpha_i<1(i=1，2，\cdots，q)$为滑动平均系数；$W(k)$为白噪声序列。

图 10.38 所示为激光焊接过程中由传感器引入的一种测量噪声统计信息，可以看出该噪声概率密度呈高斯分布，功率谱分布不均匀，所以是一种高斯型色噪声，由数字拟合该噪声可以表示为

$$N(k)=0.8*N(k-1)+W(k) \tag{10-24}$$

式中：$W(k)$是均值为零、方差为 1 的高斯白噪声。

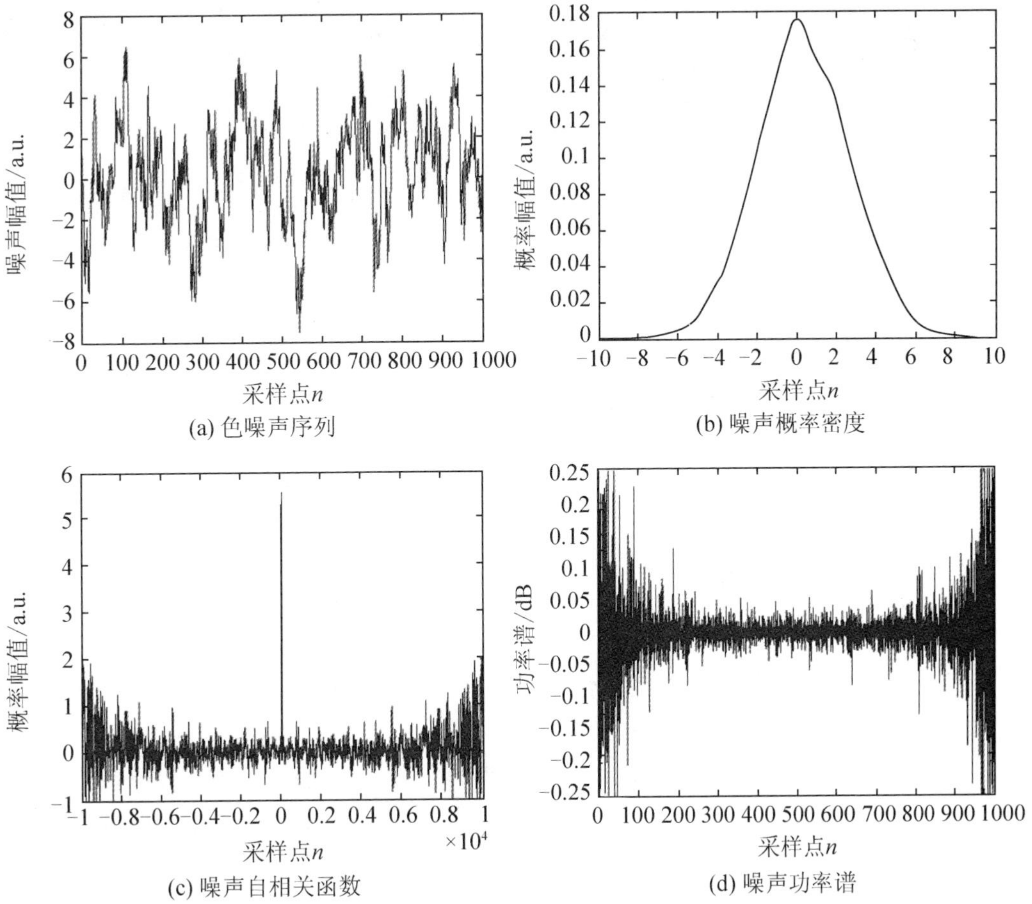

(a) 色噪声序列

(b) 噪声概率密度

(c) 噪声自相关函数

(d) 噪声功率谱

图 10.38　测量噪声统计特性

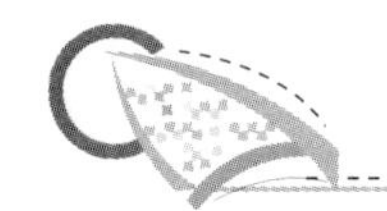

实际焊接过程的色噪声可以用 P 价自回归模型 AR(Auto—regressive)表示，即

$$N(k)=\alpha_1 N(k-1)+\alpha_2 N(k-2)+\cdots+\alpha_p N(k-p)+W(k) \tag{10-25}$$

焊接工艺色噪声统一使用一阶自回归模型表示，而从实际焊接应用来说能够满足要求。实际情况下焊接系统过程噪声并非为白噪声而是色噪声序列，所以系统状态方程式(10-17)中包含的过程噪声 $w_x(k)$ 是由白噪声序列 $\xi(k)$ 驱动生成的自相关色噪声，服从一价 $AR(1)$ 模型，即满足

$$w_x(k)=\Pi(k,\ k-1)w_x(k-1)+\xi(k)=0.5w_x(k-1)+\xi(k) \tag{10-26}$$

式中：$\xi(k)$ 为均值为零、方差为 Q 的白噪声序列。

色噪声条件下传统 Kalman 滤波算法不能实现系统状态最优估计，采用状态增广法将过程色噪声列入状态向量，得到新的状态方程和测量方程，可以使色噪声白化，然后按白噪声情况应用传统 Kalman 滤波算法进行处理，具体分析过程如下。

对系统原状态方程进行状态向量增广，可以得到如下结果。

$$\boldsymbol{X}^*(k)=\begin{bmatrix}\boldsymbol{X}(k)\\ w_x(k)\end{bmatrix}=\begin{bmatrix}x_1(k)\\ x_2(k)\\ x_3(k)\\ x_4(k)\end{bmatrix} \tag{10-27}$$

状态向量维数增广后，系统状态方程(10—17)和焊缝位置测量方程(10—19)式变为

$$\begin{cases}\underbrace{\begin{bmatrix}x(k+1)\\ \dot{x}(k+1)\\ x(k)\\ w_x(k+1)\end{bmatrix}}_{\boldsymbol{X}^*(k+1)}=\underbrace{\begin{bmatrix}1&1&0&0.5\\0&1&0&1\\1&0&0&0\\0&0&0&0.5\end{bmatrix}}_{\boldsymbol{\Phi}^*(k+1,k)}\underbrace{\begin{bmatrix}x(k)\\ \dot{x}(k)\\ x(k-1)\\ w_x(k)\end{bmatrix}}_{\boldsymbol{X}^*(k)}+\underbrace{\begin{bmatrix}0\\0\\0\\1\end{bmatrix}}_{\boldsymbol{\Gamma}^*(k+1,k)}\xi(k)\\ \underbrace{\begin{bmatrix}x_p(k)\\ \Delta x(k)\end{bmatrix}}_{\boldsymbol{Z}(k)}=\underbrace{\begin{bmatrix}1&0&0&0\\1&0&-1&0\end{bmatrix}}_{\boldsymbol{H}^*(k)}\underbrace{\begin{bmatrix}x(k)\\ \dot{x}(k)\\ x(k-1)\\ w_x(k)\end{bmatrix}}_{\boldsymbol{X}^*(k)}+\underbrace{\begin{bmatrix}v_{xp}(k)\\ v_{\Delta x}(k)\end{bmatrix}}_{\boldsymbol{V}(k)}\end{cases} \tag{10-28}$$

上式中的 $\xi(k)$ 与 $\boldsymbol{V}(k)$ 是互不相关、均值为零的高斯白噪声(阵)，其相应的自协方差(阵)分别为 $Q(k)$ 和 $\boldsymbol{R}(k)$。此方程组能够满足白噪声 Kalman 滤波算法要求，采用传统的 Kalman 算法即可实现系统状态的最优估计，也是过程色噪声 Kalman 滤波焊缝跟踪预测算法的信号模型及滤波模型。过程色噪声 Kalman 滤波算法与传统 Kalman 算法不同之处在于：①状态向量由三维增加到四维，其中包括焊缝位置当前值，前一时刻值，位置变化量，过程噪声；②状态转移矩阵，过程噪声驱动矩阵，焊缝位置测量矩阵相应改变，焊缝位置及位置变化量测量信息不变，测量噪声不变；③整个算法递推过程与传统 Kalman 算法相同。

测量噪声主要由传感器引入，而焊接现场受到飞溅烟尘，等离子气体等干扰，所以测量噪声是一种典型的色噪声，测量色噪声建模服从一价 $AR(1)$ 模型，即满足

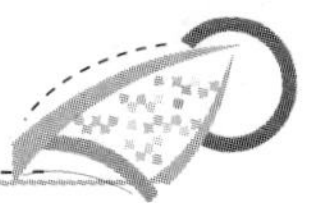

$$\underbrace{\begin{bmatrix} v_{xp}(k) \\ v_{\Delta x}(k) \end{bmatrix}}_{\boldsymbol{V}(k)} = \underbrace{\begin{bmatrix} 0.5 & 0 \\ 0 & 0.5 \end{bmatrix}}_{\boldsymbol{\psi}(k,k-1)} \underbrace{\begin{bmatrix} v_{xp}(k-1) \\ v_{\Delta x}(k-1) \end{bmatrix}}_{\boldsymbol{V}(k-1)} + \underbrace{\begin{bmatrix} \eta_1(k-1) \\ \eta_2(k-1) \end{bmatrix}}_{\boldsymbol{\eta}(k-1)} \tag{10-29}$$

式中：$\boldsymbol{\eta}(k)$为均值为零、方差阵为$\boldsymbol{R}$的白噪声序列。在Kalman滤波方程中为了保证增益矩阵中求逆的存在，要求观测噪声的方差矩阵必须为正定，所以此时不能采用状态增广法处理，一种合理的处理方法是采用观测增广法对测量色噪声进行白化，观测增广法只改变焊缝位置测量方程，而系统状态方程不变。

在测量色噪声条件下测量信息式(10-17)变为

$$\boldsymbol{Z}^*(k) = \boldsymbol{Z}(k+1) - \boldsymbol{\psi}(k+1,k)\boldsymbol{Z}(k) = \begin{bmatrix} v_{xp}(k+1) - 0.5v_{xp}(k) \\ v_{\Delta x}(k+1) - 0.5v_{\Delta x}(k) \end{bmatrix} \tag{10-30}$$

可以看出，由于测量噪声是前后时刻相关的色噪声，在噪声的影响下测量到的焊缝位置信息前后时刻也存在相关性，所以色噪声带来的影响是改变了测量信息相邻时刻的独立性。此时，测量矩阵变为

$$\boldsymbol{H}**(k) = \boldsymbol{H}(k)\boldsymbol{\phi}(k+1,k) - \boldsymbol{\psi}(k+1,k)\boldsymbol{H}(k) = \begin{bmatrix} 0.5 & 1 & 0 \\ -0.5 & 1 & 0.5 \end{bmatrix} \tag{10-31}$$

测量噪声变为

$$\boldsymbol{V}^*(k) = \boldsymbol{H}(k+1)\boldsymbol{\Gamma}(k+1,k)w_x(k) + \boldsymbol{\eta}(k) = \begin{bmatrix} 0.5w_x(k) + \eta_1(k) \\ 0.5w_x(k) + \eta_1(k) \end{bmatrix} \tag{10-32}$$

测量色噪声条件下系统状态转移方程和焊缝位置测量方程为

$$\begin{cases} \boldsymbol{X}(k+1) = \underbrace{\begin{bmatrix} 1 & 1 & 0 \\ 0 & 1 & 0 \\ 1 & 0 & 0 \end{bmatrix}}_{\boldsymbol{\phi}(k+1,k)} \begin{bmatrix} x_1(k) \\ x_2(k) \\ x_3(k) \end{bmatrix} + \underbrace{\begin{bmatrix} 0.5 \\ 1 \\ 0 \end{bmatrix}}_{\boldsymbol{\Gamma}(k+1,k)} w_x(k) \\ \underbrace{\begin{bmatrix} v_{xp}(k+1) - 0.5v_{xp}(k) \\ v_{\Delta x}(k+1) - 0.5v_{\Delta x}(k) \end{bmatrix}}_{\boldsymbol{Z}^*(k)} = \underbrace{\begin{bmatrix} 0.5 & 1 & 0 \\ -0.5 & 1 & 0.5 \end{bmatrix}}_{\boldsymbol{H}**(k)} \underbrace{\begin{bmatrix} x(k) \\ \dot{x}(k) \\ x(k-1) \end{bmatrix}}_{\boldsymbol{X}(k)} + \underbrace{\begin{bmatrix} 0.5w_x(k) + \eta_1(k) \\ 0.5w_x(k) + \eta_1(k) \end{bmatrix}}_{\boldsymbol{V}^*(k)} \end{cases} \tag{10-33}$$

从以上状态方程和测量方程可以看出系统过程噪声$w_x(k)$，测量噪声$\boldsymbol{V}^*(k)$都为白噪声，所以观测增广法实现了测量色噪声的白化，但测量噪声阵中包含了系统噪声，因此各测量噪声阵不独立，互协方差为

$$\boldsymbol{S}(k) = Q(k)\boldsymbol{\Gamma}^T(k+1,k)\boldsymbol{H}T(k) \tag{10-34}$$

虽然观测增广法实现了测量色噪声的白化，但是此方法处理结果带来了系统过程噪声和测量噪声的相关性，此时需要对传统Kalman滤波状态预测进行修正。根据上述建立的状态方程与焊缝位置测量方程可得到焊缝预测跟踪测量色噪声Kalman滤波模型。测量色噪声Kalman滤波算法与传统Kalman算法不同之处在于：①状态向量不变，系统状态转

移方程不变；②测量色噪声影响下，测量方程发生改变，测量数据不独立，前后时刻存在相关性；③状态预测的实现与传统 Kalman 算法不同，需引入一步预测增益矩阵 $\boldsymbol{J}(k)$，对传统 Kalman 算法状态预测进行修正。

焊接工艺试验采集左偏[−0.1453mm，−0.03424mm]区间 200 帧熔池图像序列和右偏[0.05464mm，0.1667mm]区间 200 帧熔池图像，并从熔池图像中提取焊缝位置参数，计算焊缝偏差测量值。分别采用过程色噪声 Kalman 滤波算法和测量色噪声 Kalman 滤波算法对焊缝偏差测量值进行滤波试验，目的是通过比较分析两种滤算法的性能，研究最大限度消除过程噪声与测量噪声的方法。滤波初始化与前述相同，将起始时刻相邻两帧图像的焊缝位置参数作为状态初值并计算位移初值，左偏滤波状态初始值 $\boldsymbol{X}(0/0_-)=\begin{bmatrix}251\\5\\246\end{bmatrix}$，右偏滤波状态初始值 $\boldsymbol{X}(0/0_-)=\begin{bmatrix}278\\0\\278\end{bmatrix}$，滤波协方差阵初值相同，即 $\boldsymbol{P}(0/0_-)=\begin{bmatrix}0&0&0\\0&0&0\\0&0&0\end{bmatrix}$。

在过程色噪声 Kalman 滤波试验中假设过程色噪声由均值为零、方差 $Q=1.5\times10-6$ 的白噪声驱动产生，测量噪声为均值等于零、方差阵 $\boldsymbol{R}=\begin{bmatrix}1&0\\0&1\end{bmatrix}$ 的白噪声；而在测量色噪声 Kalman 滤波试验中假设过程噪声为均值等于零、方差 $Q=1.5\times10-6$；测量色噪声为均值等于零、方差阵 $\boldsymbol{R}=\begin{bmatrix}1&0\\0&1\end{bmatrix}$ 的白噪声驱动产生。图 10.39 所示为过程色噪声卡尔曼滤波试验结果，图 10.40 所示为测量色噪声卡尔曼滤波试验结果。

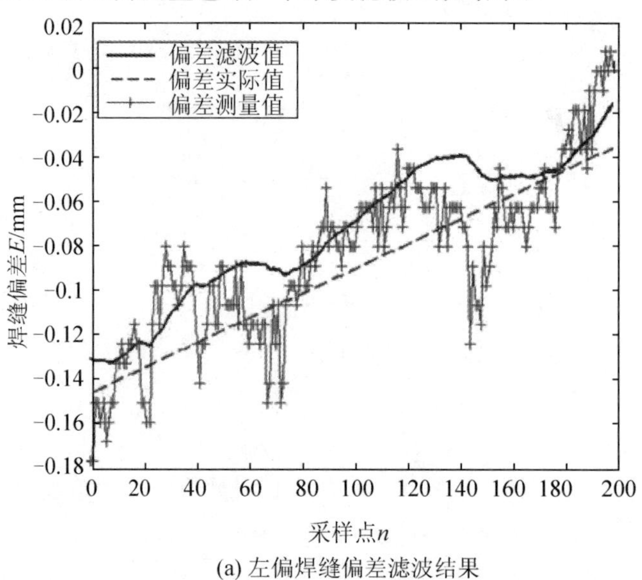

(a) 左偏焊缝偏差滤波结果

图 10.39　过程色噪声 Kalman 滤波算法试验结果

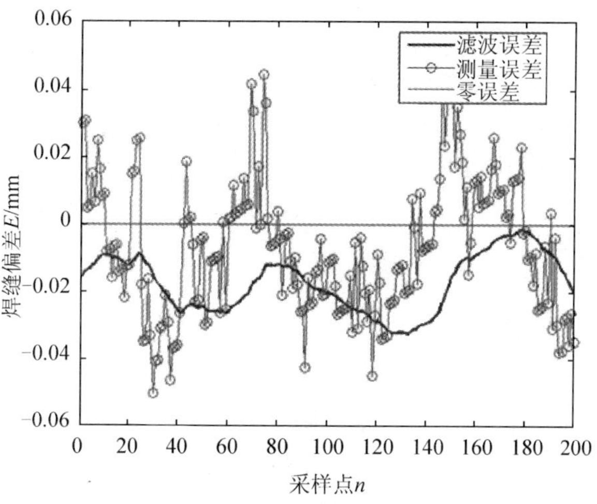

(b) 左偏滤波误差

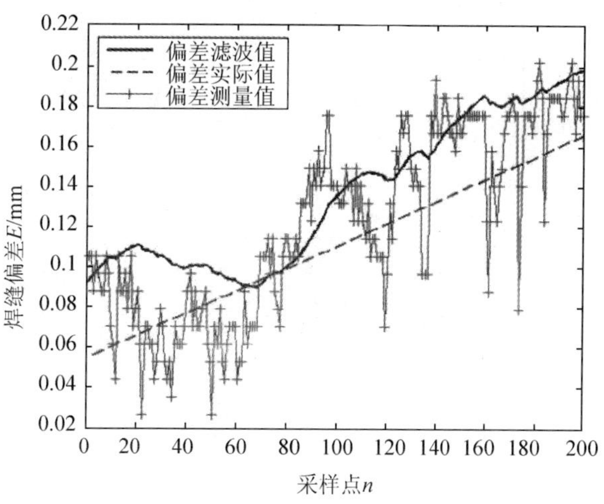

(c) 右偏焊缝偏差滤波结果

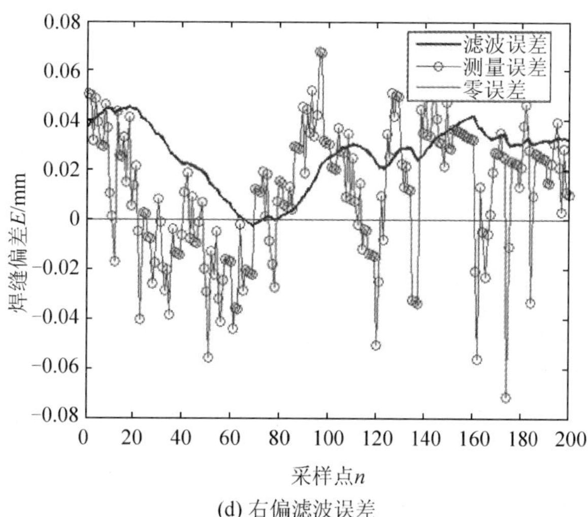

(d) 右偏滤波误差

图 10.39　过程色噪声 Kalman 滤波算法试验结果(续)

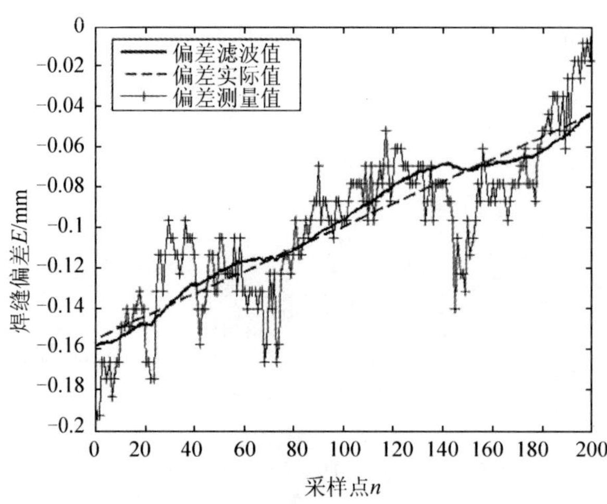

(a) 左偏焊缝偏差滤波结果

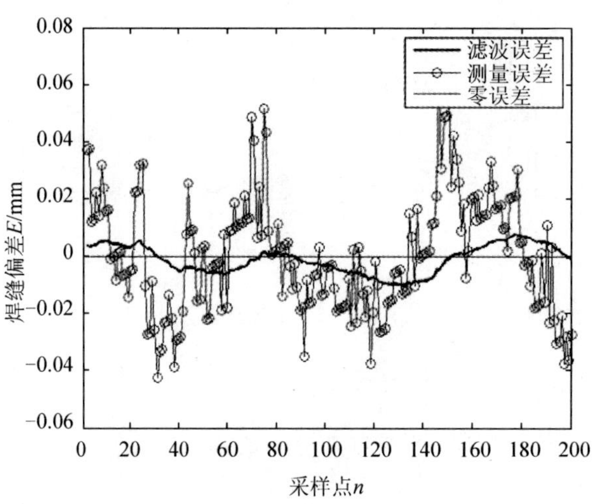

(b) 左偏滤波误差

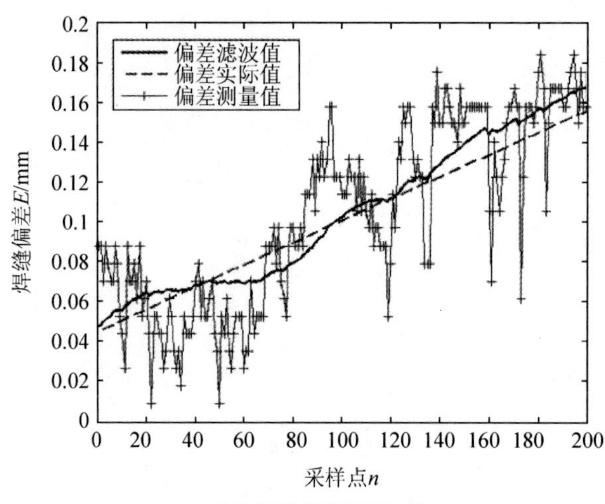

(c) 右偏焊缝偏差滤波结果

图 10.40　测量色噪声 Kalman 滤波算法试验结果

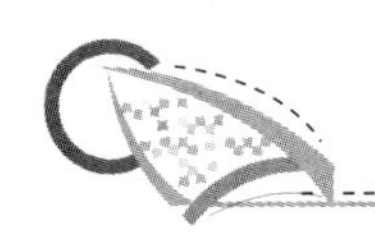

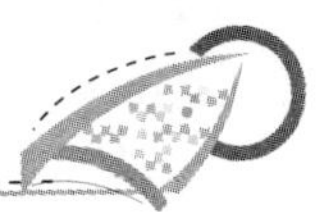

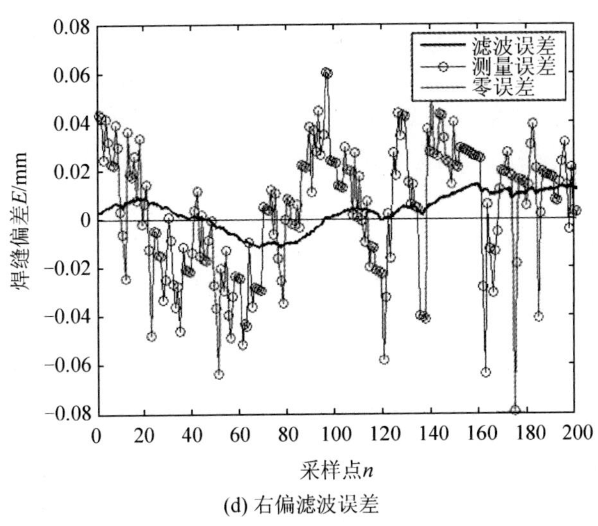

(d) 右偏滤波误差

图 10.40　测量色噪声 Kalman 滤波算法试验结果(续)

在滤波初值相同且噪声统计特性 Q 和 $\boldsymbol{R}$ 取值相同的条件下，两种色噪声 Kalman 滤波算法试验结果比较分析如下：①从图 10.39 和 10.40 中可以看出，与焊缝偏差测量值相比，两种滤波算法滤波结果都能起平滑作用，即减小波动性，而测量色噪声 Kalman 滤波试验结果更平滑，效果更好。②过程色噪声 Kalman 滤波结果偏离实际值较大，而测量色噪声 Kalman 滤波结果能够平滑地接近焊缝偏差实际值，说明测量色噪声 Kalman 滤波能稳定地跟踪焊缝路径，相比过程色噪声 Kalman 滤波器性能优越。③过程色噪声卡尔曼滤波误差均值 0.0234mm，误差方差 7.3131×10－4，跟踪精度 45.5%；测量色噪声卡尔曼滤波焊缝跟踪误差均值 0.0127mm，方差 2.5139×10－4，跟踪精度 80.5%，说明测量色噪声 Kalman 滤波更能消除噪声影响。激光焊接过程噪声与焊缝偏差测量噪声统计特性是一种满足色噪声的随机过程，针对色噪声采用状态增广法和测量增广法推导出了色噪声条件下用于焊缝跟踪的 Kalman 滤波预测算法。分别对测量色噪声 Kalman 滤波算法与系统色噪声 Kalman 滤波算法进行了试验研究，滤波结果证明测量色噪声 Kalman 滤波算法性能优于系统色噪声 Kalman 滤波算法，测量色噪声 Kalman 滤波更能有效抑制噪声干扰提高焊缝跟踪精度。

10.4　系统辨识在激光焊接过程飞溅特征分析中的应用[34,35]

10.4.1　研究背景

激光焊接技术起始于 20 世纪 70 年代的美国，激光焊接是材料加工和激光加工技术应用的重要手段之一，具有高质量、高精度、高效率、高速度和低变形等特点，使其成为 21

世纪最受瞩目且最具发展前景的焊接技术之一。随着高功率 CO_2 和高功率的 YAG 激光器的研制成功，激光焊接的应用越来越广泛，主要用于制造业、粉末冶金、电子工业、汽车工业、生物医学、塑料激光焊接、新材料激光焊接、造船工业、航空航天工业等领域。大功率盘形激光焊接是当前先进的激光焊接技术之一，与其他焊接方法相比具有激光功率大、光束质量优良、大深宽比和极高的激光利用率等特性。尤其是对于焊接厚板材料，大功率盘形激光焊接不需要开坡口和填充材料，能一次性焊接成型，大大节约了工时和成本。激光焊接过程是一个典型非线性、时变和易受干扰的多变量复杂系统。由于激光焊接独特的工作原理，焊接过程中热传导不均匀、焊接材料不均匀、焊接加工环境的变化以及激光束在匙孔内部不规则的反射和折射，使得影响激光焊接质量的因素很多。同时，激光焊接过程中产生烟尘、金属蒸汽辐射、飞溅和焊件的热变形等，即使在焊接控制参数保持恒定的情况下仍然会出现焊接不稳定状态，直接影响着激光焊的焊接质量。而保证激光焊接质量的方法之一是实现焊接过程的在线监控，为此，首先就要找到焊接传感特征量变化规律以及与焊缝质量间的关系。激光焊接过程中所产生的飞溅、金属蒸汽和焊件的热变形等给焊接质量的判别提供了大量的实时数据，通过对这些数据进行分析，可以实现对激光焊接质量做出在线评估。

飞溅是激光深熔焊过程中的一种现象，当激光束辐射焊件使其局部熔化并形成熔池和匙孔后，匙孔内充满金属蒸汽和等离子体，当金属蒸汽量超过某个临界值，熔池底部的液态金属在冲力的作用下形成飞溅。所以飞溅与焊接的稳定性和焊接质量有着密切的关系，研究飞溅特征与焊接质量之间的关联是实现焊接过程在线控制的重要基础。视觉图像是人类获取外界信息的主要手段之一，图像中含有丰富的信息。当前，图像传感技术在激光焊接领域的应用已引起国内外学者的广泛重视。图像传感可以获取激光焊接过程中丰富直观的焊接图像信息，而且图像传感器不会对加工引入额外的干扰。随着计算机视觉技术的发展，利用机器视觉直接观察激光焊接过程，建立焊接过程质量实时传感与控制系统，已经成为激光加工领域的主要研究方向之一。在金属飞溅图像中，可以提取出大量有用的特征信息，探索特征值与焊接质量之间的规律，从而建立金属飞溅与当前焊接质量之间的辨识模型，达到在线监测激光焊接质量的目的。

10.4.2 大功率盘形激光焊接试验设计

试验装置主要包括日本 Motoman 6 关节机器人、高速 NAC 摄像机、大功率盘形激光焊接设备 TruDisk—10003、焊接工作台等。激光器的焊接功率为 10kW，激光光斑直径为 480μm，激光波长为 1030nm，焊接速度为 4.5m/min，高速 NAC 摄像机的拍摄速度为 2000f/s，图像分辨率为 512 像素×512 像素。摄像机采用可见光波段与紫外光波段进行图像采集，保护气体为氩气，试验采用平板堆焊，试件选用尺寸为 119mm×51mm×20mm(长宽厚)的 304 不锈钢板，试件的运动由工作台的精密伺服电动机驱动。试验装置结构图如图 10.41 所示。

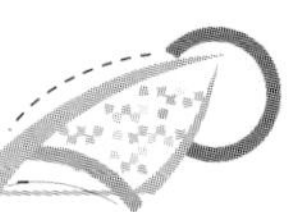

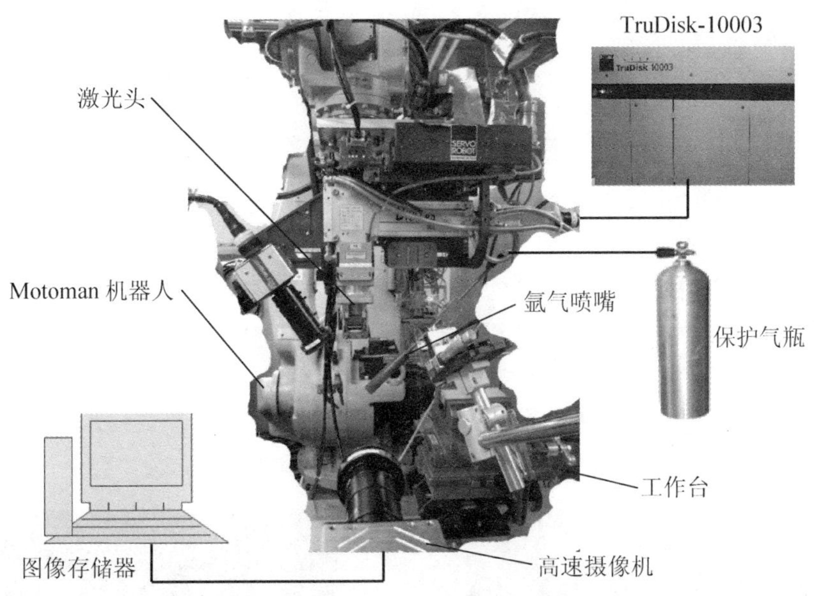

图 10.41 大功率盘形激光焊接试验装置结构图

试验以大功率盘形激光焊接 304 不锈钢板作为研究对象，利用高速 NAC 摄像机进行图像采集，摄取大量的包含丰富焊接质量信息的金属飞溅图像，通过分析激光焊接金属飞溅图像特征的变化趋势，结合图像处理技术，提取能够判别激光焊接质量变化规律的特征参数，用以判断当前的焊接质量，建立特征参数与焊缝宽度之间的数学模型，以实现激光焊接的在线质量监测。根据大功率盘形激光焊接试验的具体要求，有效地提取激光焊接过程中喷发的金属飞溅特征参数，深入分析金属飞溅特征参数与激光焊接质量之间的关系。本试验采用 NAC 高速摄像机的传感器为 CMOS(Complementary Metal-Oxide-Semiconductor Transistor)，并结合特定光谱滤光片采集紫外光波段以及可见光波段的图像信息。金属蒸汽辐射主要出现在紫外光波段(190～400 nm)，而金属飞溅的辐射主要出现在可见光波段(400～770 nm)，熔池的表面辐射信息主要在红外光辐射波段(1000～1600 nm)。在焊接速度、焊接激光功率、保护气体及其流量等参数都保持不变的情况下，整个试验历了 1.2s，共采集到 2400 幅金属飞溅图像(即原始数据的 41～2440 幅)，焊缝长度为 90mm。采集到的金属飞溅图像包含了焊接质量优良、焊接质量一般和焊接质量差 3 种典型的焊接质量情况。试验焊接实物如图 10.42 所示。

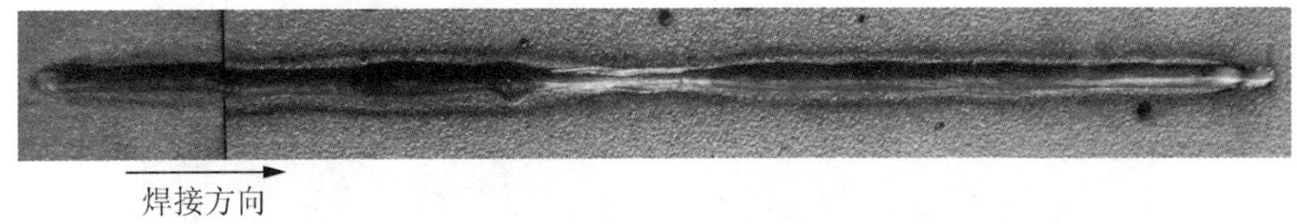

焊接方向

图 10.42 激光焊接后的焊缝正面实物

10.4.3 系统辨识在焊接过程飞溅特征分析中的应用

1. 图像预处理

在大功率盘形激光焊接过程中，焊接区域附近不可避免地出现大量的烟尘干扰以及其他噪声干扰，使得焊接现场比较复杂，使用CMOS高速摄像机采集的金属飞溅图像必然存在噪声，会使图像不够清晰。而且采集到的图像中包含了金属飞溅、金属蒸汽和焊接熔高3部分信息，必须去除金属蒸汽和焊接熔高部分才能进行金属飞溅特征参数的提取。对图像进行分析前，须对原图进行图像预处理，改善图像质量，增强感兴趣的图像区域。采用加权平均法对RGB彩色图像进行灰度转换，金属飞溅图像的灰度转换如图10.43所示。将金属飞溅原始图像转换为灰度图像，可以看出，转换前后图像的形状和大小都未发生变化。

(a) 金属飞溅原始图

(b) 金属飞溅灰度图像

图10.43 金属飞溅RGB图转换为灰度图

试验采集到的图像中包含着大量的粉尘、光晕等干扰，为了提高金属飞溅图像特征参数的精度，利用维纳滤波对灰度图像进行去噪处理。通过调试，试验采用6×6滤波窗口对灰度图像进行维纳滤波去噪处理，结果如图10.44(a)所示。采用维纳滤波后，对图像进行二值化处理。通过调试对比，采用全局阈值为35进行二值化处理，使得金属飞溅的形状大小与原图的金属飞溅形状大小最为吻合，结果如图10.44(b)所示。

(a) 维纳滤波

(b) 二值化

图10.44 飞溅图像维纳滤波与二值化效果图

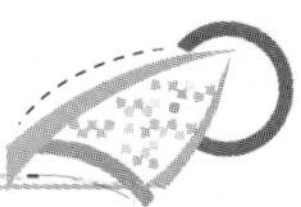

经过二值化后的图像中还存在极个别难以观察到的散杂点，为了准确地统计飞溅的数量，采用形态学图像处理中的开运算进行处理。创建一个半径为 1pixel 的圆盘结构的开运算参数对图像进行开运算处理。通过调试，删除图像中小于阈值为 300 pixel 的对象，得到金属蒸汽及熔高图像(图 10.45(a))，然后用开运算后的图像与金属蒸汽及熔高图像作差运算，可得到金属飞溅的二值图(图 10.45(b))。

(a) 金属蒸汽及熔高图

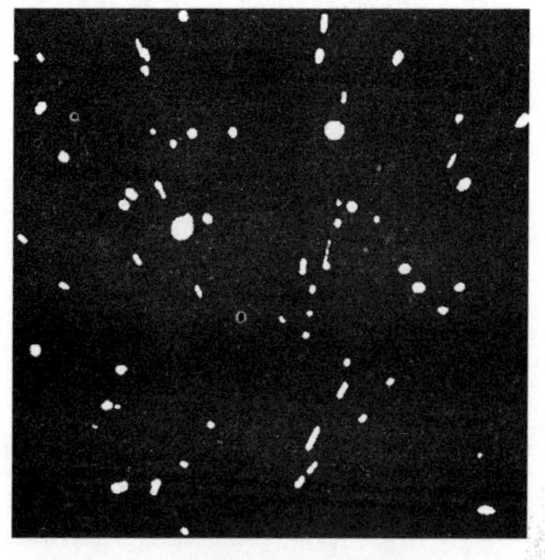

(b) 金属飞溅二值图

图 10.45　去除金属蒸汽及熔高的效果图

在获取到去金属蒸汽及熔高的金属飞溅二值图后，可以通过金属飞溅二值图像去点乘灰度图像，从而得到去金属蒸汽及熔高后的金属飞溅灰度图像，处理结果如图 10.46 所示。

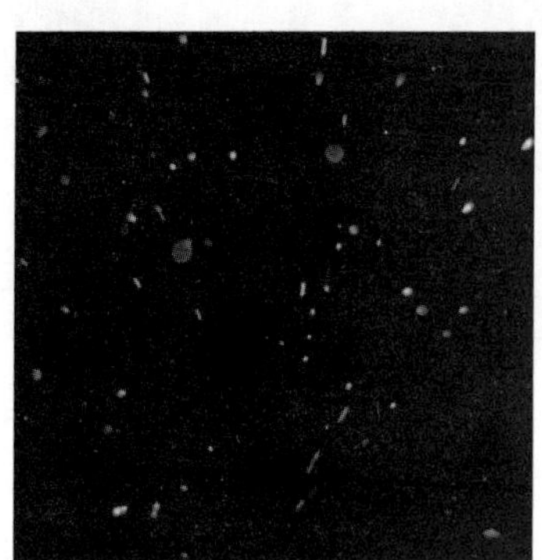

图 10.46　金属飞溅灰度图

2. 飞溅全局特征参数提取

金属飞溅喷发数量的情况可以反映激光焊接质量和稳定性，因此飞溅数量是一个非常重要的特征参数。具有连接分量的像素点为一个飞溅，统计图像中的连接分量可得到飞溅的数量，统计结果如图 10.47 所示。

通过计算去金属蒸汽及熔高飞溅二值图像的像素值为 1 的数量就可以得到单幅图像飞溅的面积。金属飞溅面积计算结果如图 10.48 所示。

金属飞溅图像的质心高度和飞溅距离定义如图 10.49 所示。

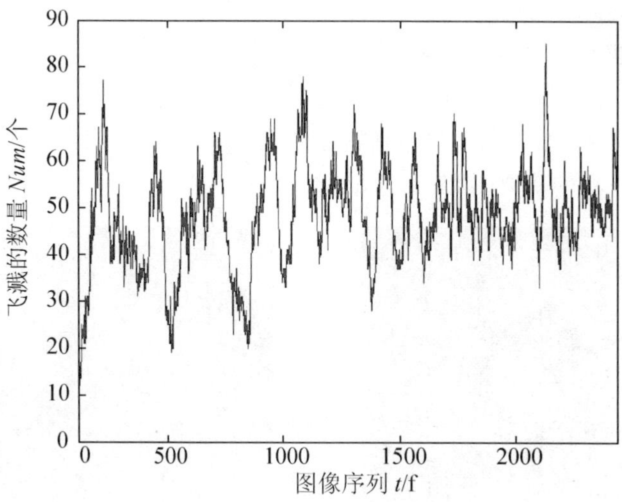

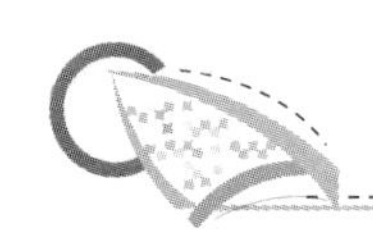

图 10.47　金属飞溅数量曲线图

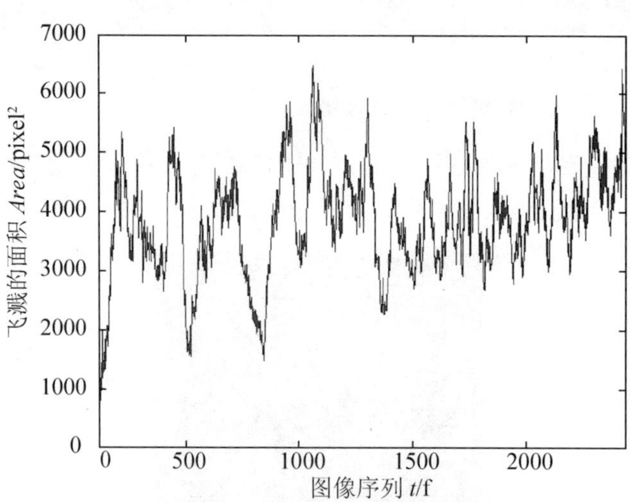

图 10.48　金属飞溅面积曲线图

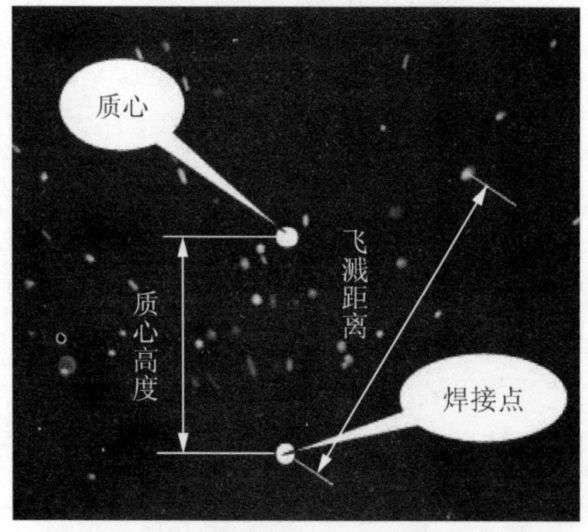

图 10.49　金属飞溅图像质心高度和飞溅距离示意图

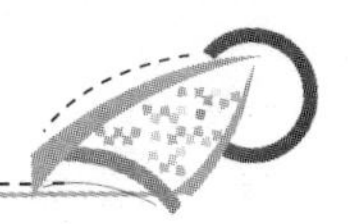

飞溅图像的质心高度和飞溅距离计算结果分别如图 10.50 和图 10.51 所示。随机抽取原始金属飞溅图像与计算结果对比，发现全局金属飞溅特征参数的提取非常准确。

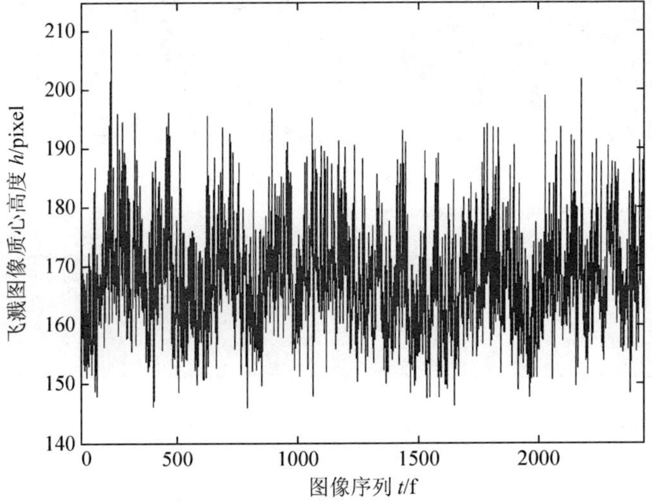

图 10.50　金属飞溅图像质心高度曲线图

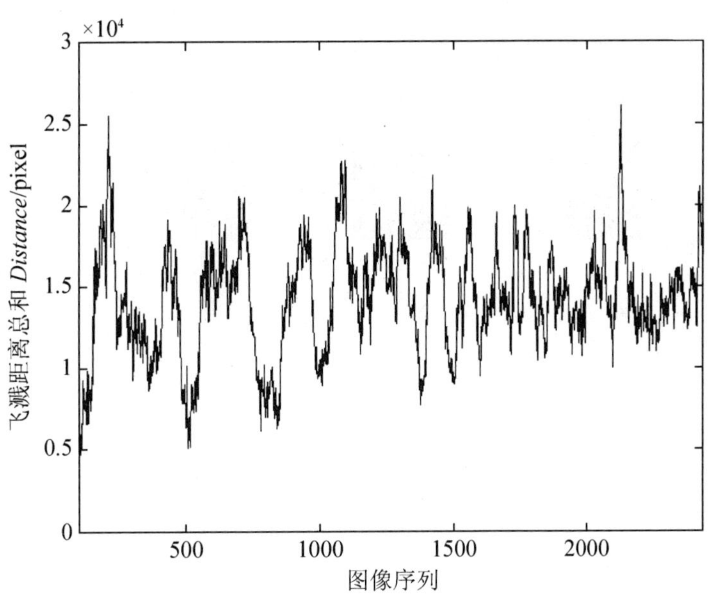

图 10.51　金属飞溅距离总和曲线图

3. 飞溅动态识别及动态飞溅特征参数提取

激光焊接过程中产生的金属飞溅含有丰富的焊接质量信息，飞溅的特征量与焊接质量密切相关。金属飞溅的喷发贯穿整个焊接过程，几乎在每个时刻都伴随有金属飞溅的喷发，因此对每个时刻新喷发出来的飞溅进行识别，并研究它们的特征参数，为激光焊接质量的在线检测提供重要的基础，具有重要的现实意义。通过对比连续图像相邻时刻的金属飞溅特征属性，可以对飞溅进行识别。连续 8 幅飞溅图像序列如图 10.52 所示。

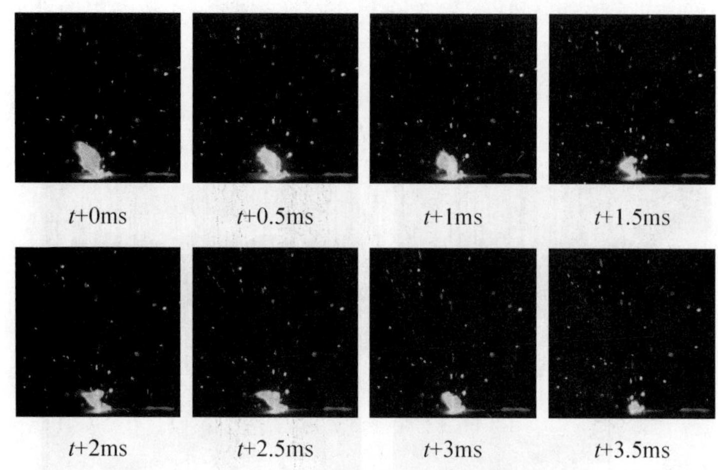

图 10.52 连续 8 幅飞溅图像

飞溅动态识别跟踪主要思路如图 10.53 所示，首先计算每个时刻 t 飞溅图像 I_t 的全部飞溅特征量信息并存储到 $B_t(i, j)$ 数据库当中，并将 $B_t(i, j)$ 库中的飞溅特征量信息与搜索信息数据库 $S_t(u, v)$ 中的飞溅特征量信息对比计算，判别 t 时刻的金属飞溅图像 I_t 中新喷发出来的飞溅，并将新飞溅信息存储到新飞溅数据库 $NewSpatter(t, r, h)$ 当中，并更新搜索信息数据库 $S_t(u, v)$ 中相应的值。

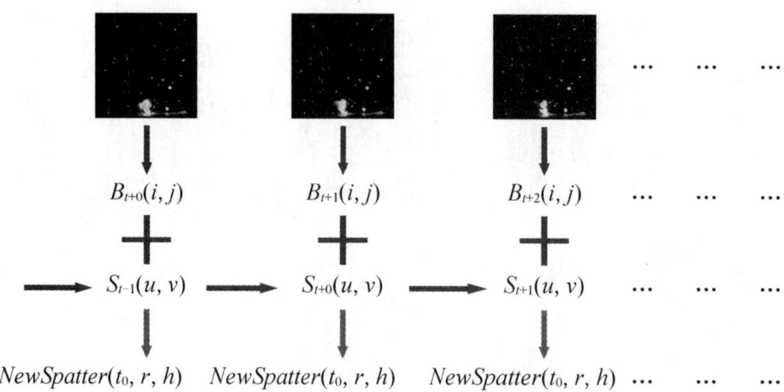

图 10.53 飞溅识别示意图

飞溅图像主要包括紫外光检测到的金属蒸汽和可见光检测到的飞溅体，为了准确提取飞溅特征量，通过图预处理方法消除飞溅图像中的金属蒸汽。为了对飞溅进行识别，先对每一幅金属飞溅图像中的飞溅特征量进行定义。时刻 t 的金属飞溅图像 I_t 的全部飞溅特征量信息用 $B_t(i, j)$ 存储，其中 t 为飞溅图像采集的时刻，i 为飞溅特征量信息序号，j 为时刻 t 飞溅图像 I_t 的全部飞溅的数量。$B_{t+0}(i, j)$ 包含了 $t+0$ 时刻飞溅图像 I_{t+0} 的第 j 个飞溅的 6 个特征量，6 个特征量分别为飞溅质心横坐标 $B_{t+0}(1, j)$，质心纵坐标 $B_{t+0}(2, j)$，飞溅的面积 $B_{t+0}(3, j)$，飞溅的灰度 $B_{t+0}(4, j)$，飞溅的平均灰度 $B_{t+0}(5, j)$，飞溅的半径 $B_{t+0}(6, j)$。

由于试验系统所采用的 NAC 摄像机拍摄速度(2000f/s)很高，采集到的图像数据中的运动飞溅存在余光停留，检测到金属飞溅的形体主要为圆形状和杆状两类，但是飞溅实体实际是接近球体的形状。理想情况下，在二维平面投影应该为圆形，所以飞溅半径定义为图像中飞溅的边缘到质心的最小距离。飞溅半径定义如图 10.54 所示，圆形状飞溅的检测形状和实际形状重合，杆状飞溅的检测形状和实际形状不重合，R 为该飞溅的实际半径。

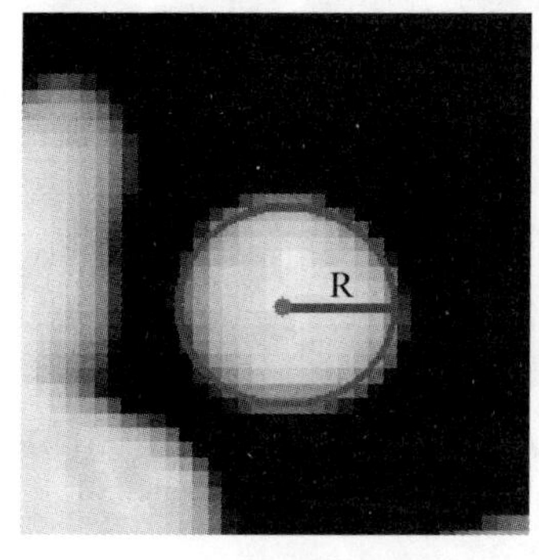

(a) 圆形状飞溅　　(b) 杆状飞溅

图 10.54　飞溅半径的定义

在动态识别飞溅后，可以进行新飞溅特征参数提取，例如提取飞溅的数量、半径、体积、速度、方向角度、灰度和面积等特征参数。飞溅实际形体接近球体，利用球体体积计算公式计算 t 时刻产生飞溅的体积。新飞溅的半径、体积、灰度和方向角度特征参数的提取结果如图 10.55 至图 10.58 所示。图中提取的新飞溅半径为每个时刻新喷发出来全部飞溅的半径之和，新飞溅体积为每个时刻新喷发出来全部飞溅的体积之和，新飞溅灰度为每个时刻新喷发出来全部飞溅的灰度之和，新飞溅方向角度为每个时刻新喷发出来全部飞溅的方向角度之和。

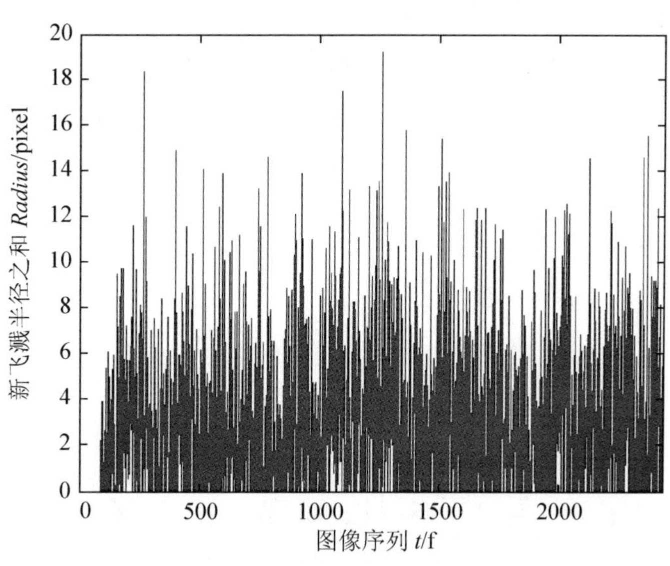

图 10.55　新飞溅半径之和总体分布

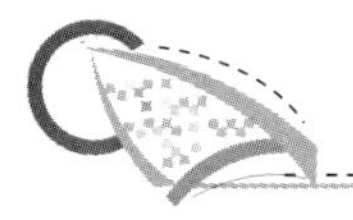

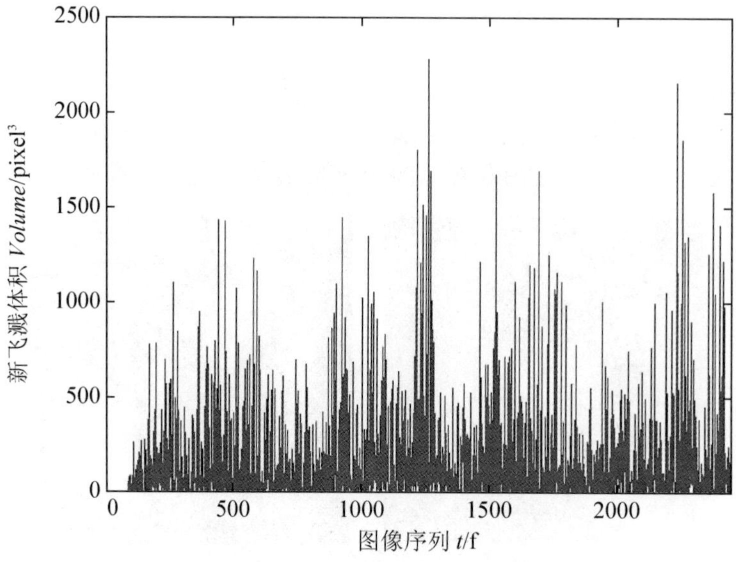

图 10.56　新飞溅体积总体分布

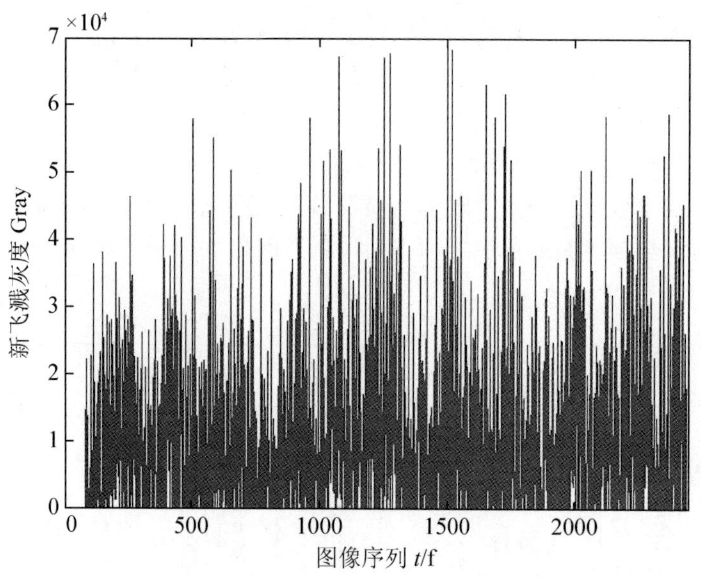

图 10.57　新飞溅灰度总体分布

在多数情况下，金属飞溅从焊接点喷发出来后，飞行到离焊接点有一定的距离才会被识别检测到，所以提取的新飞溅特征参数存在一定的滞后性。从识别算法程序运行结果中看到飞溅喷发的速度在不断发生变化，而且是不规则的变化。在摄像机摄取范围内有些飞溅的速度在不断变小，有些飞溅的速度在不断变大，还有些是先变小再变大或者先变大再变小等情况，因此难以对飞溅实际产生时刻进行计算。通过人工随机抽取原始数据与识别算法计算结果进行对比，发现飞溅识别的结果较准确，能够满足焊接质量研究的要求。

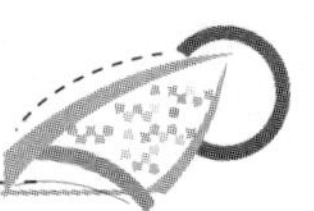

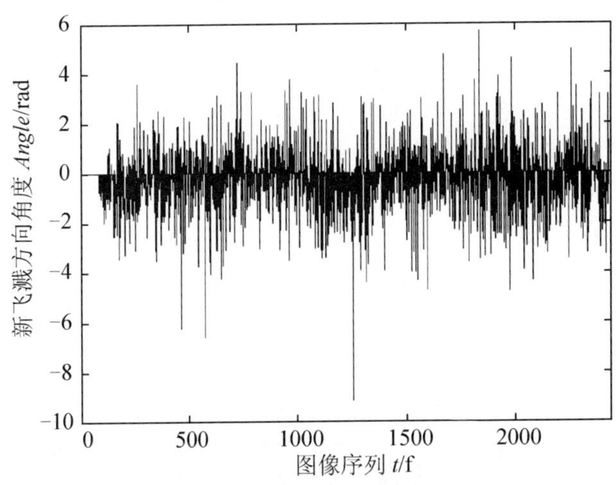

图 10.58 新飞溅方向角度总体分布

4. 焊缝宽度与飞溅特征参数关系模型建立

大功率盘形激光焊接过程是一个时变、非线性、大滞后的系统，利用传统建模方式建立的数学模型与实际情况相差较大，难以得到满意的效果。正是由于激光焊接的复杂性，要获取这类复杂过程的精确数学模型极为困难，因此获取这类过程的数学模型具有重要的意义，目前主要的建模方法包括：神经网络建模方法、模糊建模方法、神经网络与模糊相结合的方法以及支持向量基与粗糙集等其他智能建模方法。人工神经网络是目前应用较多的建模方式之一，利用工程技术模拟人脑神经网络的功能和结构，对建模对象不需要作任何的假设，具有较强的容错性。此处对不锈钢板进行堆焊试验，焊接过程是一个易受干扰的多变量复杂系统。由于激光焊接独特的工作原理，使得影响激光焊接质量的因素很多，即使在焊接控制参数保持恒定的情况下仍然会出现焊接不稳定状态，直接影响着激光焊的焊接质量。由于摄像机难以直接获取焊缝宽度，必须建立一个能准确描述焊接过程的模型来判断焊接质量。为此设计 BP 神经网络模型，通过全局图像飞溅特征参数和新飞溅特征参数来估算焊缝宽度以达到监测焊接质量的目的。

1）全局图像飞溅特征神经网络模型建立

为了使 BP 网络能够解决实际问题，必须对网络进行训练，训练实质就是从试验中抽取样本数据，通过调整权值和阈值，直到获得满意的输入/输出关系为止。样本数据应该包含试验中各种情况，这样才能得到较好的训练效果。这里进行了一组焊接试验，采集了 2400 组数据。由于激光焊接过程中金属飞溅回落到焊缝位置，导致了焊缝出现两个比较大的峰值，从焊缝宽度图可以知道两个峰值在 900 幅附近。为了使样本数据更加准确，剔除了两个受飞溅回落影响的峰值，网络采用剩下的 2100 组数据作为样本数据。由于焊接过程是连续的，不打乱数据顺序，选取前面 1600 组数据作为网络训练数据，后面 500 组数据作为网络测试数据。在确定了网络的训练样本后，需要确定神经网络模型的输入层和输出层的个数、隐含层的层数及各层的神经元个数。在激光焊接过程中影响焊接质量的因素很多，这里主要研究在保持焊接条件不变的情况下，金属飞溅的特征参数与焊接质量之间的关系，因此各层的参数选取如下。对于输入层而言，为了分析金属飞溅特征参数与焊接质量关系，选取全局图像飞溅的数量、飞溅的面积、飞溅距离总和以及飞溅图像质心高度作为输入量，总共 4 个输入参数。关于输出层，由于以焊缝宽度作为衡量焊接质量的标准，因此选取了试件实际的焊缝宽度作为模型的输出层。隐含层的神经元数目选取十分复杂，往往需要根据设计者的经验和多次试验来确定，因而不存在一个理想的解析式来表示。隐单元的数目与问题的要求、输入/输出单元的数目都有着直接的关系。隐单元数目太多会导致学习时间过长，也会导致容错性差、出现过拟合，因此存在一个最佳的隐单元数。一般情况下隐含层单元数为$\sqrt{n+m}+a$，其中 m 为输出神经元数，n 为输入单元数，a 为 1 到 10 之间的常数。经过多次调试得 1 个隐含层误差为 2 个隐含层误差的两倍左右，因此全局图像飞溅特征神经网络模型设置 2 个隐含层，神经元个数分别为 12 个和 8 个，选取均方差 *RMS* 误差最小的网络。不同的隐含层数和神经元数训练的误差见表 10－15。根据网络参数选取的结果，建立全局图像飞溅特征参数与焊缝宽度之间的 BP 网络，神经网络的结构如图 10.59 所示。

表 10－15　隐含层不同单元个数训练误差

隐含层 1	9	9	10	10	10	11	11	11
隐含层 2	6	7	6	7	8	6	7	8
误差	0.0314	0.0322	0.0335	0.0333	0.0406	0.0332	0.028	0.0268
隐含层 1	11	12	12	12	12	13	13	13
隐含层 2	9	7	8	9	10	8	9	10
误差	0.0291	0.0291	0.0254	0.0260	0.0285	0.0266	0.0260	0.0280

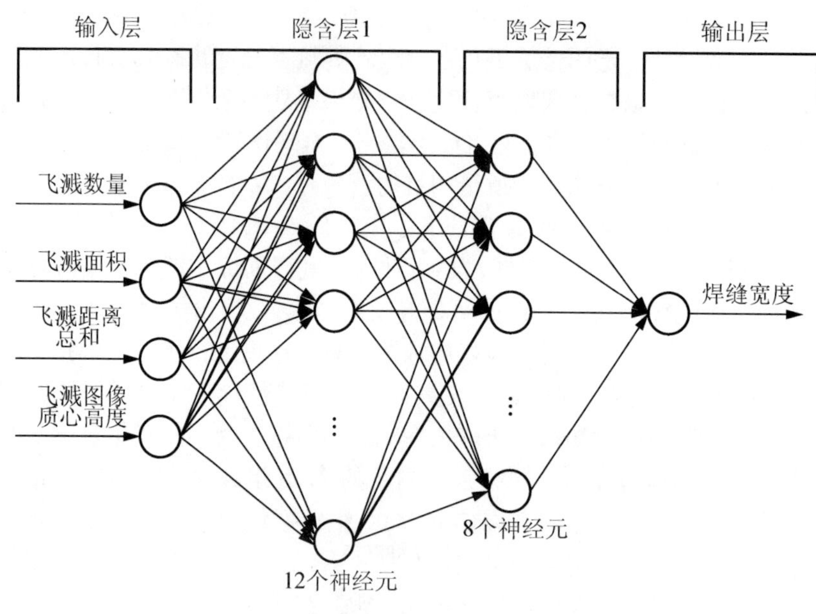

图 10.59　飞溅特征参数 BP 神经网络结构图

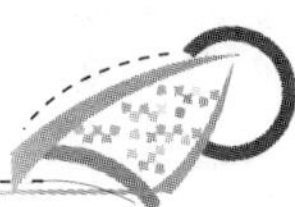

经过训练调试选取效果较好的网络函数，BP 网络的创建函数为 newff()，学习函数为基于梯度下降法的学习函数 learngd()，学习速率为 0.001，训练函数采用默认的训练函数，训练次数为 1000，输入层到隐含层 1 的传递函数为 logsig()，隐含层 1 到隐含层 2 的传递函数为 tansig()，隐含层 2 到输出层的传递函数为 tansig()。确定网络的函数后，利用采样数据中前 1600 组数据对网络进行训练，训练效果如图 10.60 所示，网络训练过程误差变化情况如图 10.61 所示。

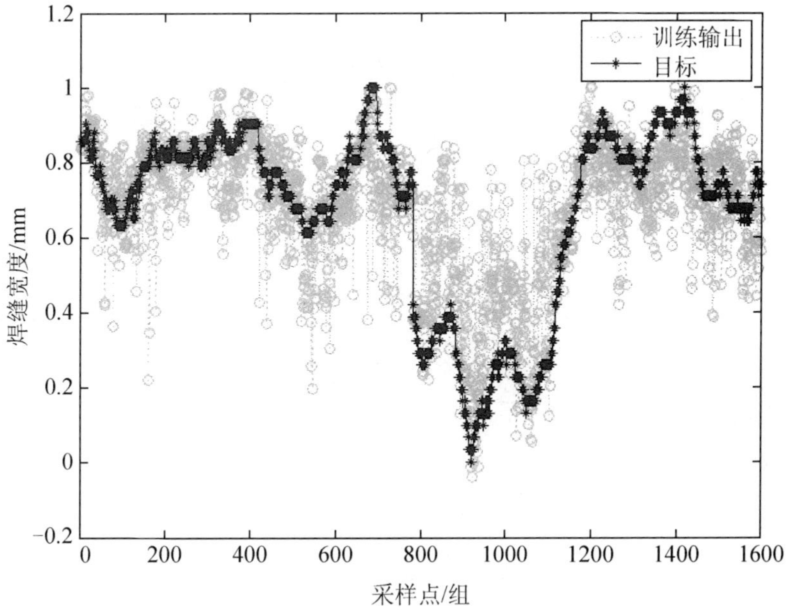

图 10.60　基于飞溅的焊缝特征识别神经网络训练效果

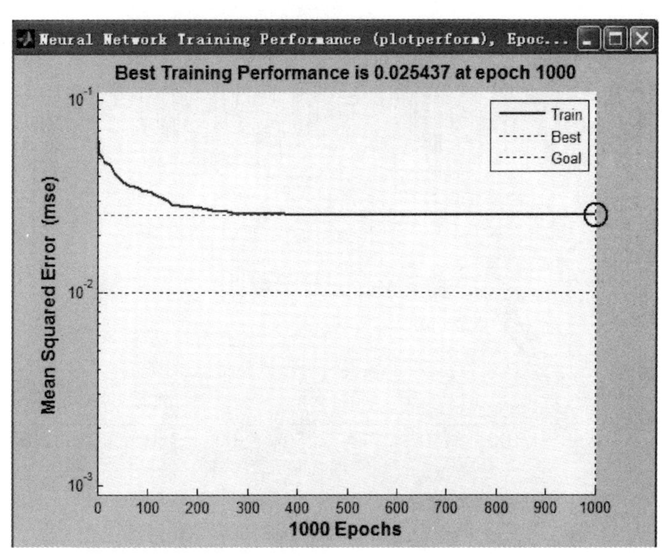

图 10.61　神经网络训练均方误差

在神经网络训练完毕后，需要对网络进行测试。利用采样数据中后500组数据对网络进行测试，测试完后对网络测试输出进行反归一化，使输出数据变为实际大小。测试的结果如图10.62所示，测试误差如图10.63所示。

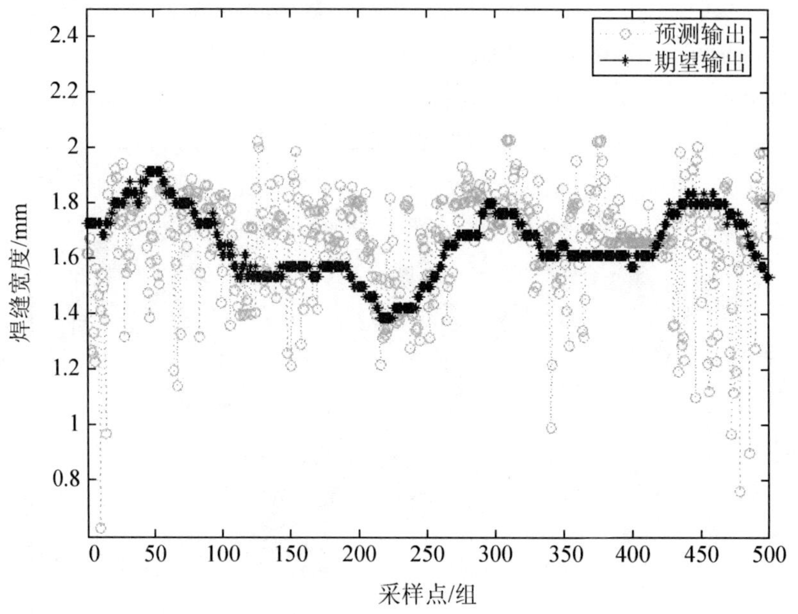

图10.62　基于飞溅的焊缝特征识别神经网络测试结果

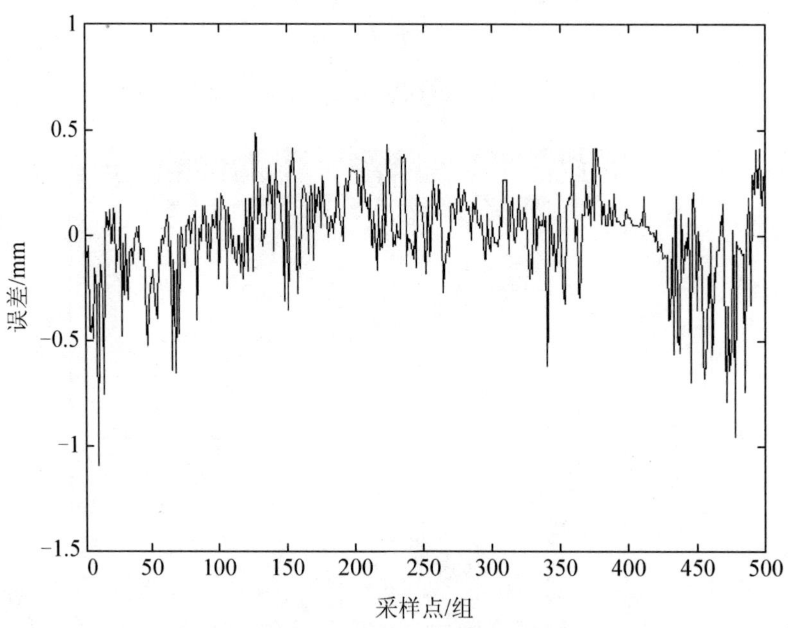

图10.63　基于飞溅的焊缝特征识别网络测试误差

由测试结果和测试误差图可得，所建立的神经网络能够对焊缝的宽度变化做出预测，

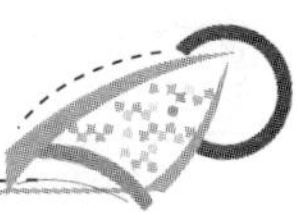

可以判断焊缝宽度变化趋势，对实际焊接具有一定的指导作用。但是网络预测存在一定的误差，误差主要集中在－0.4～0.1mm。

2）新飞溅特征神经网络模型建立

为了使BP网络能够在实际中应用，必须从试验数据中抽取样本数据对网络进行训练，训练过程中不断调整网络的权值和阈值，直到获得满意的输入与输出关系结果。在飞溅动态识别后提取了2400幅图像新飞溅的特征参数，同样为了使样本数据更加准确，剔除了焊缝宽度受金属飞溅回落影响的两个峰值的数据。在激光焊接过程中，存在一定的时刻没有新飞溅的喷发，即新飞溅的特征参数为零。为了使网络预测更准确，避免输入特征参数为零，选取了步长为3进行多步预测，每3幅图像新飞溅特征数据之和作为一组网络采样数据，同样把对应的3幅图像焊缝宽度数据之和作为一组网络采样数据。经过处理后，数据总数为713组，由于焊接过程是连续的，选取前面450组数据作为网络训练数据，后面263组数据作为网络测试数据。采样数据选取后对数据进行变量的离差标准化处理，使得数据归一化为0到1区间。网络的样本数据确定后，需要确定网络模型的输入层和输出层的个数、隐含层的层数及各层的神经元个数。在激光焊接试验过程中焊接条件保持恒定不变，焊接飞溅特征与焊缝宽度必定存在一定的联系。因此各层的参数选取为：对于输入层，为了分析金属飞溅特征参数与焊接质量关系，选取新飞溅特征参数为飞溅体积、飞溅灰度、负方向角度和正方向角度作为输入量，总共4个输入参数。对于输出层，由于以焊缝宽度作为衡量焊接质量的标准，同样选取了试件实际的焊缝宽度作为模型的输出层。关于隐含层，通过多次调试运算，对比网络的训练结果，选取均方差*RMS*误差最小的网络。由调试结果可知1个隐含层误差为2个隐含层误差的两倍左右，因此新飞溅特征参数神经网络模型设置2个隐含层，神经元个数分别为12个和9个，不同的隐含层数和神经元数训练的误差见表10－16。根据网络参数选取结果，建立新飞溅特征参数与焊缝宽度之间的BP网络，网络的结构如图10.64所示。

表10－16　隐含层不同单元个数训练误差

隐含层1	9	10	10	10	11	11	12	12
隐含层2	6	6	7	8	8	9	6	7
误差	0.030	0.031	0.027	0.028	0.026	0.023	0.027	0.026
隐含层1	12	12	12	13	13	13	14	14
隐含层2	8	9	10	8	9	10	8	9
误差	0.022	0.017	0.019	0.020	0.018	0.018	0.022	0.021

经过训练调试选取效果较好的网络函数，确定网络的函数后，利用采样数据中前450组数据对网络进行训练，训练效果如图10.65所示，网络训练过程误差变化情况如图10.66所示。

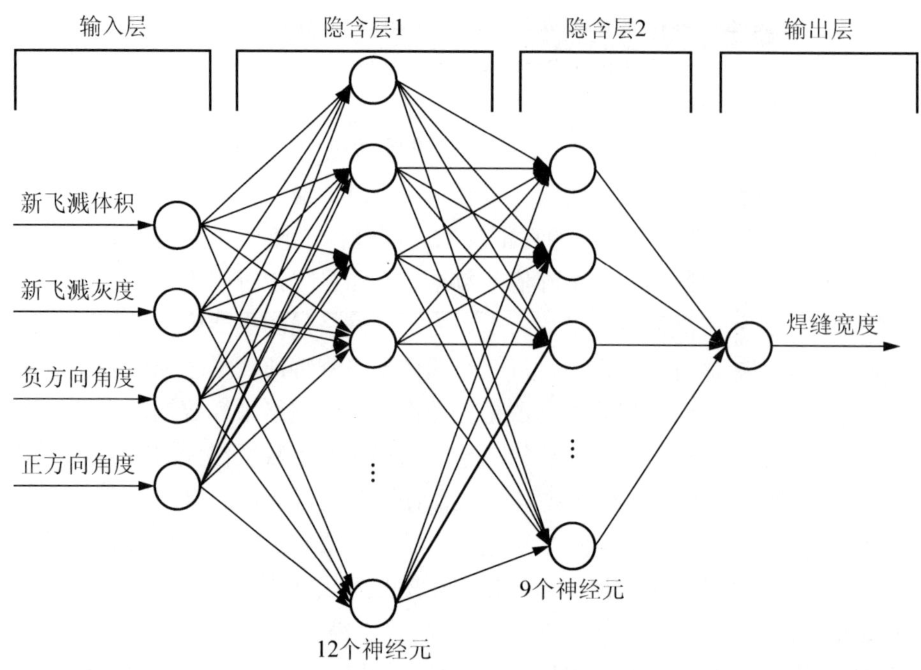

图 10.64　新飞溅特征参数 BP 神经网络结构图

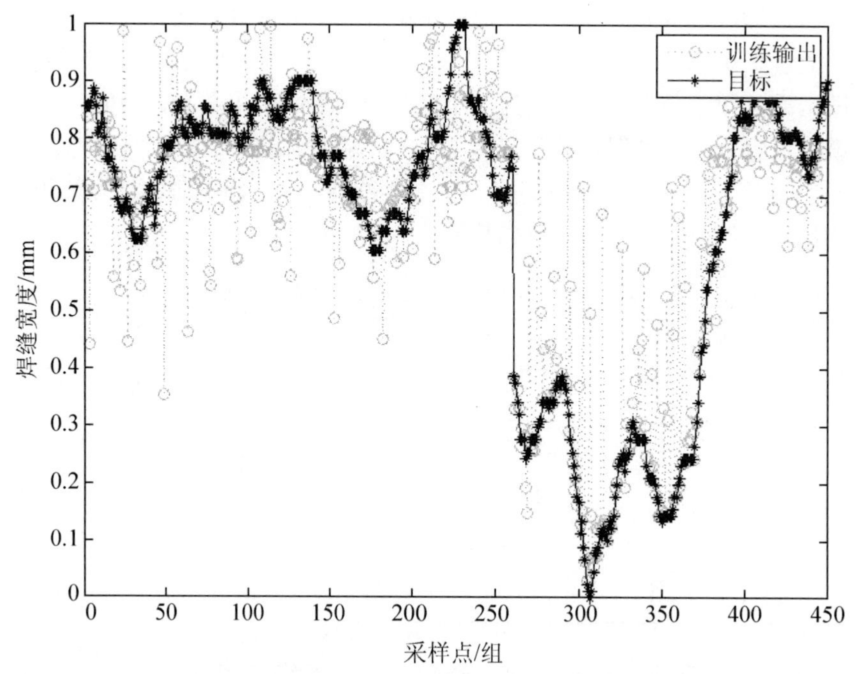

图 10.65　基于飞溅的焊缝宽度识别神经网络训练效果

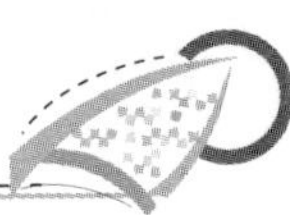

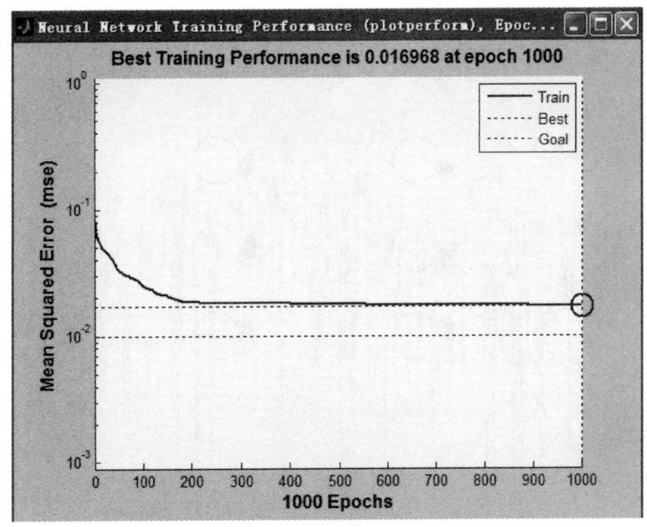

图 10.66　神经网络训练均方误差

网络训练完毕后，对网络进行测试。利用采样数据中后 263 组数据对网络进行测试，测试完后对网络测试输出进行反归一化，使输出数据变为实际大小。测试的结果如图 10.67 所示，测试误差如图 10.68 所示。

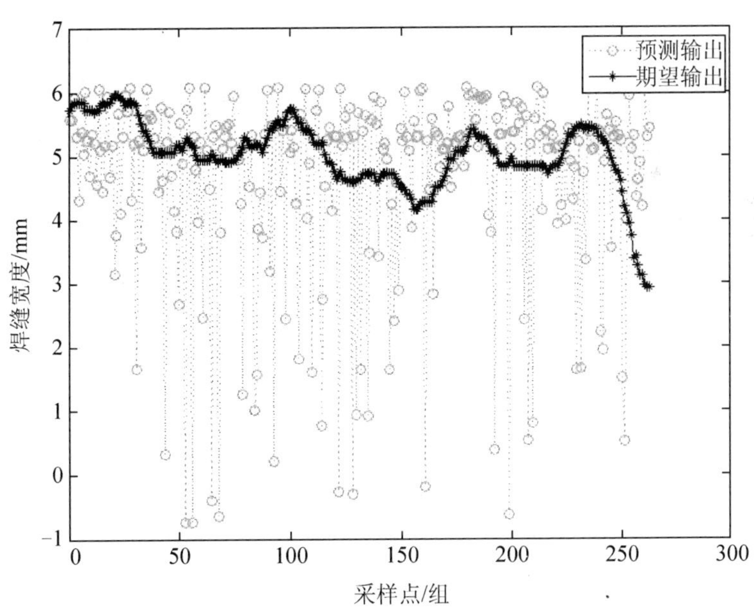

图 10.67　焊缝宽度识别的神经网络测试结果

由测试结果和测试误差图可得，神经网络能够对焊缝宽度的变化趋势做出预测判断，对实际应用具有一定的指导作用。但是网络预测存在一定的误差，由于采用 3 步预测，3 幅图像数据作为一组采样数据，焊缝宽度之和大概在 5.5mm，所以误差变化范围比单步预测要大，误差主要集中在−2～1mm。

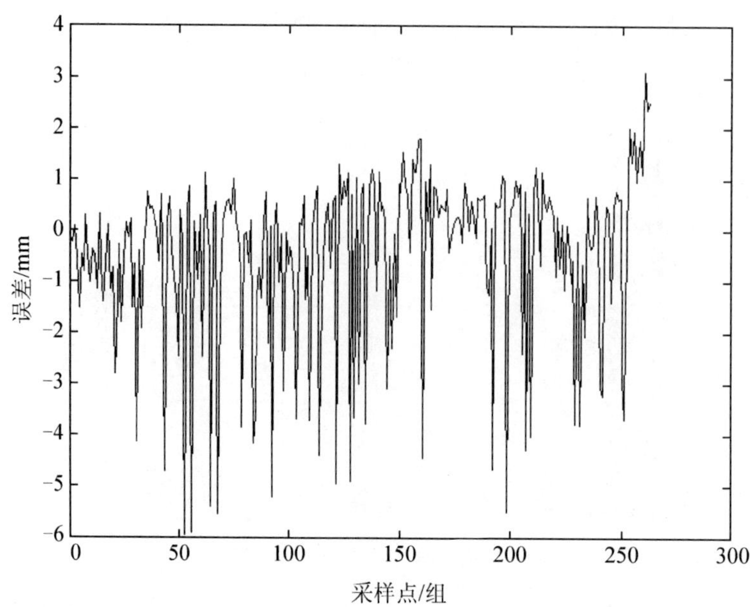

图 10.68　焊缝宽度识别的神经网络测试误差

本章小结

本章介绍了现代控制理论相关知识点在工程应用的实例，包括模糊 PID 控制技术在焊缝跟踪中的应用、模式识别在铁路车辆闸瓦检测中的应用、卡尔曼滤波在激光自动焊目标跟踪控制中的应用、系统辨识在激光焊接过程飞溅特征分析中的应用。

参考文献

[1] 蔡尚峰．自动控制理论[M]. 北京：机械工业出版社，1982.

[2] 谢克明．现代控制理论[M]. 北京：清华大学出版社，2007.

[3] 于长官．现代控制理论及应用[M]. 哈尔滨：哈尔滨工业大学出版社，2005.

[4] 钟秋海．现代控制理论[M]. 北京：高等教育出版社，2004.

[5] 谢克明．现代控制理论基础[M]. 北京：北京工业大学出版社，2004.

[6] 吴忠强．现代控制理论[M]. 北京：中国标准出版社，2003.

[7] 居余马，等．线性代数[M]. 北京：清华大学出版社，2002.

[8] 巨永锋，李登峰．最优控制[M]. 重庆：重庆大学出版社，2005.

[9] 胡寿松，王执铨，胡维礼．最优控制理论与系统[M]. 北京：科学出版社，2005.

[10] 刘小河，管萍，刘丽华．自适应控制理论及应用[M]. 北京：科学出版社，2011.

[11] 王志贤．最优状态估计与系统辨识[M]. 西安：西北工业大学出版社，2004.

[12] 韩曾晋．自适应控制系统[M]. 北京：机械工业出版社，1983.

[13] 李言俊，张科．自适应控制理论及应用[M]. 西安：西北工业大学出版社，2005.

[14] 王娟，张涛，徐国凯．鲁棒控制理论及应用[M]. 北京：电子工业出版社，2011.

[15] 邓自立．最优估计理论及其应用[M]. 哈尔滨：哈尔滨工业大学出版社，2005.

[16] 付梦印，邓志红，张继伟．Kalman 滤波理论及其在导航系统中的应用[M]. 北京：科学出版社，2003.

[17] 张学工．模式识别[M]. 北京：清华大学出版社，2010.

[18] 汪增福．模式识别[M]. 合肥：中国科学技术大学出版社，2010.

[19] Vapnik V. 统计学习理论的本质[M]. 张学工译．北京：清华大学出版社，2000.

[20] 高隽．人工神经网络原理及仿真实例[M]. 2 版．北京：机械工业出版社，2007.

[21] Vapnik V 著．许建华，张学工译．统计学习理论[M]. 北京：电子工业出版社，2004.

[22] [美]Thomes Dean. 人工智能-理论与实践(Artificial Intelligence Theory and Practice)[M]. 顾国昌，等译．北京：电子工业出版社，2004.

[23] 姜长生，魏海坤．智能控制与应用[M]. 北京：科学出版社，2007.

[24] 高向东，黄石生，余英林．步进电机模糊控制技术的研究[J]. 微特电机．1999，27(3)：3—5.

[25] 高向东，黄石生，余英林．基于视觉的焊缝跟踪模糊控制系统的研制[J]. 电气自动化．2000，22(1)：29—31.

[26] 高向东，黄石生，吴乃优．GTAW 神经网络—模糊控制技术的研究[J]. 焊接学报，2000，21(1)：5—8.

[27] 高向东，伍世全，王腾．边缘不变矩匹配算法的列车闸瓦图像识别试验[J]. 机车电传动，2011，(1)：66—69.

[28] 伍世全．铁路车辆闸瓦动态图像识别关键技术研究[D]. 广东工业大学，2009.

[29] 杨雪荣，高向东，成思源．基于计算机视觉的列车闸瓦检测方法[J]. 内燃机车，2009，(6)：42—44.

[30] 高向东，仲训杲，游德勇，Katayama Seiji. 色噪声下卡尔曼滤波焊缝跟踪算法与试验研究[J]. 控制理论与应用，2011，28(7)：931—935.

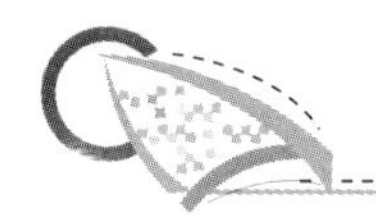

[31] Xiangdong Gao, Xungao Zhong, Deyong You, Seiji Katayama. Kalman Filtering Compensated by Radial Basis Function Neural Network for Seam Tracking of Laser Welding[J]. IEEE Transactions on Control Systems Technology. 2013, 21(5): 1916—1923.

[32] 仲训杲. 激光焊接路径跟踪卡尔曼滤波预测算法研究[D]. 广东工业大学, 2011.

[33] Xiangdong Gao, Deyong You, Seiji Katayama. Seam Tracking Monitoring Based on Adaptive Kalman Filter Embedded Elman Neural Network during High Power Fiber Laser Welding[J]. IEEE TRANSACTIONS ON INDUSTRIAL ELECTRONICS. 2012, 59(11): 4315—4325

[34] 高向东, 龙观富, 汪润林, Katayama Seiji. 大功率盘形激光焊飞溅特征分析[J]. 物理学报, 2012, 61(9): 098103—1—8.

[35] 龙观富. 大功率盘形激光焊接过程飞溅特征分析[D]. 广东工业大学, 2012.